国家电网
STATE GRID

电网企业专业技能考核题库

电网调度自动化维护员、电网调度自动化厂站端调试检修工

国网宁夏电力有限公司　编

中国电力出版社
CHINA ELECTRIC POWER PRESS

内 容 提 要

本书编写依据国家职业技能鉴定、电力行业职业技能鉴定与国家电网有限公司技能等级评价（认定）相关制度、规范、标准，立足宁夏电网生产实际，融合新型电力系统构建及新时代技能人才发展目标要求。本书主要内容为电网企业技能人员技能等级认定与评价实操试题，包含技能笔答及技能操作两大部分，其中技能笔答主要以问答题形式命题，技能操作以任务书形式命题，均明确了各个环节的考核知识点、标准答案和评分标准。

本书为电网企业生产技能人员的培训教学用书，可供从事相应职业（工种）技能人员学习参考，也可作为电力职业院校教学参考书。

图书在版编目（CIP）数据

电网调度自动化维护员、电网调度自动化厂站端调试检修工 / 国网宁夏电力有限公司编. —北京：中国电力出版社，2022.9

电网企业专业技能考核题库

ISBN 978-7-5198-7018-8

Ⅰ. ①电… Ⅱ. ①国… Ⅲ. ①电力系统调度–自动化技术–职业技能–鉴定–习题集 Ⅳ. ①TM734–44

中国版本图书馆 CIP 数据核字（2022）第 157577 号

出版发行：中国电力出版社
地　　址：北京市东城区北京站西街 19 号（邮政编码 100005）
网　　址：http://www.cepp.sgcc.com.cn
责任编辑：马　丹　马雪倩
责任校对：黄　蓓　常燕昆　于　维
装帧设计：郝晓燕
责任印制：钱兴根

印　　刷：三河市百盛印装有限公司
版　　次：2022 年 9 月第一版
印　　次：2022 年 9 月北京第一次印刷
开　　本：889 毫米×1194 毫米　16 开本
印　　张：28
字　　数：801 千字
定　　价：108.00 元

《电网企业专业技能考核题库　电网调度自动化维护员、电网调度自动化厂站端调试检修工》

编　委　会

《电网企业专业技能考核题库　电网调度自动化维护员、电网调度自动化厂站端调试检修工》

编　写　组

主　　编　郑铁军

副主编　凤　雨　寇　琰

编写人员　杨　健　王　鹏　李　静　孙文琍　张　龑
马　强　孙　涛　杨家麒　张　晓　汤　超
陈　涛　程冀川　马　磊　狄恒敬　张　文
李　洋　李志远　刘庆伟　王　超　康增尚
雍少华　金　潇　陈　远　尹　亮　陈小乾
丁旭元　余金花　吴培涛

审稿人员　丁　皓　马冬冬　徐鹤勇　张　倩　房　娟
程彩艳　贺建伟　王平欢

前言

国网宁夏电力有限公司以国家职业技能鉴定、电力行业职业技能鉴定与国家电网有限公司技能等级评价（认定）相关制度、规范、标准为依据，主要针对电网企业各类技能工种的初级工、中级工、高级工、技师、高级技师等人员，以专业操作技能为主线，立足宁夏电网生产实际，结合新型电力系统构建要求，编写了《电网企业专业技能考核题库》丛书。丛书在编写原则上，以职业能力建设为核心；在内容定位上，突出针对性和实用性，涵盖了国家电网有限公司相关政策、标准、规程、规定及现代电力系统新设备、新技术、新知识、新工艺等内容。

丛书的深度、广度遵循了“适应发展需求、立足实践应用”的工作思路，全面涵盖了国家电网有限公司技能等级评价（认定）内容，能够为国网宁夏电力有限公司实施技能等级评价（认定）专业技能考核命题提供依据，也可服务于同类电网企业技能人员能力水平的考核与认定。本套丛书可供电网企业技能人员学习参考，可作为电网企业生产技能人员的培训教学用书，也可作为电力职业院校教学参考用书。

由于时间和水平有限，难免存在疏漏之处，恳请各位专家和读者提出宝贵意见。

目 录

第一篇

电网调度自动化维护员

第一部分 初级工

第一章　电网调度自动化维护员初级工技能笔答

Jb0001531001　遥信量的质量标志包括哪些？（5分）

考核知识点：遥信数据概念、内容及调试方法

难易度：易

标准答案：

遥信量具有多种质量标志，即包括工况退出、非实时值、事故变位、遥信变位、坏数据、告警抑制、置数、封锁、正常等。

Jb0001531002　简述遥控功能的调试方法。（5分）

考核知识点：遥控功能、概念及调试方法

难易度：易

标准答案：

可利用人机界面来测试遥控功能，在间隔接线图上用鼠标选择被控设备，右键菜单启动遥控功能，遵循先选择、校核后执行原则，以避免误操作和通信干扰而产生误码。对遥控操作必须执行返送校核信息反馈检错过程。

Jb0001531003　什么是遥调功能？（5分）

考核知识点：遥调功能、概念及调试方法

难易度：易

标准答案：

由调度控制中心向所辖的发电厂、变电站发送的调节发电机功率和电压、变压器分接头以及其他电力设备的远方调节命令统称为遥调信息，以改变远方设备的运行工况。

Jb0001532004　什么是双机服务器的切换？（5分）

考核知识点：双机服务器切换的方法及注意事项

难易度：中

标准答案：

为了调度系统的安全可靠，系统配置至少是双机主备方式。同一时刻只有一台主机，但可以有多台备机。

主机故障时，其他所有的备机就会根据条件进行判断，其中一台会升成主机；正常情况下将主机关闭，和主机故障时一样，其中一台备机会升成主机。

Jb0001531005　简述双机服务器切换的注意事项。（5分）

考核知识点：双机服务器切换的方法及注意事项

难易度：易

标准答案：

（1）将一台服务器切换成主机的前提是它必须处在备机状态。

（2）允许将服务器上某应用的主机切换到另一台服务器上。

Jb0001531006　告警定义包括哪些内容？（5分）
考核知识点：告警定义的类型、告警定义工具的使用
难易度：易
标准答案：
告警定义功能主要包括告警动作定义、告警行为定义、告警方式定义和告警类型定义4个部分。

Jb0001531007　什么是告警方式？（5分）
考核知识点：告警定义的类型、告警定义工具的使用
难易度：易
标准答案：
一种告警类型下的一个或几个告警状态表现为一个具体的告警行为，这种对应关系称为告警方式。

Jb0002531008　服务器硬件系统常见故障有哪些？（5分）
考核知识点：电网调度控制系统硬件设备状态
难易度：易
标准答案：
服务器硬件系统常见故障有内存故障、主板故障、风扇故障、CPU故障等。

Jb0002533009　SCADA数据库录入错误引起的故障现象是什么？（5分）
考核知识点：SCADA数据库数据录入错误引起的故障现象及排查方法
难易度：难
标准答案：
遥测、遥信、计算量数值不准确，越限功能异常，遥控/调挡不成功等。

Jb0002531010　什么是画面链接？（5分）
考核知识点：画面链接
难易度：易
标准答案：
画面链接通常包括设备图元的链接和动态数据的链接。

Jb0002532011　画面链接错误引起的常见故障现象有哪些？（5分）
考核知识点：画面链接错误引起的故障现象及排查方法
难易度：中
标准答案：
画面链接错误引起的故障现象一般为数据显示不正常、设备显示不正常、网络拓扑相关的应用功能不正确等。

Jb0003531012　在调度系统中，曲线编辑工具的作用是什么？（5分）
考核知识点：曲线编辑器的使用方法
难易度：易

标准答案：

曲线编辑工具是提供用户自定义常用数据监视的一个便利工具，方便用户预先定义好曲线需要的显示格式、曲线的数据轴类型、曲线的线型、曲线默认显示的时间段、曲线在整个页面上的布局等，使用户能够快速准确地得到常用数据的变化信息。

Jb0003531013　数据库服务主要有哪些功能？（5分）

考核知识点：数据库录入工具的使用方法

难易度：易

标准答案：

数据库服务的功能主要包括查看数据记录、更改数据记录、删除数据记录、插入数据记录、添加一个厂站的记录等。

Jb0004533014　制作 RJ－45 接头时，按 568B 标准的排线顺序是什么？（5分）

考核知识点：RJ－45 接头的制作

难易度：难

标准答案：

将水晶头有塑料弹片的一面向下，有针脚的一方向上，并使有针脚的一端指向远离自己的方向，有方形孔的一端对着自己。此时最左边的是第 1 根针脚，最右边的是第 8 根针脚。

按 568B 标准排线的顺序从左至右依次为：白橙、橙、白绿、蓝、白蓝、绿、白棕、棕。

Jb0004533015　如何使用网线测试仪测试 RJ－45 接头是否制作成功？（5分）

考核知识点：网络测试仪的使用方法

难易度：难

标准答案：

RJ－45 接头的两端制作完成后，用网线测试仪对其进行测试，如果测试仪上 8 个指示灯都依次为绿色闪过，证明网线制作成功。如果出现任何一个灯为红灯或黄灯，说明网线存在断路或者接触不良现象，此时应用工具钳将两端水晶头再压一次，再进行测试。若故障依旧，则应检查两端芯线的排序顺序是否对应，如不对应，重新制作 RJ－45 接头，直至测试全为绿色指示灯闪过为止。

Jb0005532016　出现哪些情况时，应及时修改数据库管理员密码？（5分）

考核知识点：电力安全工作规程（电力监控部分）

难易度：中

标准答案：

出现下列情况时，应及时修改数据库管理员密码：

（1）数据库投运前。

（2）数据库系统或相关的应用系统遭到非法入侵。

（3）数据库管理员变化。

（4）数据库管理员密码泄露。

Jb0005531017　根据 Q/GDW 1680—2014《智能电网调度控制系统》系列标准要求，智能电网调度控制系统基础平台从体系架构上包含哪些层次？（2分）

考核知识点：系统应用及操作

难易度：易

标准答案：

基础平台从体系架构上包含硬件、操作系统、数据管理、信息传输与交换、公共服务和平台功能6个层次。

Jb0005532018　调度自动化系统中，上传时带时标的数据有哪些？（5分）

考核知识点：基础平台及SCADA应用及操作

难易度：中

标准答案：

上传时带时标的数据有：SOE、动态向量数据、电能量数据、继电保护装置告警信息、故障录波信息。

Jb0005531019　SCADA传输的信息中是下行信息的有哪些？（5分）

考核知识点：基础平台及SCADA应用及操作

难易度：易

标准答案：

SCADA传输的信息中是下行信息的有：遥控、遥调、对时报文。

Jb0005532020　调控一体化系统建设中关于监控信息处理遵循的方针包括什么？（5分）

考核知识点：基础平台及SCADA应用及操作

难易度：中

标准答案：

调控一体化系统建设中关于监控信息处理遵循的方针包括：告警直传、远程浏览、数据优化、认证安全。

Jb0005532021　在智能电网调度控制系统中，电网故障告警主要包括什么？（5分）

考核知识点：基础平台及SCADA应用及操作

难易度：中

标准答案：

在智能电网调度控制系统中，电网故障告警主要包括：故障设备、故障相别、短路电流、故障测距、重合情况。

Jb0005532022　在智能电网调度控制系统中，综合智能告警包括哪些告警信息？（5分）

考核知识点：基础平台及SCADA应用及操作

难易度：中

标准答案：

在智能电网调度控制系统中，综合智能告警包括的告警信息有：设备级告警、系统级告警、预警信息告警、计划越限告警。

Jb0005531023　调度自动化系统由哪几部分组成？（5分）

考核知识点：自动化相关规程、标准

难易度：易

标准答案：

调度自动化系统由主站系统、子站设备和数据传输通道构成。

Jb0005532024 DL/T 5003—2017《电力系统调度自动化设计规程》要求调度自动化系统功能应包括哪些？（5分）

考核知识点：自动化相关规程、标准

难易度：中

标准答案：

系统功能应包括基础平台、电网运行监测、电网运行控制、电网计算分析、电网运行计划、智能辅助决策、系统仿真及运行人员培训、电网运行管理等。

Jb0005532025 调度自动化系统硬件配置应遵循什么原则？（5分）

考核知识点：自动化相关规程、标准

难易度：中

标准答案：

硬件配置应遵循冗余化配置原则，采用双重化网络结构，承担主要功能的服务器应采用双机热备或多机集群方式，同种类型的冗余设备宜安装于不同屏柜中。

Jb0005532026 电力系统中的电压监测点和中枢点是如何定义的？两者有何区别？（3分）

考核知识点：基本知识

难易度：中

标准答案：

监测电力系统电压值和考核电压质量的节点称为电压监测点。电力系统中重要的电压支撑节点称为电压中枢点。因此，电压中枢点一定是电压监测点，而电压监测点却不一定是电压中枢点。

Jb0005532027 *X*的原码为10111011B，求其反码、补码。（5分）

考核知识点：基本知识

难易度：中

标准答案：

由［*X*］原＝10111011B知，*X*为负数。

原码：10111011

反码：11000100

补码：11000101

第二章　电网调度自动化维护员初级工技能操作

Jc0001541001　厂站网络通道接入。（100 分）

考核知识点：厂站网络通道接入

难易度：易

技能等级评价专业技能考核操作工作任务书

一、任务名称

厂站网络通道接入。

二、适用工种

电网调度自动化维护员初级工。

三、具体任务

（1）工作状态为厂站 IP 地址为 0.0.0.1。工作内容为在实时数据库前置通道表里增加厂站网络通道信息，完成网络通道接入。

（2）工作任务：完成厂站网络通道接入，并完成通道运行状态测试。

四、工作规范及要求

（1）按照《国家电网公司电力安全工作规程（电力监控部分）》要求做好相关安全措施，办理工作票。

（2）填写运维记录，并对数据库进行全面巡视，检查前置系统运行情况。

五、考核及时间要求

（1）本考核操作时间为 60 分钟，按所完成的内容计分，未完成部分均不得分，时间到停止考核。

（2）设备配置过程中，如确实不能完成相关配置，可向考评员申请，该项项目不得分，但不影响其他项目。

技能等级评价专业技能考核操作评分标准

<table>
<tr><td>工种</td><td colspan="5">电网调度自动化维护员</td><td>评价等级</td><td>初级工</td></tr>
<tr><td>项目模块</td><td colspan="4">系统应用及操作—主厂站联合调试</td><td>编号</td><td colspan="2">Jc0001541001</td></tr>
<tr><td>单位</td><td colspan="2"></td><td>准考证号</td><td colspan="2"></td><td>姓名</td><td></td></tr>
<tr><td>考试时限</td><td colspan="2">60 分钟</td><td>题型</td><td colspan="2">单项操作</td><td>题分</td><td>100 分</td></tr>
<tr><td>成绩</td><td></td><td>考评员</td><td></td><td>考评组长</td><td></td><td>日期</td><td></td></tr>
<tr><td>试题正文</td><td colspan="7">厂站网络通道接入</td></tr>
<tr><td>需要说明的问题和要求</td><td colspan="7">（1）要求单人完成工作任务。
（2）操作应注意安全，按照标准化作业书的技术安全说明做好安全措施。
（3）在指定系统/设备完成操作</td></tr>
</table>

序号	项目名称	质量要求	满分	扣分标准	扣分原因	得分
1	功能应用及安全措施					
1.1	相关安全措施的准备	（1）办理工作票。 （2）作业人员身份鉴别和授权。 （3）备份可能受影响的内容	10	未正确办理工作票扣 3 分； 未进行作业人员身份鉴别和授权扣 2 分； 未备份可能受影响的程序、配置文件、运行参数、运行数据、日志文件等扣 5 分		

续表

序号	项目名称	质量要求	满分	扣分标准	扣分原因	得分
2	系统操作					
2.1	找到前置通道表	正确找到前置通道表	20	未正确找到前置通道表扣 20 分		
2.2	填写网络通道配置参数	正确填写网络通道配置参数	30	未正确填写网络通道配置参数，每填错或漏填一个参数扣 10 分，扣完为止		
2.3	保存填写结果	正确保存填写结果	15	未正确保存填写结果扣 15 分		
3	操作结束					
3.1	验证	验证操作结果的正确性	10	未正确验证操作结果扣 10 分		
3.2	操作记录	操作结束后完整填写操作记录	5	每漏填写一项扣 1 分，扣完为止；操作记录不完整扣 2 分		
4	现场恢复	恢复现场	10	未进行现场恢复扣 10 分		
合计			100			

Jc0001541002　遥信数据调试。（100 分）

考核知识点：遥信数据调试

难易度：易

技能等级评价专业技能考核操作工作任务书

一、任务名称

遥信数据调试。

二、适用工种

电网调度自动化维护员初级工。

三、具体任务

（1）工作状态为考试站 111 断路器当前状态为分位。工作内容：① 遥信置数合 111 断路器；② 模拟断路器遥信由合位变成分位。

（2）工作任务：完成断路器置数、模拟变位。

四、工作规范及要求

（1）按照《国家电网公司电力安全工作规程（电力监控部分）》要求做好相关安全措施，办理工作票。

（2）填写运维记录，并对系统进行全面巡视。

五、考核及时间要求

（1）本考核操作时间为 60 分钟，按所完成的内容计分，未完成部分均不得分，时间到停止考核。

（2）设备配置过程中，如确实不能完成相关配置，可向考评员申请，该项项目不得分，但不影响其他项目。

技能等级评价专业技能考核操作评分标准

工种	电网调度自动化维护员					评价等级	初级工
项目模块	系统应用及操作—主厂站联合调试				编号	Jc0001541002	
单位			准考证号			姓名	
考试时限	60 分钟		题型	单项操作		题分	100 分
成绩		考评员		考评组长		日期	

续表

试题正文	遥信数据调试
需要说明的问题和要求	（1）要求单人完成工作任务。 （2）操作应注意安全，按照标准化作业书的技术安全说明做好安全措施。 （3）在指定系统/设备完成操作

序号	项目名称	质量要求	满分	扣分标准	扣分原因	得分
1	功能应用及安全措施					
1.1	相关安全措施的准备	（1）办理工作票。 （2）作业人员身份鉴别和授权。 （3）备份可能受影响的内容	10	未正确办理工作票扣3分； 未进行作业人员身份鉴别和授权扣2分； 未备份可能受影响的程序、配置文件、运行参数、运行数据、日志文件等扣5分		
2	系统操作					
2.1	打开厂站接线图	正确打开厂站接线图	15	未正确打开厂站接线图扣15分		
2.2	找到111断路器	正确找到111断路器	20	未正确找到111断路器扣20分		
2.3	遥信置数合	正确遥信置数合	30	未正确遥信置数合，每错一步扣10分，扣完为止		
3	操作结束					
3.1	验证	验证操作结果的正确性	10	未正确验证操作结果扣10分		
3.2	操作记录	操作结束后完整填写操作记录	5	每漏填写一项扣1分，扣完为止； 操作记录不完整扣2分		
4	现场恢复	恢复现场	10	未进行现场恢复扣10分		
合计			100			

Jc0001541003－1　遥测数据调试。（100分）

考核知识点：遥测数据调试

难易度：易

技能等级评价专业技能考核操作工作任务书

一、任务名称

遥测数据调试。

二、适用工种

电网调度自动化维护员初级工。

三、具体任务

（1）工作状态为考试站111线路电流值高限为5A，低限为0A。工作内容为遥测置数111线路电流值模拟遥测越上限。

（2）工作任务：完成遥测数据调试。

四、工作规范及要求

（1）按照《国家电网公司电力安全工作规程（电力监控部分）》要求做好相关安全措施，办理工作票。

（2）维护完成后填写运维记录，并对系统进行全面巡视。

五、考核及时间要求

（1）本考核操作时间为60分钟，按所完成的内容计分，未完成部分均不得分，时间到停止考核。

（2）设备配置过程中，如确实不能完成相关配置，可向考评员申请，该项项目不得分，但不影响其他项目。

技能等级评价专业技能考核操作评分标准

工种	电网调度自动化维护员					评价等级	初级工
项目模块	系统应用及操作—主厂站联合调试				编号	Jc0001541003－1	
单位			准考证号			姓名	
考试时限	60分钟		题型	单项操作		题分	100分
成绩		考评员		考评组长		日期	
试题正文	遥测数据调试						
需要说明的问题和要求	（1）要求单人完成工作任务。 （2）操作应注意安全，按照标准化作业书的技术安全说明做好安全措施。 （3）在指定系统/设备完成操作						

序号	项目名称	质量要求	满分	扣分标准	扣分原因	得分
1	功能应用及安全措施					
1.1	相关安全措施的准备	（1）办理工作票。 （2）作业人员身份鉴别和授权。 （3）备份可能受影响的内容	10	未正确办理工作票扣3分； 未进行作业人员身份鉴别和授权扣2分； 未备份可能受影响的程序、配置文件、运行参数、运行数据、日志文件等扣5分		
2	系统操作					
2.1	打开厂站接线图	正确打开厂站接线图	15	未正确打开厂站接线图扣15分		
2.2	找到111线路电流测点	正确找到111线路电流测点	20	未正确找到111线路电流测点扣20分		
2.3	遥测置数越上限	正确遥测置数越上限	30	未正确遥测置数越上限，每错一步扣10分，扣完为止		
3	操作结束					
3.1	验证	验证操作结果的正确性	10	未正确验证操作结果扣10分		
3.2	操作记录	操作结束后完整填写操作记录	5	每漏填写一项扣1分，扣完为止； 操作记录不完整扣2分		
4	现场恢复	恢复现场	10	未进行现场恢复扣10分		
合计			100			

Jc0001541003－2　遥测数据调试。（100分）

考核知识点： 遥测数据调试

难易度： 易

技能等级评价专业技能考核操作工作任务书

一、任务名称

遥测数据调试。

二、适用工种

电网调度自动化维护员初级工。

三、具体任务

（1）工作状态为考试站111线路有功值为6kW。工作内容为将此遥测置数为9kW，模拟考试站遥测跳变。

（2）工作任务：完成遥测数模拟跳变。

四、工作规范及要求

（1）按照《国家电网公司电力安全工作规程（电力监控部分）》要求做好相关安全措施，办理工作票。

（2）维护完成后填写运维记录，并对系统进行全面巡视。

五、考核及时间要求

（1）本考核操作时间为60分钟，按所完成的内容计分，未完成部分均不得分，时间到停止考核。

（2）设备配置过程中，如确实不能完成相关配置，可向考评员申请，该项项目不得分，但不影响其他项目。

技能等级评价专业技能考核操作评分标准

工种	电网调度自动化维护员			评价等级	初级工	
项目模块	系统应用及操作—主厂站联合调试		编号	Jc0001541003－2		
单位		准考证号		姓名		
考试时限	60分钟	题型	单项操作	题分	100分	
成绩	考评员		考评组长	日期		
试题正文	遥测数据调试					
需要说明的问题和要求	（1）要求单人完成工作任务。 （2）操作应注意安全，按照标准化作业书的技术安全说明做好安全措施。 （3）在指定系统/设备完成操作					
序号	项目名称	质量要求	满分	扣分标准	扣分原因	得分
1	功能应用及安全措施					
1.1	相关安全措施的准备	（1）办理工作票。 （2）作业人员身份鉴别和授权。 （3）备份可能受影响的内容	10	未正确办理工作票扣3分； 未进行作业人员身份鉴别和授权扣2分； 未备份可能受影响的程序、配置文件、运行参数、运行数据、日志文件等扣5分		
2	系统操作					
2.1	打开厂站接线图	正确打开厂站接线图	15	未正确打开厂站接线图扣15分		
2.2	找到111线路有功测点	正确找到111线路有功测点	20	未正确找到111线路有功测点扣20分		
2.3	遥测置数	正确遥测置数	30	未正确遥测置数，每错一步扣10分，扣完为止		
3	操作结束					
3.1	验证	验证操作结果的正确性	10	未正确验证操作结果扣10分		
3.2	操作记录	操作结束后完整填写操作记录	5	每漏填写一项扣1分，扣完为止； 操作记录不完整扣2分		
4	现场恢复	恢复现场	10	未进行现场恢复扣10分		
合计			100			

Jc0001541003－3　遥测数据调试。（100分）

考核知识点：遥测数据调试

难易度：易

技能等级评价专业技能考核操作工作任务书

一、任务名称

遥测数据调试。

二、适用工种

电网调度自动化维护员初级工。

三、具体任务

（1）工作状态为考试站 111 线路电流值高限为 5A，低限为 0A。工作内容为遥测置数 111 线路电流值模拟遥测越下限。

（2）工作任务：完成遥测置数，并验证调试结果。

四、工作规范及要求

（1）按照《国家电网公司电力安全工作规程（电力监控部分）》要求做好相关安全措施，办理工作票。

（2）维护完成后填写运维记录，并对系统进行全面巡视。

五、考核及时间要求

（1）本考核操作时间为 60 分钟，按所完成的内容计分，未完成部分均不得分，时间到停止考核。

（2）设备配置过程中，如确实不能完成相关配置，可向考评员申请，该项项目不得分，但不影响其他项目。

技能等级评价专业技能考核操作评分标准

工种	电网调度自动化维护员					评价等级	初级工
项目模块	系统应用及操作—主厂站联合调试				编号	Jc0001541003－3	
单位			准考证号			姓名	
考试时限	60 分钟	题型		单项操作		题分	100 分
成绩		考评员		考评组长		日期	
试题正文	遥测数据调试						
需要说明的问题和要求	（1）要求单人完成工作任务。 （2）操作应注意安全，按照标准化作业书的技术安全说明做好安全措施。 （3）在指定系统/设备完成操作						

序号	项目名称	质量要求	满分	扣分标准	扣分原因	得分
1	功能应用及安全措施					
1.1	相关安全措施的准备	（1）办理工作票。 （2）作业人员身份鉴别和授权。 （3）备份可能受影响的内容	10	未正确办理工作票扣 3 分； 未进行作业人员身份鉴别和授权扣 2 分； 未备份可能受影响的程序、配置文件、运行参数、运行数据、日志文件等扣 5 分		
2	系统操作					
2.1	打开厂站接线图	正确打开厂站接线图	15	未正确打开厂站接线图扣 15 分		
2.2	找到 111 线路电流测点	正确找到 111 线路电流测点	20	未正确找到 111 线路电流测点扣 20 分		
2.3	遥测置数越下限	正确遥测置数越下限	30	未正确遥测置数越下限，每错一步扣 10 分，扣完为止		
3	操作结束					
3.1	验证	验证操作结果的正确性	10	未正确验证操作结果扣 10 分		

续表

序号	项目名称	质量要求	满分	扣分标准	扣分原因	得分
3.2	操作记录	操作结束后完整填写操作记录	5	每漏填写一项扣 1 分，扣完为止； 操作记录不完整扣 2 分		
4	现场恢复	恢复现场	10	未进行现场恢复扣 10 分		
合计			100			

Jc0001541004　双机服务器切换。(100 分)

考核知识点：双机服务器切换

难易度：易

技能等级评价专业技能考核操作工作任务书

一、任务名称

双机服务器切换。

二、适用工种

电网调度自动化维护员初级工。

三、具体任务

（1）工作状态为工作站 SCADA 应用主机为 scada1－1 服务器。工作内容为通过系统管理工具将 SCADA 应用主机切为 scada2－1 服务器。

（2）工作任务：完成双机服务器切换，并验证应用主机状态。

四、工作规范及要求

（1）按照《国家电网公司电力安全工作规程（电力监控部分）》要求做好相关安全措施，办理工作票。

（2）维护完成后填写运维记录，并对系统进行全面巡视。

五、考核及时间要求

（1）本考核操作时间为 60 分钟，按所完成的内容计分，未完成部分均不得分，时间到停止考核。

（2）设备配置过程中，如确实不能完成相关配置，可向考评员申请，该项项目不得分，但不影响其他项目。

技能等级评价专业技能考核操作评分标准

<table>
<tr><td>工种</td><td colspan="5">电网调度自动化维护员</td><td>评价等级</td><td>初级工</td></tr>
<tr><td>项目模块</td><td colspan="4">系统应用及操作—基础平台及 SCADA 应用及操作</td><td>编号</td><td colspan="2">Jc0001541004</td></tr>
<tr><td>单位</td><td colspan="2"></td><td>准考证号</td><td colspan="2"></td><td>姓名</td><td></td></tr>
<tr><td>考试时限</td><td colspan="2">60 分钟</td><td>题型</td><td colspan="2">单项操作</td><td>题分</td><td>100 分</td></tr>
<tr><td>成绩</td><td></td><td>考评员</td><td></td><td>考评组长</td><td></td><td>日期</td><td></td></tr>
<tr><td>试题正文</td><td colspan="7">双机服务器切换</td></tr>
<tr><td>需要说明的问题和要求</td><td colspan="7">（1）要求单人完成工作任务。
（2）操作应注意安全，按照标准化作业书的技术安全说明做好安全措施。
（3）在指定系统/设备完成操作</td></tr>
</table>

序号	项目名称	质量要求	满分	扣分标准	扣分原因	得分
1	功能应用及安全措施					

续表

序号	项目名称	质量要求	满分	扣分标准	扣分原因	得分
1.1	相关安全措施的准备	(1) 办理工作票。 (2) 作业人员身份鉴别和授权。 (3) 备份可能受影响的内容	10	未正确办理工作票扣 3 分; 未进行作业人员身份鉴别和授权扣 2 分; 未备份可能受影响的程序、配置文件、运行参数、运行数据、日志文件等扣 5 分		
2	系统操作					
2.1	打开系统管理工具	正确打开系统管理工具	15	未正确打开系统管理工具扣 15 分		
2.2	找到需要切换的应用状态	正确找到需要切换的应用状态	20	未正确找到需要切换的应用状态扣 20 分		
2.3	完成双机主备切换	正确完成双机主备切换	30	未正确完成双机主备切换扣 30 分		
3	操作结束					
3.1	验证	验证操作结果的正确性	10	未正确验证操作结果扣 10 分		
3.2	操作记录	操作结束后完整填写操作记录	5	每漏填写一项扣 1 分，扣完为止; 操作记录不完整扣 2 分		
4	现场恢复	恢复现场	10	未进行现场恢复扣 10 分		
	合计		100			

Jc0001541005 通过系统管理工具启停应用。(100 分)

考核知识点：启动一个应用

难易度：易

技能等级评价专业技能考核操作工作任务书

一、任务名称

通过系统管理工具启停应用。

二、适用工种

电网调度自动化维护员初级工。

三、具体任务

(1) 工作状态为主站系统某服务器运行正常。工作内容为通过系统管理工具启动及停止此服务器的 SCADA 应用。

(2) 工作任务：完成单个指定应用的启停，并查看应用状态。

四、工作规范及要求

(1) 按照《国家电网公司电力安全工作规程（电力监控部分）》要求做好相关安全措施，办理工作票。

(2) 维护完成后填写运维记录，并对系统进行全面巡视。

五、考核及时间要求

(1) 本考核操作时间为 60 分钟，按所完成的内容计分，未完成部分均不得分，时间到停止考核。

(2) 设备配置过程中，如确实不能完成相关配置，可向考评员申请，该项目不得分，但不影响其他项目。

技能等级评价专业技能考核操作评分标准

工种	电网调度自动化维护员				评价等级	初级工
项目模块	系统应用及操作—基础平台及 SCADA 应用及操作			编号	Jc0001541005	
单位		准考证号			姓名	
考试时限	60 分钟	题型	单项操作		题分	100 分
成绩		考评员		考评组长	日期	
试题正文	通过系统管理工具启停应用					
需要说明的问题和要求	（1）要求单人完成工作任务。 （2）操作应注意安全，按照标准化作业书的技术安全说明做好安全措施。 （3）在指定系统/设备完成操作					

序号	项目名称	质量要求	满分	扣分标准	扣分原因	得分
1	功能应用及安全措施					
1.1	相关安全措施的准备	（1）办理工作票。 （2）作业人员身份鉴别和授权。 （3）备份可能受影响的内容	10	未正确办理工作票扣 3 分； 未进行作业人员身份鉴别和授权扣 2 分； 未备份可能受影响的程序、配置文件、运行参数、运行数据、日志文件等扣 5 分		
2	系统操作					
2.1	打开系统管理工具	正确打开系统管理工具	15	未正确打开系统管理工具扣 15 分		
2.2	找到 scada1－1 节点状态	正确找到 scada1－1 节点状态	20	未正确找到 scada1－1 节点状态扣 20 分		
2.3	完成启停 SCADA 应用	正确启停 SCADA 应用	30	未正确启停 SCADA 应用扣 30 分		
3	操作结束					
3.1	验证	验证操作结果的正确性	10	未正确验证操作结果扣 10 分		
3.2	操作记录	操作结束后完整填写操作记录	5	每漏填写一项扣 1 分，扣完为止； 操作记录不完整扣 2 分		
4	现场恢复	恢复现场	10	未进行现场恢复扣 10 分		
合计			100			

Jc0001541006　通过命令启停应用。（100 分）

考核知识点：启停一个应用

难易度：易

技能等级评价专业技能考核操作工作任务书

一、任务名称

通过命令启停应用。

二、适用工种

电网调度自动化维护员初级工。

三、具体任务

（1）工作状态为主站系统某服务器及应用运行正常。工作内容为通过命令启停此服务器的 SCADA 应用。

（2）工作任务：完成单个指定应用的启停，并查看应用状态。

四、工作规范及要求

（1）按照《国家电网公司电力安全工作规程（电力监控部分）》要求做好相关安全措施，办理工作票。

（2）维护完成后填写运维记录，并对系统进行全面巡视。

五、考核及时间要求

（1）本考核操作时间为60分钟，按所完成的内容计分，未完成部分均不得分，时间到停止考核。

（2）设备配置过程中，如确实不能完成相关配置，可向考评员申请，该项项目不得分，但不影响其他项目。

技能等级评价专业技能考核操作评分标准

工种	电网调度自动化维护员				评价等级	初级工
项目模块	系统应用及操作—基础平台及SCADA应用及操作			编号	Jc0001541006	
单位		准考证号			姓名	
考试时限	60分钟	题型		单项操作	题分	100分
成绩		考评员		考评组长	日期	
试题正文	通过命令启停应用					
需要说明的问题和要求	（1）要求单人完成工作任务。 （2）操作应注意安全，按照标准化作业书的技术安全说明做好安全措施。 （3）在指定系统/设备完成操作					

序号	项目名称	质量要求	满分	扣分标准	扣分原因	得分
1	功能应用及安全措施					
1.1	相关安全措施的准备	（1）办理工作票。 （2）作业人员身份鉴别和授权。 （3）备份可能受影响的内容	10	未正确办理工作票扣3分； 未进行作业人员身份鉴别和授权扣2分； 未备份可能受影响的程序、配置文件、运行参数、运行数据、日志文件等扣5分		
2	系统操作					
2.1	打开系统终端	正确打开系统终端	15	未正确打开系统终端扣15分		
2.2	启动系统SCADA应用	正确启动系统SCADA应用	25	未正确使用“manual_app_start 应用名”命令启动系统SCADA应用扣25分		
2.3	停止系统SCADA应用	正确停止系统SCADA应用	25	未正确使用“manual_app_stop 应用名”命令停止系统SCADA应用扣25分		
3	操作结束					
3.1	验证	验证操作结果的正确性	10	未正确验证操作结果扣10分		
3.2	操作记录	操作结束后完整填写操作记录	5	每漏填写一项扣1分，扣完为止； 操作记录不完整扣2分		
4	现场恢复	恢复现场	10	未进行现场恢复扣10分		
	合计		100			

Jc0001541007　启停系统工作站应用。（100分）

考核知识点：启停应用

难易度：易

技能等级评价专业技能考核操作工作任务书

一、任务名称

启停系统工作站应用。

二、适用工种

电网调度自动化维护员初级工。

三、具体任务

（1）工作状态为调度自动化主站系统某工作站运行正常。工作内容为启停全部应用。

（2）工作任务：完成指定工作站全部应用启停。

四、工作规范及要求

（1）按照《国家电网公司电力安全工作规程（电力监控部分）》要求做好相关安全措施，办理工作票。

（2）维护完成后填写运维记录，并对系统进行全面巡视。

五、考核及时间要求

（1）本考核操作时间为60分钟，按所完成的内容计分，未完成部分均不得分，时间到停止考核。

（2）设备配置过程中，如确实不能完成相关配置，可向考评员申请，该项项目不得分，但不影响其他项目。

技能等级评价专业技能考核操作评分标准

工种	电网调度自动化维护员					评价等级	初级工
项目模块	系统应用及操作—基础平台及 SCADA 应用及操作				编号	Jc0001541007	
单位			准考证号			姓名	
考试时限	60分钟		题型	单项操作		题分	100分
成绩		考评员		考评组长		日期	
试题正文	启停系统工作站应用						
需要说明的问题和要求	（1）要求单人完成工作任务。 （2）操作应注意安全，按照标准化作业书的技术安全说明做好安全措施。 （3）在指定系统/设备完成操作						

序号	项目名称	质量要求	满分	扣分标准	扣分原因	得分
1	功能应用及安全措施					
1.1	相关安全措施的准备	（1）办理工作票。 （2）作业人员身份鉴别和授权。 （3）备份可能受影响的内容	10	未正确办理工作票扣3分； 未进行作业人员身份鉴别和授权扣2分； 未备份可能受影响的程序、配置文件、运行参数、运行数据、日志文件等扣5分		
2	系统操作					
2.1	打开系统终端	正确打开系统终端	15	未正确打开系统终端扣15分		
2.2	启动系统全应用	正确启动系统全应用	25	未正确使用“sys_ctl start fast”命令启动系统全应用扣25分		
2.3	停止系统全应用	正确停止系统全应用	25	未正确使用“sys_ctl stop”命令停止系统全应用扣25分		
3	操作结束					
3.1	验证	验证操作结果的正确性	10	未正确验证操作结果扣10分		
3.2	操作记录	操作结束后完整填写操作记录	5	每漏填写一项扣1分，扣完为止； 操作记录不完整扣2分		
4	现场恢复	恢复现场	10	未进行现场恢复扣10分		
合计			100			

Jc0001541008　**遥控功能测试。（100 分）**

考核知识点：遥控功能测试

难易度：易

技能等级评价专业技能考核操作工作任务书

一、任务名称

遥控功能测试。

二、适用工种

电网调度自动化维护员初级工。

三、具体任务

（1）工作状态为考试站 111 断路器当前状态为合位。工作内容为遥控测试断开 111 断路器。

（2）工作任务：完成考试站 111 断路器的遥控分位操作。

四、工作规范及要求

（1）按照《国家电网公司电力安全工作规程（电力监控部分）》要求做好相关安全措施，办理工作票。

（2）维护完成后填写运维记录，并对系统进行全面巡视。

五、考核及时间要求

（1）本考核操作时间为 60 分钟，按所完成的内容计分，未完成部分均不得分，时间到停止考核。

（2）设备配置过程中，如确实不能完成相关配置，可向考评员申请，该项项目不得分，但不影响其他项目。

技能等级评价专业技能考核操作评分标准

<table>
<tr><td>工种</td><td colspan="5">电网调度自动化维护员</td><td>评价等级</td><td>初级工</td></tr>
<tr><td>项目模块</td><td colspan="4">系统应用及操作—主厂站联合调试</td><td>编号</td><td colspan="2">Jc0001541008</td></tr>
<tr><td>单位</td><td colspan="2"></td><td>准考证号</td><td colspan="2"></td><td>姓名</td><td></td></tr>
<tr><td>考试时限</td><td colspan="2">60 分钟</td><td>题型</td><td colspan="2">单项操作</td><td>题分</td><td>100 分</td></tr>
<tr><td>成绩</td><td></td><td>考评员</td><td></td><td>考评组长</td><td></td><td>日期</td><td></td></tr>
<tr><td>试题正文</td><td colspan="7">遥控功能测试</td></tr>
<tr><td>需要说明的问题和要求</td><td colspan="7">（1）要求单人完成工作任务。
（2）操作应注意安全，按照标准化作业书的技术安全说明做好安全措施。
（3）在指定系统/设备完成操作</td></tr>
</table>

序号	项目名称	质量要求	满分	扣分标准	扣分原因	得分
1	功能应用及安全措施					
1.1	相关安全措施的准备	（1）办理工作票。 （2）作业人员身份鉴别和授权。 （3）备份可能受影响的内容	10	未正确办理工作票扣 3 分； 未进行作业人员身份鉴别和授权扣 2 分； 未备份可能受影响的程序、配置文件、运行参数、运行数据、日志文件等扣 5 分		
2	系统操作					
2.1	打开厂站接线图	正确打开厂站接线图	15	未正确打开厂站接线图扣 15 分		
2.2	找到 111 断路器	正确找到 111 断路器	20	未正确找到 111 断路器扣 20 分		
2.3	遥控测试分 111 断路器	正确遥控测试分 111 断路器	30	未正确遥控测试分 111 断路器，每错一步扣 10 分，扣完为止		

续表

序号	项目名称	质量要求	满分	扣分标准	扣分原因	得分
3	操作结束					
3.1	验证	验证操作结果的正确性	10	未正确验证操作结果扣 10 分		
3.2	操作记录	操作结束后完整填写操作记录	5	每漏填写一项扣 1 分，扣完为止； 操作记录不完整扣 2 分		
4	现场恢复	恢复现场	10	未进行现场恢复扣 10 分		
合计			100			

Jc0001541009　遥信告警方式定义。（100 分）

考核知识点：告警方式定义

难易度：易

技能等级评价专业技能考核操作工作任务书

一、任务名称

遥信告警方式定义。

二、适用工种

电网调度自动化维护员初级工。

三、具体任务

（1）工作状态为调度自动化系统运行正常。工作内容为利用告警定义工具完成考试站“全站事故总”信号进行遥信变位上事故窗告警方式定义。

（2）工作任务：完成指定遥信信息告警方式定义。

四、工作规范及要求

（1）按照《国家电网公司电力安全工作规程（电力监控部分）》要求做好相关安全措施，办理工作票。

（2）维护完成后填写运维记录，并对系统进行全面巡视。

五、考核及时间要求

（1）本考核操作时间为 60 分钟，按所完成的内容计分，未完成部分均不得分，时间到停止考核。

（2）设备配置过程中，如确实不能完成相关配置，可向考评员申请，该项项目不得分，但不影响其他项目。

技能等级评价专业技能考核操作评分标准

<table>
<tr><td>工种</td><td colspan="5">电网调度自动化维护员</td><td>评价等级</td><td>初级工</td></tr>
<tr><td>项目模块</td><td colspan="4">系统应用及操作—基础平台及 SCADA 应用及操作</td><td>编号</td><td colspan="2">Jc0001541009</td></tr>
<tr><td>单位</td><td colspan="2"></td><td>准考证号</td><td colspan="2"></td><td>姓名</td><td></td></tr>
<tr><td>考试时限</td><td colspan="2">60 分钟</td><td>题型</td><td colspan="2">单项操作</td><td>题分</td><td>100 分</td></tr>
<tr><td>成绩</td><td></td><td>考评员</td><td></td><td>考评组长</td><td></td><td>日期</td><td></td></tr>
<tr><td>试题正文</td><td colspan="7">遥信告警方式定义</td></tr>
<tr><td>需要说明的问题和要求</td><td colspan="7">（1）要求单人完成工作任务。
（2）操作应注意安全，按照标准化作业书的技术安全说明做好安全措施。
（3）在指定系统/设备完成操作</td></tr>
</table>

续表

序号	项目名称	质量要求	满分	扣分标准	扣分原因	得分
1	功能应用及安全措施					
1.1	相关安全措施的准备	（1）办理工作票。 （2）作业人员身份鉴别和授权。 （3）备份可能受影响的内容	10	未正确办理工作票扣 3 分； 未进行作业人员身份鉴别和授权扣 2 分； 未备份可能受影响的程序、配置文件、运行参数、运行数据、日志文件等扣 5 分		
2	系统操作					
2.1	打开实时数据库	正确打开实时数据库	15	未正确打开实时数据库扣 15 分		
2.2	找到遥信表	正确找到遥信表	20	未正确找到遥信表扣 20 分		
2.3	定义遥信信号告警方式	正确定义遥信信号告警方式	20	未正确定义遥信信号告警方式扣 20 分		
2.4	保存操作结果	正确保存操作结果	10	未正确保存操作结果扣 10 分		
3	操作结束					
3.1	验证	验证操作结果的正确性	10	未正确验证操作结果扣 10 分		
3.2	操作记录	操作结束后完整填写操作记录	5	每漏填写一项扣 1 分，扣完为止； 操作记录不完整扣 2 分		
4	现场恢复	恢复现场	10	未进行现场恢复扣 10 分		
合计			100			

Jc0001541010　告警信息查询应用。（100 分）

考核知识点：告警查询工具的使用

难易度：易

技能等级评价专业技能考核操作工作任务书

一、任务名称

告警信息查询应用。

二、适用工种

电网调度自动化维护员初级工。

三、具体任务

（1）工作状态为调度自动化主站系统运行正常。工作内容为使用告警查询工具查询考试站“全站事故总”昨日遥信动作信息。

（2）工作任务：完成指定告警信息的查询。

四、工作规范及要求

（1）按照《国家电网公司电力安全工作规程（电力监控部分）》要求做好相关安全措施，办理工作票。

（2）维护完成后填写运维记录，并对系统进行全面巡视。

五、考核及时间要求

（1）本考核操作时间为 60 分钟，按所完成的内容计分，未完成部分均不得分，时间到停止考核。

（2）设备配置过程中，如确实不能完成相关配置，可向考评员申请，该项项目不得分，但不影响其他项目。

技能等级评价专业技能考核操作评分标准

工种	电网调度自动化维护员			评价等级	初级工
项目模块	系统应用及操作—基础平台及 SCADA 应用及操作		编号	Jc0001541010	
单位		准考证号		姓名	
考试时限	60 分钟	题型	单项操作	题分	100 分
成绩	考评员		考评组长		日期
试题正文	告警信息查询应用				
需要说明的问题和要求	（1）要求单人完成工作任务。 （2）操作应注意安全，按照标准化作业书的技术安全说明做好安全措施。 （3）在指定系统/设备完成操作				

序号	项目名称	质量要求	满分	扣分标准	扣分原因	得分
1	功能应用及安全措施					
1.1	相关安全措施的准备	（1）办理工作票。 （2）作业人员身份鉴别和授权。 （3）备份可能受影响的内容	10	未正确办理工作票扣 3 分； 未进行作业人员身份鉴别和授权扣 2 分； 未备份可能受影响的程序、配置文件、运行参数、运行数据、日志文件等扣 5 分		
2	系统操作					
2.1	打开告警查询工具	正确打开告警查询工具	15	未正确打开告警查询工具扣 15 分		
2.2	选择告警类型	正确选择告警类型	20	未正确选择告警类型扣 20 分		
2.3	定义检索条件查询告警信息	正确定义检索条件查询告警信息	30	未正确定义检索条件查询告警信息，每漏选一项扣 10 分，扣完为止		
3	操作结束					
3.1	验证	验证操作结果的正确性	10	未正确验证操作结果扣 10 分		
3.2	操作记录	操作结束后完整填写操作记录	5	每漏填写一项扣 1 分，扣完为止； 操作记录不完整扣 2 分		
4	现场恢复	恢复现场	10	未进行现场恢复扣 10 分		
合计			100			

Jc0001541011　遥信变位查询。（100 分）

考核知识点：遥信变位查询

难易度：易

技能等级评价专业技能考核操作工作任务书

一、任务名称

遥信变位查询。

二、适用工种

电网调度自动化维护员初级工。

三、具体任务

（1）工作状态为调度自动化主站系统运行正常。工作内容为使用画面操作菜单进行遥信变位查询操作，查询考试站 111 断路器昨日遥信变位情况。

（2）工作任务：完成遥信变位查询。

四、工作规范及要求

（1）按照《国家电网公司电力安全工作规程（电力监控部分）》要求做好相关安全措施，办理工作票。

（2）维护完成后填写运维记录，并对系统进行全面巡视。

五、考核及时间要求

（1）本考核操作时间为60分钟，按所完成的内容计分，未完成部分均不得分，时间到停止考核。

（2）设备配置过程中，如确实不能完成相关配置，可向考评员申请，该项项目不得分，但不影响其他项目。

技能等级评价专业技能考核操作评分标准

工种	电网调度自动化维护员					评价等级	初级工
项目模块	系统应用及操作—基础平台及SCADA应用及操作				编号	Jc0001541011	
单位			准考证号			姓名	
考试时限	60分钟		题型	单项操作		题分	100分
成绩		考评员		考评组长		日期	
试题正文	遥信变位查询						
需要说明的问题和要求	（1）要求单人完成工作任务。 （2）操作应注意安全，按照标准化作业书的技术安全说明做好安全措施。 （3）在指定系统/设备完成操作						

序号	项目名称	质量要求	满分	扣分标准	扣分原因	得分
1	功能应用及安全措施					
1.1	相关安全措施的准备	（1）办理工作票。 （2）作业人员身份鉴别和授权。 （3）备份可能受影响的内容	10	未正确办理工作票扣3分； 未进行作业人员身份鉴别和授权扣2分； 未备份可能受影响的程序、配置文件、运行参数、运行数据、日志文件等扣5分		
2	系统操作					
2.1	打开厂站接线图	正确打开厂站接线图	15	未正确打开厂站接线图扣15分		
2.2	找到111断路器	正确找到111断路器	20	未正确找到111断路器扣20分		
2.3	查询遥信变位信息	正确查询遥信变位信息	30	未正确查询遥信变位信息，每错一步扣10分，扣完为止		
3	操作结束					
3.1	验证	验证操作结果的正确性	10	未正确验证操作结果扣10分		
3.2	操作记录	操作结束后完整填写操作记录	5	每漏填写一项扣1分，扣完为止； 操作记录不完整扣2分		
4	现场恢复	恢复现场	10	未进行现场恢复扣10分		
合计			100			

Jc0001541012　使用曲线浏览工具查看遥测曲线。（100分）

考核知识点： 曲线浏览工具的使用

难易度： 易

技能等级评价专业技能考核操作工作任务书

一、任务名称

使用曲线浏览工具查看遥测曲线。

二、适用工种

电网调度自动化维护员初级工。

三、具体任务

（1）工作状态为调度自动化主站系统运行正常。工作内容为使用曲线浏览工具查询考试站 111 线路有功值昨日遥测曲线。

（2）工作任务：完成曲线浏览工具的使用。

四、工作规范及要求

（1）按照《国家电网公司电力安全工作规程（电力监控部分）》要求做好相关安全措施，办理工作票。

（2）维护完成后填写运维记录，并对系统进行全面巡视。

五、考核及时间要求

（1）本考核操作时间为 60 分钟，按所完成的内容计分，未完成部分均不得分，时间到停止考核。

（2）设备配置过程中，如确实不能完成相关配置，可向考评员申请，该项项目不得分，但不影响其他项目。

技能等级评价专业技能考核操作评分标准

工种	电网调度自动化维护员					评价等级	初级工
项目模块	系统应用及操作—基础平台及 SCADA 应用及操作				编号	Jc0001541012	
单位		准考证号				姓名	
考试时限	60 分钟	题型		单项操作		题分	100 分
成绩		考评员		考评组长		日期	
试题正文	使用曲线浏览工具查看遥测曲线						
需要说明的问题和要求	（1）要求单人完成工作任务。 （2）操作应注意安全，按照标准化作业书的技术安全说明做好安全措施。 （3）在指定系统/设备完成操作						

序号	项目名称	质量要求	满分	扣分标准	扣分原因	得分
1	功能应用及安全措施					
1.1	相关安全措施的准备	（1）办理工作票。 （2）作业人员身份鉴别和授权。 （3）备份可能受影响的内容	10	未正确办理工作票扣 3 分； 未进行作业人员身份鉴别和授权扣 2 分； 未备份可能受影响的程序、配置文件、运行参数、运行数据、日志文件等扣 5 分		
2	系统操作					
2.1	打开厂站接线图	正确打开厂站接线图	15	未正确打开厂站接线图扣 15 分		
2.2	找到 111 线路有功值	正确找到 111 线路有功值	20	未正确找到 111 线路有功值扣 20 分		
2.3	调阅遥测曲线	正确调阅遥测曲线	30	未正确调阅遥测曲线，每错一步扣 10 分，扣完为止		
3	操作结束					
3.1	验证	验证操作结果的正确性	10	未正确验证操作结果扣 10 分		
3.2	操作记录	操作结束后完整填写操作记录	5	每漏填写一项扣 1 分，扣完为止； 操作记录不完整扣 2 分		
4	现场恢复	恢复现场	10	未进行现场恢复扣 10 分		
合计			100			

Jc0001541013　使用曲线浏览工具查询、合并多条遥测曲线。（100分）

考核知识点：曲线浏览工具的使用

难易度：易

技能等级评价专业技能考核操作工作任务书

一、任务名称

使用曲线浏览工具查询、合并多条遥测曲线。

二、适用工种

电网调度自动化维护员初级工。

三、具体任务

（1）工作状态为调度自动化主站系统运行正常。工作内容为使用曲线浏览工具查询、合并考试站111线路有功、无功值昨日遥测曲线。

（2）工作任务：完成遥测曲线查询及合并。

四、工作规范及要求

（1）按照《国家电网公司电力安全工作规程（电力监控部分）》要求做好相关安全措施，办理工作票。

（2）维护完成后填写运维记录，并对系统进行全面巡视。

五、考核及时间要求

（1）本考核操作时间为60分钟，按所完成的内容计分，未完成部分均不得分，时间到停止考核。

（2）设备配置过程中，如确实不能完成相关配置，可向考评员申请，该项项目不得分，但不影响其他项目。

技能等级评价专业技能考核操作评分标准

工种	电网调度自动化维护员					评价等级	初级工
项目模块	系统应用及操作—基础平台及SCADA应用及操作				编号	Jc0001541013	
单位			准考证号			姓名	
考试时限	60分钟	题型		单项操作		题分	100分
成绩		考评员		考评组长		日期	
试题正文	使用曲线浏览工具查询、合并多条遥测曲线						
需要说明的问题和要求	（1）要求单人完成工作任务。 （2）操作应注意安全，按照标准化作业书的技术安全说明做好安全措施。 （3）在指定系统/设备完成操作						

序号	项目名称	质量要求	满分	扣分标准	扣分原因	得分
1	功能应用及安全措施					
1.1	相关安全措施的准备	（1）办理工作票。 （2）作业人员身份鉴别和授权。 （3）备份可能受影响的内容	10	未正确办理工作票扣3分； 未进行作业人员身份鉴别和授权扣2分； 未备份可能受影响的程序、配置文件、运行参数、运行数据、日志文件等扣5分		
2	系统操作					
2.1	打开厂站接线图	正确打开厂站接线图	15	未正确打开厂站接线图扣15分		
2.2	找到111线路	正确找到111线路	20	未正确找到111线路扣20分		
2.3	合并查询线路遥测曲线	正确合并查询线路遥测曲线	30	未正确合并查询线路遥测曲线，每错一步扣10分，扣完为止		

续表

序号	项目名称	质量要求	满分	扣分标准	扣分原因	得分
3	操作结束					
3.1	验证	验证操作结果的正确性	10	未正确验证操作结果扣 10 分		
3.2	操作记录	操作结束后完整填写操作记录	5	每漏填写一项扣 1 分，扣完为止； 操作记录不完整扣 2 分		
4	现场恢复	恢复现场	10	未进行现场恢复扣 10 分		
合计			100			

Jc0001541014　使用曲线浏览工具查看遥测曲线极值。（100 分）

考核知识点：曲线浏览工具的使用

难易度：易

技能等级评价专业技能考核操作工作任务书

一、任务名称

使用曲线浏览工具查看遥测曲线极值。

二、适用工种

电网调度自动化维护员初级工。

三、具体任务

（1）工作状态为调度自动化主站系统运行正常。工作内容为使用曲线浏览工具查看考试站 111 线路有功值昨日遥测曲线极值。

（2）工作任务：完成遥测曲线极值的查看。

四、工作规范及要求

（1）按照《国家电网公司电力安全工作规程（电力监控部分）》要求做好相关安全措施，办理工作票。

（2）维护完成后填写运维记录，并对系统进行全面巡视。

五、考核及时间要求

（1）本考核操作时间为 60 分钟，按所完成的内容计分，未完成部分均不得分，时间到停止考核。

（2）设备配置过程中，如确实不能完成相关配置，可向考评员申请，该项项目不得分，但不影响其他项目。

技能等级评价专业技能考核操作评分标准

工种	电网调度自动化维护员					评价等级	初级工
项目模块	系统应用及操作—基础平台及 SCADA 应用及操作				编号	Jc0001541014	
单位			准考证号			姓名	
考试时限	60 分钟	题型	单项操作			题分	100 分
成绩		考评员	考评组长			日期	
试题正文	使用曲线浏览工具查看遥测曲线极值						
需要说明的问题和要求	（1）要求单人完成工作任务。 （2）操作应注意安全，按照标准化作业书的技术安全说明做好安全措施。 （3）在指定系统/设备完成操作						

续表

序号	项目名称	质量要求	满分	扣分标准	扣分原因	得分
1	功能应用及安全措施					
1.1	相关安全措施的准备	（1）办理工作票。 （2）作业人员身份鉴别和授权。 （3）备份可能受影响的内容	10	未正确办理工作票扣3分； 未进行作业人员身份鉴别和授权扣2分； 未备份可能受影响的程序、配置文件、运行参数、运行数据、日志文件等扣5分		
2	系统操作					
2.1	打开厂站接线图	正确打开厂站接线图	15	未正确打开厂站接线图扣15分		
2.2	调阅111线路有功值遥测曲线	正确调阅111线路有功值遥测曲线	20	未正确调阅111线路有功值遥测曲线扣20分		
2.3	显示极值	正确显示极值	30	未正确显示极值扣30分		
3	操作结束					
3.1	验证	验证操作结果的正确性	10	未正确验证操作结果扣10分		
3.2	操作记录	操作结束后完整填写操作记录	5	每漏填写一项扣1分，扣完为止； 操作记录不完整扣2分		
4	现场恢复	恢复现场	10	未进行现场恢复扣10分		
	合计		100			

Jc0002541015－1　遥测数据故障处理。（100分）

考核知识点：SCADA数据库数据录入错误引起的故障现象处理

难易度：易

技能等级评价专业技能考核操作工作任务书

一、任务名称

遥测数据故障处理。

二、适用工种

电网调度自动化维护员初级工。

三、具体任务

（1）工作状态为调度自动化主站系统运行正常。工作内容为考试站111线路有功值与现场数据不符，111线路有功遥测点号实际为1，前置遥测定义表中填写为0，更改111线路有功遥测点号，保持与现场数据一致。

（2）工作任务：完成数据库数据录入错误引起的故障处理。

四、工作规范及要求

（1）按照《国家电网公司电力安全工作规程（电力监控部分）》要求做好相关安全措施，办理工作票。

（2）维护完成后填写运维记录，并对系统进行全面巡视。

五、考核及时间要求

（1）本考核操作时间为60分钟，按所完成的内容计分，未完成部分均不得分，时间到停止考核。

（2）设备配置过程中，如确实不能完成相关配置，可向考评员申请，该项项目不得分，但不影响其他项目。

技能等级评价专业技能考核操作评分标准

工种	电网调度自动化维护员					评价等级	初级工
项目模块	系统异常处理—基础平台及 SCADA 运维				编号	Jc0002541015－1	
单位			准考证号			姓名	
考试时限	60 分钟		题型	单项操作		题分	100 分
成绩		考评员		考评组长		日期	
试题正文	遥测数据故障处理						
需要说明的问题和要求	（1）要求单人完成工作任务。 （2）操作应注意安全，按照标准化作业书的技术安全说明做好安全措施。 （3）在指定系统/设备完成操作						

序号	项目名称	质量要求	满分	扣分标准	扣分原因	得分
1	功能应用及安全措施					
1.1	相关安全措施的准备	（1）办理工作票。 （2）作业人员身份鉴别和授权。 （3）备份可能受影响的内容	10	未正确办理工作票扣 3 分； 未进行作业人员身份鉴别和授权扣 2 分； 未备份可能受影响的程序、配置文件、运行参数、运行数据、日志文件等扣 5 分		
2	系统操作					
2.1	找到前置遥测定义表	正确找到前置遥测定义表	20	未正确找到前置遥测定义表扣 20 分		
2.2	修改错误数据遥测点号	正确修改错误数据遥测点号	30	未正确修改错误数据遥测点号扣 30 分		
2.3	保存修改结果	正确保存修改结果	15	未正确保存修改结果扣 15 分		
3	操作结束					
3.1	验证	验证操作结果的正确性	10	未正确验证操作结果扣 10 分		
3.2	操作记录	操作结束后完整填写操作记录	5	每漏填写一项扣 1 分，扣完为止； 操作记录不完整扣 2 分		
4	现场恢复	恢复现场	10	未进行现场恢复扣 10 分		
合计			100			

Jc0002541015－2　遥测数据故障处理。（100 分）

考核知识点：SCADA 数据库数据录入错误引起的故障现象处理

难易度：易

技能等级评价专业技能考核操作工作任务书

一、任务名称

遥测数据故障处理。

二、适用工种

电网调度自动化维护员初级工。

三、具体任务

（1）工作状态为调度自动化主站系统运行正常。工作内容为考试站全站遥测值与现场数据不符，考试站网络通道遥测起始地址为 4001H，IEC104 规约表中填写为 701H，更改考试站网络通道遥测起始地址，保持与现场数据一致。

（2）工作任务：完成数据库数据录入错误引起的故障现象处理。

四、工作规范及要求

（1）按照《国家电网公司电力安全工作规程（电力监控部分）》要求做好相关安全措施，办理工作票。

（2）维护完成后填写运维记录，并对系统进行全面巡视。

五、考核及时间要求

（1）本考核操作时间为60分钟，按所完成的内容计分，未完成部分均不得分，时间到停止考核。

（2）设备配置过程中，如确实不能完成相关配置，可向考评员申请，该项项目不得分，但不影响其他项目。

技能等级评价专业技能考核操作评分标准

工种	电网调度自动化维护员					评价等级	初级工
项目模块	系统异常处理—基础平台及SCADA运维				编号	Jc0002541015－2	
单位			准考证号			姓名	
考试时限	60分钟		题型	单项操作		题分	100分
成绩		考评员		考评组长		日期	
试题正文	遥测数据故障处理						
需要说明的问题和要求	（1）要求单人完成工作任务。 （2）操作应注意安全，按照标准化作业书的技术安全说明做好安全措施。 （3）在指定系统/设备完成操作						

序号	项目名称	质量要求	满分	扣分标准	扣分原因	得分
1	功能应用及安全措施					
1.1	相关安全措施的准备	（1）办理工作票。 （2）作业人员身份鉴别和授权。 （3）备份可能受影响的内容	10	未正确办理工作票扣3分； 未进行作业人员身份鉴别和授权扣2分； 未备份可能受影响的程序、配置文件、运行参数、运行数据、日志文件等扣5分		
2	系统操作					
2.1	找到IEC104规约表	正确找到IEC104规约表	20	未正确找到IEC104规约表扣20分		
2.2	修改遥测起始地址	正确修改遥测起始地址	30	未正确修改遥测起始地址扣30分		
2.3	保存修改结果	正确保存修改结果	15	未正确保存修改结果扣15分		
3	操作结束					
3.1	验证	验证操作结果的正确性	10	未正确验证操作结果扣10分		
3.2	操作记录	操作结束后完整填写操作记录	5	每漏填写一项扣1分，扣完为止； 操作记录不完整扣2分		
4	现场恢复	恢复现场	10	未进行现场恢复扣10分		
合计			100			

Jc0002541016－1 遥信数据故障处理。（100分）

考核知识点：SCADA数据库数据录入错误引起的故障现象处理

难易度：易

技能等级评价专业技能考核操作工作任务书

一、任务名称

遥信数据故障处理。

二、适用工种

电网调度自动化维护员初级工。

三、具体任务

（1）工作状态为调度自动化主站系统运行正常。工作内容为考试站 111 断路器就地把手位置与现场实际位置不一致，现场实际位置在远方，画面显示把手位置在就地，将前置遥信定义表中 111 断路器就地把手位置由正极性改为反极性，保持与现场实际位置一致。

（2）工作任务：完成数据库数据录入错误引起的故障现象处理。

四、工作规范及要求

（1）按照《国家电网公司电力安全工作规程（电力监控部分）》要求做好相关安全措施，办理工作票。

（2）维护完成后填写运维记录，并对系统进行全面巡视。

五、考核及时间要求

（1）本考核操作时间为 60 分钟，按所完成的内容计分，未完成部分均不得分，时间到停止考核。

（2）设备配置过程中，如确实不能完成相关配置，可向考评员申请，该项项目不得分，但不影响其他项目。

技能等级评价专业技能考核操作评分标准

工种	电网调度自动化维护员					评价等级	初级工
项目模块	系统异常处理—基础平台及 SCADA 运维				编号	Jc0002541016－1	
单位			准考证号			姓名	
考试时限	60 分钟		题型	单项操作		题分	100 分
成绩		考评员		考评组长		日期	
试题正文	遥信数据故障处理						
需要说明的问题和要求	（1）要求单人完成工作任务。 （2）操作应注意安全，按照标准化作业书的技术安全说明做好安全措施。 （3）在指定系统/设备完成操作						

序号	项目名称	质量要求	满分	扣分标准	扣分原因	得分
1	功能应用及安全措施					
1.1	相关安全措施的准备	（1）办理工作票。 （2）作业人员身份鉴别和授权。 （3）备份可能受影响的内容	10	未正确办理工作票扣 3 分； 未进行作业人员身份鉴别和授权扣 2 分； 未备份可能受影响的程序、配置文件、运行参数、运行数据、日志文件等扣 5 分		
2	系统操作					
2.1	找到前置遥信定义表	正确找到前置遥信定义表	20	未正确找到前置遥信定义表扣 20 分		
2.2	修改遥信极性	正确修改遥信极性	30	未正确修改遥信极性扣 30 分		
2.3	保存修改结果	正确保存修改结果	15	未正确保存修改结果扣 15 分		
3	操作结束					
3.1	验证	验证操作结果的正确性	10	未正确验证操作结果扣 10 分		
3.2	操作记录	操作结束后完整填写操作记录	5	每漏填写一项扣 1 分，扣完为止； 操作记录不完整扣 2 分		
4	现场恢复	恢复现场	10	未进行现场恢复扣 10 分		
合计			100			

Jc0002541016－2 遥信数据故障处理。(100分)

考核知识点： SCADA数据库数据录入错误引起的故障现象处理

难易度： 易

技能等级评价专业技能考核操作工作任务书

一、任务名称

遥信数据故障处理。

二、适用工种

电网调度自动化维护员初级工。

三、具体任务

(1) 工作状态为调度自动化主站系统运行正常。工作内容为考试站111间隔事故总信号核对时光字牌不动作，经查原因为该遥信信号在“保护信号表”中未将“是否为光字牌”设置为“是”，将遥信配置修改正确，使系统可以正确显示光字牌状态。

(2) 工作任务：完成数据库数据录入错误引起的故障现象处理。

四、工作规范及要求

(1) 按照《国家电网公司电力安全工作规程（电力监控部分）》要求做好相关安全措施，办理工作票。

(2) 维护完成后填写运维记录，并对系统进行全面巡视。

五、考核及时间要求

(1) 本考核操作时间为60分钟，按所完成的内容计分，未完成部分均不得分，时间到停止考核。

(2) 设备配置过程中，如确实不能完成相关配置，可向考评员申请，该项项目不得分，但不影响其他项目。

技能等级评价专业技能考核操作评分标准

工种	电网调度自动化维护员				评价等级	初级工
项目模块	系统异常处理—基础平台及SCADA运维			编号	Jc0002541016－2	
单位		准考证号			姓名	
考试时限	60分钟	题型	单项操作		题分	100分
成绩	考评员		考评组长		日期	
试题正文	遥信数据故障处理					
需要说明的问题和要求	(1) 要求单人完成工作任务。 (2) 操作应注意安全，按照标准化作业书的技术安全说明做好安全措施。 (3) 在指定系统/设备完成操作					

序号	项目名称	质量要求	满分	扣分标准	扣分原因	得分
1	功能应用及安全措施					
1.1	相关安全措施的准备	(1) 办理工作票。 (2) 作业人员身份鉴别和授权。 (3) 备份可能受影响的内容	10	未正确办理工作票扣3分； 未进行作业人员身份鉴别和授权扣2分； 未备份可能受影响的程序、配置文件、运行参数、运行数据、日志文件等扣5分		
2	系统操作					
2.1	找到保护信号表	正确找到保护信号表	20	未正确找到保护信号表扣20分		
2.2	修改遥信配置	正确修改遥信配置	30	未正确修改遥信配置扣30分		

续表

序号	项目名称	质量要求	满分	扣分标准	扣分原因	得分
2.3	保存修改结果	正确保存修改结果	15	未正确保存修改结果扣 15 分		
3	操作结束					
3.1	验证	验证操作结果的正确性	10	未正确验证操作结果扣 10 分		
3.2	操作记录	操作结束后完整填写操作记录	5	每漏填写一项扣 1 分，扣完为止； 操作记录不完整扣 2 分		
4	现场恢复	恢复现场	10	未进行现场恢复扣 10 分		
合计			100			

Jc0002541016－3　遥信数据故障处理。（100 分）

考核知识点： SCADA 数据库数据录入错误引起的故障现象处理

难易度： 易

技能等级评价专业技能考核操作工作任务书

一、任务名称

遥信数据故障处理。

二、适用工种

电网调度自动化维护员初级工。

三、具体任务

（1）工作状态为调度自动化主站系统运行正常。工作内容为考试站全站不可控，遥控任一间隔断路器提示本厂站禁止遥控，将通信厂站表中是否允许遥控域是否改为是，使考试站全站可控。

（2）工作任务：完成数据库数据录入错误引起的故障现象处理。

四、工作规范及要求

（1）按照《国家电网公司电力安全工作规程（电力监控部分）》要求做好相关安全措施，办理工作票。

（2）维护完成后填写运维记录，并对系统进行全面巡视。

五、考核及时间要求

（1）本考核操作时间为 60 分钟，按所完成的内容计分，未完成部分均不得分，时间到停止考核。

（2）设备配置过程中，如确实不能完成相关配置，可向考评员申请，该项项目不得分，但不影响其他项目。

技能等级评价专业技能考核操作评分标准

工种	电网调度自动化维护员					评价等级	初级工
项目模块	系统异常处理—基础平台及 SCADA 运维				编号	Jc0002541016－3	
单位			准考证号			姓名	
考试时限	60 分钟		题型	单项操作		题分	100 分
成绩		考评员		考评组长		日期	
试题正文	遥信数据故障处理						
需要说明的问题和要求	（1）要求单人完成工作任务。 （2）操作应注意安全，按照标准化作业书的技术安全说明做好安全措施。 （3）在指定系统/设备完成操作						

续表

序号	项目名称	质量要求	满分	扣分标准	扣分原因	得分
1	功能应用及安全措施					
1.1	相关安全措施的准备	（1）办理工作票。 （2）作业人员身份鉴别和授权。 （3）备份可能受影响的内容	10	未正确办理工作票扣 3 分； 未进行作业人员身份鉴别和授权扣 2 分； 未备份可能受影响的程序、配置文件、运行参数、运行数据、日志文件等扣 5 分		
2	系统操作					
2.1	找到通信厂站表	正确找到通信厂站表	20	未正确找到通信厂站表扣 20 分		
2.2	修改是否遥控域值	正确修改是否遥控域值	30	未正确修改是否遥控域值扣 30 分		
2.3	保存修改结果	正确修改结果	15	未正确保存修改结果扣 15 分		
3	操作结束					
3.1	验证	验证操作结果的正确性	10	未正确验证操作结果扣 10 分		
3.2	操作记录	操作结束后完整填写操作记录	5	每漏填写一项扣 1 分，扣完为止； 操作记录不完整扣 2 分		
4	现场恢复	恢复现场	10	未进行现场恢复扣 10 分		
合计			100			

Jc0002541017　画面显示遥测数据不正确故障处理。（100 分）

考核知识点：画面链接错误引起的故障现象处理

难易度：易

技能等级评价专业技能考核操作工作任务书

一、任务名称

画面显示遥测数据不正确故障处理。

二、适用工种

电网调度自动化维护员初级工。

三、具体任务

（1）工作状态为调度自动化主站系统运行正常。工作内容为考试站 111 线路有功值画面显示与前置实时数据显示不符，111 线路有功值关联动态数据设备名称为考试站 112 线路，更改数据库属性链接，保证 111 线路有功值画面显示正确性。

（2）工作任务：完成画面链接错误引起的故障现象处理。

四、工作规范及要求

（1）按照《国家电网公司电力安全工作规程（电力监控部分）》要求做好相关安全措施，办理工作票。

（2）维护完成后填写运维记录，并对系统进行全面巡视。

五、考核及时间要求

（1）本考核操作时间为 60 分钟，按所完成的内容计分，未完成部分均不得分，时间到停止考核。

（2）设备配置过程中，如确实不能完成相关配置，可向考评员申请，该项项目不得分，但不影响其他项目。

技能等级评价专业技能考核操作评分标准

工种	电网调度自动化维护员					评价等级	初级工
项目模块	系统异常处理—基础平台及 SCADA 运维				编号	Jc0002541017	
单位			准考证号			姓名	
考试时限	60 分钟		题型	单项操作		题分	100 分
成绩		考评员		考评组长		日期	
试题正文	画面显示遥测数据不正确故障处理						
需要说明的问题和要求	（1）要求单人完成工作任务。 （2）操作应注意安全，按照标准化作业书的技术安全说明做好安全措施。 （3）在指定系统/设备完成操作						

序号	项目名称	质量要求	满分	扣分标准	扣分原因	得分
1	功能应用及安全措施					
1.1	相关安全措施的准备	（1）办理工作票。 （2）作业人员身份鉴别和授权。 （3）备份可能受影响的内容	10	未正确办理工作票扣 3 分； 未进行作业人员身份鉴别和授权扣 2 分； 未备份可能受影响的程序、配置文件、运行参数、运行数据、日志文件等扣 5 分		
2	系统操作					
2.1	打开厂站接线图图形编辑界面	正确打开厂站接线图图形编辑界面	20	未正确打开厂站接线图图形编辑界面扣 20 分		
2.2	关联遥测值数据库属性	正确关联遥测值数据库属性	30	未正确关联遥测值数据库属性，每错一步扣 10 分，扣完为止		
2.3	图形保存	图形保存正确	15	未正确进行图形保存扣 15 分		
3	操作结束					
3.1	验证	验证操作结果的正确性	10	未正确验证操作结果扣 10 分		
3.2	操作记录	操作结束后完整填写操作记录	5	每漏填写一项扣 1 分，扣完为止； 操作记录不完整扣 2 分		
4	现场恢复	恢复现场	10	未进行现场恢复扣 10 分		
合计			100			

Jc0002541018　画面显示设备颜色不正常故障处理。（100 分）

考核知识点：画面链接错误引起的故障现象处理

难易度：易

技能等级评价专业技能考核操作工作任务书

一、任务名称

画面显示设备颜色不正常故障处理。

二、适用工种

电网调度自动化维护员初级工。

三、具体任务

（1）工作状态为调度自动化主站系统运行正常。工作内容为考试站 111 断路器画面显示颜色不正常，应为 110kV 电压等级颜色红色，当前画面显示为 10kV 电压等级颜色蓝色，更改 111 断路器电压类型，保持 111 断路器画面显示颜色与相应电压等级颜色一致。

（2）工作任务：完成设备电压等级错误引起的故障现象处理。

四、工作规范及要求

（1）按照《国家电网公司电力安全工作规程（电力监控部分）》要求做好相关安全措施，办理工作票。

（2）维护完成后填写运维记录，并对系统进行全面巡视。

五、考核及时间要求

（1）本考核操作时间为60分钟，按所完成的内容计分，未完成部分均不得分，时间到停止考核。

（2）设备配置过程中，如确实不能完成相关配置，可向考评员申请，该项项目不得分，但不影响其他项目。

技能等级评价专业技能考核操作评分标准

工种	电网调度自动化维护员					评价等级	初级工
项目模块	系统异常处理—基础平台及SCADA运维				编号	Jc0002541018	
单位			准考证号			姓名	
考试时限	60分钟		题型	单项操作		题分	100分
成绩		考评员		考评组长		日期	
试题正文	画面显示设备颜色不正常故障处理						
需要说明的问题和要求	（1）要求单人完成工作任务。 （2）操作应注意安全，按照标准化作业书的技术安全说明做好安全措施。 （3）在指定系统/设备完成操作						

序号	项目名称	质量要求	满分	扣分标准	扣分原因	得分
1	功能应用及安全措施					
1.1	相关安全措施的准备	（1）办理工作票。 （2）作业人员身份鉴别和授权。 （3）备份可能受影响的内容	10	未正确办理工作票扣3分； 未进行作业人员身份鉴别和授权扣2分； 未备份可能受影响的程序、配置文件、运行参数、运行数据、日志文件等扣5分		
2	系统操作					
2.1	打开断路器表	正确打开断路器表	20	未正确打开断路器表扣20分		
2.2	更改断路器电压类型	正确更改断路器电压类型	30	未正确更改断路器电压类型扣30分		
2.3	保存修改结果	正确保存修改结果	15	未正确保存修改结果扣15分		
3	操作结束					
3.1	验证	验证操作结果的正确性	10	未正确验证操作结果扣10分		
3.2	操作记录	操作结束后完整填写操作记录	5	每漏填写一项扣1分，扣完为止； 操作记录不完整扣2分		
4	现场恢复	恢复现场	10	未进行现场恢复扣10分		
合计			100			

Jc0003541019 实时数据显示工具查看遥测数据。（100分）

考核知识点：实时数据显示工具的使用

难易度：易

技能等级评价专业技能考核操作工作任务书

一、任务名称

实时数据显示工具查看遥测数据。

二、适用工种

电网调度自动化维护员初级工。

三、具体任务

（1）工作状态为调度自动化主站系统运行正常。工作内容为使用实时数据显示工具查看考试站111线路有功值。

（2）工作任务：完成实时数据显示工具的使用。

四、工作规范及要求

（1）按照《国家电网公司电力安全工作规程（电力监控部分）》要求做好相关安全措施，办理工作票。

（2）维护完成后填写运维记录，并对系统进行全面巡视。

五、考核及时间要求

（1）本考核操作时间为60分钟，按所完成的内容计分，未完成部分均不得分，时间到停止考核。

（2）设备配置过程中，如确实不能完成相关配置，可向考评员申请，该项项目不得分，但不影响其他项目。

技能等级评价专业技能考核操作评分标准

工种	电网调度自动化维护员					评价等级	初级工
项目模块	系统维护—基础平台及SCADA运维				编号		Jc0003541019
单位		准考证号				姓名	
考试时限	60分钟		题型	单项操作		题分	100分
成绩		考评员		考评组长		日期	
试题正文	实时数据显示工具查看遥测数据						
需要说明的问题和要求	（1）要求单人完成工作任务。 （2）操作应注意安全，按照标准化作业书的技术安全说明做好安全措施。 （3）在指定系统/设备完成操作						

序号	项目名称	质量要求	满分	扣分标准	扣分原因	得分
1	功能应用及安全措施					
1.1	相关安全措施的准备	（1）办理工作票。 （2）作业人员身份鉴别和授权。 （3）备份可能受影响的内容	10	未正确办理工作票扣3分； 未进行作业人员身份鉴别和授权扣2分； 未备份可能受影响的程序、配置文件、运行参数、运行数据、日志文件等扣5分		
2	系统操作					
2.1	打开实时数据显示工具	正确打开实时数据显示工具	15	未正确打开实时数据显示工具扣15分		
2.2	定位考试站	正确定位考试站	20	未正确定位考试站扣20分		
2.3	查看111线路有功值	正确查看111线路有功值	30	未正确查看111线路有功值扣30分		
3	操作结束					
3.1	验证	验证操作结果的正确性	10	未正确验证操作结果扣10分		
3.2	操作记录	操作结束后完整填写操作记录	5	每漏填写一项扣1分，扣完为止； 操作记录不完整扣2分		
4	现场恢复	恢复现场	10	未进行现场恢复扣10分		
合计			100			

Jc0003541020　使用实时数据显示工具查看遥信数据。（100分）

考核知识点： 实时数据显示工具的使用

难易度： 易

技能等级评价专业技能考核操作工作任务书

一、任务名称

使用实时数据显示工具查看遥信数据。

二、适用工种

电网调度自动化维护员初级工。

三、具体任务

（1）工作状态为调度自动化主站系统运行正常。工作内容为使用实时数据显示工具查看考试站111断路器遥信值。

（2）工作任务：完成实时数据显示工具的使用。

四、工作规范及要求

（1）按照《国家电网公司电力安全工作规程（电力监控部分）》要求做好相关安全措施，办理工作票。

（2）维护完成后填写运维记录，并对系统进行全面巡视。

五、考核及时间要求

（1）本考核操作时间为60分钟，按所完成的内容计分，未完成部分均不得分，时间到停止考核。

（2）设备配置过程中，如确实不能完成相关配置，可向考评员申请，该项项目不得分，但不影响其他项目。

技能等级评价专业技能考核操作评分标准

工种	电网调度自动化维护员					评价等级	初级工
项目模块	系统维护—基础平台及SCADA运维				编号		Jc0003541020
单位			准考证号			姓名	
考试时限	60分钟		题型	单项操作		题分	100分
成绩		考评员		考评组长		日期	
试题正文	使用实时数据显示工具查看遥信数据						
需要说明的问题和要求	（1）要求单人完成工作任务。 （2）操作应注意安全，按照标准化作业书的技术安全说明做好安全措施。 （3）在指定系统/设备完成操作						

序号	项目名称	质量要求	满分	扣分标准	扣分原因	得分
1	功能应用及安全措施					
1.1	相关安全措施的准备	（1）办理工作票。 （2）作业人员身份鉴别和授权。 （3）备份可能受影响的内容	10	未正确办理工作票扣3分； 未进行作业人员身份鉴别和授权扣2分； 未备份可能受影响的程序、配置文件、运行参数、运行数据、日志文件等扣5分		
2	系统操作					
2.1	打开实时数据显示工具	正确打开实时数据显示工具	15	未正确打开实时数据显示工具扣15分		
2.2	定位考试站	正确定位考试站	20	未正确定位考试站扣20分		

续表

序号	项目名称	质量要求	满分	扣分标准	扣分原因	得分
2.3	查看 111 断路器遥信值	正确查看 111 断路器遥信值	30	未正确查看 111 断路器遥信值扣 30 分		
3	操作结束					
3.1	验证	验证操作结果的正确性	10	未正确验证操作结果扣 10 分		
3.2	操作记录	操作结束后完整填写操作记录	5	每漏填写一项扣 1 分，扣完为止；操作记录不完整扣 2 分		
4	现场恢复	恢复现场	10	未进行现场恢复扣 10 分		
合计			100			

Jc0003541021　对端代图形操作。(100 分)

考核知识点：端代图形的操作

难易度：易

技能等级评价专业技能考核操作工作任务书

一、任务名称

对端代图形操作。

二、适用工种

电网调度自动化维护员初级工。

三、具体任务

（1）工作状态为调度自动化主站系统运行正常。工作内容为考试站 111 线路有功值采用对端测试站 111 线路有功值代。

（2）工作任务：完成对端代图形操作。

四、工作规范及要求

（1）按照《国家电网公司电力安全工作规程（电力监控部分）》要求做好相关安全措施，办理工作票。

（2）维护完成后填写运维记录，并对系统进行全面巡视。

五、考核及时间要求

（1）本考核操作时间为 60 分钟，按所完成的内容计分，未完成部分均不得分，时间到停止考核。

（2）设备配置过程中，如确实不能完成相关配置，可向考评员申请，该项项目不得分，但不影响其他项目。

技能等级评价专业技能考核操作评分标准

工种	电网调度自动化维护员					评价等级	初级工
项目模块	系统维护—基础平台及 SCADA 运维				编号	Jc0003541021	
单位			准考证号			姓名	
考试时限	60 分钟	题型		单项操作		题分	100 分
成绩		考评员		考评组长		日期	
试题正文	对端代图形操作						
需要说明的问题和要求	（1）要求单人完成工作任务。 （2）操作应注意安全，按照标准化作业书的技术安全说明做好安全措施。 （3）在指定系统/设备完成操作						

续表

序号	项目名称	质量要求	满分	扣分标准	扣分原因	得分
1	功能应用及安全措施					
1.1	相关安全措施的准备	（1）办理工作票。 （2）作业人员身份鉴别和授权。 （3）备份可能受影响的内容	10	未正确办理工作票扣3分； 未进行作业人员身份鉴别和授权扣2分； 未备份可能受影响的程序、配置文件、运行参数、运行数据、日志文件等扣5分		
2	系统操作					
2.1	打开厂站接线图	正确打开厂站接线图	15	未正确打开厂站接线图扣15分		
2.2	找到111线路有功值	正确找到111线路有功值	20	未正确找到111线路有功值扣20分		
2.3	执行人工对端代	正确执行人工对端代	30	未正确执行人工对端代扣30分		
3	操作结束					
3.1	验证	验证操作结果的正确性	10	未正确验证操作结果扣10分		
3.2	操作记录	操作结束后完整填写操作记录	5	每漏填写一项扣1分，扣完为止； 操作记录不完整扣2分		
4	现场恢复	恢复现场	10	未进行现场恢复扣10分		
合计			100			

Jc0003541022 光字牌绘制。(100分)

考核知识点：光字牌绘制

难易度：易

技能等级评价专业技能考核操作工作任务书

一、任务名称

光字牌绘制。

二、适用工种

电网调度自动化维护员初级工。

三、具体任务

（1）工作状态为调度自动化主站系统运行正常。工作内容为在考试站111间隔接线图中光字牌区域绘制一个光字牌。

（2）工作任务：完成光字牌绘制。

四、工作规范及要求

（1）按照《国家电网公司电力安全工作规程（电力监控部分）》要求做好相关安全措施，办理工作票。

（2）维护完成后填写运维记录，并对系统进行全面巡视。

五、考核及时间要求

（1）本考核操作时间为60分钟，按所完成的内容计分，未完成部分均不得分，时间到停止考核。

（2）设备配置过程中，如确实不能完成相关配置，可向考评员申请，该项项目不得分，但不影响其他项目。

技能等级评价专业技能考核操作评分标准

工种	电网调度自动化维护员			评价等级	初级工
项目模块	系统维护—基础平台及 SCADA 运维		编号	Jc0003541022	
单位		准考证号		姓名	
考试时限	60 分钟	题型	单项操作	题分	100 分
成绩		考评员	考评组长		日期
试题正文	光字牌绘制				
需要说明的问题和要求	（1）要求单人完成工作任务。 （2）操作应注意安全，按照标准化作业书的技术安全说明做好安全措施。 （3）在指定系统/设备完成操作				

序号	项目名称	质量要求	满分	扣分标准	扣分原因	得分
1	功能应用及安全措施					
1.1	相关安全措施的准备	（1）办理工作票。 （2）作业人员身份鉴别和授权。 （3）备份可能受影响的内容	10	未正确办理工作票扣 3 分； 未进行作业人员身份鉴别和授权扣 2 分； 未备份可能受影响的程序、配置文件、运行参数、运行数据、日志文件等扣 5 分		
2	系统操作					
2.1	打开 111 间隔接线图图形编辑界面	正确打开 111 间隔接线图图形编辑界面	20	未正确打开 111 间隔接线图图形编辑界面扣 20 分		
2.2	绘制光字牌	正确绘制光字牌	30	未正确绘制光字牌扣 30 分		
2.3	图形网络保存	图形网络保存正确	15	未正确进行图形网络保存扣 15 分		
3	操作结束					
3.1	验证	验证操作结果的正确性	10	未正确验证操作结果扣 10 分		
3.2	操作记录	操作结束后完整填写操作记录	5	每漏填写一项扣 1 分，扣完为止； 操作记录不完整扣 2 分		
4	现场恢复	恢复现场	10	未进行现场恢复扣 10 分		
合计			100			

Jc0003541023 断路器图元绘制。（100 分）

考核知识点：断路器图元绘制

难易度：易

技能等级评价专业技能考核操作工作任务书

一、任务名称

断路器图元绘制。

二、适用工种

电网调度自动化维护员初级工。

三、具体任务

（1）工作状态为调度自动化主站系统运行正常。工作内容为在考试站厂站接线图中虚线框位置绘制一个断路器图元。

（2）工作任务：完成断路器图元绘制。

四、工作规范及要求

（1）按照《国家电网公司电力安全工作规程（电力监控部分）》要求做好相关安全措施，办理工作票。

（2）维护完成后填写运维记录，并对系统进行全面巡视。

五、考核及时间要求

（1）本考核操作时间为60分钟，按所完成的内容计分，未完成部分均不得分，时间到停止考核。

（2）设备配置过程中，如确实不能完成相关配置，可向考评员申请，该项项目不得分，但不影响其他项目。

技能等级评价专业技能考核操作评分标准

工种	电网调度自动化维护员					评价等级	初级工
项目模块	系统维护—基础平台及 SCADA 运维				编号	Jc0003541023	
单位			准考证号			姓名	
考试时限	60 分钟		题型	单项操作		题分	100 分
成绩		考评员		考评组长		日期	
试题正文	断路器图元绘制						
需要说明的问题和要求	（1）要求单人完成工作任务。 （2）操作应注意安全，按照标准化作业书的技术安全说明做好安全措施。 （3）在指定系统/设备完成操作						

序号	项目名称	质量要求	满分	扣分标准	扣分原因	得分
1	功能应用及安全措施					
1.1	相关安全措施的准备	（1）办理工作票。 （2）作业人员身份鉴别和授权。 （3）备份可能受影响的内容	10	未正确办理工作票扣3分； 未进行作业人员身份鉴别和授权扣2分； 未备份可能受影响的程序、配置文件、运行参数、运行数据、日志文件等扣5分		
1.2	相关安全措施的准备	正确按照工作票落实安全措施	10	未按工作票落实安全措施每缺少一项扣2分		
2	系统操作					
2.1	打开厂站接线图图形编辑界面	正确打开厂站接线图图形编辑界面	15	未正确打开厂站接线图图形编辑界面扣15分		
2.2	绘制断路器图元	正确绘制断路器图元	25	未正确绘制断路器图元扣25分		
2.3	图形网络保存	图形网络保存正确	15	未正确进行图形网络保存扣15分		
3	操作结束					
3.1	验证	验证操作结果的正确性	10	未正确验证操作结果扣10分		
3.2	操作记录	操作结束后完整填写操作记录	5	每漏填写一项扣1分，扣完为止； 操作记录不完整扣2分		
4	现场恢复	恢复现场	10	未进行现场恢复扣10分		
合计			100			

Jc0003541024　隔离开关图元绘制。（100分）

考核知识点：隔离开关图元绘制

难易度：易

技能等级评价专业技能考核操作工作任务书

一、任务名称

隔离开关图元绘制。

二、适用工种

电网调度自动化维护员初级工。

三、具体任务

（1）工作状态为调度自动化主站系统运行正常。工作内容为在考试站厂站接线图中虚线框位置绘制一个隔离开关图元。

（2）工作任务：完成隔离开关图元绘制。

四、工作规范及要求

（1）按照《国家电网公司电力安全工作规程（电力监控部分）》要求做好相关安全措施，办理工作票。

（2）维护完成后填写运维记录，并对系统进行全面巡视。

五、考核及时间要求

（1）本考核操作时间为60分钟，按所完成的内容计分，未完成部分均不得分，时间到停止考核。

（2）设备配置过程中，如确实不能完成相关配置，可向考评员申请，该项项目不得分，但不影响其他项目。

技能等级评价专业技能考核操作评分标准

工种	电网调度自动化维护员			评价等级	初级工
项目模块	系统维护—基础平台及SCADA运维		编号	Jc0003541024	
单位		准考证号		姓名	
考试时限	60分钟	题型	单项操作	题分	100分
成绩	考评员		考评组长		日期	
试题正文	隔离开关图元绘制				
需要说明的问题和要求	（1）要求单人完成工作任务。 （2）操作应注意安全，按照标准化作业书的技术安全说明做好安全措施。 （3）在指定系统/设备完成操作				

序号	项目名称	质量要求	满分	扣分标准	扣分原因	得分
1	功能应用及安全措施					
1.1	相关安全措施的准备	（1）办理工作票。 （2）作业人员身份鉴别和授权。 （3）备份可能受影响的内容	10	未正确办理工作票扣3分； 未进行作业人员身份鉴别和授权扣2分； 未备份可能受影响的程序、配置文件、运行参数、运行数据、日志文件等扣5分		
2	系统操作					
2.1	打开厂站接线图图形编辑界面	正确打开厂站接线图图形编辑界面	20	未正确打开厂站接线图图形编辑界面扣20分		
2.2	绘制隔离开关图元	正确绘制隔离开关图元	30	未正确绘制隔离开关图元扣30分		
2.3	图形网络保存	图形网络保存正确	15	未正确进行图形网络保存扣15分		
3	操作结束					
3.1	验证	验证操作结果的正确性	10	未正确验证操作结果扣10分		
3.2	操作记录	操作结束后完整填写操作记录	5	每漏填写一项扣1分，扣完为止； 操作记录不完整扣2分		
4	现场恢复	恢复现场	10	未进行现场恢复扣10分		
合计			100			

Jc0003541025　变压器图元绘制。（100 分）

考核知识点：变压器图元绘制

难易度：易

技能等级评价专业技能考核操作工作任务书

一、任务名称

变压器图元绘制。

二、适用工种

电网调度自动化维护员初级工。

三、具体任务

（1）工作状态为调度自动化主站系统运行正常。工作内容为在考试站厂站接线图中虚线框位置绘制一个两绕组变压器图元。

（2）工作任务：完成变压器图元绘制。

四、工作规范及要求

（1）按照《国家电网公司电力安全工作规程（电力监控部分）》要求做好相关安全措施，办理工作票。

（2）维护完成后填写运维记录，并对系统进行全面巡视。

五、考核及时间要求

（1）本考核操作时间为 60 分钟，按所完成的内容计分，未完成部分均不得分，时间到停止考核。

（2）设备配置过程中，如确实不能完成相关配置，可向考评员申请，该项项目不得分，但不影响其他项目。

技能等级评价专业技能考核操作评分标准

工种	电网调度自动化维护员					评价等级	初级工
项目模块	系统维护—基础平台及 SCADA 运维			编号		Jc0003541025	
单位		准考证号				姓名	
考试时限	60 分钟	题型		单项操作		题分	100 分
成绩		考评员		考评组长		日期	
试题正文	变压器图元绘制						
需要说明的问题和要求	（1）要求单人完成工作任务。 （2）操作应注意安全，按照标准化作业书的技术安全说明做好安全措施。 （3）在指定系统/设备完成操作						

序号	项目名称	质量要求	满分	扣分标准	扣分原因	得分
1	功能应用及安全措施					
1.1	相关安全措施的准备	（1）办理工作票。 （2）作业人员身份鉴别和授权。 （3）备份可能受影响的内容	10	未正确办理工作票扣 3 分； 未进行作业人员身份鉴别和授权扣 2 分； 未备份可能受影响的程序、配置文件、运行参数、运行数据、日志文件等扣 5 分		
2	系统操作					
2.1	打开厂站接线图图形编辑界面	正确打开厂站接线图图形编辑界面	20	未正确打开厂站接线图图形编辑界面扣 20 分		
2.2	绘制变压器图元	正确绘制变压器图元	30	未正确绘制变压器图元扣 30 分		
2.3	图形网络保存	图形网络保存正确	15	未正确进行图形网络保存扣 15 分		

续表

序号	项目名称	质量要求	满分	扣分标准	扣分原因	得分
3	操作结束					
3.1	验证	验证操作结果的正确性	10	未正确验证操作结果扣 10 分		
3.2	操作记录	操作结束后完整填写操作记录	5	每漏填写一项扣 1 分，扣完为止； 操作记录不完整扣 2 分		
4	现场恢复	恢复现场	10	未进行现场恢复扣 10 分		
合计			100			

Jc0003541026　事故总信号图元联库。(100 分)

考核知识点：图元联库

难易度：易

技能等级评价专业技能考核操作工作任务书

一、任务名称

事故总信号图元联库。

二、适用工种

电网调度自动化维护员初级工。

三、具体任务

（1）工作状态为调度自动化主站系统运行正常。工作内容为在实时数据库保护信号表中已建立考试站 111 间隔事故总信号，请在考试站 111 间隔接线图中完成事故总光字牌联库。

（2）工作任务：完成事故总信号图元联库。

四、工作规范及要求

（1）按照《国家电网公司电力安全工作规程（电力监控部分）》要求做好相关安全措施，办理工作票。

（2）维护完成后填写运维记录，并对系统进行全面巡视。

五、考核及时间要求

（1）本考核操作时间为 60 分钟，按所完成的内容计分，未完成部分均不得分，时间到停止考核。

（2）设备配置过程中，如确实不能完成相关配置，可向考评员申请，该项项目不得分，但不影响其他项目。

技能等级评价专业技能考核操作评分标准

<table>
<tr><td>工种</td><td colspan="6">电网调度自动化维护员</td><td>评价等级</td><td>初级工</td></tr>
<tr><td>项目模块</td><td colspan="5">系统维护—基础平台及 SCADA 运维</td><td>编号</td><td colspan="2">Jc0003541026</td></tr>
<tr><td>单位</td><td colspan="3"></td><td>准考证号</td><td colspan="2"></td><td>姓名</td><td></td></tr>
<tr><td>考试时限</td><td colspan="2">60 分钟</td><td>题型</td><td colspan="3">单项操作</td><td>题分</td><td>100 分</td></tr>
<tr><td>成绩</td><td></td><td>考评员</td><td></td><td>考评组长</td><td colspan="2"></td><td>日期</td><td></td></tr>
<tr><td>试题正文</td><td colspan="8">事故总信号图元联库</td></tr>
<tr><td>需要说明的问题和要求</td><td colspan="8">（1）要求单人完成工作任务。
（2）操作应注意安全，按照标准化作业书的技术安全说明做好安全措施。
（3）在指定系统/设备完成操作</td></tr>
</table>

续表

序号	项目名称	质量要求	满分	扣分标准	扣分原因	得分
1	功能应用及安全措施					
1.1	相关安全措施的准备	（1）办理工作票。 （2）作业人员身份鉴别和授权。 （3）备份可能受影响的内容	10	未正确办理工作票扣3分； 未进行作业人员身份鉴别和授权扣2分； 未备份可能受影响的程序、配置文件、运行参数、运行数据、日志文件等扣5分		
2	系统操作					
2.1	打开111间隔图图形编辑界面	正确打开111间隔接线图图形编辑界面	15	未正确打开111间隔接线图图形编辑界面扣15分		
2.2	调用检索器	正确调用检索器	15	未正确调用检索器扣15分		
2.3	光字牌联库	正确进行光字牌联库	30	未正确进行光字牌联库，每错一步扣10分，扣完为止		
2.4	图形网络保存	图形网络保存正确	5	未正确进行图形网络保存扣5分		
3	操作结束					
3.1	验证	验证操作结果的正确性	10	未正确验证操作结果扣10分		
3.2	操作记录	操作结束后完整填写操作记录	5	每漏填写一项扣1分，扣完为止； 操作记录不完整扣2分		
4	现场恢复	恢复现场	10	未进行现场恢复扣10分		
合计			100			

Jc0003541027 断路器图元联库。（100分）

考核知识点：图元联库

难易度：易

技能等级评价专业技能考核操作工作任务书

一、任务名称

断路器图元联库。

二、适用工种

电网调度自动化维护员初级工。

三、具体任务

（1）工作状态为调度自动化主站系统运行正常。工作内容为在实时数据库断路器表中已建立考试站111断路器信息，请在考试站厂站接线图中完成111断路器联库。

（2）工作任务：完成断路器图元联库。

四、工作规范及要求

（1）按照《国家电网公司电力安全工作规程（电力监控部分）》要求做好相关安全措施，办理工作票。

（2）维护完成后填写运维记录，并对系统进行全面巡视。

五、考核及时间要求

（1）本考核操作时间为60分钟，按所完成的内容计分，未完成部分均不得分，时间到停止考核。

（2）设备配置过程中，如确实不能完成相关配置，可向考评员申请，该项项目不得分，但不影响其他项目。

技能等级评价专业技能考核操作评分标准

<table>
<tr><td>工种</td><td colspan="4">电网调度自动化维护员</td><td>评价等级</td><td colspan="3">初级工</td></tr>
<tr><td>项目模块</td><td colspan="3">系统维护—基础平台及 SCADA 运维</td><td>编号</td><td colspan="4">Jc0003541027</td></tr>
<tr><td>单位</td><td colspan="2"></td><td>准考证号</td><td></td><td>姓名</td><td colspan="3"></td></tr>
<tr><td>考试时限</td><td>60 分钟</td><td>题型</td><td colspan="2">单项操作</td><td>题分</td><td colspan="3">100 分</td></tr>
<tr><td>成绩</td><td></td><td>考评员</td><td></td><td>考评组长</td><td></td><td>日期</td><td colspan="2"></td></tr>
<tr><td>试题正文</td><td colspan="8">断路器图元联库</td></tr>
<tr><td>需要说明的问题和要求</td><td colspan="8">（1）要求单人完成工作任务。
（2）操作应注意安全，按照标准化作业书的技术安全说明做好安全措施。
（3）在指定系统/设备完成操作</td></tr>
</table>

序号	项目名称	质量要求	满分	扣分标准	扣分原因	得分
1	功能应用及安全措施					
1.1	相关安全措施的准备	（1）办理工作票。 （2）作业人员身份鉴别和授权。 （3）备份可能受影响的内容	10	未正确办理工作票扣 3 分； 未进行作业人员身份鉴别和授权扣 2 分； 未备份可能受影响的程序、配置文件、运行参数、运行数据、日志文件等扣 5 分		
2	系统操作					
2.1	打开厂站接线图图形编辑界面	正确打开厂站接线图图形编辑界面	15	未正确打开厂站接线图图形编辑界面扣 15 分		
2.2	调用检索器	正确调用检索器	15	未正确调用检索器扣 15 分		
2.3	111 断路器联库	正确进行 111 断路器联库	30	未正确进行 111 断路器联库，每错一步扣 10 分，扣完为止		
2.4	图形网络保存	图形网络保存正确	5	未正确进行图形网络保存扣 5 分		
3	操作结束					
3.1	验证	验证操作结果的正确性	10	未正确验证操作结果扣 10 分		
3.2	操作记录	操作结束后完整填写操作记录	5	每漏填写一项扣 1 分，扣完为止； 操作记录不完整扣 2 分		
4	现场恢复	恢复现场	10	未进行现场恢复扣 10 分		
合计			100			

Jc0003541028　隔离开关图元联库。（100 分）

考核知识点：图元联库

难易度：易

技能等级评价专业技能考核操作工作任务书

一、任务名称

隔离开关图元联库。

二、适用工种

电网调度自动化维护员初级工。

三、具体任务

（1）工作状态为调度自动化主站系统运行正常。工作内容为在实时数据库隔离开关表中已建立考试站 1111 隔离开关信息，请在考试站厂站接线图中完成 1111 隔离开关联库。

（2）工作任务：完成隔离开关图元联库。

四、工作规范及要求

（1）按照《国家电网公司电力安全工作规程（电力监控部分）》要求做好相关安全措施，办理工作票。

（2）维护完成后填写运维记录，并对系统进行全面巡视。

五、考核及时间要求

（1）本考核操作时间为60分钟，按所完成的内容计分，未完成部分均不得分，时间到停止考核。

（2）设备配置过程中，如确实不能完成相关配置，可向考评员申请，该项项目不得分，但不影响其他项目。

技能等级评价专业技能考核操作评分标准

工种	电网调度自动化维护员			评价等级	初级工	
项目模块	系统维护—基础平台及 SCADA 运维		编号	Jc0003541028		
单位		准考证号		姓名		
考试时限	60 分钟	题型	单项操作	题分	100 分	
成绩		考评员		考评组长		日期
试题正文	隔离开关图元联库					
需要说明的问题和要求	（1）要求单人完成工作任务。 （2）操作应注意安全，按照标准化作业书的技术安全说明做好安全措施。 （3）在指定系统/设备完成操作					
序号	项目名称	质量要求	满分	扣分标准	扣分原因	得分
1	功能应用及安全措施					
1.1	相关安全措施的准备	（1）办理工作票。 （2）作业人员身份鉴别和授权。 （3）备份可能受影响的内容	10	未正确办理工作票扣 3 分； 未进行作业人员身份鉴别和授权扣 2 分； 未备份可能受影响的程序、配置文件、运行参数、运行数据、日志文件等扣 5 分		
2	系统操作					
2.1	打开厂站接线图图形编辑界面	正确打开厂站接线图图形编辑界面	15	未正确打开厂站接线图图形编辑界面扣 15 分		
2.2	调用检索器	正确调用检索器	15	未正确调用检索器扣 15 分		
2.3	1111 隔离开关联库	正确进行 1111 隔离开关联库	30	未正确进行 1111 隔离开关联库，每错一步扣 10 分，扣完为止		
2.4	图形网络保存	图形网络保存正确	5	未正确进行图形网络保存扣 5 分		
3	操作结束					
3.1	验证	验证操作结果的正确性	10	未正确验证操作结果扣 10 分		
3.2	操作记录	操作结束后完整填写操作记录	5	每漏填写一项扣 1 分，扣完为止； 操作记录不完整扣 2 分		
4	现场恢复	恢复现场	10	未进行现场恢复扣 10 分		
合计			100			

Jc0003541029　主变压器图元联库。（100 分）

考核知识点：图元联库

难易度：易

技能等级评价专业技能考核操作工作任务书

一、任务名称

主变压器图元联库。

二、适用工种

电网调度自动化维护员初级工。

三、具体任务

（1）工作状态为调度自动化主站系统运行正常。工作内容为实时数据库变压器表中已建立考试站1号主变压器信息，在考试站厂站接线图中完成1号主变压器联库。

（2）工作任务：完成主变压器图元联库。

四、工作规范及要求

（1）按照《国家电网公司电力安全工作规程（电力监控部分）》要求做好相关安全措施，办理工作票。

（2）维护完成后填写运维记录，并对系统进行全面巡视。

五、考核及时间要求

（1）本考核操作时间为60分钟，按所完成的内容计分，未完成部分均不得分，时间到停止考核。

（2）设备配置过程中，如确实不能完成相关配置，可向考评员申请，该项项目不得分，但不影响其他项目。

技能等级评价专业技能考核操作评分标准

<table>
<tr><td>工种</td><td colspan="5">电网调度自动化维护员</td><td>评价等级</td><td>初级工</td></tr>
<tr><td>项目模块</td><td colspan="4">系统维护—基础平台及 SCADA 运维</td><td>编号</td><td colspan="2">Jc0003541029</td></tr>
<tr><td>单位</td><td colspan="2"></td><td>准考证号</td><td colspan="2"></td><td>姓名</td><td></td></tr>
<tr><td>考试时限</td><td>60 分钟</td><td>题型</td><td colspan="3">单项操作</td><td>题分</td><td>100 分</td></tr>
<tr><td>成绩</td><td></td><td>考评员</td><td></td><td>考评组长</td><td></td><td>日期</td><td></td></tr>
<tr><td>试题正文</td><td colspan="7">主变压器图元联库</td></tr>
<tr><td>需要说明的问题和要求</td><td colspan="7">（1）要求单人完成工作任务。
（2）操作应注意安全，按照标准化作业书的技术安全说明做好安全措施。
（3）在指定系统/设备完成操作</td></tr>
</table>

序号	项目名称	质量要求	满分	扣分标准	扣分原因	得分
1	功能应用及安全措施					
1.1	相关安全措施的准备	（1）办理工作票。 （2）作业人员身份鉴别和授权。 （3）备份可能受影响的内容	10	未正确办理工作票扣3分； 未进行作业人员身份鉴别和授权扣2分； 未备份可能受影响的程序、配置文件、运行参数、运行数据、日志文件等扣5分		
2	系统操作					
2.1	打开厂站接线图图形编辑界面	正确打开厂站接线图图形编辑界面	15	未正确打开厂站接线图图形编辑界面扣15分		
2.2	调用检索器	正确调用检索器	15	未正确调用检索器扣15分		
2.3	1号主变压器联库	正确进行1号主变压器联库	30	未正确进行1号主变压器联库，每错一步扣10分，扣完为止		
2.4	图形网络保存	图形网络保存正确	5	未正确进行图形网络保存扣5分		

续表

序号	项目名称	质量要求	满分	扣分标准	扣分原因	得分
3	操作结束					
3.1	验证	验证操作结果的正确性	10	未正确验证操作结果扣 10 分		
3.2	操作记录	操作结束后完整填写操作记录	5	每漏填写一项扣 1 分，扣完为止；操作记录不完整扣 2 分		
4	现场恢复	恢复现场	10	未进行现场恢复扣 10 分		
合计			100			

Jc0003541030 数据库中断路器设备信息录入。(100 分)

考核知识点：遥信信息建立

难易度：易

技能等级评价专业技能考核操作工作任务书

一、任务名称

数据库中断路器设备信息录入。

二、适用工种

电网调度自动化维护员初级工。

三、具体任务

(1) 工作状态为调度自动化主站系统运行正常。工作内容为在实时数据库断路器表中建立考试站 111 断路器信息，中文名称命名为“考试站/110kV.111 断路器”，电压类型选择“110kV”，断路器类型选择“普通开关”。

(2) 工作任务：完成数据库设备信息录入。

四、工作规范及要求

(1) 按照《国家电网公司电力安全工作规程（电力监控部分）》要求做好相关安全措施，办理工作票。

(2) 维护完成后填写运维记录，并对系统进行全面巡视。

五、考核及时间要求

(1) 本考核操作时间为 60 分钟，按所完成的内容计分，未完成部分均不得分，时间到停止考核。

(2) 设备配置过程中，如确实不能完成相关配置，可向考评员申请，该项项目不得分，但不影响其他项目。

技能等级评价专业技能考核操作评分标准

工种	电网调度自动化维护员				评价等级	初级工
项目模块	系统维护—基础平台及 SCADA 运维			编号	Jc0003541030	
单位			准考证号		姓名	
考试时限	60 分钟	题型		单项操作	题分	100 分
成绩		考评员		考评组长	日期	
试题正文	数据库中断路器设备信息录入					
需要说明的问题和要求	(1) 要求单人完成工作任务。 (2) 操作应注意安全，按照标准化作业书的技术安全说明做好安全措施。 (3) 在指定系统/设备完成操作					

续表

序号	项目名称	质量要求	满分	扣分标准	扣分原因	得分
1	功能应用及安全措施					
1.1	相关安全措施的准备	（1）办理工作票。 （2）作业人员身份鉴别和授权。 （3）备份可能受影响的内容	10	未正确办理工作票扣3分； 未进行作业人员身份鉴别和授权扣2分； 未备份可能受影响的程序、配置文件、运行参数、运行数据、日志文件等扣5分		
2	系统操作					
2.1	找到断路器表	正确找到断路器表	20	未正确找到断路器表扣20分		
2.2	建立断路器信息	正确建立断路器信息	30	未正确建立断路器信息，每漏填一项扣10分，扣完为止		
2.3	保存操作结果	正确保存操作结果	15	未正确保存操作结果扣15分		
3	操作结束					
3.1	验证	验证操作结果的正确性	10	未正确验证操作结果扣10分		
3.2	操作记录	操作结束后完整填写操作记录	5	每漏填写一项扣1分，扣完为止； 操作记录不完整扣2分		
4	现场恢复	恢复现场	10	未进行现场恢复扣10分		
合计			100			

Jc0003541031　数据库中隔离开关设备信息录入。（100分）

考核知识点：遥信信息建立

难易度：易

技能等级评价专业技能考核操作工作任务书

一、任务名称

数据库中隔离开关设备信息录入。

二、适用工种

电网调度自动化维护员初级工。

三、具体任务

（1）工作状态为调度自动化主站系统运行正常。工作内容为在实时数据库隔离开关表中建立考试站1111隔离开关信息，中文名称命名为“考试站/110kV.1111隔离开关”，电压类型选择“110kV”。

（2）工作任务：完成数据库设备信息录入。

四、工作规范及要求

（1）按照《国家电网公司电力安全工作规程（电力监控部分）》要求做好相关安全措施，办理工作票。

（2）维护完成后填写运维记录，并对系统进行全面巡视。

五、考核及时间要求

（1）本考核操作时间为60分钟，按所完成的内容计分，未完成部分均不得分，时间到停止考核。

（2）设备配置过程中，如确实不能完成相关配置，可向考评员申请，该项项目不得分，但不影响其他项目。

技能等级评价专业技能考核操作评分标准

<table>
<tr><td>工种</td><td colspan="5">电网调度自动化维护员</td><td>评价等级</td><td>初级工</td></tr>
<tr><td>项目模块</td><td colspan="4">系统维护—基础平台及 SCADA 运维</td><td>编号</td><td colspan="2">Jc0003541031</td></tr>
<tr><td>单位</td><td colspan="2"></td><td>准考证号</td><td colspan="2"></td><td>姓名</td><td></td></tr>
<tr><td>考试时限</td><td colspan="2">60 分钟</td><td>题型</td><td colspan="2">单项操作</td><td>题分</td><td>100 分</td></tr>
<tr><td>成绩</td><td></td><td>考评员</td><td></td><td>考评组长</td><td></td><td>日期</td><td></td></tr>
<tr><td>试题正文</td><td colspan="7">数据库中隔离开关设备信息录入</td></tr>
<tr><td>需要说明的问题和要求</td><td colspan="7">（1）要求单人完成工作任务。
（2）操作应注意安全，按照标准化作业书的技术安全说明做好安全措施。
（3）在指定系统/设备完成操作</td></tr>
</table>

序号	项目名称	质量要求	满分	扣分标准	扣分原因	得分
1	功能应用及安全措施					
1.1	相关安全措施的准备	（1）办理工作票。 （2）作业人员身份鉴别和授权。 （3）备份可能受影响的内容	10	未正确办理工作票扣 3 分； 未进行作业人员身份鉴别和授权扣 2 分； 未备份可能受影响的程序、配置文件、运行参数、运行数据、日志文件等扣 5 分		
2	系统操作					
2.1	找到“刀闸表”	正确找到“刀闸表”	20	未正确找到“刀闸表”扣 20 分		
2.2	建立隔离开关信息	正确建立隔离开关信息	30	未正确建立隔离开关信息，每漏填一项扣 10 分，扣完为止		
2.3	保存操作结果	正确保存操作结果	15	未正确保存操作结果扣 15 分		
3	操作结束					
3.1	验证	验证操作结果的正确性	10	未正确验证操作结果扣 10 分		
3.2	操作记录	操作结束后完整填写操作记录	5	每漏填写一项扣 1 分，扣完为止； 操作记录不完整扣 2 分		
4	现场恢复	恢复现场	10	未进行现场恢复扣 10 分		
合计			100			

Jc0003541032 数据库中变压器设备信息录入。（100 分）

考核知识点：遥信信息建立

难易度：易

技能等级评价专业技能考核操作工作任务书

一、任务名称

数据库中变压器设备信息录入。

二、适用工种

电网调度自动化维护员初级工。

三、具体任务

（1）工作状态为调度自动化主站系统运行正常。工作内容为在实时数据库变压器表中建立考试站 1 号主变压器信息，中文名称命名为“考试站/110kV.1 号主变”，变压器类型选择“主变”，绕组类型选择“二绕组”，最高电压类型选择“110kV”。

（2）工作任务：完成数据库中设备信息录入。

四、工作规范及要求

（1）按照《国家电网公司电力安全工作规程（电力监控部分）》要求做好相关安全措施，办理工作票。

（2）维护完成后填写运维记录，并对系统进行全面巡视。

五、考核及时间要求

（1）本考核操作时间为60分钟，按所完成的内容计分，未完成部分均不得分，时间到停止考核。

（2）设备配置过程中，如确实不能完成相关配置，可向考评员申请，该项项目不得分，但不影响其他项目。

技能等级评价专业技能考核操作评分标准

工种	电网调度自动化维护员					评价等级	初级工
项目模块	系统维护—基础平台及SCADA运维				编号	Jc0003541032	
单位		准考证号				姓名	
考试时限	60分钟	题型	单项操作			题分	100分
成绩		考评员		考评组长		日期	
试题正文	数据库中变压器设备信息录入						
需要说明的问题和要求	（1）要求单人完成工作任务。 （2）操作应注意安全，按照标准化作业书的技术安全说明做好安全措施。 （3）在指定系统/设备完成操作						

序号	项目名称	质量要求	满分	扣分标准	扣分原因	得分
1	功能应用及安全措施					
1.1	相关安全措施的准备	（1）办理工作票。 （2）作业人员身份鉴别和授权。 （3）备份可能受影响的内容	10	未正确办理工作票扣3分； 未进行作业人员身份鉴别和授权扣2分； 未备份可能受影响的程序、配置文件、运行参数、运行数据、日志文件等扣5分		
2	系统操作					
2.1	找到变压器表	正确找到变压器表	20	未正确找到变压器表扣20分		
2.2	建立主变压器信息	正确建立主变压器信息	30	未正确建立主变压器信息，每漏填一项扣10分，扣完为止		
2.3	保存操作结果	正确保存操作结果	15	未正确保存操作结果扣15分		
3	操作结束					
3.1	验证	验证操作结果的正确性	10	未正确验证操作结果扣10分		
3.2	操作记录	操作结束后完整填写操作记录	5	每漏填写一项扣1分，扣完为止； 操作记录不完整扣2分		
4	现场恢复	恢复现场	10	未进行现场恢复扣10分		
合计			100			

Jc0003541033　数据库录入事故总遥信信息。（100分）

考核知识点：遥信信息建立

难易度：易

技能等级评价专业技能考核操作工作任务书

一、任务名称

数据库录入事故总遥信信息。

二、适用工种

电网调度自动化维护员初级工。

三、具体任务

（1）工作状态为调度自动化主站系统运行正常。工作内容为在实时数据库保护信号表中建立考试站111间隔事故总信号，中文名称命名为“111间隔事故总”，电压类型选择“110kV”，信号类型选择“事故总”。

（2）工作任务：完成数据库录入事故总遥信信息录入。

四、工作规范及要求

（1）按照《国家电网公司电力安全工作规程（电力监控部分）》要求做好相关安全措施，办理工作票。

（2）维护完成后填写运维记录，并对系统进行全面巡视。

五、考核及时间要求

（1）本考核操作时间为60分钟，按所完成的内容计分，未完成部分均不得分，时间到停止考核。

（2）设备配置过程中，如确实不能完成相关配置，可向考评员申请，该项项目不得分，但不影响其他项目。

技能等级评价专业技能考核操作评分标准

工种	电网调度自动化维护员					评价等级	初级工
项目模块	系统维护—基础平台及SCADA运维				编号	Jc0003541033	
单位			准考证号			姓名	
考试时限	60分钟		题型	单项操作		题分	100分
成绩		考评员		考评组长		日期	
试题正文	数据库录入事故总遥信信息						
需要说明的问题和要求	（1）要求单人完成工作任务。 （2）操作应注意安全，按照标准化作业书的技术安全说明做好安全措施。 （3）在指定系统/设备完成操作						

序号	项目名称	质量要求	满分	扣分标准	扣分原因	得分
1	功能应用及安全措施					
1.1	相关安全措施的准备	（1）办理工作票。 （2）作业人员身份鉴别和授权。 （3）备份可能受影响的内容	10	未正确办理工作票扣3分； 未进行作业人员身份鉴别和授权扣2分； 未备份可能受影响的程序、配置文件、运行参数、运行数据、日志文件等扣5分		
2	系统操作					
2.1	找到保护信号表	正确找到保护信号表	20	未正确找到保护信号表扣20分		
2.2	建立保护信息	正确建立保护信息	30	未正确建立保护信息，每漏填一项扣10分，扣完为止		
2.3	保存操作结果	正确保存操作结果	15	未正确保存操作结果扣15分		
3	操作结束					
3.1	验证	验证操作结果的正确性	10	未正确验证操作结果扣10分		
3.2	操作记录	操作结束后完整填写操作记录	5	每漏填写一项扣1分，扣完为止； 操作记录不完整扣2分		
4	现场恢复	恢复现场	10	未进行现场恢复扣10分		
合计			100			

Jc0003541034　母线电压限值设置。(100分)

考核知识点： 设备限值设置

难易度： 易

技能等级评价专业技能考核操作工作任务书

一、任务名称

母线电压限值设置。

二、适用工种

电网调度自动化维护员初级工。

三、具体任务

（1）工作状态为调度自动化主站系统运行正常。工作内容为对实时数据库限值表中考试站110kV母线线电压（ab）设置高限值121，低限值110。

（2）工作任务：完成母线电压限值设置。

四、工作规范及要求

（1）按照《国家电网公司电力安全工作规程（电力监控部分）》要求做好相关安全措施，办理工作票。

（2）维护完成后填写运维记录，并对系统进行全面巡视。

五、考核及时间要求

（1）本考核操作时间为60分钟，按所完成的内容计分，未完成部分均不得分，时间到停止考核。

（2）设备配置过程中，如确实不能完成相关配置，可向考评员申请，该项项目不得分，但不影响其他项目。

技能等级评价专业技能考核操作评分标准

工种	电网调度自动化维护员					评价等级	初级工
项目模块	系统维护—基础平台及SCADA运维				编号		Jc0003541034
单位			准考证号			姓名	
考试时限	60分钟		题型	单项操作		题分	100分
成绩		考评员		考评组长		日期	
试题正文	母线电压限值设置						
需要说明的问题和要求	（1）要求单人完成工作任务。 （2）操作应注意安全，按照标准化作业书的技术安全说明做好安全措施。 （3）在指定系统/设备完成操作						

序号	项目名称	质量要求	满分	扣分标准	扣分原因	得分
1	功能应用及安全措施					
1.1	相关安全措施的准备	（1）办理工作票。 （2）作业人员身份鉴别和授权。 （3）备份可能受影响的内容	10	未正确办理工作票扣3分； 未进行作业人员身份鉴别和授权扣2分； 未备份可能受影响的程序、配置文件、运行参数、运行数据、日志文件等扣5分		
2	系统操作					
2.1	找到限值表	正确找到限值表	20	未正确找到限值表扣20分		
2.2	定义遥测点高低限	正确定义遥测点高低限	30	未正确定义遥测点高低限扣30分		
2.3	保存操作结果	正确保存操作结果	15	未正确保存操作结果扣15分		

续表

序号	项目名称	质量要求	满分	扣分标准	扣分原因	得分
3	操作结束					
3.1	验证	验证操作结果的正确性	10	未正确验证操作结果扣 10 分		
3.2	操作记录	操作结束后完整填写操作记录	5	每漏填写一项扣 1 分，扣完为止； 操作记录不完整扣 2 分		
4	现场恢复	恢复现场	10	未进行现场恢复扣 10 分		
合计			100			

Jc0003541035 责任区切换。(100 分)

考核知识点：责任区切换

难易度：易

技能等级评价专业技能考核操作工作任务书

一、任务名称

责任区切换。

二、适用工种

电网调度自动化维护员初级工。

三、具体任务

（1）工作状态为调度自动化主站系统运行正常。工作内容为在总控台上将当前登录用户切换责任区为监控责任区。

（2）工作任务：完成责任区切换。

四、工作规范及要求

（1）按照《国家电网公司电力安全工作规程（电力监控部分）》要求做好相关安全措施，办理工作票。

（2）维护完成后填写运维记录，并对系统进行全面巡视。

五、考核及时间要求

（1）本考核操作时间为 60 分钟，按所完成的内容计分，未完成部分均不得分，时间到停止考核。

（2）设备配置过程中，如确实不能完成相关配置，可向考评员申请，该项项目不得分，但不影响其他项目。

技能等级评价专业技能考核操作评分标准

工种	电网调度自动化维护员					评价等级	初级工
项目模块	系统维护—基础平台及 SCADA 运维				编号	Jc0003541035	
单位			准考证号			姓名	
考试时限	60 分钟		题型	单项操作		题分	100 分
成绩		考评员		考评组长		日期	
试题正文	责任区切换						
需要说明的问题和要求	（1）要求单人完成工作任务。 （2）操作应注意安全，按照标准化作业书的技术安全说明做好安全措施。 （3）在指定系统/设备完成操作						

续表

序号	项目名称	质量要求	满分	扣分标准	扣分原因	得分
1	功能应用及安全措施					
1.1	相关安全措施的准备	（1）办理工作票。 （2）作业人员身份鉴别和授权。 （3）备份可能受影响的内容	10	未正确办理工作票扣 3 分； 未进行作业人员身份鉴别和授权扣 2 分； 未备份可能受影响的程序、配置文件、运行参数、运行数据、日志文件等扣 5 分		
2	系统操作					
2.1	打开修改责任区对话框	正确打开修改责任区对话框	20	未正确打开修改责任区对话框扣 20 分		
2.2	选择监控责任区	正确选择监控责任区	30	未正确选择监控责任区扣 30 分		
2.3	保存操作结果	正确保存操作结果	15	未正确保存操作结果扣 15 分		
3	操作结束					
3.1	验证	验证操作结果的正确性	10	未正确验证操作结果扣 10 分		
3.2	操作记录	操作结束后完整填写操作记录	5	每漏填写一项扣 1 分，扣完为止； 操作记录不完整扣 2 分		
4	现场恢复	恢复现场	10	未进行现场恢复扣 10 分		
合计			100			

Jc0003541036　标志牌定义。（100 分）

考核知识点：标志牌定义

难易度：易

技能等级评价专业技能考核操作工作任务书

一、任务名称

标志牌定义。

二、适用工种

电网调度自动化维护员初级工。

三、具体任务

（1）工作状态为调度自动化主站系统运行正常。工作内容为对标志牌定义表中检修标志牌定义置牌抑制告警功能。

（2）工作任务：完成标志牌定义。

四、工作规范及要求

（1）按照《国家电网公司电力安全工作规程（电力监控部分）》要求做好相关安全措施，办理工作票。

（2）维护完成后填写运维记录，并对系统进行全面巡视。

五、考核及时间要求

（1）本考核操作时间为 60 分钟，按所完成的内容计分，未完成部分均不得分，时间到停止考核。

（2）设备配置过程中，如确实不能完成相关配置，可向考评员申请，该项项目不得分，但不影响其他项目。

技能等级评价专业技能考核操作评分标准

工种	电网调度自动化维护员				评价等级	初级工
项目模块	系统维护—基础平台及 SCADA 运维			编号	Jc0003541036	
单位		准考证号			姓名	
考试时限	60 分钟	题型		单项操作	题分	100 分
成绩		考评员		考评组长	日期	
试题正文	标志牌定义					
需要说明的问题和要求	（1）要求单人完成工作任务。 （2）操作应注意安全，按照标准化作业书的技术安全说明做好安全措施。 （3）在指定系统/设备完成操作					

序号	项目名称	质量要求	满分	扣分标准	扣分原因	得分
1	功能应用及安全措施					
1.1	相关安全措施的准备	（1）办理工作票。 （2）作业人员身份鉴别和授权。 （3）备份可能受影响的内容	10	未正确办理工作票扣 3 分； 未进行作业人员身份鉴别和授权扣 2 分； 未备份可能受影响的程序、配置文件、运行参数、运行数据、日志文件等扣 5 分		
2	系统操作					
2.1	找到标志牌定义表	正确找到标志牌定义表	20	未正确找到标志牌定义表扣 20 分		
2.2	定义置牌告警抑制功能	正确定义置牌告警抑制功能	30	未正确定义置牌告警抑制功能扣 30 分		
2.3	保存操作结果	正确保存操作结果	15	未正确保存操作结果扣 15 分		
3	操作结束					
3.1	验证	验证操作结果的正确性	10	未正确验证操作结果扣 10 分		
3.2	操作记录	操作结束后完整填写操作记录	5	每漏填写一项扣 1 分，扣完为止； 操作记录不完整扣 2 分		
4	现场恢复	恢复现场	10	未进行现场恢复扣 10 分		
合计			100			

Jc0003541037 遥测采样定义。（100 分）

考核知识点：遥测采样定义

难易度：易

技能等级评价专业技能考核操作工作任务书

一、任务名称

遥测采样定义。

二、适用工种

电网调度自动化维护员初级工。

三、具体任务

（1）工作状态为调度自动化主站系统运行正常。工作内容为使用采样定义工具对考试站 111 线路有功值主动采样周期定义到 5min。

（2）工作任务：完成遥测采样定义。

四、工作规范及要求

（1）按照《国家电网公司电力安全工作规程（电力监控部分）》要求做好相关安全措施，办理工

作票。

（2）维护完成后填写运维记录，并对系统进行全面巡视。

五、考核及时间要求

（1）本考核操作时间为60分钟，按所完成的内容计分，未完成部分均不得分，时间到停止考核。

（2）设备配置过程中，如确实不能完成相关配置，可向考评员申请，该项项目不得分，但不影响其他项目。

技能等级评价专业技能考核操作评分标准

工种	电网调度自动化维护员					评价等级	初级工
项目模块	系统维护—基础平台及SCADA运维				编号	Jc0003541037	
单位			准考证号			姓名	
考试时限	60分钟	题型		单项操作		题分	100分
成绩		考评员		考评组长		日期	
试题正文	遥测采样定义						
需要说明的问题和要求	（1）要求单人完成工作任务。 （2）操作应注意安全，按照标准化作业书的技术安全说明做好安全措施。 （3）在指定系统/设备完成操作						

序号	项目名称	质量要求	满分	扣分标准	扣分原因	得分
1	功能应用及安全措施					
1.1	相关安全措施的准备	（1）办理工作票。 （2）作业人员身份鉴别和授权。 （3）备份可能受影响的内容	10	未正确办理工作票扣3分； 未进行作业人员身份鉴别和授权扣2分； 未备份可能受影响的程序、配置文件、运行参数、运行数据、日志文件等扣5分		
2	系统操作					
2.1	打开采样定义工具	正确打开采样定义工具	15	未正确打开采样定义工具扣15分		
2.2	找到111线路有功遥测点	正确找到111线路有功遥测点	20	未正确找到111线路有功遥测点扣20分		
2.3	定义采样周期	正确定义采样周期	30	未正确定义采样周期，每错一步扣10分，扣完为止		
3	操作结束					
3.1	验证	验证操作结果的正确性	10	未正确验证操作结果扣10分		
3.2	操作记录	操作结束后完整填写操作记录	5	每漏填写一项扣1分，扣完为止； 操作记录不完整扣2分		
4	现场恢复	恢复现场	10	未进行现场恢复扣10分		
合计			100			

Jc0003541038　查看主机节点名称。（100分）

考核知识点：系统管理工具的使用

难易度：易

技能等级评价专业技能考核操作工作任务书

一、任务名称

查看主机节点名称。

二、适用工种

电网调度自动化维护员初级工。

三、具体任务

（1）工作状态为调度自动化主站系统运行正常。工作内容为使用系统管理工具查看 SCADA 应用实时态当前主机节点名，并将查看结果记录在操作记录中。

（2）工作任务：完成主机节点名称查看。

四、工作规范及要求

（1）按照《国家电网公司电力安全工作规程（电力监控部分）》要求做好相关安全措施，办理工作票。

（2）维护完成后填写运维记录，并对系统进行全面巡视。

五、考核及时间要求

（1）本考核操作时间为 60 分钟，按所完成的内容计分，未完成部分均不得分，时间到停止考核。

（2）设备配置过程中，如确实不能完成相关配置，可向考评员申请，该项项目不得分，但不影响其他项目。

技能等级评价专业技能考核操作评分标准

工种	电网调度自动化维护员				评价等级	初级工
项目模块	系统维护—基础平台及 SCADA 运维			编号	Jc0003541038	
单位		准考证号			姓名	
考试时限	60 分钟	题型	单项操作		题分	100 分
成绩		考评员		考评组长	日期	
试题正文	查看主机节点名称					
需要说明的问题和要求	（1）要求单人完成工作任务。 （2）操作应注意安全，按照标准化作业书的技术安全说明做好安全措施。 （3）在指定系统/设备完成操作					

序号	项目名称	质量要求	满分	扣分标准	扣分原因	得分
1	功能应用及安全措施					
1.1	相关安全措施的准备	（1）办理工作票。 （2）作业人员身份鉴别和授权。 （3）备份可能受影响的内容	10	未正确办理工作票扣 3 分； 未进行作业人员身份鉴别和授权扣 2 分； 未备份可能受影响的程序、配置文件、运行参数、运行数据、日志文件等扣 5 分		
2	系统操作					
2.1	打开系统管理工具	正确打开系统管理工具	15	未正确打开系统管理工具扣 15 分		
2.2	找到 SCADA 应用状态	正确找到 SCADA 应用状态	20	未正确找到 SCADA 应用状态扣 20 分		
2.3	查看实时态当前主机节点名	正确查看实时态当前主机节点名	30	未正确查看实时态当前主机节点名扣 30 分		
3	操作结束					
3.1	验证	验证操作结果的正确性	10	未正确验证操作结果扣 10 分		
3.2	操作记录	操作结束后完整填写操作记录	5	每漏填写一项扣 1 分，扣完为止； 操作记录不完整扣 2 分		
4	现场恢复	恢复现场	10	未进行现场恢复扣 10 分		
	合计		100			

Jc0003541039　查看服务器CPU使用率。（100分）

考核知识点：系统管理工具的使用

难易度：易

技能等级评价专业技能考核操作工作任务书

一、任务名称

查看服务器CPU使用率。

二、适用工种

电网调度自动化维护员初级工。

三、具体任务

（1）工作状态为调度自动化主站系统运行正常。工作内容为使用系统管理工具查看scada1－1节点系统CPU使用率，并将查看结果记录在操作记录中。

（2）工作任务：完成服务器CPU使用率查看。

四、工作规范及要求

（1）按照《国家电网公司电力安全工作规程（电力监控部分）》要求做好相关安全措施，办理工作票。

（2）维护完成后填写运维记录，并对系统进行全面巡视。

五、考核及时间要求

（1）本考核操作时间为60分钟，按所完成的内容计分，未完成部分均不得分，时间到停止考核。

（2）设备配置过程中，如确实不能完成相关配置，可向考评员申请，该项项目不得分，但不影响其他项目。

技能等级评价专业技能考核操作评分标准

工种	电网调度自动化维护员					评价等级	初级工
项目模块	系统维护—基础平台及SCADA运维				编号	Jc0003541039	
单位			准考证号			姓名	
考试时限	60分钟		题型		单项操作	题分	100分
成绩		考评员		考评组长		日期	
试题正文	查看服务器CPU使用率						
需要说明的问题和要求	（1）要求单人完成工作任务。 （2）操作应注意安全，按照标准化作业书的技术安全说明做好安全措施。 （3）在指定系统/设备完成操作						

序号	项目名称	质量要求	满分	扣分标准	扣分原因	得分
1	功能应用及安全措施					
1.1	相关安全措施的准备	（1）办理工作票。 （2）作业人员身份鉴别和授权。 （3）备份可能受影响的内容	10	未正确办理工作票扣3分； 未进行作业人员身份鉴别和授权扣2分； 未备份可能受影响的程序、配置文件、运行参数、运行数据、日志文件等扣5分		
2	系统操作					
2.1	打开系统管理工具	正确打开系统管理工具	15	未正确打开系统管理工具扣15分		
2.2	找到scada1－1节点状态	正确找到scada1－1节点状态	20	未正确找到scada1－1节点状态扣20分		

续表

序号	项目名称	质量要求	满分	扣分标准	扣分原因	得分
2.3	查看系统CPU使用率	正确查看系统CPU使用率	30	未正确查看系统CPU使用率扣30分		
3	操作结束					
3.1	验证	验证操作结果的正确性	10	未正确验证操作结果扣10分		
3.2	操作记录	操作结束后完整填写操作记录	5	每漏填写一项扣1分，扣完为止； 操作记录不完整扣2分		
4	现场恢复	恢复现场	10	未进行现场恢复扣10分		
合计			100			

Jc0003541040 遥测封锁。(100分)

考核知识点：遥测封锁

难易度：易

技能等级评价专业技能考核操作工作任务书

一、任务名称

遥测封锁。

二、适用工种

电网调度自动化维护员初级工。

三、具体任务

（1）工作状态为调度自动化主站系统运行正常。工作内容为将考试站111线路当前有功值封锁为9kW。

（2）工作任务：完成遥测封锁。

四、工作规范及要求

（1）按照《国家电网公司电力安全工作规程（电力监控部分）》要求做好相关安全措施，办理工作票。

（2）维护完成后填写运维记录，并对系统进行全面巡视。

五、考核及时间要求

（1）本考核操作时间为60分钟，按所完成的内容计分，未完成部分均不得分，时间到停止考核。

（2）设备配置过程中，如确实不能完成相关配置，可向考评员申请，该项项目不得分，但不影响其他项目。

技能等级评价专业技能考核操作评分标准

工种	电网调度自动化维护员					评价等级	初级工
项目模块	系统维护—基础平台及SCADA运维				编号	Jc0003541040	
单位			准考证号			姓名	
考试时限	60分钟		题型	单项操作		题分	100分
成绩		考评员		考评组长		日期	
试题正文	遥测封锁						
需要说明的问题和要求	（1）要求单人完成工作任务。 （2）操作应注意安全，按照标准化作业书的技术安全说明做好安全措施。 （3）在指定系统/设备完成操作						

续表

序号	项目名称	质量要求	满分	扣分标准	扣分原因	得分
1	功能应用及安全措施					
1.1	相关安全措施的准备	（1）办理工作票。 （2）作业人员身份鉴别和授权。 （3）备份可能受影响的内容	10	未正确办理工作票扣 3 分； 未进行作业人员身份鉴别和授权扣 2 分； 未备份可能受影响的程序、配置文件、运行参数、运行数据、日志文件等扣 5 分		
2	系统操作					
2.1	打开厂站接线图	正确打开系统管理工具	15	未正确打开系统管理工具扣 15 分		
2.2	找到 111 线路有功值	正确找到 111 线路有功值	20	未正确找到 111 线路有功值扣 20 分		
2.3	遥测封锁	正确进行遥测封锁	30	未正确进行遥测封锁，每错一步扣 10 分，扣完为止		
3	操作结束					
3.1	验证	验证操作结果的正确性	10	未正确验证操作结果扣 10 分		
3.2	操作记录	操作结束后完整填写操作记录	5	每漏填写一项扣 1 分，扣完为止； 操作记录不完整扣 2 分		
4	现场恢复	恢复现场	10	未进行现场恢复扣 10 分		
合计			100			

Jc0003541041　通道状态查看。(100 分)

考核知识点：通道状态查看

难易度：易

技能等级评价专业技能考核操作工作任务书

一、任务名称

通道状态查看。

二、适用工种

电网调度自动化维护员初级工。

三、具体任务

（1）工作状态为调度自动化主站系统运行正常。工作内容为通过考试站厂站接线图通用菜单打开前置通信显示工具，查看考试站网络通道状态，并将查看结果记录在操作记录中。

（2）工作任务：完成通道状态查看。

四、工作规范及要求

（1）按照《国家电网公司电力安全工作规程（电力监控部分）》要求做好相关安全措施，办理工作票。

（2）维护完成后填写运维记录，并对系统进行全面巡视。

五、考核及时间要求

（1）本考核操作时间为 60 分钟，按所完成的内容计分，未完成部分均不得分，时间到停止考核。

（2）设备配置过程中，如确实不能完成相关配置，可向考评员申请，该项项目不得分，但不影响其他项目。

技能等级评价专业技能考核操作评分标准

工种	电网调度自动化维护员					评价等级	初级工
项目模块	系统维护—基础平台及SCADA运维				编号	Jc0003541041	
单位			准考证号			姓名	
考试时限	60分钟	题型		单项操作		题分	100分
成绩		考评员		考评组长		日期	
试题正文	通道状态查看						
需要说明的问题和要求	（1）要求单人完成工作任务。 （2）操作应注意安全，按照标准化作业书的技术安全说明做好安全措施。 （3）在指定系统/设备完成操作						

序号	项目名称	质量要求	满分	扣分标准	扣分原因	得分
1	功能应用及安全措施					
1.1	相关安全措施的准备	（1）办理工作票。 （2）作业人员身份鉴别和授权。 （3）备份可能受影响的内容	10	未正确办理工作票扣3分； 未进行作业人员身份鉴别和授权扣2分； 未备份可能受影响的程序、配置文件、运行参数、运行数据、日志文件等扣5分		
2	系统操作					
2.1	打开厂站接线图	正确打开厂站接线图	15	未正确打开厂站接线图扣15分		
2.2	打开前置通信显示工具	正确打开前置通信显示工具	20	未正确打开前置通信显示工具扣20分		
2.3	查看通道状态	正确查看通道状态	30	未正确查看通道状态扣30分		
3	操作结束					
3.1	验证	验证操作结果的正确性	10	未正确验证操作结果扣10分		
3.2	操作记录	操作结束后完整填写操作记录	5	每漏填写一项扣1分，扣完为止； 操作记录不完整扣2分		
4	现场恢复	恢复现场	10	未进行现场恢复扣10分		
合计			100			

Jc0003541042 告警窗异常类信息显示。（100分）

考核知识点：告警窗工具栏的使用

难易度：易

技能等级评价专业技能考核操作工作任务书

一、任务名称

告警窗异常类信息显示。

二、适用工种

电网调度自动化维护员初级工。

三、具体任务

（1）工作状态为调度自动化主站系统运行正常。工作内容为告警窗异常类信息只显示考试站告警信息，固定滚动厂站告警信息。

（2）工作任务：完成告警窗指定信息的操作及显示。

四、工作规范及要求

（1）按照《国家电网公司电力安全工作规程（电力监控部分）》要求做好相关安全措施，办理工

作票。

（2）维护完成后填写运维记录，并对系统进行全面巡视。

五、考核及时间要求

（1）本考核操作时间为60分钟，按所完成的内容计分，未完成部分均不得分，时间到停止考核。

（2）设备配置过程中，如确实不能完成相关配置，可向考评员申请，该项项目不得分，但不影响其他项目。

技能等级评价专业技能考核操作评分标准

工种	电网调度自动化维护员					评价等级	初级工
项目模块	系统维护—基础平台及SCADA运维				编号	Jc0003541042	
单位			准考证号			姓名	
考试时限	60分钟		题型	单项操作		题分	100分
成绩		考评员		考评组长		日期	
试题正文	告警窗异常类信息显示						
需要说明的问题和要求	（1）要求单人完成工作任务。 （2）操作应注意安全，按照标准化作业书的技术安全说明做好安全措施。 （3）在指定系统/设备完成操作						

序号	项目名称	质量要求	满分	扣分标准	扣分原因	得分
1	功能应用及安全措施					
1.1	相关安全措施的准备	（1）办理工作票。 （2）作业人员身份鉴别和授权。 （3）备份可能受影响的内容	10	未正确办理工作票扣3分； 未进行作业人员身份鉴别和授权扣2分； 未备份可能受影响的程序、配置文件、运行参数、运行数据、日志文件等扣5分		
2	系统操作					
2.1	打开告警窗	正确打开告警窗	15	未正确打开告警窗扣15分		
2.2	显示异常窗口	正确显示异常窗口	20	未正确显示异常窗口扣20分		
2.3	固定滚动厂站告警信息	正确固定滚动厂站告警信息	30	未正确固定滚动厂站告警信息，每错一步扣10分，扣完为止		
3	操作结束					
3.1	验证	验证操作结果的正确性	10	未正确验证操作结果扣10分		
3.2	操作记录	操作结束后完整填写操作记录	5	每漏填写一项扣1分，扣完为止； 操作记录不完整扣2分		
4	现场恢复	恢复现场	10	未进行现场恢复扣10分		
合计			100			

Jc0003541043　过滤告警窗信息。（100分）

考核知识点：告警窗工具栏的使用

难易度：易

技能等级评价专业技能考核操作工作任务书

一、任务名称

过滤告警窗信息。

二、适用工种

电网调度自动化维护员初级工。

三、具体任务

(1)工作状态为调度自动化主站系统运行正常。工作内容为过滤告警窗置牌操作告警信息的上送。

(2)工作任务：完成告警窗指定信息的上送。

四、工作规范及要求

(1)按照《国家电网公司电力安全工作规程（电力监控部分)》要求做好相关安全措施，办理工作票。

(2)维护完成后填写运维记录，并对系统进行全面巡视。

五、考核及时间要求

(1)本考核操作时间为60分钟，按所完成的内容计分，未完成部分均不得分，时间到停止考核。

(2)设备配置过程中，如确实不能完成相关配置，可向考评员申请，该项项目不得分，但不影响其他项目。

技能等级评价专业技能考核操作评分标准

工种	电网调度自动化维护员				评价等级	初级工	
项目模块	系统维护—基础平台及SCADA运维			编号	Jc0003541043		
单位		准考证号			姓名		
考试时限	60分钟	题型	单项操作		题分	100分	
成绩		考评员		考评组长		日期	
试题正文	过滤告警窗信息						
需要说明的问题和要求	(1)要求单人完成工作任务。 (2)操作应注意安全，按照标准化作业书的技术安全说明做好安全措施。 (3)在指定系统/设备完成操作						

序号	项目名称	质量要求	满分	扣分标准	扣分原因	得分
1	功能应用及安全措施					
1.1	相关安全措施的准备	(1)办理工作票。 (2)作业人员身份鉴别和授权。 (3)备份可能受影响的内容	10	未正确办理工作票扣3分； 未进行作业人员身份鉴别和授权扣2分； 未备份可能受影响的程序、配置文件、运行参数、运行数据、日志文件等扣5分		
2	系统操作					
2.1	打开告警窗	正确打开告警窗	15	未正确打开告警窗扣15分		
2.2	设置告警类型	正确设置告警类型	30	未正确设置告警类型扣30分		
2.3	保存设置	正确保存设置	20	未正确保存设置扣20分		
3	操作结束					
3.1	验证	验证操作结果的正确性	10	未正确验证操作结果扣10分		
3.2	操作记录	操作结束后完整填写操作记录	5	每漏填写一项扣1分，扣完为止； 操作记录不完整扣2分		
4	现场恢复	恢复现场	10	未进行现场恢复扣10分		
合计			100			

第二部分
中级工

第三章　电网调度自动化维护员中级工技能笔答

Jb0001431001　NTP 对时的工作模式有哪些？（5 分）

考核知识点：NTP

难易度：易

标准答案：

NTP 对时的工作模式有主/被动对称模式、客户/服务器模式和广播模式。

Jb0001431002　TCP 在建立连接时通过什么机制完成？（5 分）

考核知识点：TCP

难易度：易

标准答案：

TCP 在建立连接时通过三次握手的机制完成：发出请求、返回确认和回复确认。

Jb0001433003　请简述一下遥测跳变的配置，使系统在数据的变化超过指定范围时给出告警。（5 分）

考核知识点：遥测调试

难易度：难

标准答案：

在数据库的事故跳变定义表中定义遥测跳变的判断参数，一般包括跳变方向、跳变门槛、持续时间等，通过修改判断参数及模拟遥测跳变的数据，观察反应是否正确。

Jb0001432004　104 规约有几种报文格式？请简述其作用。（5 分）

考核知识点：104 规约

难易度：中

标准答案：

104 规约有三种报文格式，分别是 I、S、U 格式。

（1）I 格式：用于传输含有信息体的报文和确认对方 I 格式的信息报文。

（2）S 格式：用于传输对站端确认的报文。

（3）U 格式：用于传输链路控制命令的报文。

Jb0001432005　调度员潮流软件的调试前准备工作有哪两步？（5 分）

考核知识点：调度员潮流调试

难易度：中

标准答案：

调度员潮流软件的调试前准备工作有：

（1）准确的网络建模。

（2）合理的状态估计结果。

Jb0001432006　电力调度数据网划分为哪两个子网，分别连接哪两个区？（5分）

考核知识点：调度数据网

难易度：中

标准答案：

电力调度数据网划分为逻辑隔离的两个子网：实时子网和非实时子网。

分别连接控制区和非控制区。

Jb0001433007　电力监控系统中部署防火墙的方式有哪两种？（5分）

考核知识点：防火墙的部署

难易度：难

标准答案：

电力监控系统中部署防火墙的方式有：

（1）将防火墙部署在内部网与外部网的接入处，防火墙串接在内部网与外部网之间的路由器上，对外部网进入内部网的数据包进行检查和过滤，抵御来自外部网的攻击。

（2）将防火墙部署在内部网络中重要信息系统服务器的前端，防火墙串接在内部网核心交换机与服务器交换机之间，对内部网用户访问服务器及其应用系统进行控制，防止内部网用户对服务器及其应用系统的非授权访问。

Jb0001432008　三权分立分别是代表哪三个用户的权限？请简要阐述三个用户的职责。（5分）

考核知识点：安全加固

难易度：中

标准答案：

（1）三权分立是指系统管理员、安全管理员和审计管理员三个用户的权限。

（2）系统管理员：管理系统常用功能，用户增加、组增加、设备管理等。

安全管理员：用户组成员授权及修改、文件授权及修改、权限查看等。

审计管理员：负责操作日志管理、用户登录日志查看、日志删除等。

Jb0001433009　简要描述电力调度数字证书系统签发一个设备证书的主要步骤。（6分）

考核知识点：设备证书的签发

难易度：难

标准答案：

（1）以录入操作员身份登录系统，单击设备证书，单击浏览证书请求，选择证书请求文件，单击申请。

（2）以审核操作员身份登录系统，选择需要审核的证书请求，单击批准选中。

（3）以签发操作员身份登录系统，选择需要签发的证书请求，在弹出窗口中确认证书请求信息，选择存储方式，单击颁发。

Jb0001433010　新建变电站的厂站端完成电力专用纵向加密装置配置后，主站端装置管理中心或网络安全监管系统上需要做哪些步骤才能实现站端与调度中心业务通信？（5分）

考核知识点：网络安全监管系统配置

难易度：难

标准答案：

主站端装置管理中心或网络安全监管系统上需要做的步骤：

（1）导入厂站端加密装置的设备证书。

（2）增加厂站装置节点。

（3）增加隧道。

（4）配置策略。

（5）状态检查。

Jb0002433011　简述前置系统数据处理流程。（5 分）

考核知识点：前置系统数据处理流程

难易度：难

标准答案：

前置系统数据处理流程为：厂站端的数据经远动通道进入到前置机柜端子排，而后分别进入到每一路前置通道，送到前置值班机上，来自不同规约的通道码经规约解释后，进一步处理转换成熟数据，再由前置值班机广播给后台系统使用。

同样，前置系统可以接收后台指令，通过规约编码，经远动通道下发到厂站，以实现遥控、遥调等控制。

Jb0002431012　电网设备参数录入中，线路－交流线段表中参数录入有哪几种内容？（5 分）

考核知识点：参数管理

难易度：易

标准答案：

电网设备参数录入中，线路－交流线段表中参数录入的内容有：

（1）线路型号录入。

（2）标幺值录入。

（3）有名值录入。

Jb0003433013　规约和通道参数设置不当造成的故障现象有哪些？（5 分）

考核知识点：规约和通道参数设置不当造成的故障现象

难易度：难

标准答案：

规约和通道参数设置不当造成的故障现象有：

（1）收不到通道报文。

（2）报文解释不对。

（3）报文问答不正常。

（4）遥控报文不成功。

（5）通道频繁故障。

Jb0003432014　实时数据丢失的原因有哪些？（5 分）

考核知识点：数据处理流程

难易度：中

标准答案：

实时数据丢失的原因有：

（1）通信过程中报文丢失。

（2）收到报文，但由于主备机切换等原因未能正确处理。

（3）偶然原因进程未能正常完成处理过程。

Jb0004432015 交换机的性能指标有哪些内容？（5分）

考核知识点：性能指标

难易度：中

标准答案：

交换机的性能指标主要包括：交换机类型、端口、传输速率、传输模式、是否支持网管、交换方式、背板吞吐量、支持的网络类型、安全性及 VLAN 支持、冗余支持。

Jb0004433016 简述新增直调厂站所需的操作内容。（5分）

考核知识点：厂站录入

难易度：难

标准答案：

新增直调厂站所需的操作内容：

（1）在 dbi 厂站表中增加新厂站记录。

（2）在 dbi 电压等级表中增加新厂站的所有电压等级。

（3）在 dbi 各设备表中增加新厂站的所有设备。

（4）使用画面编辑器新建厂站图，绘制并关联设备及节点入库。

（5）根据数据点表添加通信链路及通信点。

Jb0004431017 权限管理中的角色分为哪四类？（5分）

考核知识点：权限管理

难易度：易

标准答案：

权限管理中的角色分为四类：

（1）系统管理员。

（2）安全管理员。

（3）审计管理员。

（4）应用管理员。

Jb0004433018 根据《地区智能电网调度技术支持系统应用功能规范》，地区智能电网调度技术支持系统中远方控制与调节类型应包括哪几种？（5分）

考核知识点：控制与调节

难易度：难

标准答案：

地区智能电网调度技术支持系统中远方控制与调节类型包括：

（1）断路器的分合。

（2）隔离开关的拉合。

（3）变压器的分接头调节。

（4）投/切和调节无功补偿装置。
（5）投/切远方控制装置（就地或远方模式）。

Jb0004432019 远方控制与调节功能支持哪些操作方式？（5分）
考核知识点：控制与调节
难易度：中
标准答案：
远方控制与调节功能支持的操作方式：
（1）单席操作、双席操作。
（2）单人操作、监护操作。
（3）普通操作、快捷操作。

Jb0004432020 UPS由哪几部分组成？按不停电供电方式分为哪几类？（5分）
考核知识点：UPS
难易度：中
标准答案：
（1）UPS由整流器、逆变器、蓄电池、静态开关等组成。
（2）UPS按不停电供电方式分类，可分为后备式、在线式和在线互动式。

Jb0005433021 请使用操作系统常见命令在工作站查看DTS进程。（5分）
考核知识点：常见命令
难易度：难
标准答案：
在工作站查看DTS进程的命令：ps -ef | grep dts。

Jb0005433022 请使用操作系统常见命令在工作站wh1－1上将home/kaoshi目录下的ceshi文件复制到wh2－1：/home/kaoshi的目录下。（5分）
考核知识点：常见命令
难易度：难
标准答案：
在工作站wh1－1上将home/kaoshi目录下的ceshi文件复制到wh2－1：/home/kaoshi的目录下的命令：scp -r ceshi wh2-1:/home/kaoshi/。

Jb0006432023 简述计算机病毒的六大特性。（5分）
考核知识点：病毒特性
难易度：中
标准答案：
计算机病毒的六大特性：
（1）程序性。
（2）破坏性。
（3）传染性。
（4）寄生性。

（5）隐蔽性。
（6）潜伏性。

Jb0006432024　计算机系统的资源分为哪两类？分别指什么？（5分）
考核知识点：操作系统
难易度：中
标准答案：
（1）计算机系统的资源可分为设备资源和信息资源两大类。
（2）设备资源指的是组成计算机的硬件设备。信息资源指的是存放于计算机内的各种数据。

Jb0006433025　操作系统安全机制有哪些？（5分）
考核知识点：操纵系统安全机制
难易度：难
标准答案：
操作系统安全机制有：
（1）身份鉴别。
（2）自主访问控制。
（3）标记。
（4）强制访问控制。
（5）安全审计。
（6）用户数据完整性。
（7）用户数据保密性。
（8）运行安全保护。
（9）资源利用。
（10）访问控制。

Jb0006433026　请从低到高分别写出TCP/IP五层网络结构和OSI七层网络结构的层次划分。（5分）
考核知识点：网络结构
难易度：难
标准答案：
（1）TCP/IP网络结构共有五层：物理层、数据链路层、网络层、传输层、应用层。
（2）OSI网络结构共有七层：物理层、数据链路层、网络层、传输层、会话层、表示层、应用层。

Jb0006431027　电力系统的运行状态有哪些？（5分）
考核知识点：电力系统与调度运行状态及控制
难易度：易
标准答案：
电力系统的运行状态主要可分为正常、警戒、紧急、极端紧急、崩溃和恢复六种状态。

Jb0006431028　调控云PaaS包含哪几个平台？（5分）
考核知识点：调控云

难易度：易

标准答案：

调控云 PaaS 由电网模型云平台、实时数据云平台、运行数据云平台三组平台组成。

Jb0006431029　简述智能电网大数据采用哪些关键技术。(5 分)

考核知识点：智能电网大数据

难易度：易

标准答案：

智能电网大数据采用关键技术包括数据采集、数据存储、数据处理、数据分析挖掘、数据可视化、报表服务等。

第四章　电网调度自动化维护员中级工技能操作

Jc0001442001　路由器 SNMP 配置。（100 分）

考核知识点：路由器配置

难易度：中

技能等级评价专业技能考核操作工作任务书

一、任务名称

路由器 SNMP 配置。

二、适用工种

电网调度自动化维护员中级工。

三、具体任务

（1）工作状态为调度主站路由器运行正常，路由器初始用户名 admin，密码 admin。工作内容为配置网管系统中 SNMP 读、写团体名分别为 CZddjrw－r、CZddjrw－w。

（2）工作任务：完成路由器配置，并验证配置生效。

四、工作规范及要求

（1）按照《国家电网公司电力安全工作规程（电力监控部分）》要求做好相关安全措施，办理工作票。

（2）维护完成后填写运维记录，并对系统进行全面巡视。

五、考核及时间要求

（1）本考核操作时间为60分钟，按所完成的内容计分，未完成部分均不得分，时间到停止考核。

（2）设备配置过程中，如确实不能完成相关配置，可向考评员申请，该项项目不得分，但不影响其他项目。

技能等级评价专业技能考核操作评分标准

工种	电网调度自动化维护员					评价等级	中级工
项目模块	系统安装及调试—调度数据网设备的安装调试				编号	Jc0001442001	
单位			准考证号			姓名	
考试时限	60 分钟		题型	单项操作		题分	100 分
成绩		考评员		考评组长		日期	
试题正文	路由器 SNMP 配置						
需要说明的问题和要求	（1）要求单人完成工作任务。 （2）操作应注意安全，按照标准化作业书的技术安全说明做好安全措施。 （3）在指定系统/设备完成操作						

序号	项目名称	质量要求	满分	扣分标准	扣分原因	得分
1	功能应用及安全措施					
1.1	相关安全措施的准备	（1）办理工作票。 （2）作业人员身份鉴别和授权。 （3）备份可能受影响的内容	10	未正确办理工作票扣 3 分； 未进行作业人员身份鉴别和授权扣 2 分； 未备份可能受影响的程序、配置文件、运行参数、运行数据、日志文件等扣 5 分		

续表

序号	项目名称	质量要求	满分	扣分标准	扣分原因	得分
2	系统操作					
2.1	正确使用调试工具	能正确使用调试工具	10	未正确使用调试工具扣 10 分		
2.2	登录设备	正确登录设备	15	未正确登录设备扣 15 分		
2.3	修改配置	正确进行配置	40	未正确使用命令 snmp-agent community read CZddjrw.r 进行配置扣 20 分； 进行配置扣 20 分 snmp-agent community write CZddjrw.w 进行配置扣 20 分		
3	操作结束					
3.1	验证	验证操作结果的正确性	10	未正确验证操作结果扣 10 分		
3.2	操作记录	操作结束后完整填写操作记录	5	每漏填写一项扣 1 分，扣完为止； 操作记录不完整扣 2 分		
4	现场恢复	恢复现场	10	未进行现场恢复扣 10 分		
合计			100			

Jc0001442002 删除路由器 SNMP 配置。（100 分）

考核知识点：路由器配置

难易度：中

技能等级评价专业技能考核操作工作任务书

一、任务名称

删除路由器 SNMP 配置。

二、适用工种

电网调度自动化维护员中级工。

三、具体任务

（1）工作状态为调度主站路由器运行正常，路由器初始用户名admin，密码admin。工作内容为删除网管系统中SNMP读、写团体名分别为public、private。

（2）工作任务：完成路由器指定操作内容和配置，并验证配置生效。

四、工作规范及要求

（1）按照《国家电网公司电力安全工作规程（电力监控部分）》要求做好相关安全措施，办理工作票。

（2）维护完成后填写运维记录，并对系统进行全面巡视。

五、考核及时间要求

（1）本考核操作时间为60分钟，按所完成的内容计分，未完成部分均不得分，时间到停止考核。

（2）设备配置过程中，如确实不能完成相关配置，可向考评员申请，该项项目不得分，但不影响其他项目。

技能等级评价专业技能考核操作评分标准

工种	电网调度自动化维护员					评价等级	中级工
项目模块	系统安装及调试—调度数据网设备的安装调试				编号	Jc0001442002	
单位			准考证号			姓名	
考试时限	60 分钟		题型	单项操作		题分	100 分
成绩		考评员		考评组长		日期	
试题正文	删除路由器 SNMP 配置						
需要说明的问题和要求	（1）要求单人完成工作任务。 （2）操作应注意安全，按照标准化作业书的技术安全说明做好安全措施。 （3）在指定系统/设备完成操作						

序号	项目名称	质量要求	满分	扣分标准	扣分原因	得分
1	功能应用及安全措施					
1.1	相关安全措施的准备	（1）办理工作票。 （2）作业人员身份鉴别和授权。 （3）备份可能受影响的内容	10	未正确办理工作票扣 3 分； 未进行作业人员身份鉴别和授权扣 2 分； 未备份可能受影响的程序、配置文件、运行参数、运行数据、日志文件等扣 5 分		
2	系统操作					
2.1	正确使用调试工具	能正确使用调试工具	10	未正确使用调试工具扣 10 分		
2.2	登录设备	正确登录设备	15	未正确登录设备扣 15 分		
2.3	删除配置	正确进行配置	40	未正确使用命令 undo snmp-agent community public 进行删除配置扣 20 分； 未正确使用命令 undo snmp-agent community private 进行删除配置扣 20 分		
3	操作结束					
3.1	验证	验证操作结果的正确性	10	未正确验证操作结果扣 10 分		
3.2	操作记录	操作结束后完整填写操作记录	5	每漏填写一项扣 1 分，扣完为止； 操作记录不完整扣 2 分		
4	现场恢复	恢复现场	10	未进行现场恢复扣 10 分		
合计			100			

Jc0002441003　量测系数设置。（100 分）

考核知识点：数据处理流程

难易度：易

技能等级评价专业技能考核操作工作任务书

一、任务名称

量测系数设置。

二、适用工种

电网调度自动化维护员中级工。

三、具体任务

（1）工作状态为调度主站系统运行正常。工作内容为在考试站中，填写 111 遥测数据量测系数（有功系数为1.22，无功系数为1.22，电流系数为500）。

（2）工作任务：完成量测系数设置，并验证设置后数据。

四、工作规范及要求

（1）按照《国家电网公司电力安全工作规程（电力监控部分）》要求做好相关安全措施，办理工作票。

（2）维护完成后填写运维记录，并对系统进行全面巡视。

五、考核及时间要求

（1）本考核操作时间为60分钟，按所完成的内容计分，未完成部分均不得分，时间到停止考核。

（2）设置操作过程中，如确实不能完成相关配置，可向考评员申请，该项项目不得分，但不影响其他项目。

技能等级评价专业技能考核操作评分标准

工种	电网调度自动化维护员					评价等级	中级工
项目模块	系统应用及操作—主厂站联合调试				编号		Jc0002441003
单位			准考证号			姓名	
考试时限	60分钟		题型	单项操作		题分	100分
成绩		考评员		考评组长		日期	
试题正文	量测系数设置						
需要说明的问题和要求	（1）要求单人完成工作任务。 （2）操作应注意安全，按照标准化作业书的技术安全说明做好安全措施。 （3）在指定系统/设备完成操作						

序号	项目名称	质量要求	满分	扣分标准	扣分原因	得分
1	功能应用及安全措施					
1.1	相关安全措施的准备	（1）办理工作票。 （2）作业人员身份鉴别和授权。 （3）备份可能受影响的内容	10	未正确办理工作票扣3分； 未进行作业人员身份鉴别和授权扣2分； 未备份可能受影响的程序、配置文件、运行参数、运行数据、日志文件等扣5分		
2	系统操作					
2.1	找到相应的前置遥测信息表	能正确找到前置遥测信息表	20	未正确找出前置遥测信息表扣20分		
2.2	填写量测系数	正确填写量测系数	30	未正确填写系数，每错一项扣10分，扣完为止		
2.3	保存填写结果	正确保存填写结果	15	未正确保存填写结果扣15分		
3	操作结束					
3.1	验证	验证操作结果的正确性	10	未正确验证操作结果扣10分		
3.2	操作记录	操作结束后完整填写操作记录	5	每漏填写一项扣1分，扣完为止； 操作记录不完整扣2分		
4	现场恢复	恢复现场	10	未进行现场恢复扣10分		
合计			100			

Jc0002441004　遥信极性处理。（100 分）

考核知识点：数据处理流程

难易度：易

技能等级评价专业技能考核操作工作任务书

一、任务名称

遥信极性处理。

二、适用工种

电网调度自动化维护员中级工。

三、具体任务

（1）工作状态为调度主站系统运行正常，并且考试站 111 遥信断路器位置实际在合位，但显示在分位。工作内容为进行遥信极性取反操作。

（2）工作任务：完成遥信极性处理。

四、工作规范及要求

（1）按照《国家电网公司电力安全工作规程（电力监控部分）》要求做好相关安全措施，办理工作票。

（2）维护完成后填写运维记录，并对系统进行全面巡视。

五、考核及时间要求

（1）本考核操作时间为60分钟，按所完成的内容计分，未完成部分均不得分，时间到停止考核。

（2）设置操作过程中，如确实不能完成相关配置，可向考评员申请，该项项目不得分，但不影响其他项目。

技能等级评价专业技能考核操作评分标准

工种	电网调度自动化维护员					评价等级	中级工
项目模块	系统应用及操作—主厂站联合调试				编号	Jc0002441004	
单位			准考证号			姓名	
考试时限	60 分钟	题型		单项操作		题分	100 分
成绩		考评员		考评组长		日期	
试题正文	遥信极性处理						
需要说明的问题和要求	（1）要求单人完成工作任务。 （2）操作应注意安全，按照标准化作业书的技术安全说明做好安全措施。 （3）在指定系统/设备完成操作						

序号	项目名称	质量要求	满分	扣分标准	扣分原因	得分
1	功能应用及安全措施					
1.1	相关安全措施的准备	（1）办理工作票。 （2）作业人员身份鉴别和授权。 （3）备份可能受影响的内容	10	未正确办理工作票扣 3 分； 未进行作业人员身份鉴别和授权扣 2 分； 未备份可能受影响的程序、配置文件、运行参数、运行数据、日志文件等扣 5 分		
2	系统操作					
2.1	找到相应的前置遥信信息表	能正确找到前置遥信信息表	25	未正确找出前置遥信信息表扣 25 分		

续表

序号	项目名称	质量要求	满分	扣分标准	扣分原因	得分
2.2	填写“极性”	正确填写“极性”为反极性	20	未正确填写“极性”为反极性扣 20 分		
2.3	保存填写结果	正确保存填写结果	20	未正确保存填写结果扣 20 分		
3	操作结束					
3.1	验证	验证操作结果的正确性	10	未正确验证操作结果扣 10 分		
3.2	操作记录	操作结束后完整填写操作记录	5	每漏填写一项扣 1 分，扣完为止；操作记录不完整扣 2 分		
4	现场恢复	恢复现场	10	未进行现场恢复扣 10 分		
合计			100			

Jc0002443005 状态估计错误数据辨识处理。（100 分）

考核知识点：状态估计错误数据的辨识

难易度：难

技能等级评价专业技能考核操作工作任务书

一、任务名称

状态估计错误数据辨识处理。

二、适用工种

电网调度自动化维护员中级工。

三、具体任务

（1）工作状态为调度主站系统运行正常，考试站 1 号主变压器正序电阻标幺值 0.0091；正序电抗标幺值 0.2787。工作内容为处理状态估计计算发散。

（2）工作任务：完成状态估计错误数据辨识处理。

四、工作规范及要求

（1）按照《国家电网公司电力安全工作规程（电力监控部分）》要求做好相关安全措施，办理工作票。

（2）维护完成后填写运维记录，并对系统进行全面巡视。

五、考核及时间要求

（1）本考核操作时间为60分钟，按所完成的内容计分，未完成部分均不得分，时间到停止考核。

（2）故障查找和排除过程中，如确实不能完成，可向考评员申请进行其他操作，该项故障项目不得分，但不影响其他项目。

技能等级评价专业技能考核操作评分标准

工种	电网调度自动化维护员					评价等级	中级工
项目模块	系统应用及操作—在线分析类系统应用及操作				编号	Jc0002443005	
单位			准考证号			姓名	
考试时限	60 分钟	题型	单项操作			题分	100 分
成绩		考评员		考评组长		日期	
试题正文	状态估计错误数据辨识处理						

续表

需要说明的问题和要求	（1）要求单人完成工作任务。 （2）操作应注意安全，按照标准化作业书的技术安全说明做好安全措施。 （3）在指定系统/设备完成操作

序号	项目名称	质量要求	满分	扣分标准	扣分原因	得分
1	功能应用及安全措施					
1.1	相关安全措施的准备	（1）办理工作票。 （2）作业人员身份鉴别和授权。 （3）备份可能受影响的内容	10	未正确办理工作票扣3分； 未进行作业人员身份鉴别和授权扣2分； 未备份可能受影响的程序、配置文件、运行参数、运行数据、日志文件等扣5分		
2	系统操作					
2.1	打开相应数据库表	能正确打开PAS－PAS_ MODEL下变压器绕组表	10	未正确打开 PAS－PAS_MODEL 下变压器绕组表扣10分		
2.2	填写相应参数	正确填写正序电阻标幺值及正序电抗标幺值并保存	15	未正确填写正序电阻标幺值及正序电抗标幺值并保存扣15分		
2.3	打开模型更新界面	正确检验状态估计计算正常	10	未正确进行模型复制扣10分		
2.4	进行模型验证	正确进行模型验证	10	未正确进行模型验证扣10分		
2.5	进行模型复制	正确进行模型复制	10	未正确进行模型复制扣10分		
2.6	查看运行信息	正确查看运行信息“主网收敛”	10	未正确查看运行信息“主网收敛”扣10分		
3	操作结束					
3.1	验证	验证操作结果的正确性	10	未正确验证操作结果扣10分		
3.2	操作记录	操作结束后完整填写操作记录	5	每漏填写一项扣1分，扣完为止； 操作记录不完整扣2分		
4	现场恢复	恢复现场	10	未进行现场恢复扣10分		
合计			100			

Jc0002442006　事故追忆功能测试。(100分)

考核知识点：事故追忆

难易度：中

技能等级评价专业技能考核操作工作任务书

一、任务名称

事故追忆功能测试。

二、适用工种

电网调度自动化维护员中级工。

三、具体任务

（1）工作状态为调度主站系统运行正常。工作内容为选择一个事故案例，选择当前模型，进行相应的事故追忆。

（2）工作任务：完成系统事故追忆功能测试。

四、工作规范及要求

（1）按照《国家电网公司电力安全工作规程（电力监控部分）》要求做好相关安全措施，办理工

作票。

（2）维护完成后填写运维记录，并对系统进行全面巡视。

五、考核及时间要求

（1）本考核操作时间为60分钟，按所完成的内容计分，未完成部分均不得分，时间到停止考核。

（2）故障查找和排除过程中，如确实不能完成，可向考评员申请进行其他操作，该项故障项目不得分，但不影响其他项目。

技能等级评价专业技能考核操作评分标准

工种	电网调度自动化维护员			评价等级	中级工
项目模块	系统应用及操作—基础平台及 SCADA 应用及操作		编号	Jc0002442006	
单位		准考证号		姓名	
考试时限	60 分钟	题型	单项操作	题分	100 分
成绩		考评员	考评组长	日期	
试题正文	事故追忆功能测试				
需要说明的问题和要求	（1）要求单人完成工作任务。 （2）操作应注意安全，按照标准化作业书的技术安全说明做好安全措施。 （3）在指定系统/设备完成操作				

序号	项目名称	质量要求	满分	扣分标准	扣分原因	得分
1	功能应用及安全措施					
1.1	相关安全措施的准备	（1）办理工作票。 （2）作业人员身份鉴别和授权。 （3）备份可能受影响的内容	10	未正确办理工作票扣 3 分； 未进行作业人员身份鉴别和授权扣 2 分； 未备份可能受影响的程序、配置文件、运行参数、运行数据、日志文件等扣 5 分		
2	系统操作					
2.1	打开事故追忆工具	能正确打开事故追忆工具	10	未正确打开事故追忆工具扣 10 分		
2.2	选择案例	正确选择案例	20	未正确选择案例扣 20 分		
2.3	启动反演	正确启动反演	20	未正确启动反演扣 20 分		
2.4	打开图形观察事故追忆情况	正确点击“打开图形”，观察事故追忆情况	15	未正确点击“打开图形”，观察事故追忆情况扣 15 分		
3	操作结束					
3.1	验证	验证操作结果的正确性	10	未正确验证操作结果扣 10 分		
3.2	操作记录	操作结束后完整填写操作记录	5	每漏填写一项扣 1 分，扣完为止； 操作记录不完整扣 2 分		
4	现场恢复	恢复现场	10	未进行现场恢复扣 10 分		
合计			100			

Jc0003441007　量测不刷新处理。（100 分）

考核知识点：数据处理流程

难易度：易

技能等级评价专业技能考核操作工作任务书

一、任务名称

量测不刷新处理。

二、适用工种

电网调度自动化维护员中级工。

三、具体任务

（1）工作状态为调度主站系统运行正常，考试站 111 间隔线路有功遥测数据存在量测不刷新的问题（已知有功遥测点号为 5，通道为考试站 104 通道）。工作内容为进行量测不刷新处理操作。

（2）工作任务：完成量测不刷新处理。

四、工作规范及要求

（1）按照《国家电网公司电力安全工作规程（电力监控部分）》要求做好相关安全措施，办理工作票。

（2）维护完成后填写运维记录，并对系统进行全面巡视。

五、考核及时间要求

（1）本考核操作时间为60分钟，按所完成的内容计分，未完成部分均不得分，时间到停止考核。

（2）故障查找和排除过程中，如确实不能完成，可向考评员申请进行其他操作，该项故障项目不得分，但不影响其他项目。

技能等级评价专业技能考核操作评分标准

工种	电网调度自动化维护员					评价等级	中级工
项目模块	系统异常处置—基础平台及 SCADA 异常处理				编号	Jc0003441007	
单位			准考证号			姓名	
考试时限	60 分钟		题型	单项操作		题分	100 分
成绩		考评员		考评组长		日期	
试题正文	量测不刷新处理						
需要说明的问题和要求	（1）要求单人完成工作任务。 （2）操作应注意安全，按照标准化作业书的技术安全说明做好安全措施。 （3）在指定系统/设备完成操作						

序号	项目名称	质量要求	满分	扣分标准	扣分原因	得分
1	功能应用及安全措施					
1.1	相关安全措施的准备	（1）办理工作票。 （2）作业人员身份鉴别和授权。 （3）备份可能受影响的内容	10	未正确办理工作票扣 3 分； 未进行作业人员身份鉴别和授权扣 2 分； 未备份可能受影响的程序、配置文件、运行参数、运行数据、日志文件等扣 5 分		
2	系统操作					
2.1	找到相应的前置遥测信息表	能正确找到前置遥测信息表	20	未正确找出前置遥测信息表扣 20 分		
2.2	填写量测点号	正确填写量测点号	30	未正确填写点号扣 15 分； 未正确填写通道扣 15 分		
2.3	保存填写结果	正确保存填写结果	15	未正确保存填写结果扣 15 分		

续表

序号	项目名称	质量要求	满分	扣分标准	扣分原因	得分
3	操作结束					
3.1	验证	验证操作结果的正确性	10	未正确验证操作结果扣10分		
3.2	操作记录	操作结束后完整填写操作记录	5	每漏填写一项扣1分，扣完为止；操作记录不完整扣2分		
4	现场恢复	恢复现场	10	未进行现场恢复扣10分		
合计			100			

Jc0003442008 光字牌处理。(100分)

考核知识点：数据处理流程

难易度：中

技能等级评价专业技能考核操作工作任务书

一、任务名称

光字牌处理。

二、适用工种

电网调度自动化维护员中级工。

三、具体任务

(1)工作状态为调度主站系统运行正常，111间隔保护信号“气压低闭锁”光字牌不动作(已知遥信信号点号，通道及告警窗均正常)。工作内容为考试站进行光字牌处理操作。

(2)工作任务：完成光字牌处理。

四、工作规范及要求

(1)按照《国家电网公司电力安全工作规程(电力监控部分)》要求做好相关安全措施，办理工作票。

(2)维护完成后填写运维记录，并对系统进行全面巡视。

五、考核及时间要求

(1)本考核操作时间为60分钟，按所完成的内容计分，未完成部分均不得分，时间到停止考核。

(2)故障查找和排除过程中，如确实不能完成，可向考评员申请进行其他操作，该项故障项目不得分，但不影响其他项目。

技能等级评价专业技能考核操作评分标准

工种	电网调度自动化维护员					评价等级	中级工
项目模块	系统异常处置—基础平台及SCADA异常处理				编号	Jc0003442008	
单位			准考证号			姓名	
考试时限	60分钟		题型	单项操作		题分	100分
成绩		考评员		考评组长		日期	
试题正文	光字牌处理						
需要说明的问题和要求	(1)要求单人完成工作任务。 (2)操作应注意安全，按照标准化作业书的技术安全说明做好安全措施。 (3)在指定系统/设备完成操作						

续表

序号	项目名称	质量要求	满分	扣分标准	扣分原因	得分
1	功能应用及安全措施					
1.1	相关安全措施的准备	（1）办理工作票。 （2）作业人员身份鉴别和授权。 （3）备份可能受影响的内容	10	未正确办理工作票扣3分； 未进行作业人员身份鉴别和授权扣2分； 未备份可能受影响的程序、配置文件、运行参数、运行数据、日志文件等扣5分		
2	系统操作					
2.1	找到相应的保护信息表	能正确找到保护信息表	20	未正确找出保护信息表扣20分		
2.2	进行配置	正确配置“是否光字牌”	25	未正确配置“是否光字牌”扣25分		
2.3	保存填写结果	正确保存填写结果	20	未正确保存填写结果扣20分		
3	操作结束					
3.1	验证	验证操作结果的正确性	10	未正确验证操作结果扣10分		
3.2	操作记录	操作结束后完整填写操作记录	5	每漏填写一项扣1分，扣完为止； 操作记录不完整扣2分		
4	现场恢复	恢复现场	10	未进行现场恢复扣10分		
合计			100			

Jc0003443009　遥控操作异常处理。（100分）

考核知识点：数据处理流程

难易度：难

技能等级评价专业技能考核操作工作任务书

一、任务名称

遥控操作异常处理。

二、适用工种

电网调度自动化维护员中级工。

三、具体任务

（1）工作状态为调度主站系统运行正常，考试站处理111断路器不能遥控问题（显示该厂站不能进行遥控）。工作内容为进行遥控操作异常处理。

（2）工作任务：完成遥控操作异常处理。

四、工作规范及要求

（1）按照《国家电网公司电力安全工作规程（电力监控部分）》要求做好相关安全措施，办理工作票。

（2）维护完成后填写运维记录，并对系统进行全面巡视。

五、考核及时间要求

（1）本考核操作时间为60分钟，按所完成的内容计分，未完成部分均不得分，时间到停止考核。

（2）故障查找和排除过程中，如确实不能完成，可向考评员申请进行其他操作，该项故障项目不得分，但不影响其他项目。

技能等级评价专业技能考核操作评分标准

工种	电网调度自动化维护员				评价等级	中级工
项目模块	系统异常处置—基础平台及 SCADA 异常处理			编号	Jc0003443009	
单位		准考证号			姓名	
考试时限	60 分钟	题型	单项操作		题分	100 分
成绩		考评员		考评组长	日期	
试题正文	遥控操作异常处理					
需要说明的问题和要求	（1）要求单人完成工作任务。 （2）操作应注意安全，按照标准化作业书的技术安全说明做好安全措施。 （3）在指定系统/设备完成操作					

序号	项目名称	质量要求	满分	扣分标准	扣分原因	得分
1	功能应用及安全措施					
1.1	相关安全措施的准备	（1）办理工作票。 （2）作业人员身份鉴别和授权。 （3）备份可能受影响的内容	10	未正确办理工作票扣 3 分； 未进行作业人员身份鉴别和授权扣 2 分； 未备份可能受影响的程序、配置文件、运行参数、运行数据、日志文件等扣 5 分		
2	系统操作					
2.1	找到相应的通信厂站表	能正确找到通信厂站表	20	未正确找出通信厂站表扣 20 分		
2.2	修改配置	正确修改“是否允许遥控”	30	未正确填修改“是否允许遥控”扣 30 分		
2.3	保存填写结果	正确保存填写结果	15	未正确保存填写结果扣 15 分		
3	操作结束					
3.1	验证	验证操作结果的正确性	10	未正确验证操作结果扣 10 分		
3.2	操作记录	操作结束后完整填写操作记录	5	每漏填写一项扣 1 分，扣完为止； 操作记录不完整扣 2 分		
4	现场恢复	恢复现场	10	未进行现场恢复扣 10 分		
合计			100			

Jc0004442010　遥测列表绘制。（100 分）

考核知识点：绘图工具的使用

难易度：中

技能等级评价专业技能考核操作工作任务书

一、任务名称

遥测列表绘制。

二、适用工种

电网调度自动化维护员中级工。

三、具体任务

（1）工作状态为调度主站系统运行正常。工作内容为完成系统中考试站遥测列表绘制。

（2）工作任务：完成考试站遥测列表绘制，并进行检查核对。

四、工作规范及要求

（1）按照《国家电网公司电力安全工作规程（电力监控部分）》要求做好相关安全措施，办理工作票。

（2）维护完成后填写运维记录，并对系统进行全面巡视。

五、考核及时间要求

（1）本考核操作时间为60分钟，按所完成的内容计分，未完成部分均不得分，时间到停止考核。

（2）故障查找和排除过程中，如确实不能完成，可向考评员申请进行其他操作，该项故障项目不得分，但不影响其他项目。

技能等级评价专业技能考核操作评分标准

工种	电网调度自动化维护员			评价等级	中级工
项目模块	系统维护—基础平台及 SCADA 运维		编号	Jc0004442010	
单位		准考证号		姓名	
考试时限	60 分钟	题型	单项操作	题分	100 分
成绩		考评员		考评组长		日期	
试题正文	遥测列表绘制				
需要说明的问题和要求	（1）要求单人完成工作任务。 （2）操作应注意安全，按照标准化作业书的技术安全说明做好安全措施。 （3）在指定系统/设备完成操作				

序号	项目名称	质量要求	满分	扣分标准	扣分原因	得分
1	功能应用及安全措施					
1.1	相关安全措施的准备	（1）办理工作票。 （2）作业人员身份鉴别和授权。 （3）备份可能受影响的内容	10	未正确办理工作票扣 3 分； 未进行作业人员身份鉴别和授权扣 2 分； 未备份可能受影响的程序、配置文件、运行参数、运行数据、日志文件等扣 5 分		
2	系统操作					
2.1	新建图形编辑界面	能正确新建图形编辑界面	15	未查正确新建图形编辑界面扣 15 分		
2.2	绘制列表	正确使用绘制列表	30	未正确使用检索器拖入表名扣 5 分； 未按要求将相应域信息填至域属性设置中，每缺少一条扣 5 分，扣完为止； 未按要求设置检索条件扣 5 分		
2.3	展示列表	正确展示列表	20	未正确展示列表扣 20 分		
3	操作结束					
3.1	验证	验证操作结果的正确性	10	未正确验证操作结果扣 10 分		
3.2	操作记录	操作结束后完整填写操作记录	5	每漏填写一项扣 1 分，扣完为止； 操作记录不完整扣 2 分		
4	现场恢复	恢复现场	10	未进行现场恢复扣 10 分		
合计			100			

Jc0004442011　光字牌图元编辑并画图联库。（100 分）

考核知识点：绘图工具的使用

难易度：中

技能等级评价专业技能考核操作工作任务书

一、任务名称

光字牌图元编辑并画图联库。

二、适用工种

电网调度自动化维护员中级工。

三、具体任务

（1）工作状态为调度主站系统运行正常。工作内容为在指定系统中进行指定变电站图元编辑并画图联库。工作内容为：① 新建一个图元，名称为“KSGZP”，“光字牌开”为绿色方框，“光字牌合”状态为红色方框；② 在数据库保护信号表中已有保护信息名称为“B2XL1GZP”，关联在此光字牌上。

（2）工作任务：完成指定变电站图元编辑并画图联库。

四、工作规范及要求

（1）按照《国家电网公司电力安全工作规程（电力监控部分）》要求做好相关安全措施，办理工作票。

（2）维护完成后填写运维记录，并对系统进行全面巡视。

五、考核及时间要求

（1）本考核操作时间为60分钟，按所完成的内容计分，未完成部分均不得分，时间到停止考核。

（2）故障查找和排除过程中，如确实不能完成，可向考评员申请进行其他操作，该项故障项目不得分，但不影响其他项目。

技能等级评价专业技能考核操作评分标准

工种	电网调度自动化维护员					评价等级	中级工
项目模块	系统维护—基础平台及SCADA运维				编号	Jc0004442011	
单位		准考证号				姓名	
考试时限	60分钟	题型		单项操作		题分	100分
成绩		考评员		考评组长		日期	
试题正文	光字牌图元编辑并画图联库						
需要说明的问题和要求	（1）要求单人完成工作任务。 （2）操作应注意安全，按照标准化作业书的技术安全说明做好安全措施。 （3）在指定系统/设备完成操作						

序号	项目名称	质量要求	满分	扣分标准	扣分原因	得分
1	功能应用及安全措施					
1.1	相关安全措施的准备	（1）办理工作票。 （2）作业人员身份鉴别和授权。 （3）备份可能受影响的内容	10	未正确办理工作票扣3分； 未进行作业人员身份鉴别和授权扣2分； 未备份可能受影响的程序、配置文件、运行参数、运行数据、日志文件等扣5分		
2	系统操作					
2.1	打开图元编辑界面	能正确打开图元编辑界面	10	未正确打开图元编辑界面扣10分		
2.2	绘制图元	正确进行光字牌的绘制	15	未正确绘制光字牌扣15分		
2.3	保存光字牌	正确保存图元－下装图元	10	未正确保存图元－下装图元扣10分		

续表

序号	项目名称	质量要求	满分	扣分标准	扣分原因	得分
2.4	打开新建图形编辑界面	正确打开新建图形编辑界面	5	未正确打开新建图形编辑界面扣 5 分		
2.5	将图元画至图形上	正确将图元画至图形上	10	未正确将图元画至图形上扣 10 分		
2.6	图库关联	正确使用检索器关联数据库信息	10	未正确关联指定保护信息扣 10 分		
3	操作结束					
3.1	验证	验证操作结果的正确性	10	未正确验证操作结果扣 10 分		
3.2	操作记录	操作结束后完整填写操作记录	10	每漏填写一项扣 1 分，扣完为止；操作记录不完整扣 2 分		
4	现场恢复	恢复现场	10	未进行现场恢复扣 10 分		
合计			100			

Jc0004442012　定义事故跳变。（100 分）

考核知识点：数据库录入

难易度：中

技能等级评价专业技能考核操作工作任务书

一、任务名称

定义事故跳变。

二、适用工种

电网调度自动化维护员中级工。

三、具体任务

（1）工作状态为调度主站系统运行正常。工作内容为对考试站的 511 间隔线路的电流值定义事故跳变，变化门槛为 1000，跳变时间门槛为 36s，保持时间门槛为 35s，告警时限为 600s，测试配置正确性。

（2）工作任务：完成事故跳变定义。

四、工作规范及要求

（1）按照《国家电网公司电力安全工作规程（电力监控部分）》要求做好相关安全措施，办理工作票。

（2）维护完成后填写运维记录，并对系统进行全面巡视。

五、考核及时间要求

（1）本考核操作时间为60分钟，按所完成的内容计分，未完成部分均不得分，时间到停止考核。

（2）故障查找和排除过程中，如确实不能完成，可向考评员申请进行其他操作，该项故障项目不得分，但不影响其他项目。

技能等级评价专业技能考核操作评分标准

工种	电网调度自动化维护员					评价等级	中级工
项目模块	系统维护—基础平台及 SCADA 运维				编号	Jc0004442012	
单位			准考证号			姓名	
考试时限	60 分钟	题型		单项操作		题分	100 分
成绩		考评员		考评组长		日期	

续表

试题正文	定义事故跳变
需要说明的问题和要求	（1）要求单人完成工作任务。 （2）操作应注意安全，按照标准化作业书的技术安全说明做好安全措施。 （3）在指定系统/设备完成操作

序号	项目名称	质量要求	满分	扣分标准	扣分原因	得分
1	功能应用及安全措施					
1.1	相关安全措施的准备	（1）办理工作票。 （2）作业人员身份鉴别和授权。 （3）备份可能受影响的内容	10	未正确办理工作票扣3分； 未进行作业人员身份鉴别和授权扣2分； 未备份可能受影响的程序、配置文件、运行参数、运行数据、日志文件等扣5分		
2	系统操作					
2.1	打开跳变事故定义表	能正确打开跳变事故定义表	15	未正确打开跳变事故定义表扣15分		
2.2	配置“考试站”的511线的电流值的跳变事故定义记录	正确使用检索器将“考试站”的511间隔线路的电流值拖入遥测ID	20	未正确使用检索器将考试站的511间隔线路的电流值拖入遥测ID扣20分		
2.3	配置跳变事故定义限值	正确按要求配置限值	25	未正确按要求配置限值扣25分		
3	操作结束					
3.1	验证	验证操作结果的正确性	10	未正确验证操作结果扣10分		
3.2	操作记录	操作结束后完整填写操作记录	10	每漏填写一项扣1分，扣完为止； 操作记录不完整扣2分		
4	现场恢复	恢复现场	10	未进行现场恢复扣10分		
合计			100			

Jc0004441013　用户权限定义。(100分)

考核知识点：权限管理

难易度：易

技能等级评价专业技能考核操作工作任务书

一、任务名称

用户权限定义。

二、适用工种

电网调度自动化维护员中级工。

三、具体任务

（1）工作状态为调度主站系统运行正常，已知超级用户名sa，密码为sa.sa.13579。工作内容为在主站系统新建kaoshi用户，密码为root.2015，使该用户属于“自动化系统管理”组，设置“失效日期”为5min。

（2）工作任务：完成用户权限定义。

四、工作规范及要求

（1）按照《国家电网公司电力安全工作规程（电力监控部分）》要求做好相关安全措施，办理工作票。

（2）维护完成后填写运维记录，并对系统进行全面巡视。

五、考核及时间要求

（1）本考核操作时间为60分钟，按所完成的内容计分，未完成部分均不得分，时间到停止考核。

（2）故障查找和排除过程中，如确实不能完成，可向考评员申请进行其他操作，该项故障项目不得分，但不影响其他项目。

技能等级评价专业技能考核操作评分标准

工种	电网调度自动化维护员					评价等级	中级工
项目模块	系统维护—基础平台及 SCADA 运维				编号	Jc0004441013	
单位			准考证号			姓名	
考试时限	60 分钟		题型	单项操作		题分	100 分
成绩		考评员		考评组长		日期	
试题正文	用户权限定义						
需要说明的问题和要求	（1）要求单人完成工作任务。 （2）操作应注意安全，按照标准化作业书的技术安全说明做好安全措施。 （3）在指定系统/设备完成操作						

序号	项目名称	质量要求	满分	扣分标准	扣分原因	得分
1	功能应用及安全措施					
1.1	相关安全措施的准备	（1）办理工作票。 （2）作业人员身份鉴别和授权。 （3）备份可能受影响的内容	10	未正确办理工作票扣 3 分； 未进行作业人员身份鉴别和授权扣 2 分； 未备份可能受影响的程序、配置文件、运行参数、运行数据、日志文件等扣 5 分		
2	系统操作					
2.1	打开权限定义维护工具	能正确打开权限定义维护工具	10	未正确打开权限定义维护工具扣 10 分		
2.2	选择“自动化系统管理”组	正确选择“自动化系统管理”组	15	未正确选择“自动化系统管理”组扣 15 分		
2.3	添加新的用户	正确在“自动化系统管理”组右键“添加新的用户”	15	未正确按要求添加用户扣 15 分		
2.4	设置失效日期	正确设置失效日期（5 分钟后失效）	15	未正确设置失效日期扣 15 分		
2.5	使用该用户登录	正确使用该用户登录	5	未正确使用该用户登录扣 5 分		
3	操作结束					
3.1	验证	验证操作结果的正确性	10	未正确验证操作结果扣 10 分		
3.2	操作记录	操作结束后完整填写操作记录	10	每漏填写一项扣 1 分，扣完为止； 操作记录不完整扣 2 分		
4	现场恢复	恢复现场	10	未进行现场恢复扣 10 分		
合计			100			

Jc0005442014　命令操作。（100 分）

考核知识点： 操作系统常见命令

难易度： 中

技能等级评价专业技能考核操作工作任务书

一、任务名称

命令操作。

二、适用工种

电网调度自动化维护员中级工。

三、具体任务

（1）工作状态为调度主站系统运行正常。工作内容为用命令查看 AVC 进程并找出其进程号。

（2）工作任务：完成指定进程查看。

四、工作规范及要求

（1）按照《国家电网公司电力安全工作规程（电力监控部分）》要求做好相关安全措施，办理工作票。

（2）维护完成后填写运维记录，并对系统进行全面巡视。

五、考核及时间要求

（1）本考核操作时间为60分钟，按所完成的内容计分，未完成部分均不得分，时间到停止考核。

（2）故障查找和排除过程中，如确实不能完成，可向考评员申请进行其他操作，该项故障项目不得分，但不影响其他项目。

技能等级评价专业技能考核操作评分标准

工种	电网调度自动化维护员				评价等级	中级工
项目模块	基本技能—计算机应用及操作			编号	Jc0005442014	
单位		准考证号			姓名	
考试时限	60 分钟	题型	单项操作		题分	100 分
成绩		考评员		考评组长		日期
试题正文	命令操作					
需要说明的问题和要求	（1）要求单人完成工作任务。 （2）操作应注意安全，按照标准化作业书的技术安全说明做好安全措施。 （3）在指定系统/设备完成操作					

序号	项目名称	质量要求	满分	扣分标准	扣分原因	得分
1	功能应用及安全措施					
1.1	相关安全措施的准备	（1）办理工作票。 （2）作业人员身份鉴别和授权。 （3）备份可能受影响的内容	10	未正确办理工作票扣 3 分； 未进行作业人员身份鉴别和授权扣 2 分； 未备份可能受影响的程序、配置文件、运行参数、运行数据、日志文件等扣 5 分		
2	系统操作					
2.1	打开终端	能正确打开终端	10	未正确打开终端扣 10 分		
2.2	命令操作	使用命令 ps – ef|grep avc 查看进程	30	未使用命令 ps – ef|grep avc 查看进程号扣 30 分		
2.3	记录进程号	正确记录进程号	20	未正确记录进程号扣 20 分		
3	操作结束					
3.1	验证	验证操作结果的正确性	10	未正确验证操作结果扣 10 分		
3.2	操作记录	操作结束后完整填写操作记录	10	每漏填写一项扣 1 分，扣完为止； 操作记录不完整扣 2 分		
4	现场恢复	恢复现场	10	未进行现场恢复扣 10 分		
合计			100			

第三部分
高级工

第五章　电网调度自动化维护员高级工技能笔答

Jb0001332001　调度员培训模拟系统（DTS）由哪几个功能模块组成？其核心模块是什么？（5分）

考核知识点：在线分析类系统

难易度：中

标准答案：

调度员培训模拟系统（DTS）由教员台控制模块、电力系统仿真模块、控制中心仿真模块三个功能模块组成，其核心模块是电力系统仿真模块。

Jb0001331002　电力调度数据网逻辑子网的划分技术有哪些？（5分）

考核知识点：调度数据网

难易度：易

标准答案：

电力调度数据网逻辑子网的划分技术有MPLS－VPN技术、安全隧道技术、PVC技术、静态路由技术。

Jb0001331003　BGP路由协议中的AS号是按照什么标准划分的？（5分）

考核知识点：调度数据网

难易度：易

标准答案：

各省采用的BGP路由协议中的AS号是按照国调SPDnet规划标准来进行分配的。

Jb0001331004　从工作原理角度看，硬件防火墙主要可以分为哪两类？（5分）

考核知识点：电力监控系统安全防护

难易度：易

标准答案：

从工作原理角度看，硬件防火墙主要可以分为网络层防火墙和应用层防火墙。

Jb0001332005　调度自动化系统从横向上和纵向上如何划分？（5分）

考核知识点：电力监控系统安全防护

难易度：中

标准答案：

调度自动化系统按照支撑电力生产业务的实时性和重要程度，从横向上可以分为生产控制大区（含安全Ⅰ区及安全Ⅱ区）和管理信息大区的调度自动化系统；对应电网调度管理体系和监视控制的对象，调度自动化系统从纵向上可分为主站端和场站端的调度自动化系统。

Jb0002333006　简述在智能电网调度控制系统中增加一个完整的厂站主要需做哪些工作。

（5分）

考核知识点：主厂站联合调试

难易度：难

标准答案：

（1）厂站定义：厂站信息表增加厂站，同时在前置的通信厂站表、通道表分别增加一条记录。

（2）设备定义、作图：可在 dbi 完成设备定义，并作图联库，或在作图的时候利用图库一体化同步完成设备定义。

（3）作图完成后，做节点入库。

（4）前置参数定义：定义通信厂站、通道的相关参数；在前置遥测定义表、前置遥信定义表分别定义遥测、遥信的前置参数；在遥控信息表、设点信息表分别定义遥控、遥调信息。

（5）PAS 参数定义：完成线路、变压器、发电机、电容器、电抗器等需要参与 PAS 计算的设备模型参数。

（6）SCADA 参数定义：定义各类限值；若存在计算量还需定义相关计算。

（7）告警定义：若针对新增厂站有特殊的告警需求，则需进行自定义告警方式的定义或者语音文件的定义。

Jb0002331007　SCADA 的图形浏览器主要提供了哪些功能？（5分）

考核知识点：基础平台及 SCADA 应用

难易度：易

标准答案：

SCADA 的图形浏览器主要功能：

（1）反映事实数据及设备状态。

（2）反映历史数据。

（3）事故追忆。

（4）应用切换。

（5）显示网络着色。

（6）人工操作。

Jb0002332008　实时监控与预警类应用的构成主要是什么？（5分）

考核知识点：基础平台及 SCADA 应用

难易度：中

标准答案：

实时监控与预警类应用主要包括电网实时监控与智能告警、电网自动控制、网络分析、在线安全稳定分析、调度运行辅助决策、水电及新能源监测分析、继电保护定值在线校核及预警、调度员培训模拟、运行分析与评价和辅助监测 10 个应用。

Jb0002332009　调度员潮流的主要功能和作用是什么？（5分）

考核知识点：在线分析类系统

难易度：中

标准答案：

调度员潮流主要用于调度员研究现在或最近的运行状况、运行分析工程师研究近期较大的运行方式变化、运行计划工程师研究计划的安全性、新调度员熟悉电力监控系统功率分布和功率损耗等。

Jb0002331010 电力系统网络拓扑分析的功能是什么？（5分）

考核知识点：在线分析类系统

难易度：易

标准答案：

电力系统网络拓扑分析的功能是依据实时断路器状态将网络物理模型化为用于计算的数学模型。

Jb0003333011 智能电网调度控制系统中，监控告警窗发现告警漏报时，要检查哪些环节？（5分）

考核知识点：基础平台及 SCADA 应用

难易度：难

标准答案：

监控告警窗发现告警漏报时，要检查的环节：

（1）前置是否收到该点的上送报文。

（2）实时库中原状态是否正确，是否满足告警条件。

（3）该点是否属于监控员责任区。

（4）该点状态位是否正确，是否设置了人工置数、告警抑制等标识。

（5）该点是否挂牌。

（6）告警窗设置是否正确。

（7）告警配置是否正确。

（8）有无告警抑制。

Jb0003333012 电网故障时，二次设备监视与分析模块未能向综合智能告警准确地提供软报文方式上送的保护动作事件信息的原因有哪些？（5分）

考核知识点：基础平台及 SCADA 应用

难易度：难

标准答案：

电网故障时，二次设备监视与分析模块未能向综合智能告警准确地提供软报文方式上送的保护动作事件信息的原因有：

（1）子站上送的装置配置通信点表错误，导致主站无法正确解释上送的动作事件。

（2）保护子站实时事件处理能力不足，以软报文方式上送的保护动作事件信息在故障发生后很长时间才上送，无法参与实时在线的故障诊断。

（3）主站数据库中对应保护状态量表记录的“信号类型”域未设置或者设置不正确。

Jb0003333013 自动化主站反应的断路器变位告警和 SOE 时间不一致时，试述检查思路。（5分）

考核知识点：基础平台及 SCADA 应用

难易度：难

标准答案：

自动化主站反应的断路器变位告警和 SOE 时间不一致时，要检查的内容：

（1）主站 GPS 工作是否正常，能否正确接收卫星对时信息。

（2）主站 GPS 与主站服务器对时是否正常。
（3）变电站 GPS 工作是否正常，能否正确接收卫星对时信息。
（4）变电站 GPS 与测控模块间的对时是否正常。
（5）变电站监控系统软件是否将变位遥信立即插入报文传向主站。

Jb0003333014　简述如何从技术层面防止非法远程登录电力调度数据网设备。（5 分）

考核知识点：调度数据网

难易度：难

标准答案：

从技术层面防止非法远程登录电力调度数据网设备：
（1）关闭电力调度数据网设备闲置的端口。
（2）使用 SSH 加密协议代替 telnet 实施远程登录。
（3）对数据网设备的 console 口登录和 SSH 远程登录设置高强度的密码并密文存储。
（4）设置 ACL，只允许指定的地址可以通过 SSH 登录网络设备。
（5）设置 Console 口或远程登录后超过 5min 无动作应自动退出。

Jb0003331015　正向隔离可以传输的三层协议有哪些？（5 分）

考核知识点：电力监控系统安全防护

难易度：易

标准答案：

正向隔离可以传输的三层协议有 TCP 和 UDP。

Jb0003332016　如果网络安全管理平台纵向管控功能中添加纵向设备节点但是不能管理，简述排查问题的步骤及处理的办法？（5 分）

考核知识点：电力监控系统安全防护

难易度：中

标准答案：

网络安全管理平台纵向管控功能中添加纵向设备节点但是不能管理，排查问题的步骤及处理的办法：
（1）检查监视平台的管控功能的程序是否掉线。
（2）检查厂站设备是否配置管控功能的 IP 地址。
（3）检查监视平台和纵向设备在互相导入对端证书是否有误。
（4）检查监视平台采集工作站到厂站纵向设备的网络是否可达。

Jb0003333017　简述 UPS 内的电路组成。（5 分）

考核知识点：UPS 及自动化辅助设备

难易度：难

标准答案：

UPS 内的电路组成：220V 交流电源稳压电路、220V 交流电源到逆变的控制电路、逆变电路、逆变过电流保护、高压保护电路、VCC 电压过低保护电路、告警电路、电池电压过低保护、电池充电电路。

Jb0004332018　简述事故推画面功能的含义。（5 分）

考核知识点：基础平台及 SCADA 应用

难易度：中

标准答案：

事故推画面，是指当电网发生事故，厂站端发生事故跳闸的情况下，主站系统推出该厂站的一次接线图画面，并发出告警，提醒调控员处理。

Jb0004331019　自动化系统主要组成部分有哪些？（5 分）

考核知识点：基础平台及 SCADA 应用

难易度：易

标准答案：

自动化系统由主站系统、厂站系统和数据传输通道构成。

Jb0004331020　关系数据库的定义是什么？（5 分）

考核知识点：基础平台及 SCADA 应用

难易度：易

标准答案：

关系数据库，是建立在关系数据库模型基础上的数据库，借助于集合代数等概念和方法来处理数据库中的数据。

Jb0004332021　请叙述事件顺序记录（SOE）、事故追忆（PDR）、故障录波的功能。（5 分）

考核知识点：基础平台及 SCADA 应用

难易度：中

标准答案：

事件顺序记录（SOE）：开关和继电保护等状态量出现变化时通常要按时间进行准确地记录。

事故追忆（PDR）：用于记录电力系统事故前后的量测数据和状态数据。

故障录波：记录事故前后线路电流、电压、有功、无功及系统频率等参数的全过程的动态变化。

Jb0004332022　调度自动化主站系统遥测封锁和遥测置数有什么区别？（5 分）

考核知识点：基础平台及 SCADA 应用

难易度：中

标准答案：

遥测封锁可以输入封锁值和备注，封锁值置入后实时数据不再刷新该值，解除封锁后才可继续刷新；遥测置数可以将当前设备的遥测值设为输入值，当有变化数据或全数据上送后，置数状态及所置数据即被刷新。

Jb0004332023　简述断路器变位告警和 SOE 时间的来源。（5 分）

考核知识点：基础平台及 SCADA 应用

难易度：中

标准答案：

断路器变位告警的时间是取自自动化主站服务器时间；SOE 的时间是取自变电站测控模块

的时间。

Jb0004332024　什么是静态安全分析？（5分）

考核知识点：在线分析类系统

难易度：中

标准答案：

静态安全分析功能用来分析在某些指定的故障下电力系统的静态安全情况，它通过对于每个故障模型计算，得出稳态潮流结果，并进行网络越线条件检查，生成一个系统安全评估报告。

Jb0004332025　网络建模中产生的网络拓扑与调度员潮流所使用的网络拓扑有什么区别？（5分）

考核知识点：在线分析类系统

难易度：中

标准答案：

网络建模时，电网模型为静态拓扑，电网中各断路器为合位置，电网模型网络拓扑为全部电网的拓扑。调度员潮流所使用的网络拓扑为电网运行方式下的拓扑方式，受运行方式影响，电网拓扑为部分电网设备方式，且网络拓扑为动态拓扑。

Jb0004331026　UPS蓄电池定期维护的主要内容有哪些？（5分）

考核知识点：UPS及自动化辅助设备

难易度：易

标准答案：

UPS蓄电池定期维护的主要内容有：

（1）对电池组中的电池做静态、动态测试。

（2）对蓄电池进行充、放电测试。

（3）对电池组的连接进行检查。

Jb0005331027　在不间断电源上工作时有哪些规定？（5分）

考核知识点：电力安全工作规程

难易度：易

标准答案：

（1）新增负载前，应检查电源负载能力。

（2）拆接负载电缆前，应断开相应负载的电源输出开关。

（3）裸露电缆线头应做绝缘处理。

Jb0005331028　业务系统升级或配置更改前宜做什么？（5分）

考核知识点：电力安全工作规程

难易度：易

标准答案：

业务系统升级或配置更改前，宜进行功能、性能、安全、兼容等方面的测试及验证。

Jb0005332029　网络与安全设备配置变更工作前应做哪些工作？（5分）

考核知识点：电力安全工作规程

难易度：中

标准答案：

网络与安全设备配置变更工作前，应备份设备配置参数。更改配置时，存在冗余设备的，应先在备用设备上修改和调试，经测试无误后，再在其他设备上修改和调试，并核对主备机参数的一致性。工作结束前，应验证网络与安全设备上承载业务运行正常。

Jb0005332030　每个路由器在寻找路由时需要知道哪五部分信息？（5分）

考核知识点：计算机应用及网络

难易度：中

标准答案：

（1）目的地址：报文发送的目的主机。

（2）邻站的确定：指明谁直接连接到路由器的接口上。

（3）路由的发现：发现邻站知道哪些网络。

（4）选择路由：通过从邻站学习到的信息，提供最优的（与度量值有关）到达目的地的路径。

（5）保持路由信息：路由器保存一张路由表，它存储所知道的所有路由信息。

Jb0005331031　什么是数据封装？（5分）

考核知识点：计算机应用及网络

难易度：易

标准答案：

数据封装是在通过网络传输信息之前将信息分解成更小的可管理块的过程。在这个过程中，源和目标地址与奇偶校验一起附加到标题中。

第六章　电网调度自动化维护员高级工技能操作

Jc0001342001　关闭交换机 telnet 服务。（100 分）

考核知识点：数据网设备安装调试

难易度：中

技能等级评价专业技能考核操作工作任务书

一、任务名称

关闭交换机 telnet 服务。

二、适用工种

电网调度自动化维护员高级工。

三、具体任务

（1）工作状态为调度数据网交换机已上电，用户名：tjdl，密码：tjdl2017。工作内容为登录交换机，将交换机的 telnet 服务关闭并在交换机上创建一个用户，具有 SSH 的服务权限，并且为该服务设定密码认证模式，并以密文方式存储服务类型。

（2）工作任务：完成交换机配置。

四、工作规范及要求

（1）按照《国家电网公司电力安全工作规程（电力监控部分）》要求做好相关安全措施，办理工作票。

（2）维护完成后填写运维记录，并对系统进行全面巡视。

五、考核及时间要求

（1）本考核操作时间为60分钟，按所完成的内容计分，未完成部分均不得分，时间到停止考核。

（2）设备配置过程中，如确实不能完成相关配置，可向考评员申请，该项项目不得分，但不影响其他项目。

技能等级评价专业技能考核操作评分标准

<table>
<tr><td>工种</td><td colspan="4">电网调度自动化维护员</td><td>评价等级</td><td>高级工</td></tr>
<tr><td>项目模块</td><td colspan="3">系统应用及操作—调度数据网设备安装调试</td><td>编号</td><td colspan="2">Jc0001342001</td></tr>
<tr><td>单位</td><td colspan="2"></td><td>准考证号</td><td></td><td>姓名</td><td></td></tr>
<tr><td>考试时限</td><td>60 分钟</td><td>题型</td><td colspan="2">单项操作</td><td>题分</td><td>100 分</td></tr>
<tr><td>成绩</td><td>考评员</td><td></td><td>考评组长</td><td></td><td>日期</td><td></td></tr>
<tr><td>试题正文</td><td colspan="6">关闭交换机 telnet 服务</td></tr>
<tr><td>需要说明的问题和要求</td><td colspan="6">（1）要求单人完成工作任务。
（2）操作应注意安全，按照标准化作业书的技术安全说明做好安全措施。
（3）在指定系统/设备完成操作</td></tr>
<tr><td>序号</td><td>项目名称</td><td>质量要求</td><td>满分</td><td>扣分标准</td><td>扣分原因</td><td>得分</td></tr>
<tr><td>1</td><td>功能应用及安全措施</td><td></td><td></td><td></td><td></td><td></td></tr>
</table>

续表

序号	项目名称	质量要求	满分	扣分标准	扣分原因	得分
1.1	相关安全措施的准备	（1）办理工作票。 （2）作业人员身份鉴别和授权。 （3）备份可能受影响的内容	10	未正确办理工作票扣3分； 未进行作业人员身份鉴别和授权扣2分； 未备份可能受影响的程序、配置文件、运行参数、运行数据、日志文件等扣5分		
2	系统操作					
2.1	登录交换机	能正确登录交换机	5	未正确登录交换机扣5分		
2.2	配置命令	能正确使用配置命令	35	未正确使用配置命令每条扣7分，扣完为止		
2.3	配置保存	能正确保存配置	10	未正确保存配置扣10分		
3	设备验证					
3.1	验证及备份	验证配置功能，备份设备配置	10	未正确验证配置功能扣5分； 未备份完整配置扣5分		
3.2	设备巡视	进行设备巡视	10	未巡视设备扣10分		
3.3	记录填写	操作结束后填写运维记录	10	记录不完整扣10分		
4	现场恢复	恢复现场	10	未进行现场恢复扣10分		
合计			100			

Jc0001343002　查看服务器主机加固策略。（100分）

考核知识点：访问控制配置

难易度：难

技能等级评价专业技能考核操作工作任务书

一、任务名称

查看服务器主机加固策略。

二、适用工种

电网调度自动化维护员高级工。

三、具体任务

（1）工作状态为调度主站系统运行正常。工作内容为在考试站查看服务器主机加固策略并截图保存（远程访问地址限制、登录超时限制、访问控制限制）。

（2）工作任务：完成主机加固策略后截图保存。

四、工作规范及要求

（1）按照《国家电网公司电力安全工作规程（电力监控部分）》要求做好相关安全措施，办理工作票。

（2）维护完成后填写运维记录，并对系统进行全面巡视。

五、考核及时间要求

（1）本考核操作时间为60分钟，按所完成的内容计分，未完成部分均不得分，时间到停止考核。

（2）设备配置过程中，如确实不能完成相关配置，可向考评员申请，该项项目不得分，但不影响其他项目。

技能等级评价专业技能考核操作评分标准

工种	电网调度自动化维护员					评价等级	高级工
项目模块	系统应用及操作—基础平台及 SCADA 应用及操作				编号	Jc0001343002	
单位			准考证号			姓名	
考试时限	60 分钟	题型		单项操作		题分	100 分
成绩		考评员		考评组长		日期	
试题正文	查看服务器主机加固策略						
需要说明的问题和要求	（1）要求单人完成工作任务。 （2）操作应注意安全，按照标准化作业书的技术安全说明做好安全措施。 （3）在指定系统/设备完成操作						

序号	项目名称	质量要求	满分	扣分标准	扣分原因	得分
1	功能应用及安全措施					
1.1	相关安全措施的准备	（1）办理工作票。 （2）作业人员身份鉴别和授权。 （3）备份可能受影响的内容	10	未正确办理工作票扣 3 分； 未进行作业人员身份鉴别和授权扣 2 分； 未备份可能受影响的程序、配置文件、运行参数、运行数据、日志文件等扣 5 分		
2	系统运维					
2.1	巡视系统	能正确巡视系统	10	未正确巡视系统扣 10 分		
2.2	密码策略查看	能按要求正确查看主机加固	30	未正确查看每处扣 10 分，扣完为止		
2.3	运维结果	截图保存	10	未截图保存扣 10 分		
3	设备验证					
3.1	验证及备份	验证配置功能，备份设备配置	10	未正确验证配置功能扣 5 分； 未备份完整配置扣 5 分		
3.2	设备巡视	进行设备巡视	10	未巡视设备扣 10 分		
3.3	记录填写	操作结束后填写运维记录	10	记录不完整扣 10 分		
4	现场恢复	恢复现场	10	未进行现场恢复扣 10 分		
合计			100			

Jc0002312003　主站系统性能检查。（100 分）

考核知识点：基础平台及 SCADA 应用

难易度：中

技能等级评价专业技能考核操作工作任务书

一、任务名称

主站系统性能检查。

二、适用工种

电网调度自动化维护员高级工。

三、具体任务

（1）工作状态为调度主站系统运行正常。工作内容为按照要求，完成主站系统性能检查并截图保存，包括：系统全部进程状态、磁盘空间使用情况、系统日志/var/log 目录的大小、CPU 使用情况、CPU 负荷较高的进程。

（2）工作任务：完成主站系统性能检查。

四、工作规范及要求

（1）按照《国家电网公司电力安全工作规程（电力监控部分）》要求做好相关安全措施，办理工作票。

（2）维护完成后填写运维记录，并对系统进行全面巡视。

五、考核及时间要求

（1）本考核操作时间为60分钟，按所完成的内容计分，未完成部分均不得分，时间到停止考核。

（2）设备配置过程中，如确实不能完成相关配置，可向考评员申请，该项项目不得分，但不影响其他项目。

技能等级评价专业技能考核操作评分标准

工种	电网调度自动化维护员					评价等级	高级工
项目模块	系统应用及操作—主站系统性能测试				编号		Jc0002312003
单位			准考证号			姓名	
考试时限	60 分钟		题型		单项操作	题分	100 分
成绩		考评员		考评组长		日期	
试题正文	主站系统性能检查						
需要说明的问题和要求	（1）要求单人完成工作任务。 （2）操作应注意安全，按照标准化作业书的技术安全说明做好安全措施。 （3）在指定系统/设备完成操作						

序号	项目名称	质量要求	满分	扣分标准	扣分原因	得分
1	功能应用及安全措施					
1.1	相关安全措施的准备	（1）办理工作票。 （2）作业人员身份鉴别和授权。 （3）备份可能受影响的内容	10	未正确办理工作票扣 3 分； 未进行作业人员身份鉴别和授权扣 2 分； 未备份可能受影响的程序、配置文件、运行参数、运行数据、日志文件等扣 5 分		
2	系统操作					
2.1	查看调度主站系统进程状态并截屏保存	能正确查看调度主站系统进程状态	5	未正确操作扣 5 分		
2.2	查看磁盘空间使用情况并截屏保存	能正确查看磁盘空间使用情况	5	未正确操作扣 5 分		
2.3	查看系统日志/var/log 目录的大小并截屏保存	能正确查看系统日志/var/log 目录的大小数	10	未正确操作扣 10 分		
2.4	查看 CPU 使用情况并截屏保存	能正确查看 CPU 使用情况	10	未正确操作扣 10 分		
2.5	查看 CPU 负荷较高的进程并截屏保存	能正确查看 CPU 负荷较高的进程	10	未正确操作扣 10 分		
2.6	查看内存空间使用情况、网卡流量使用情况并截屏保存	能正确查看内存空间使用情况、网卡流量使用情况	10	未正确操作扣 10 分		
3	设备验证					
3.1	验证及备份	验证配置功能，备份设备配置	10	未正确验证配置功能扣 5 分； 未备份完整配置扣 5 分		
3.2	设备巡视	进行设备巡视	10	未巡视设备扣 10 分		

续表

序号	项目名称	质量要求	满分	扣分标准	扣分原因	得分
3.3	记录填写	操作结束后填写运维记录	10	记录不完整扣10分		
4	现场恢复	恢复现场	10	未进行现场恢复扣10分		
合计			100			

Jc0002341004　文件操作。（100分）

考核知识点：基础平台及SCADA应用

难易度：易

技能等级评价专业技能考核操作工作任务书

一、任务名称

文件操作。

二、适用工种

电网调度自动化维护员高级工。

三、具体任务

（1）工作状态为调度主站系统运行正常。工作内容为按照要求进行文件操作，pxjk1－1：/home/d5000/kaoshen目录下有shicao文件夹，将文件夹压缩为shicao.tar.gz。

（2）工作任务：完成文件压缩。

四、工作规范及要求

（1）按照《国家电网公司电力安全工作规程（电力监控部分）》要求做好相关安全措施，办理工作票。

（2）维护完成后填写运维记录，并对系统进行全面巡视。

五、考核及时间要求

（1）本考核操作时间为60分钟，按所完成的内容计分，未完成部分均不得分，时间到停止考核。

（2）设备配置过程中，如确实不能完成相关配置，可向考评员申请，该项项目不得分，但不影响其他项目。

技能等级评价专业技能考核操作评分标准

工种	电网调度自动化维护员				评价等级	高级工
项目模块	系统应用及操作—基础平台及SCADA应用及操作			编号	Jc0002341004	
单位		准考证号			姓名	
考试时限	60分钟	题型	单项操作		题分	100分
成绩		考评员		考评组长	日期	
试题正文	文件操作					
需要说明的问题和要求	（1）要求单人完成工作任务。 （2）操作应注意安全，按照标准化作业书的技术安全说明做好安全措施。 （3）在指定系统/设备完成操作					

序号	项目名称	质量要求	满分	扣分标准	扣分原因	得分
1	功能应用及安全措施					

续表

序号	项目名称	质量要求	满分	扣分标准	扣分原因	得分
1.1	相关安全措施的准备	（1）办理工作票。 （2）作业人员身份鉴别和授权。 （3）备份可能受影响的内容	10	未正确办理工作票扣3分； 未进行作业人员身份鉴别和授权扣2分； 未备份可能受影响的程序、配置文件、运行参数、运行数据、日志文件等扣5分		
2	系统操作					
2.1	巡视系统	能正确巡视系统	10	未正确巡视系统扣10分		
2.2	文件目录	能正确进入文件目录	15	未正确进入文件目录扣15分		
2.3	文件压缩	能正确压缩文件	25	未正确压缩文件扣25分		
3	设备验证					
3.1	验证及备份	验证配置功能，备份设备配置	10	未正确验证配置功能扣5分； 未备份完整配置扣5分		
3.2	设备巡视	进行设备巡视	10	未巡视设备扣10分		
3.3	记录填写	操作结束后填写运维记录	10	记录不完整扣10分		
4	现场恢复	恢复现场	10	未进行现场恢复扣10分		
合计			100			

Jc0002341005 工作站进程查看及停止。（100分）

考核知识点：启停系统常见进程

难易度：易

技能等级评价专业技能考核操作工作任务书

一、任务名称

工作站进程查看及停止。

二、适用工种

电网调度自动化维护员高级工。

三、具体任务

（1）工作状态为调度主站系统运行正常。工作内容为用命令停掉本机的iapi进程，并使该进程不再启动（不使用kill命令）。

（2）工作任务：完成指定进程的查看及停止。

四、工作规范及要求

（1）按照《国家电网公司电力安全工作规程（电力监控部分）》要求做好相关安全措施，办理工作票。

（2）维护完成后填写运维记录，并对系统进行全面巡视。

五、考核及时间要求

（1）本考核操作时间为60分钟，按所完成的内容计分，未完成部分均不得分，时间到停止考核。

（2）参数配置或操作过程中，如确实不能完成相关配置，可向考评员申请，该项项目不得分，但不影响其他项目。

技能等级评价专业技能考核操作评分标准

工种	电网调度自动化维护员					评价等级	高级工
项目模块	系统应用及操作—基础平台及 SCADA 应用及操作				编号	Jc0002341005	
单位			准考证号			姓名	
考试时限	60 分钟		题型	单项操作		题分	100 分
成绩		考评员		考评组长		日期	
试题正文	工作站进程查看及停止						
需要说明的问题和要求	（1）要求单人完成工作任务。 （2）操作应注意安全，按照标准化作业书的技术安全说明做好安全措施。 （3）在指定系统/设备完成操作						

序号	项目名称	质量要求	满分	扣分标准	扣分原因	得分
1	功能应用及安全措施					
1.1	相关安全措施的准备	（1）办理工作票。 （2）作业人员身份鉴别和授权。 （3）备份可能受影响的内容	10	未正确办理工作票扣 3 分； 未进行作业人员身份鉴别和授权扣 2 分； 未备份可能受影响的程序、配置文件、运行参数、运行数据、日志文件等扣 5 分		
2	系统运维					
2.1	巡视系统	能正确巡视系统	10	未正确巡视系统扣 10 分		
2.2	工作站应用查看	能正确查看工作站应用	20	未正确查看工作站应用扣 20 分		
2.3	工作站应用停止	能正确停止工作站应用并不再启动	20	未正确停止工作站应用扣 20 分		
3	设备验证					
3.1	验证及备份	验证配置功能，备份设备配置	10	未正确验证配置功能扣 5 分； 未备份完整配置扣 5 分		
3.2	设备巡视	进行设备巡视	10	未巡视设备扣 10 分		
3.3	记录填写	操作结束后填写运维记录	10	记录不完整扣 10 分		
4	现场恢复	恢复现场	10	未进行现场恢复扣 10 分		
合计			100			

Jc0002341006　系统性能检查。（100 分）

考核知识点：基础平台及 SCADA 应用

难易度：易

技能等级评价专业技能考核操作工作任务书

一、任务名称

系统性能检查。

二、适用工种

电网调度自动化维护员高级工。

三、具体任务

（1）工作状态为调度主站系统运行正常。工作内容为检查系统所有设备磁盘空间使用情况、检查系统所有设备对时情况，并做好记录。

（2）工作任务：完成系统检查。

四、工作规范及要求

（1）按照《国家电网公司电力安全工作规程（电力监控部分）》要求做好相关安全措施，办理工作票。

（2）维护完成后填写运维记录，并对系统进行全面巡视。

五、考核及时间要求

（1）本考核操作时间为60分钟，按所完成的内容计分，未完成部分均不得分，时间到停止考核。

（2）设备配置过程中，如确实不能完成相关配置，可向考评员申请，该项项目不得分，但不影响其他项目。

技能等级评价专业技能考核操作评分标准

工种	电网调度自动化维护员					评价等级	高级工
项目模块	系统应用及操作—基础平台及 SCADA 运维				编号		Jc0002341006
单位			准考证号			姓名	
考试时限	60 分钟		题型	单项操作		题分	100 分
成绩		考评员		考评组长		日期	
试题正文	系统性能检查						
需要说明的问题和要求	（1）要求单人完成工作任务。 （2）操作应注意安全，按照标准化作业书的技术安全说明做好安全措施。 （3）在指定系统/设备完成操作						

序号	项目名称	质量要求	满分	扣分标准	扣分原因	得分
1	功能应用及安全措施					
1.1	相关安全措施的准备	（1）办理工作票。 （2）作业人员身份鉴别和授权。 （3）备份可能受影响的内容	10	未正确办理工作票扣 3 分； 未进行作业人员身份鉴别和授权扣 2 分； 未备份可能受影响的程序、配置文件、运行参数、运行数据、日志文件等扣 5 分		
2	系统操作					
2.1	巡视系统	能正确巡视系统	10	未正确巡视系统扣 10 分		
2.2	命令使用	能正确系统命令	30	未正确系统命令每项扣 10 分		
2.3	登录退出	能正确登录退出	10	未正确登录退出扣 10 分		
3	设备验证					
3.1	验证及备份	验证配置功能，备份设备配置	10	未正确验证配置功能扣 5 分； 未备份完整配置扣 5 分		
3.2	设备巡视	进行设备巡视	10	未巡视设备扣 10 分		
3.3	记录填写	操作结束后填写运维记录	10	记录不完整扣 10 分		
4	现场恢复	恢复现场	10	未进行现场恢复扣 10 分		
	合计		100			

Jc0003341007 工作站启动异常及处理。（100 分）

考核知识点：基础平台及 SCADA

难易度：易

技能等级评价专业技能考核操作工作任务书

一、任务名称

工作站启动异常及处理。

二、适用工种

电网调度自动化维护员高级工。

三、具体任务

（1）工作状态为调度主站系统内一台工作站已上电，用户名 kaoshi，密码 admin。工作内容为：① 在考试工作站桌面创建一个启动调度主站系统的快捷方式并启动调度主站系统；② 使用 kaoshi 用户正确登录总控台并完成告警窗启动，在此过程中发现系统异常并处理。

（2）工作任务：查找故障点，完成工作站系统、总控台登录及告警窗启动。

四、工作规范及要求

（1）按照《国家电网公司电力安全工作规程（电力监控部分）》要求做好相关安全措施，办理工作票。

（2）维护完成后填写运维记录，并对系统进行全面巡视。

五、考核及时间要求

（1）本考核操作时间为60分钟，按所完成的内容计分，未完成部分均不得分，时间到停止考核。

（2）设备配置过程中，如确实不能完成相关配置，可向考评员申请，该项项目不得分，但不影响其他项目。

技能等级评价专业技能考核操作评分标准

工种	电网调度自动化维护员					评价等级	高级工
项目模块	系统异常处理—基础平台及 SCADA 异常处理				编号	Jc0003341007	
单位			准考证号			姓名	
考试时限	60 分钟		题型	单项操作		题分	100 分
成绩		考评员		考评组长		日期	
试题正文	工作站启动异常及处理						
需要说明的问题和要求	（1）要求单人完成工作任务。 （2）操作应注意安全，按照标准化作业书的技术安全说明做好安全措施。 （3）在指定系统/设备完成操作						

序号	项目名称	质量要求	满分	扣分标准	扣分原因	得分
1	功能应用及安全措施					
1.1	相关安全措施的准备	（1）办理工作票。 （2）作业人员身份鉴别和授权。 （3）备份可能受影响的内容	10	未正确办理工作票扣 3 分； 未进行作业人员身份鉴别和授权扣 2 分； 未备份可能受影响的程序、配置文件、运行参数、运行数据、日志文件等扣 5 分		
2	故障排查					
2.1	故障查找	能正确进行故障查找 故障 1：配置不正确～/conf/mng_priv_app.ini。 故障 2：expand.sh 中未正确配置启动 sys_console 主控台内容	20	未查找出故障每项扣 10 分，扣完为止		

续表

序号	项目名称	质量要求	满分	扣分标准	扣分原因	得分
2.2	故障排除	能正确进行故障排除	20	未正确排除故障每个扣 10 分，扣完为止		
2.3	修改记录	故障排除过程中做好配置修改记录	10	配置修改记录不完整，每漏填写一项导致错误修改无法还原扣 5 分，扣完为止		
3	设备验证					
3.1	验证及备份	验证配置功能，备份设备配置	10	未正确验证配置功能扣 5 分； 未备份完整配置扣 5 分		
3.2	设备巡视	进行设备巡视	10	未巡视设备扣 10 分		
3.3	记录填写	操作结束后填写运维记录	10	记录不完整扣 10 分		
4	现场恢复	恢复现场	10	未进行现场恢复扣 10 分		
合计			100			

Jc0003341008　遥测越限时段限值配置异常故障排查及处理。（100 分）

考核知识点：基础平台及 SCADA

难易度：易

技能等级评价专业技能考核操作工作任务书

一、任务名称

遥测越限时段限值配置异常故障排查及处理。

二、适用工种

电网调度自动化维护员高级工。

三、具体任务

（1）工作状态为调度主站系统运行正常，考试站 511 断路器有功值 0:00 到 8:00（时段一）上限值为 100，其余时间（时段二）上限值为 80，下限值一律为 1，存在的问题是越上限不告警。工作内容为进行遥测越限时段限值配置异常故障排查及处理。

（2）工作任务：完成故障排查和处理。

四、工作规范及要求

（1）按照《国家电网公司电力安全工作规程（电力监控部分）》要求做好相关安全措施，办理工作票。

（2）维护完成后填写运维记录，并对系统进行全面巡视。

五、考核及时间要求

（1）本考核操作时间为60分钟，按所完成的内容计分，未完成部分均不得分，时间到停止考核。

（2）设备配置过程中，如确实不能完成相关配置，可向考评员申请，该项项目不得分，但不影响其他项目。

技能等级评价专业技能考核操作评分标准

工种	电网调度自动化维护员			评价等级	高级工
项目模块	系统异常处理—基础平台及 SCADA 异常处理		编号	Jc0003341008	
单位		准考证号		姓名	

续表

考试时限	60 分钟		题型	单项操作		题分	100 分
成绩		考评员		考评组长		日期	
试题正文	遥测越限时段限值配置异常故障排查及处理						
需要说明的问题和要求	（1）要求单人完成工作任务。 （2）操作应注意安全，按照标准化作业书的技术安全说明做好安全措施。 （3）在指定系统/设备完成操作						

序号	项目名称	质量要求	满分	扣分标准	扣分原因	得分
1	功能应用及安全措施					
1.1	相关安全措施的准备	（1）办理工作票。 （2）作业人员身份鉴别和授权。 （3）备份可能受影响的内容	10	未正确办理工作票扣 3 分； 未进行作业人员身份鉴别和授权扣 2 分； 未备份可能受影响的程序、配置文件、运行参数、运行数据、日志文件等扣 5 分		
2	故障排查					
2.1	故障查找	能正确进行故障查找 故障 1：遥测定义表中，将该记录“是否限值”域改为“是”。 故障 2：告警定义中未设置“节点推画面告警抑制”	20	未查找出故障每项扣 10 分		
2.2	故障排除	能正确进行故障排除	20	未正确排除故障每个扣 10 分，扣完为止		
2.3	修改记录	故障排除过程中做好配置修改记录	10	配置修改记录不完整，每漏填写一项导致错误修改无法还原扣 5 分，扣完为止		
3	设备验证					
3.1	验证及备份	验证配置功能，备份设备配置	10	未正确验证配置功能扣 5 分； 未备份完整配置扣 5 分		
3.2	设备巡视	进行设备巡视	10	未巡视设备扣 10 分		
3.3	记录填写	操作结束后填写运维记录	10	记录不完整扣 10 分		
4	现场恢复	恢复现场	10	未进行现场恢复扣 10 分		
合计			100			

Jc0003341009　状态估计错误数据辨识处理。（100 分）

考核知识点：状态估计错误数据的辨识

难易度：易

技能等级评价专业技能考核操作工作任务书

一、任务名称

状态估计错误数据辨识处理。

二、适用工种

电网调度自动化维护员高级工。

三、具体任务

（1）工作状态为调度主站系统运行正常，考试站 111 线路参数正序电阻标幺值 0.33，正序电抗标幺值 1.2787，状态估计计算达到迭代极限。工作内容为进行状态估计错误数据辨识处理操作。

（2）工作任务：完成状态估计错误数据辨识处理。

四、工作规范及要求

（1）按照《国家电网公司电力安全工作规程（电力监控部分）》要求做好相关安全措施，办理工作票。

（2）维护完成后填写运维记录，并对系统进行全面巡视。

五、考核及时间要求

（1）本考核操作时间为60分钟，按所完成的内容计分，未完成部分均不得分，时间到停止考核。

（2）设备配置过程中，如确实不能完成相关配置，可向考评员申请，该项项目不得分，但不影响其他项目。

技能等级评价专业技能考核操作评分标准

工种	电网调度自动化维护员					评价等级	高级工
项目模块	系统异常处理—在线分析类系统应用及操作				编号	Jc0003341009	
单位			准考证号			姓名	
考试时限	60 分钟		题型	单项操作		题分	100 分
成绩		考评员		考评组长		日期	
试题正文	状态估计错误数据辨识处理						
需要说明的问题和要求	（1）要求单人完成工作任务。 （2）操作应注意安全，按照标准化作业书的技术安全说明做好安全措施。 （3）在指定系统/设备完成操作						

序号	项目名称	质量要求	满分	扣分标准	扣分原因	得分
1	功能应用及安全措施					
1.1	相关安全措施的准备	（1）办理工作票。 （2）作业人员身份鉴别和授权。 （3）备份可能受影响的内容	10	未正确办理工作票扣 3 分； 未进行作业人员身份鉴别和授权扣 2 分； 未备份可能受影响的程序、配置文件、运行参数、运行数据、日志文件等扣 5 分		
2	系统操作					
2.1	巡视系统	能正确巡视系统	10	未查找出系统异常扣 10 分		
2.2	处理状态估计达到迭代极限	正确处理状态估计达到迭代极限	20	未正确发现线路参数错误扣 20 分		
2.3	检验状态估计计算正常	正确检验状态估计计算正常	20	未正确检验状态估计计算正常扣 20 分		
3	设备验证					
3.1	验证及备份	验证配置功能，备份设备配置	10	未正确验证配置功能扣 5 分； 未备份完整配置扣 5 分		
3.2	设备巡视	进行设备巡视	10	未巡视设备扣 10 分		
3.3	记录填写	操作结束后填写运维记录	10	记录不完整扣 10 分		
4	现场恢复	恢复现场	10	未进行现场恢复扣 10 分		
	合计		100			

Jc0004341010　角色及权限管理。（100 分）

考核知识点：基础平台及 SCADA

难易度：易

技能等级评价专业技能考核操作工作任务书

一、任务名称

角色及权限管理。

二、适用工种

电网调度自动化维护员高级工。

三、具体任务

（1）工作状态为调度主站系统运行正常。工作内容为用权限管理工具新建“技能评定 1”“技能评定 2”角色，角色包括表域及图形读写权限。

（2）工作任务：完成角色及权限管理。

四、工作规范及要求

（1）按照《国家电网公司电力安全工作规程（电力监控部分）》要求做好相关安全措施，办理工作票。

（2）维护完成后填写运维记录，并对系统进行全面巡视。

五、考核及时间要求

（1）本考核操作时间为60分钟，按所完成的内容计分，未完成部分均不得分，时间到停止考核。

（2）设备配置过程中，如确实不能完成相关配置，可向考评员申请，该项项目不得分，但不影响其他项目。

技能等级评价专业技能考核操作评分标准

工种	电网调度自动化维护员				评价等级	高级工
项目模块	系统维护—基础平台及 SCADA 运维			编号	Jc0004341010	
单位		准考证号			姓名	
考试时限	60 分钟	题型	单项操作		题分	100 分
成绩		考评员		考评组长		日期	
试题正文	角色及权限管理					
需要说明的问题和要求	（1）要求单人完成工作任务。 （2）操作应注意安全，按照标准化作业书的技术安全说明做好安全措施。 （3）在指定系统/设备完成操作					

序号	项目名称	质量要求	满分	扣分标准	扣分原因	得分
1	功能应用及安全措施					
1.1	相关安全措施的准备	（1）办理工作票。 （2）作业人员身份鉴别和授权。 （3）备份可能受影响的内容	10	未正确办理工作票扣 3 分； 未进行作业人员身份鉴别和授权扣 2 分； 未备份可能受影响的程序、配置文件、运行参数、运行数据、日志文件等扣 5 分		
2	系统操作					
2.1	正确打开工具	能正确打开责任区定义工具	15	未正确打开工具扣 15 分		
2.2	新增角色	能正确新增角色	25	未正确新增角色扣 25 分		
2.3	配置权限	能按要求配置权限	10	未能按要求配置权限扣 10 分		
3	设备验证					
3.1	验证及备份	验证配置功能，备份设备配置	10	未正确验证配置功能扣 5 分； 未备份完整配置扣 5 分		

续表

序号	项目名称	质量要求	满分	扣分标准	扣分原因	得分
3.2	设备巡视	进行设备巡视	10	未巡视设备扣10分		
3.3	记录填写	操作结束后填写运维记录	10	记录不完整扣10分		
4	现场恢复	恢复现场	10	未进行现场恢复扣10分		
合计			100			

Jc0004342011　告警查询模板制作。(100分)

考核知识点：基础平台及SCADA

难易度：中

技能等级评价专业技能考核操作工作任务书

一、任务名称

告警查询模板制作。

二、适用工种

电网调度自动化维护员高级工。

三、具体任务

(1) 工作状态为调度主站系统运行正常。工作内容为制作告警查询模板kaoshi1，实现能够查询考试站昨天0点至今的遥信变位和事故信号。

(2) 工作任务：在告警查询界面，制作查询模板，并完成告警查询模板制作，并进行检查核对。

四、工作规范及要求

(1) 按照《国家电网公司电力安全工作规程（电力监控部分）》要求做好相关安全措施，办理工作票。

(2) 维护完成后填写运维记录，并对系统进行全面巡视。

五、考核及时间要求

(1) 本考核操作时间为60分钟，按所完成的内容计分，未完成部分均不得分，时间到停止考核。

(2) 设备配置过程中，如确实不能完成相关配置，可向考评员申请，该项项目不得分，但不影响其他项目。

技能等级评价专业技能考核操作评分标准

<table>
<tr><td>工种</td><td colspan="5">电网调度自动化维护员</td><td>评价等级</td><td>高级工</td></tr>
<tr><td>项目模块</td><td colspan="4">系统维护—基础平台及SCADA应用及操作</td><td>编号</td><td colspan="2">Jc0004342011</td></tr>
<tr><td>单位</td><td colspan="3"></td><td>准考证号</td><td></td><td>姓名</td><td></td></tr>
<tr><td>考试时限</td><td>60分钟</td><td>题型</td><td colspan="3">单项操作</td><td>题分</td><td>100分</td></tr>
<tr><td>成绩</td><td></td><td>考评员</td><td></td><td>考评组长</td><td></td><td>日期</td><td></td></tr>
<tr><td>试题正文</td><td colspan="7">告警查询模板制作</td></tr>
<tr><td>需要说明的问题和要求</td><td colspan="7">(1) 要求单人完成工作任务。
(2) 操作应注意安全，按照标准化作业书的技术安全说明做好安全措施。
(3) 在指定系统/设备完成操作</td></tr>
</table>

序号	项目名称	质量要求	满分	扣分标准	扣分原因	得分
1	功能应用及安全措施					

续表

序号	项目名称	质量要求	满分	扣分标准	扣分原因	得分
1.1	相关安全措施的准备	（1）办理工作票。 （2）作业人员身份鉴别和授权。 （3）备份可能受影响的内容	10	未正确办理工作票扣3分； 未进行作业人员身份鉴别和授权扣2分； 未备份可能受影响的程序、配置文件、运行参数、运行数据、日志文件等扣5分		
2	系统运维					
2.1	巡视系统	能正确巡视系统	10	未正确巡视系统扣10分		
2.2	告警查询模板制作	能正确完成告警查询模板制作	30	未正确完成告警查询模板制作每处扣15分，扣完为止		
2.3	运维校核	能正确核对运维内容	10	未核对运维内容扣10分		
3	设备验证					
3.1	验证及备份	验证配置功能，备份设备配置	10	未正确验证配置功能扣5分； 未备份完整配置扣5分		
3.2	设备巡视	进行设备巡视	10	未巡视设备扣10分		
3.3	记录填写	操作结束后填写运维记录	10	记录不完整扣10分		
4	现场恢复	恢复现场	10	未进行现场恢复扣10分		
合计			100			

Jc0004342012　服务器应用进程的停止。（100分）

考核知识点：基础平台及SCADA

难易度：中

技能等级评价专业技能考核操作工作任务书

一、任务名称

服务器应用进程的停止。

二、适用工种

电网调度自动化维护员高级工。

三、具体任务

（1）工作状态为调度主站系统运行正常。工作内容为用命令行查看调度主站系统SCADA应用主机，并进行主备切换后，停用SCADA反演态主机应用。

（2）工作任务：完成服务器应用进程的停止。

四、工作规范及要求

（1）按照《国家电网公司电力安全工作规程（电力监控部分）》要求做好相关安全措施，办理工作票。

（2）维护完成后填写运维记录，并对系统进行全面巡视。

五、考核及时间要求

（1）本考核操作时间为60分钟，按所完成的内容计分，未完成部分均不得分，时间到停止考核。

（2）设备配置过程中，如确实不能完成相关配置，可向考评员申请，该项项目不得分，但不影响其他项目。

技能等级评价专业技能考核操作评分标准

工种	电网调度自动化维护员					评价等级	高级工
项目模块	系统维护—基础平台及SCADA应用及操作				编号	Jc0004342012	
单位			准考证号			姓名	
考试时限	60分钟		题型	单项操作		题分	100分
成绩		考评员		考评组长		日期	
试题正文	服务器应用进程的停止						
需要说明的问题和要求	（1）要求单人完成工作任务。 （2）操作应注意安全，按照标准化作业书的技术安全说明做好安全措施。 （3）在指定系统/设备完成操作						

序号	项目名称	质量要求	满分	扣分标准	扣分原因	得分
1	功能应用及安全措施					
1.1	相关安全措施的准备	（1）办理工作票。 （2）作业人员身份鉴别和授权。 （3）备份可能受影响的内容	10	未正确办理工作票扣3分； 未进行作业人员身份鉴别和授权扣2分； 未备份可能受影响的程序、配置文件、运行参数、运行数据、日志文件等扣5分		
2	系统运维					
2.1	巡视系统	能正确巡视系统	10	未正确巡视系统扣10分		
2.2	服务器应用停止	能正确查看SCADA应用主机，并进行主备机切换，停止应用	30	未正确完成服务器应用停止每处扣10分，扣完为止		
2.3	运维校核	能正确核对运维内容	10	未正确核对运维内容扣10分		
3	设备验证					
3.1	验证及备份	验证配置功能，备份设备配置	10	未正确验证配置功能扣5分； 未备份完整配置扣5分		
3.2	设备巡视	进行设备巡视	10	未巡视设备扣10分		
3.3	记录填写	操作结束后填写运维记录	10	记录不完整扣10分		
4	现场恢复	恢复现场	10	未进行现场恢复扣10分		
合计			100			

Jc0004341013 告警定义。（100分）

考核知识点：基础平台及SCADA

难易度：易

技能等级评价专业技能考核操作工作任务书

一、任务名称

告警定义。

二、适用工种

电网调度自动化维护员高级工。

三、具体任务

（1）工作状态为调度主站系统运行正常。工作内容为进行五类告警方式类别的定义。

（2）工作任务：完成告警定义。

四、工作规范及要求

（1）按照《国家电网公司电力安全工作规程（电力监控部分）》要求做好相关安全措施，办理工作票。

（2）维护完成后填写运维记录，并对系统进行全面巡视。

五、考核及时间要求

（1）本考核操作时间为60分钟，按所完成的内容计分，未完成部分均不得分，时间到停止考核。

（2）设备配置过程中，如确实不能完成相关配置，可向考评员申请，该项项目不得分，但不影响其他项目。

技能等级评价专业技能考核操作评分标准

工种	电网调度自动化维护员			评价等级	高级工
项目模块	系统维护—基础平台及 SCADA 运维		编号	Jc0004341013	
单位		准考证号		姓名	
考试时限	60 分钟	题型	单项操作	题分	100 分
成绩		考评员		考评组长	日期
试题正文	告警定义				
需要说明的问题和要求	（1）要求单人完成工作任务。 （2）操作应注意安全，按照标准化作业书的技术安全说明做好安全措施。 （3）在指定系统/设备完成操作				

序号	项目名称	质量要求	满分	扣分标准	扣分原因	得分
1	功能应用及安全措施					
1.1	相关安全措施的准备	（1）办理工作票。 （2）作业人员身份鉴别和授权。 （3）备份可能受影响的内容	10	未正确办理工作票扣 3 分； 未进行作业人员身份鉴别和授权扣 2 分； 未备份可能受影响的程序、配置文件、运行参数、运行数据、日志文件等扣 5 分		
2	系统操作					
2.1	巡视系统	能正确巡视系统	10	未正确巡视系统扣 10 分		
2.2	数据库操作	能正确进入数据库表	10	未正确进入数据库表扣 10 分		
2.3	告警方式类别	能正确增加告警方式类别	30	未正确增加告警方式类别，每项扣 6 分，扣完为止		
3	设备验证					
3.1	验证及备份	验证配置功能，备份设备配置	10	未正确验证配置功能扣 5 分； 未备份完整配置扣 5 分		
3.2	设备巡视	进行设备巡视	10	未巡视设备扣 10 分		
3.3	记录填写	操作结束后填写运维记录	10	记录不完整扣 10 分		
4	现场恢复	恢复现场	10	未进行现场恢复扣 10 分		
	合计		100			

Jc0004343014　状态估计参数录入。(100 分)

考核知识点：基础平台及 SCADA

难易度：难

技能等级评价专业技能考核操作工作任务书

一、任务名称

状态估计参数录入。

二、适用工种

电网调度自动化维护员高级工。

三、具体任务

（1）工作状态为调度主站系统运行正常。工作内容为录入“考试站”111 考试 1 线参数，计算标幺值，并进行模型更新 PAS 模型库。

（2）工作任务：完成状态估计参数录入，更新模型。

四、工作规范及要求

（1）按照《国家电网公司电力安全工作规程（电力监控部分）》要求做好相关安全措施，办理工作票。

（2）维护完成后填写运维记录，并对系统进行全面巡视。

五、考核及时间要求

（1）本考核操作时间为60分钟，按所完成的内容计分，未完成部分均不得分，时间到停止考核。

（2）设备配置过程中，如确实不能完成相关配置，可向考评员申请，该项项目不得分，但不影响其他项目。

技能等级评价专业技能考核操作评分标准

工种	电网调度自动化维护员					评价等级	高级工
项目模块	系统维护—基础平台及 SCADA 运维				编号	Jc0004343014	
单位			准考证号			姓名	
考试时限	60 分钟		题型		单项操作	题分	100 分
成绩		考评员		考评组长		日期	
试题正文	状态估计参数录入						
需要说明的问题和要求	（1）要求单人完成工作任务。 （2）操作应注意安全，按照标准化作业书的技术安全说明做好安全措施。 （3）在指定系统/设备完成操作						

序号	项目名称	质量要求	满分	扣分标准	扣分原因	得分
1	功能应用及安全措施					
1.1	相关安全措施的准备	（1）办理工作票。 （2）作业人员身份鉴别和授权。 （3）备份可能受影响的内容	10	未正确办理工作票扣 3 分； 未进行作业人员身份鉴别和授权扣 2 分； 未备份可能受影响的程序、配置文件、运行参数、运行数据、日志文件等扣 5 分		
2	系统操作					
2.1	巡视系统	能正确巡视系统	10	未正确巡视系统扣 10 分		
2.2	配置参数	能正确录入状态估计参数	20	未正确录入参数扣 20 分		
2.3	计算标幺值	能正确计算标幺值	10	未正确计算标幺值扣 10 分		
2.4	更新模型	能正确更新模型	10	未正确更新模型扣 10 分		

续表

序号	项目名称	质量要求	满分	扣分标准	扣分原因	得分
3	设备验证					
3.1	验证及备份	验证配置功能，备份设备配置	10	未正确验证配置功能扣5分； 未备份完整配置扣5分		
3.2	设备巡视	进行设备巡视	10	未巡视设备扣10分		
3.3	记录填写	操作结束后填写运维记录	10	记录不完整扣10分		
4	现场恢复	恢复现场	10	未进行现场恢复扣10分		
合计			100			

Jc0004342015　前置机远动网络通道调试。（100分）

考核知识点：基础平台及SCADA

难易度：中

技能等级评价专业技能考核操作工作任务书

一、任务名称

前置机远动网络通道调试。

二、适用工种

电网调度自动化维护员高级工。

三、具体任务

（1）工作状态为调度主站系统运行正常，厂站IP已给出。工作内容为在前置机完成网络通道配置及调试。

（2）工作任务：完成前置网络通道调试。

四、工作规范及要求

（1）按照《国家电网公司电力安全工作规程（电力监控部分）》要求做好相关安全措施，办理工作票。

（2）维护完成后填写运维记录，并对系统进行全面巡视。

五、考核及时间要求

（1）本考核操作时间为60分钟，按所完成的内容计分，未完成部分均不得分，时间到停止考核。

（2）设备配置过程中，如确实不能完成相关配置，可向考评员申请，该项项目不得分，但不影响其他项目。

技能等级评价专业技能考核操作评分标准

工种	电网调度自动化维护员					评价等级	高级工
项目模块	系统维护—基础平台及SCADA运维				编号	Jc0004342015	
单位			准考证号			姓名	
考试时限	60分钟	题型	单项操作			题分	100分
成绩		考评员		考评组长		日期	
试题正文	前置机远动网络通道调试						
需要说明的问题和要求	（1）要求单人完成工作任务。 （2）操作应注意安全，按照标准化作业书的技术安全说明做好安全措施。 （3）在指定系统/设备完成操作						

续表

序号	项目名称	质量要求	满分	扣分标准	扣分原因	得分
1	功能应用及安全措施					
1.1	相关安全措施的准备	（1）办理工作票。 （2）作业人员身份鉴别和授权。 （3）备份可能受影响的内容	10	未正确办理工作票扣3分； 未进行作业人员身份鉴别和授权扣2分； 未备份可能受影响的程序、配置文件、运行参数、运行数据、日志文件等扣5分		
2	系统操作					
2.1	巡视系统	能正确巡视系统	10	未正确巡视系统扣10分		
2.2	配置前置参数	能正确配置前置参数	20	未正确配置参数扣20分		
2.3	完成调试	能正确完成前置网络通道调试	20	未正确完成前置网络通道调试扣20分		
3	设备验证					
3.1	验证及备份	验证配置功能，备份设备配置	10	未正确验证配置功能扣5分； 未备份完整配置扣5分		
3.2	设备巡视	进行设备巡视	10	未巡视设备扣10分		
3.3	记录填写	操作结束后填写运维记录	10	记录不完整扣10分		
4	现场恢复	恢复现场	10	未进行现场恢复扣10分		
合计			100			

Jc0004343016　在调度主站系统中新增一个厂站。（100分）

考核知识点：基础平台及SCADA

难易度：难

技能等级评价专业技能考核操作工作任务书

一、任务名称

在调度主站系统中新增一个厂站。

二、适用工种

电网调度自动化维护员高级工。

三、具体任务

（1）工作状态为调度主站系统运行正常。工作内容为按照给定厂站接线图，在主站系统中新增厂站，包括厂站定义、设备定义、作图、节点入库。

（2）工作任务：在主站系统新增一个完整的厂站，并更新模型。

四、工作规范及要求

（1）按照《国家电网公司电力安全工作规程（电力监控部分）》要求做好相关安全措施，办理工作票。

（2）维护完成后填写运维记录，并对系统进行全面巡视。

五、考核及时间要求

（1）本考核操作时间为60分钟，按所完成的内容计分，未完成部分均不得分，时间到停止考核。

（2）设备配置过程中，如确实不能完成相关配置，可向考评员申请，该项项目不得分，但不影响其他项目。

技能等级评价专业技能考核操作评分标准

工种	电网调度自动化维护员					评价等级	高级工
项目模块	系统维护—基础平台及 SCADA 运维				编号		Jc0004343016
单位			准考证号			姓名	
考试时限	60 分钟		题型	单项操作		题分	100 分
成绩		考评员		考评组长		日期	
试题正文	在调度主站系统中新增一个厂站						
需要说明的问题和要求	（1）要求单人完成工作任务。 （2）操作应注意安全，按照标准化作业书的技术安全说明做好安全措施。 （3）在指定系统/设备完成操作						

序号	项目名称	质量要求	满分	扣分标准	扣分原因	得分
1	功能应用及安全措施					
1.1	相关安全措施的准备	（1）办理工作票。 （2）作业人员身份鉴别和授权。 （3）备份可能受影响的内容	10	未正确办理工作票扣 3 分； 未进行作业人员身份鉴别和授权扣 2 分； 未备份可能受影响的程序、配置文件、运行参数、运行数据、日志文件等扣 5 分		
2	系统操作					
2.1	巡视系统	能正确巡视系统	10	未正确巡视系统扣 10 分		
2.2	新增厂站	能正确新增厂站	30	未正确新增厂站，每项操作扣 5 分，扣完为止		
2.3	更新模型	能正确更新模型	10	未正确更新模型扣 10 分		
3	设备验证					
3.1	验证及备份	验证配置功能，备份设备配置	10	未正确验证配置功能扣 5 分； 未备份完整配置扣 5 分		
3.2	设备巡视	进行设备巡视	10	未巡视设备扣 10 分		
3.3	记录填写	操作结束后填写运维记录	10	记录不完整扣 10 分		
4	现场恢复	恢复现场	10	未进行现场恢复扣 10 分		
合计			100			

Jc0004342017　公式定义。（100 分）

考核知识点：基础平台及 SCADA

难易度：中

技能等级评价专业技能考核操作工作任务书

一、任务名称

公式定义。

二、适用工种

电网调度自动化维护员高级工。

三、具体任务

（1）工作状态为调度主站系统运行正常。工作内容为考试站的全站总有功、总无功、功率因数公式定义。

（2）工作任务：完成公式定义。

四、工作规范及要求

（1）按照《国家电网公司电力安全工作规程（电力监控部分）》要求做好相关安全措施，办理工作票。

（2）维护完成后填写运维记录，并对系统进行全面巡视。

五、考核及时间要求

（1）本考核操作时间为60分钟，按所完成的内容计分，未完成部分均不得分，时间到停止考核。

（2）设备配置过程中，如确实不能完成相关配置，可向考评员申请，该项项目不得分，但不影响其他项目。

技能等级评价专业技能考核操作评分标准

<table>
<tr><td>工种</td><td colspan="5">电网调度自动化维护员</td><td>评价等级</td><td>高级工</td></tr>
<tr><td>项目模块</td><td colspan="4">系统维护—基础平台及SCADA运维</td><td>编号</td><td colspan="2">Jc0004342017</td></tr>
<tr><td>单位</td><td colspan="2"></td><td>准考证号</td><td colspan="2"></td><td>姓名</td><td></td></tr>
<tr><td>考试时限</td><td colspan="2">60分钟</td><td>题型</td><td colspan="2">单项操作</td><td>题分</td><td>100分</td></tr>
<tr><td>成绩</td><td></td><td>考评员</td><td></td><td>考评组长</td><td></td><td>日期</td><td></td></tr>
<tr><td>试题正文</td><td colspan="7">公式定义</td></tr>
<tr><td>需要说明的问题和要求</td><td colspan="7">（1）要求单人完成工作任务。
（2）操作应注意安全，按照标准化作业书的技术安全说明做好安全措施。
（3）在指定系统/设备完成操作</td></tr>
</table>

<table>
<tr><td>序号</td><td>项目名称</td><td>质量要求</td><td>满分</td><td>扣分标准</td><td>扣分原因</td><td>得分</td></tr>
<tr><td>1</td><td>功能应用及安全措施</td><td></td><td></td><td></td><td></td><td></td></tr>
<tr><td>1.1</td><td>相关安全措施的准备</td><td>（1）办理工作票。
（2）作业人员身份鉴别和授权。
（3）备份可能受影响的内容</td><td>10</td><td>未正确办理工作票扣3分；
未进行作业人员身份鉴别和授权扣2分；
未备份可能受影响的程序、配置文件、运行参数、运行数据、日志文件等扣5分</td><td></td><td></td></tr>
<tr><td>2</td><td>系统操作</td><td></td><td></td><td></td><td></td><td></td></tr>
<tr><td>2.1</td><td>巡视系统</td><td>能正确巡视系统</td><td>10</td><td>未正确巡视系统扣10分</td><td></td><td></td></tr>
<tr><td>2.2</td><td>工具使用</td><td>能正确打开公式定义工具</td><td>10</td><td>未正确打开工具扣10分</td><td></td><td></td></tr>
<tr><td>2.3</td><td>公式定义</td><td>能正确定义公式</td><td>30</td><td>未正确定义公式每项扣10分，扣完为止</td><td></td><td></td></tr>
<tr><td>3</td><td>设备验证</td><td></td><td></td><td></td><td></td><td></td></tr>
<tr><td>3.1</td><td>验证及备份</td><td>验证配置功能，备份设备配置</td><td>10</td><td>未正确验证配置功能扣5分；
未备份完整配置扣5分</td><td></td><td></td></tr>
<tr><td>3.2</td><td>设备巡视</td><td>进行设备巡视</td><td>10</td><td>未巡视设备扣10分</td><td></td><td></td></tr>
<tr><td>3.3</td><td>记录填写</td><td>操作结束后填写运维记录</td><td>10</td><td>记录不完整扣10分</td><td></td><td></td></tr>
<tr><td>4</td><td>现场恢复</td><td>恢复现场</td><td>10</td><td>未进行现场恢复扣10分</td><td></td><td></td></tr>
<tr><td colspan="2">合计</td><td></td><td>100</td><td></td><td></td><td></td></tr>
</table>

Jc0004342018　前置机远动网络通道调试。（100分）

考核知识点：前置机网络配置方法

难易度：中

技能等级评价专业技能考核操作工作任务书

一、任务名称

前置机远动网络通道调试。

二、适用工种

电网调度自动化维护员高级工。

三、具体任务

（1）工作状态为调度主站系统运行正常，厂站 IP 地址：100.100.100.1；端口号：2404；厂站 RTU 地址：a；遥信起始地址：1；遥测起始地址：701；遥控起始地址：B01；遥测类型：短浮点数；遥控类型：双命令。工作内容为在考试站新增 104 通道，参数设置为最大遥测个数为 2048；最大遥信个数为 2048；通道名称为考试站－考生姓名 104 通道，并在画面中显示该通道工况。

（2）工作任务：完成通道建立与状态显示。

四、工作规范及要求

（1）按照《国家电网公司电力安全工作规程（电力监控部分）》要求做好相关安全措施，办理工作票。

（2）维护完成后填写运维记录，并对系统进行全面巡视。

五、考核及时间要求

（1）本考核操作时间为60分钟，按所完成的内容计分，未完成部分均不得分，时间到停止考核。

（2）设备配置过程中，如确实不能完成相关配置，可向考评员申请，该项项目不得分，但不影响其他项目。

技能等级评价专业技能考核操作评分标准

工种	电网调度自动化维护员					评价等级	高级工
项目模块	系统维护—SCADA 安装调试				编号	Jc0004342018	
单位			准考证号			姓名	
考试时限	60 分钟		题型	单项操作		题分	100 分
成绩		考评员		考评组长		日期	
试题正文	前置机远动网络通道调试						
需要说明的问题和要求	（1）要求单人完成工作任务。 （2）操作应注意安全，按照标准化作业书的技术安全说明做好安全措施。 （3）在指定系统/设备完成操作						

序号	项目名称	质量要求	满分	扣分标准	扣分原因	得分
1	功能应用及安全措施					
1.1	相关安全措施的准备	（1）办理工作票。 （2）作业人员身份鉴别和授权。 （3）备份可能受影响的内容	10	未正确办理工作票扣 3 分； 未进行作业人员身份鉴别和授权扣 2 分； 未备份可能受影响的程序、配置文件、运行参数、运行数据、日志文件等扣 5 分		
2	系统操作					
2.1	巡视系统	能正确巡视系统	10	未正确巡视系统扣 10 分		
2.2	工具使用	能正确打开工具	10	未正确打开工具扣 10 分		
2.3	通道建立	能正确建立通道	15	未正确建立通道扣 15 分		

续表

序号	项目名称	质量要求	满分	扣分标准	扣分原因	得分
2.4	通道工况显示	能正确显示通道工况	15	未正确显示通道工况扣15分		
3	设备验证					
3.1	验证及备份	验证配置功能，备份设备配置	10	未正确验证配置功能扣5分； 未备份完整配置扣5分		
3.2	设备巡视	进行设备巡视	10	未巡视设备扣10分		
3.3	记录填写	操作结束后填写运维记录	10	记录不完整扣10分		
4	现场恢复	恢复现场	10	未进行现场恢复扣10分		
	合计		100			

Jc0004342019 新建厂站前置遥信参数配置。（100分）

考核知识点：基础平台及SCADA

难易度：中

技能等级评价专业技能考核操作工作任务书

一、任务名称

新建厂站前置遥信参数配置。

二、适用工种

电网调度自动化维护员高级工。

三、具体任务

（1）工作状态为调度主站系统运行正常。工作内容为在考试站新增表Jc0004342019，进行遥信参数配置。

表Jc0004342019

遥信名称	遥信点号
111 断路器	1218
1111 隔离开关	1222
1112 隔离开关	1223

（2）工作任务：完成新建厂站前置参数配置。

四、工作规范及要求

（1）按照《国家电网公司电力安全工作规程（电力监控部分）》要求做好相关安全措施，办理工作票。

（2）维护完成后填写运维记录，并对系统进行全面巡视。

五、考核及时间要求

（1）本考核操作时间为60分钟，按所完成的内容计分，未完成部分均不得分，时间到停止考核。

（2）设备配置过程中，如确实不能完成相关配置，可向考评员申请，该项项目不得分，但不影响其他项目。

技能等级评价专业技能考核操作评分标准

工种	电网调度自动化维护员				评价等级	高级工
项目模块	系统维护—主厂站联合调试			编号	Jc0004342019	
单位		准考证号			姓名	
考试时限	60分钟	题型	单项操作		题分	100分
成绩		考评员		考评组长	日期	
试题正文	新建厂站前置遥信参数配置					
需要说明的问题和要求	（1）要求单人完成工作任务。 （2）操作应注意安全，按照标准化作业书的技术安全说明做好安全措施。 （3）在指定系统/设备完成操作					

序号	项目名称	质量要求	满分	扣分标准	扣分原因	得分
1	功能应用及安全措施					
1.1	相关安全措施的准备	（1）办理工作票。 （2）作业人员身份鉴别和授权。 （3）备份可能受影响的内容	10	未正确办理工作票扣3分； 未进行作业人员身份鉴别和授权扣2分； 未备份可能受影响的程序、配置文件、运行参数、运行数据、日志文件等扣5分		
2	系统操作					
2.1	巡视系统	能正确巡视系统	10	未正确巡视系统扣10分		
2.2	工具使用	能正确打开工具	10	未正确打开工具扣10分		
2.3	新增信号	能正确新增信号	15	未正确新增信号每项扣5分，扣完为止		
2.4	前置参数配置	能正确配置前置参数	15	未正确配置前置参数每项扣5分，扣完为止		
3	设备验证					
3.1	验证及备份	验证配置功能，备份设备配置	10	未正确验证配置功能扣5分； 未备份完整配置扣5分		
3.2	设备巡视	进行设备巡视	10	未巡视设备扣10分		
3.3	记录填写	操作结束后填写运维记录	10	记录不完整扣10分		
4	现场恢复	恢复现场	10	未进行现场恢复扣10分		
合计			100			

第四部分
技　师

第七章　电网调度自动化维护员技师技能笔答

Jb0001233001　网络数据采集通道关键参数有哪些？通信方式为接入方式时参数如何配置？（5分）

考核知识点：前置机网络路由配置方法

难易度：难

标准答案：

（1）网络数据采集通道关键参数：通信厂站 ID、通道名称、通道类型、网络类型、通道优先级、网络描述、四遥类型等。

（2）通信方式为接入方式时通道类型选择网络。网络类型选择 TCP_CLIENT。网络描述一指对应 RTU 的 IP 地址。网络描述二指对应 RTU 的双网 IP 地址。远方端口号为远方 RTU 提供服务的端口号（一般为 2404）。

Jb0001232002　接入新的厂站通道时，在通信厂站表、通道表里需要做哪些设置？（5分）

考核知识点：通道相关配置

难易度：中

标准答案：

在通信厂站表里设置该通道的最大遥测、遥信、遥脉数目，全数据、对时、遥脉的召唤周期等信息，在通道表设置通道类型、网络类型、网络描述、端口号、波特率、规约类型等信息。

Jb0001232003　简述调度自动化主站系统中调度员培训仿真系统（DTS）的培训方式。（5分）

考核知识点：DTS 应用软件及配置方法

难易度：中

标准答案：

DTS 的培训方式有如下四种方式：

（1）自学：使用教员机。

（2）培训：使用教员机和学员机，背对背。

（3）反事故演习：使用教员机、学员机和通信系统。

（4）联合反事故演习：使用教员机、学员机、通信系统、远程终端。

Jb0001232004　为实现 VLAN 间的相互访问可以采用的方法有哪些？（5分）

考核知识点：交换机、路由器的配置

难易度：中

标准答案：

实现 VLAN 间的相互访问可以采用的方法：

（1）通过路由器的不同物理接口与交换机上的每个 VLAN 分别连接。

（2）通过路由器的逻辑子接口与交换机的各个 VLAN 连接。

（3）用三层以上交换机代替路由器实现 VLAN 间的通信。

Jb0001232005 如何查看场站接入路由器的 VPN 路由表，请写出命令。路由表条目中都包含哪些信息，请列举。（5 分）

考核知识点：交换机、路由器的配置

难易度：中

标准答案：

查看路由器 VPN 路由表命令为：display ip routing-table vpn-instance vpnname

路由表条目中的信息包含：目的地址/掩码、优先级、路由开销、下一跳地址、输出接口。

Jb0001232006 现有一台路由器需要配置 OSPF，其 Loopback 地址为 1.1.1.1/32，area0，互联地址 172.16.0.16/30，请写出配置命令，并写出查询 OSPF 学到的路由信息的命令。（5 分）

考核知识点：交换机、路由器的配置

难易度：中

标准答案：

（大小写均可）

配置命令：

router id 1.1.1.1

ospf 1

area 0

network 172.16.0.16 0.0.0.3

查询 OSPF 学到的路由信息的命令：

display ip routing-table protocol ospf

Jb0002232007 db_monitor 进程属于什么应用？其作用是什么？（5 分）

考核知识点：调度控制系统常见进程及其功能

难易度：中

标准答案：

db_monitor 作为 DB_SERVICE 应用的关键进程，其主要作用在于：① 监视各数据库的状态；② 确定系统主数据库。商用数据库数据服务其他进程依赖 db_monitor 提供的数据库服务器状态信息进行工作。

Jb0002232008 假设某厂站加密 C 设备 IP 为 32.13.2.41，Ⅱ型监测装置 B 设备的 IP 为 32.13.2.13，主站数据网关机 A 设备的 IP 为 32.10.2.81，平台收到主站加密设备告警为：源 IP32.10.2.13 的源 43256 端口访问目的 IP32.10.2.81 的目的 123 端口异常访问告警，请写出该告警的排查思路及解决办法。（5 分）

考核知识点：主机防护技术

难易度：中

标准答案：

（1）排查思路：

1）排查 B 设备是否有发送到 A 设备的消息报文。

2）排查该消息是否属于正常消息报文范围。

3）排查加密是否有该策略配置。

（2）解决办法：

如果允许厂站侧与主站服务器对时，在主站侧加密设备上增加该端口的策略配置。如果不允许厂站侧与主站服务器对时，监测装置修改配置，实现与站内对时服务器对时。

Jb0002232009　下面是某网络安全监测装置抓取报文，请对该报文做简要分析。(5分)

<1> 2016－12－26 00:53:44 NX_Yinchuan_II_DCD_1 DCD 2016－12－26 00:38:44 svr01 10.1.1.1 NARI SVR 5 25 30 TCP 10.1.1.1 4099 8.8.8.8 80

考核知识点：主机防护技术

难易度：中

标准答案：

（1）该报文为监测装置采集到的主机信息。

（2）该信息内容为主机 10.1.1.1 通过 4099 端口非法访问 8.8.8.8 主机的 80 端口。

Jb0002232010　设置调度自动化主站系统工作站用户 SSH 登录超时退出时间为 10min，如何操作？（5分）

考核知识点：主机加固

难易度：中

标准答案：

对于 bash 用户，可以设置 TMOUT 变量来设置 SSH 连接超时时间。在/etc/profile 文件中，增加如下一行（空闲时间为 600s）：export TMOUT=600

Jb0002232011　电力调度数据网逻辑子网的划分技术有哪些？（5分）

考核知识点：数据网总体设计原则

难易度：中

标准答案：

电力调度数据网逻辑子网的划分技术有：

（1）MPLS-VPN 技术。

（2）安全隧道技术。

（3）PVC 技术。

（4）静态路由技术。

Jb0002233012　在电力监控系统中，采取什么措施可以检测到入侵行为？（5分）

考核知识点：入侵行为的检测

难易度：难

标准答案：

可以检测到入侵行为的措施：

（1）部署入侵检测系统（IDS）/入侵防御系统（IPS）。

（2）使用主机防火墙（软件）。

（3）硬件防火墙。

（4）在路由交换设备上设置策略、采用审计设备等。

Jb0003232013　规约报文出错可能引起什么现象？如何分析出错原因？（5分）

考核知识点：报文出错引起的现象及原因分析

难易度：中

标准答案：

（1）规约报文出错可能引起的现象有：遥测发生跳变、遥信状态频繁变化等。

（2）发生这些现象时，主站侧可通过查阅遥测跳变或遥信误动前后的报文记录，分析出错的原因。

Jb0003232014 监控反映某个保护信号遥信变位光字牌正常发出，但未在告警窗显示，请分析可能发生的原因。（5分）

考核知识点：基础平台及SCADA运维

难易度：中

标准答案：

可能的原因有：

（1）告警窗：未选择相应的告警类型或未选择相应的厂站。

（2）告警定义：未定义相应的告警类型上告警窗，或定义了节点告警关系，在某些节点遥信变位配置为不上告警窗。

（3）责任区未正确配置。

Jb0003232015 假设电网中某一变电站改造，全站数据不能正常上送，从而使状态估计不能正常计算，该如何处理？（5分）

考核知识点：基础平台及SCADA运维

难易度：中

标准答案：

（1）若该变电站为低电压等级末端站，则直接将其设置为外网厂站即可。

（2）若该变电站为枢纽变电站，则应在数据库或在状态估计模块中，将该站构造起主要框架结构，以确保与全网的连接，注意设置正确的状态估计属性，必要时对主要的遥测量进行人工置数。

Jb0004232016 横向安全隔离装置所具有的功能有哪些？（5分）

考核知识点：横向安全隔离装置

难易度：中

标准答案：

横向安全隔离装置所具有的功能有：

（1）支持静态地址映射和虚拟IP技术。

（2）具备应用网关功能，实现应用数据的接收和转发。

（3）实现两个安全区之间的非网络方式的安全数据传递。

（4）基于MAC、IP、传输协议、传输端口以及通信方向的综合报文过滤与访问控制检查规则配置。

Jb0004232017 新建变电站厂站端完成电力专用纵向加密装置配置后，请问网络安全管理平台上需要做哪些步骤才能实现厂站端与调度中心业务通信？（5分）

考核知识点：纵向加密认证装置

难易度：中

标准答案：

网络安全管理平台需配置：

（1）导入厂站端加密装置的设备证书：通过更新证书功能，导入厂站加密装置证书。

（2）增加厂站装置资产及节点。

（3）增加隧道：在加密装置节点上添加一条与该厂站相连的隧道。

（4）配置策略：在加密装置节点，在上一步添加的这条隧道上添加相应的策略。

（5）状态检查：检查隧道协商是否成功，加解密包是否正常。

Jb0004231018　在路由器配置中，通过 ping 命令，可以检测出哪三层是否工作正常？（5 分）

考核知识点：调度数据网故障排查及异常处理

难易度：易

标准答案：

ping 命令可以检测工作状态的层：

（1）物理层。

（2）数据链路层。

（3）网络层。

Jb0004232019　在进行自动化通道调试前，需检查前置系统的哪些配置？（5 分）

考核知识点：主站端前置系统配置

难易度：中

标准答案：

需检查前置系统的配置：

（1）正确配置系统中的各台前置机，包括机器名、机器号、网络配置、终端服务器个数等，运行时可以看到各台前置机的状态，检查前置机状态是否正常。

（2）正确配置各台终端服务器，包括名称、序号、IP 地址等，检查各个终端服务器状态是否正常。

（3）在/etc/host 文件中配置各台机器各个网卡 IP 地址、交换机 IP 地址。

（4）系统启动后，使用人机界面监测前置系统运行是否正常。

Jb0004232020　前置系统有哪几类主要进程？分别有什么作用？（5 分）

考核知识点：前置系统主要常驻进程及其功能

难易度：中

标准答案：

前置系统主要进程有：

（1）规约管理进程：负责规约解读。

（2）通信类进程：负责所有和调度自动化系统内部通信及厂站端的通信。

（3）工况管理类进程：负责监视所有相关节点状态。

（4）操作类进程：负责实施前置系统上的人工操作。

（5）公共服务类进程：负责接收数据的预处理和前置系统内部的管理。

Jb0004232021　综合智能分析与告警包含的告警信息分类哪些？（5 分）

考核知识点：综合智能告警

难易度：中

标准答案：

综合智能分析与告警包含的告警信息分类：电力系统运行异常告警、继电保护设备异常告警、网络分析预警、在线安全稳定分析预警、气象水情预警、雷电监测告警。

Jb0004232022 简述调度自动化主站系统中自动电压控制应用在电力系统中的作用。（5分）

考核知识点：自动电压控制应用

难易度：中

标准答案：

自动电压控制应用对全网无功电压状态进行集中监视和分析计算，从全局的角度对广域分散的电网无功装置进行协调优化控制，是保持系统电压稳定、提升电网电压品质和整个系统经济运行水平、提高无功电压管理水平的重要技术手段。

Jb0004232023 请简述 FTP 服务、telnet 服务、SSH 服务、SNMP 服务、SMTP 服务使用哪些端口（5分）

考核知识点：计算机应用及网络

难易度：中

标准答案：

（1）FTP 服务：20、21 端口。

（2）telnet 服务：23 端口。

（3）SSH 服务：22 端口。

（4）SNMP 服务：161、162 端口。

（5）SMTP 服务：25 端口。

Jb0004232024 调度自动化主站系统遥测封锁和遥测置数有什么区别？（5分）

考核知识点：基础平台及 SCADA 运维

难易度：中

标准答案：

遥测封锁可以输入封锁值和备注，封锁值置入后实时数据不再刷新该值，解除封锁后才可继续刷新。遥测置数可以将当前设备的遥测值设为输入值，当有变化数据或全数据上送后，置数状态及所置数据即被刷新。

Jb0004233025 状态估计计算不收敛时，如何解决有功发散问题？（5分）

考核知识点：基本知识

难易度：难

标准答案：

（回答出 5 条即可）

（1）检查是否有多岛计算的情况发生，如果有多岛，查看是哪个岛发散。

（2）检查线路、主变压器参数，是否存在很小的电抗。

（3）检查线路、主变压器参数中是否有电阻远大于电抗的情况。

（4）找到全网最大有功偏移的母线，检查周边的线路参数、量测。

（5）通过置伪遥信将此最大有功偏移的母线、周围相关的支路（线路、主变压器）从主网中切除，再启动状态估计。

（6）系统出现不合理量测，而取量测程序和坏数据识别均未将其检查出来，该情况多会导致迭代一次就发散，可通过查找此“不合理遥测”的值，屏蔽此量测，重新启动状态估计计算。

Jb0004232026　简述智能电网调度控制系统消息总线与服务总线各自的特点。（5分）

考核知识点：基本知识

难易度：中

标准答案：

消息总线按照实时监控的特殊要求设计，具有高速实时的特点，主要用于对实时性要求高的应用；服务总线按照企业级服务总线设计，其SOA环境对应用开发提供广泛的信息交互支持。

Jb0004232027　根据Q/GDW 1680—2014《智能电网调度控制系统》系列标准要求，智能电网调度控制系统基础平台电网模型校验至少应包括哪些内容？（5分）

考核知识点：基本知识

难易度：中

标准答案：

智能电网调度控制系统基础平台电网模型校验内容：

（1）模型关联关系校验。

（2）模型完整性检验。

（3）模型参数合理性检验。

（4）基于应用功能的校验。

Jb0004232028　根据Q/GDW 1680—2014《智能电网调度控制系统》系列标准要求，智能电网调度控制系统基础平台管理中系统管理应包括哪些功能？（5分）

考核知识点：基本知识

难易度：中

标准答案：

智能电网调度控制系统基础平台管理中系统管理功能：

（1）系统节点及应用管理。

（2）进程管理。

（3）系统网络管理。

（4）系统资源监视。

（5）时钟管理。

（6）日志管理。

（7）定时任务管理。

（8）系统备份/恢复管理。

（9）主备调系统同步管理等功能。

Jb0005232029　工作负责人的基本条件及安全责任有哪些？（5分）

考核知识点：两票的正确填写和使用

难易度：中

标准答案：

工作负责人的基本条件：工作负责人应具有本专业工作经验，熟悉工作范围内电力监控系统情况、熟悉本规程、熟悉工作班人员工作能力，并经本部门批准的人员担任，名单应公布。检修单位的工作负责人名单应事先送相关运维部门备案。

工作负责人的安全责任：

（1）正确组织工作。

（2）检查工作票所列安全措施是否正确完备，是否符合现场实际条件。

（3）工作前，对工作班人员进行工作任务、安全措施和风险点告知，并确认每个工作班人员都已签名。

（4）执行由其负责的安全措施。

（5）关注工作班人员身体状况和精神状态是否正常，人员变动是否合适。

（6）确定需监护的作业内容，并确保监护执行到位。

Jb0006232030 请简述分布式存储相较集中存储的优缺点。（5分）

考核知识点：新技术应用

难易度：中

标准答案：

优点：

（1）快速访问，可供多用户同时使用。

（2）易于扩充存储容量。

（3）备份策略灵活。

缺点：

（1）管理运维相对复杂，安全防护压力更大。

（2）设备兼容性需要更高要求。

（3）数据读写效能受网络性能影响。

Jb0006232031 实时数据库的主要特征包括哪些？（5分）

考核知识点：计算机基础知识

难易度：中

标准答案：

实时数据库的主要特征：

（1）面向设备：数据表设计面向设备。

（2）基于CIM：表实现符合CIM模型。

（3）实现关系：通过关系模型管理数据。

（4）重在效率：以高效、高速作为设计、实现原则。

Jb0006232032 简述智能电网大数据的三种采集方式及所适用的范围。（5分）

考核知识点：基本知识

难易度：中

标准答案：

智能电网大数据的采集通常有三种，通常分为：

（1）流式数据采集，该方法用于对智能电网设备监控日志、采集报文等数据进行分布式采集、聚合和传输。

（2）数据库采集，该方法用于从关系型数据库抽取数据到分布式文件系统（hadoop distributed file system，HDFS）、Hive或者Hbase等分布式存储系统中。

（3）文件采集，该方法用于采集cvs、txt、dat等类型的文件，并且可以通过配置文件校验规则、预处理规则等转换规则，实现对文件的稽核，完成文件数据的接入。

Jb0007231033　电力二次系统安全防护总体策略（十六字方针）是什么？（5分）

考核知识点：电力监控系统安全防护知识

难易度：易

标准答案：

电力二次系统安全防护总体策略（十六字方针）：安全分区、网络专用、横向隔离、纵向认证。

Jb0007231034　自动化系统和设备检修分为哪几类，分别是如何定义的？（5分）

考核知识点：自动化相关规程、标准

难易度：易

标准答案：

自动化系统和设备的检修分为计划检修、临时检修和故障抢修。

计划检修是指纳入年度计划和月度计划的检修工作。

临时检修是指须及时处理的重大设备隐患、故障善后工作等。

故障抢修是指由于设备健康或其他原因须立即进行抢修恢复的工作。

Jb0007231035　对发生的电力事故必须坚持“四不放过”的原则，请简述“四不放过”的内容。（5分）

考核知识点：电网安全生产管理规定

难易度：易

标准答案：

“四不放过”：

事故原因未查清不放过。

责任人员未处理不放过。

整改措施未落实不放过。

有关人员未受到教育不放过。

第八章 电网调度自动化维护员技师技能操作

Jc0001242001 DTS 学员机网络配置。(100 分)

考核知识点：DTS 应用软件及配置方法

难易度：中

技能等级评价专业技能考核操作工作任务书

一、任务名称

DTS 学员机网络配置。

二、适用工种

电网调度自动化维护员技师。

三、具体任务

（1）工作状态为调度主站调度员仿真系统运行正常。工作内容为：① 完成学员机 scxy2－1 配置，要求学员机单网配置，网络地址为 192.1.10.5，子网掩码为 255.255.255.0，网关 192.1.10.254；② 在 hosts 文件内添加该学员机。

（2）工作任务：完成调度员培训仿真系统学员机网络配置，并验证配置生效。

四、工作规范及要求

（1）按照《国家电网公司电力安全工作规程（电力监控部分）》要求做好相关安全措施，办理工作票。

（2）填写运维记录，并对设备进行全面巡视，检查设备运行情况。

五、考核及时间要求

（1）本考核操作时间为 60 分钟，按所完成的内容计分，未完成部分均不得分，时间到停止考核。

（2）技能操作过程中，如确实不能完成相关项目，可向考评员申请，该项目不得分，但不影响其他项目。

技能等级评价专业技能考核操作评分标准

<table>
<tr><td>工种</td><td colspan="5">电网调度自动化维护员</td><td>评价等级</td><td>技师</td></tr>
<tr><td>项目模块</td><td colspan="4">系统安装及调试—在线分析类安装调试</td><td>编号</td><td colspan="2">Jc0001242001</td></tr>
<tr><td>单位</td><td colspan="3"></td><td>准考证号</td><td></td><td>姓名</td><td></td></tr>
<tr><td>考试时限</td><td colspan="2">60 分钟</td><td>题型</td><td colspan="2">单项操作</td><td>题分</td><td>100 分</td></tr>
<tr><td>成绩</td><td></td><td>考评员</td><td></td><td>考评组长</td><td></td><td>日期</td><td></td></tr>
<tr><td>试题正文</td><td colspan="7">DTS 学员机网络配置</td></tr>
<tr><td>需要说明的问题和要求</td><td colspan="7">（1）要求单人完成工作任务。
（2）操作应注意安全，按照标准化作业书的技术安全说明做好安全措施。
（3）在指定系统/设备完成操作</td></tr>
</table>

序号	项目名称	质量要求	满分	扣分标准	扣分原因	得分
1	功能应用及安全措施					

续表

序号	项目名称	质量要求	满分	扣分标准	扣分原因	得分
1.1	相关安全措施的准备	（1）办理工作票。 （2）作业人员身份鉴别和授权。 （3）备份可能受影响的内容	10	未正确办理工作票扣3分； 未进行作业人员身份鉴别和授权扣2分； 未备份可能受影响的程序、配置文件、运行参数、运行数据、日志文件等扣5分		
2	设备配置					
2.1	网络地址配置	配置网络地址	13	未正确配置网络地址扣13分		
2.2	子网掩码配置	配置子网掩码	13	未正确配置子网掩码扣13分		
2.3	网关配置	配置网关	12	未正确配置网关扣12分		
2.4	文件配置	节点名称及地址添加到hosts文件	12	未正确配置hosts文件扣12分		
3	设备验证					
3.1	验证及备份	验证配置功能，备份设备配置	10	未正确验证设备功能扣5分； 未备份完整配置扣5分		
3.2	设备巡视	进行设备巡视	10	未巡视设备扣10分		
3.3	记录填写	操作结束后填写运维记录	10	记录不完整扣10分		
4	现场恢复	恢复现场	10	未进行现场恢复扣10分		
合计			100			

Jc0001242002 DTS学员机双屏显示配置。(100分)

考核知识点：DTS应用软件及配置方法

难易度：中

技能等级评价专业技能考核操作工作任务书

一、任务名称

DTS学员机双屏显示配置。

二、适用工种

电网调度自动化维护员技师。

三、具体任务

（1）工作状态为调度主站调度员仿真系统运行正常。工作内容为：① 完成学员机scxy2－1配置，为学员机配置双屏显示功能；② 将学员机scxy2－1添加至hosts文件内，学员机地址为192.1.10.5。

（2）工作任务：完成调度员培训仿真系统学员机双屏显示、hosts文件配置，并验证配置生效。

四、工作规范及要求

（1）按照《国家电网公司电力安全工作规程（电力监控部分）》要求做好相关安全措施，办理工作票。

（2）填写运维记录，并对设备进行全面巡视，检查设备运行情况。

五、考核及时间要求

（1）本考核操作时间为60分钟，按所完成的内容计分，未完成部分均不得分，时间到停止考核。

（2）技能操作过程中，如确实不能完成相关项目，可向考评员申请，该项目不得分，但不影响其他项目。

技能等级评价专业技能考核操作评分标准

工种	电网调度自动化维护员					评价等级	技师
项目模块	系统安装及调试—在线分析类安装调试				编号	Jc0001242002	
单位		准考证号				姓名	
考试时限	60 分钟	题型		单项操作		题分	100 分
成绩		考评员		考评组长		日期	
试题正文	DTS 学员机双屏显示配置						
需要说明的问题和要求	（1）要求单人完成工作任务。 （2）操作应注意安全，按照标准化作业书的技术安全说明做好安全措施。 （3）在指定系统/设备完成操作						

序号	项目名称	质量要求	满分	扣分标准	扣分原因	得分
1	功能应用及安全措施					
1.1	相关安全措施的准备	（1）办理工作票。 （2）作业人员身份鉴别和授权。 （3）备份可能受影响的内容	10	未正确办理工作票扣 3 分； 未进行作业人员身份鉴别和授权扣 2 分； 未备份可能受影响的程序、配置文件、运行参数、运行数据、日志文件等扣 5 分		
2	设备配置					
2.1	双屏接线	完成双屏接线	20	未正确进行双屏接线扣 20 分		
2.2	双屏显示配置	配置双屏显示	15	未正确进行双屏显示配置扣 15 分		
2.3	文件配置	节点名称及地址添加到 hosts 文件	15	未正确配置 hosts 文件扣 15 分		
3	设备验证					
3.1	验证及备份	验证配置功能，备份设备配置	10	未正确验证设备功能扣 5 分； 未备份完整配置扣 5 分		
3.2	设备巡视	进行设备巡视	10	未巡视设备扣 10 分		
3.3	记录填写	操作结束后填写运维记录	10	记录不完整扣 10 分		
4	现场恢复	恢复现场	10	未进行现场恢复扣 10 分		
合计			100			

Jc0001242003 调度数据网路由器账户配置。（100 分）

考核知识点：调度数据网建设及接入联调配置方法

难易度：中

技能等级评价专业技能考核操作工作任务书

一、任务名称

调度数据网路由器账户配置。

二、适用工种

电网调度自动化维护员技师。

三、具体任务

（1）工作状态为调度数据网路由器运行正常。工作内容为：① 登录路由器，配置三个账户，并分别设置密码；密码应符合强度要求，要求 8 位以上，包含字母大小写、数字及特殊字符；② 三个账户分别授予访问、监控和管理权限，服务类型设置为SSH登录和终端登录。

（2）工作任务：完成调度数据网路由器账户配置，并验证配置生效。

四、工作规范及要求

（1）按照《国家电网公司电力安全工作规程（电力监控部分）》要求做好相关安全措施，办理工作票。

（2）填写运维记录，并对设备进行全面巡视，检查设备运行情况。

五、考核及时间要求

（1）本考核操作时间为60分钟，按所完成的内容计分，未完成部分均不得分，时间到停止考核。

（2）技能操作过程中，如确实不能完成相关项目，可向考评员申请，该项目不得分，但不影响其他项目。

技能等级评价专业技能考核操作评分标准

工种	电网调度自动化维护员					评价等级	技师
项目模块	系统安装及调试—调度数据网设备安装调试				编号	Jc0001242003	
单位			准考证号			姓名	
考试时限	60分钟		题型	单项操作		题分	100分
成绩		考评员		考评组长		日期	
试题正文	调度数据网路由器账户配置						
需要说明的问题和要求	（1）要求单人完成工作任务。 （2）操作应注意安全，按照标准化作业书的技术安全说明做好安全措施。 （3）在指定系统/设备完成操作						

序号	项目名称	质量要求	满分	扣分标准	扣分原因	得分
1	功能应用及安全措施					
1.1	相关安全措施的准备	（1）办理工作票。 （2）作业人员身份鉴别和授权。 （3）备份可能受影响的内容	10	未正确办理工作票扣3分； 未进行作业人员身份鉴别和授权扣2分； 未备份可能受影响的程序、配置文件、运行参数、运行数据、日志文件等扣5分		
2	设备配置					
2.1	登录路由器	正确登录指定路由器	2	未正确登录路由器扣2分		
2.2	配置账户	配置账户及密码	25	未正确配置用户名扣10分； 未正确配置密码扣15分		
2.3	配置权限	配置权限及服务类型	20	未正确配置权限扣10分； 未正确配置服务类型登录方式扣10分		
2.4	保存配置	正确保存配置	3	未正确保存配置扣3分		
3	设备验证					
3.1	验证及备份	验证配置功能，备份设备配置	10	未正确验证设备功能扣5分； 未备份完整配置扣5分		
3.2	设备巡视	进行设备巡视	10	未巡视设备扣10分		
3.3	记录填写	操作结束后填写运维记录	10	记录不完整扣10分		
4	现场恢复	恢复现场	10	未进行现场恢复扣10分		
	合计		100			

Jc0001242004 调度数据网路由器 VLAN 配置。(100 分)

考核知识点：调度数据网建设及接入联调配置方法

难易度：中

技能等级评价专业技能考核操作工作任务书

一、任务名称

调度数据网路由器 VLAN 配置。

二、适用工种

电网调度自动化维护员技师。

三、具体任务

（1）工作状态为调度数据网路由器运行正常。工作内容为：① 登录路由器，将 VLAN 100 的 IP 地址配置为 192.168.1.254/24，VLAN 901 的 IP 地址配置为 192.168.2.254/24；② 在调度数据网路由器与交换机互联的接口开启 trunk 模式，并允许 VLAN 100、VLAN 901 通过。

（2）工作任务：完成调度数据网路由器 VLAN 配置，并验证配置生效。

四、工作规范及要求

（1）按照《国家电网公司电力安全工作规程（电力监控部分）》要求做好相关安全措施，办理工作票。

（2）填写运维记录，并对设备进行全面巡视，检查设备运行情况。

五、考核及时间要求

（1）本考核操作时间为 60 分钟，按所完成的内容计分，未完成部分均不得分，时间到停止考核。

（2）技能操作过程中，如确实不能完成相关项目，可向考评员申请，该项目不得分，但不影响其他项目。

技能等级评价专业技能考核操作评分标准

工种	电网调度自动化维护员					评价等级	技师
项目模块	系统安装及调试—调度数据网设备安装调试				编号	Jc0001242004	
单位		准考证号				姓名	
考试时限	60 分钟	题型		单项操作		题分	100 分
成绩		考评员		考评组长		日期	
试题正文	调度数据网路由器 VLAN 配置						
需要说明的问题和要求	（1）要求单人完成工作任务。 （2）操作应注意安全，按照标准化作业书的技术安全说明做好安全措施。 （3）在指定系统/设备完成操作						

序号	项目名称	质量要求	满分	扣分标准	扣分原因	得分
1	功能应用及安全措施					
1.1	相关安全措施的准备	（1）办理工作票。 （2）作业人员身份鉴别和授权。 （3）备份可能受影响的内容	10	未正确办理工作票扣 3 分； 未进行作业人员身份鉴别和授权扣 2 分； 未备份可能受影响的程序、配置文件、运行参数、运行数据、日志文件等扣 5 分		
2	设备配置					

续表

序号	项目名称	质量要求	满分	扣分标准	扣分原因	得分
2.1	登录路由器	正确登录指定路由器	2	未正确登录路由器扣 2 分		
2.2	配置 VLAN 地址	正确配置 VLAN 地址	20	未正确配置 VLAN 地址每项扣 10 分，扣完为止		
2.3	配置 trunk 模式	开启、配置 trunk	25	未正确开启 trunk 扣 10 分； 未正确配置 trunk 扣 15 分		
2.4	保存配置	正确保存配置	3	未正确保存配置扣 3 分		
3	设备验证					
3.1	验证及备份	验证配置功能，备份设备配置	10	未正确验证设备功能扣 5 分； 未备份完整配置扣 5 分		
3.2	设备巡视	进行设备巡视	10	未巡视设备扣 10 分		
3.3	记录填写	操作结束后填写运维记录	10	记录不完整扣 10 分		
4	现场恢复	恢复现场	10	未进行现场恢复扣 10 分		
合计			100			

Jc0001242005　调度数据网路由器 VPN 配置。（100 分）

考核知识点：调度数据网建设及接入联调配置方法

难易度：中

技能等级评价专业技能考核操作工作任务书

一、任务名称

调度数据网路由器 VPN 配置。

二、适用工种

电网调度自动化维护员技师。

三、具体任务

（1）工作状态为调度数据网路由器运行正常。工作内容为：① 登录路由器，在路由器上创建名为 vpn-rt、vpn-nrt 的 VPN 实例并分别与 VLAN 100、VLAN 200 绑定；② vpn-rt 配置 RD 为 100:1，接收和发送的 VPN Target 属性分别为 111:1 和 222:1；③ vpn-nrt 配置 RD 为 200:1，接收和发送的 VPN Target 属性分别为 333:1 和 444:1。

（2）工作任务：完成调度数据网路由器 VPN 配置，并验证配置生效。

四、工作规范及要求

（1）按照《国家电网公司电力安全工作规程（电力监控部分）》要求做好相关安全措施，办理工作票。

（2）填写运维记录，并对设备进行全面巡视，检查设备运行情况。

五、考核及时间要求

（1）本考核操作时间为 60 分钟，按所完成的内容计分，未完成部分均不得分，时间到停止考核。

（2）技能操作过程中，如确实不能完成相关项目，可向考评员申请，该项目不得分，但不影响其他项目。

技能等级评价专业技能考核操作评分标准

工种	电网调度自动化维护员					评价等级	技师
项目模块	系统安装及调试—调度数据网设备安装调试				编号	Jc0001242005	
单位			准考证号			姓名	
考试时限	60 分钟		题型		单项操作	题分	100 分
成绩		考评员		考评组长		日期	
试题正文	调度数据网路由器 VPN 配置						
需要说明的问题和要求	（1）要求单人完成工作任务。 （2）操作应注意安全，按照标准化作业书的技术安全说明做好安全措施。 （3）在指定系统/设备完成操作						

序号	项目名称	质量要求	满分	扣分标准	扣分原因	得分
1	功能应用及安全措施					
1.1	相关安全措施的准备	（1）办理工作票。 （2）作业人员身份鉴别和授权。 （3）备份可能受影响的内容	10	未正确办理工作票扣 3 分； 未进行作业人员身份鉴别和授权扣 2 分； 未备份可能受影响的程序、配置文件、运行参数、运行数据、日志文件等扣 5 分		
2	设备配置					
2.1	登录路由器	正确登录指定路由器	2	未正确登录路由器扣 2 分		
2.2	创建 VPN 实例	创建 VPN 实例、绑定 VLAN	20	未正确创建 VPN 实例扣 10 分 未正确绑定 VLAN 扣 10 分		
2.3	配置 VPN	正确配置 VPN 属性	25	未正确配置 VPN 属性扣 25 分		
2.4	保存配置	正确保存配置	3	未正确保存配置扣 3 分		
3	设备验证					
3.1	验证及备份	验证配置功能，备份设备配置	10	未正确验证设备功能扣 5 分； 未备份完整配置扣 5 分		
3.2	设备巡视	进行设备巡视	10	未巡视设备扣 10 分		
3.3	记录填写	操作结束后填写运维记录	10	记录不完整扣 10 分		
4	现场恢复	恢复现场	10	未进行现场恢复扣 10 分		
	合计		100			

Jc0001242006－1 调度数据网路由器安全加固配置。（100 分）

考核知识点：调度数据网建设及接入联调配置方法

难易度：中

技能等级评价专业技能考核操作工作任务书

一、任务名称

调度数据网路由器安全加固配置。

二、适用工种

电网调度自动化维护员技师。

三、具体任务

（1）工作状态为调度数据网路由器运行正常。工作内容为：① 登录路由器，开启 SSH 服务，关闭 telnet 服务；② 配置 ACL 限制：仅允许地址 100.100.100.1 远程登录；③ 设置开启 AAA 认证，账户超过 5min 无操作自动退出登录。

（2）工作任务：完成调度数据网路由器安全加固配置，并验证配置生效。

四、工作规范及要求

（1）按照《国家电网公司电力安全工作规程（电力监控部分)》要求做好相关安全措施，办理工作票。

（2）填写运维记录，并对设备进行全面巡视，检查设备运行情况。

五、考核及时间要求

（1）本考核操作时间为 60 分钟，按所完成的内容计分，未完成部分均不得分，时间到停止考核。

（2）技能操作过程中，如确实不能完成相关项目，可向考评员申请，该项目不得分，但不影响其他项目。

技能等级评价专业技能考核操作评分标准

工种	电网调度自动化维护员				评价等级	技师
项目模块	系统安装及调试—调度数据网设备安装调试			编号	Jc0001242006－1	
单位		准考证号			姓名	
考试时限	60 分钟	题型	单项操作		题分	100 分
成绩		考评员		考评组长	日期	
试题正文	调度数据网路由器安全加固配置					
需要说明的问题和要求	（1）要求单人完成工作任务。 （2）操作应注意安全，按照标准化作业书的技术安全说明做好安全措施。 （3）在指定系统/设备完成操作					

序号	项目名称	质量要求	满分	扣分标准	扣分原因	得分
1	功能应用及安全措施					
1.1	相关安全措施的准备	（1）办理工作票。 （2）作业人员身份鉴别和授权。 （3）备份可能受影响的内容	10	未正确办理工作票扣 3 分； 未进行作业人员身份鉴别和授权扣 2 分； 未备份可能受影响的程序、配置文件、运行参数、运行数据、日志文件等扣 5 分		
2	设备配置					
2.1	登录路由器	正确登录指定路由器	2	未正确登录路由器扣 2 分		
2.2	配置远程登录服务	开启 SSH 服务、关闭 telnet 服务	20	未正确配置远程登录服务每项扣 10 分，扣完为止		
2.3	配置 ACL 限制	配置 ACL 限制策略	10	未正确配置 ACL 限制扣 10 分		
2.4	配置 AAA 认证	开启 AAA 认证、配置登录超时退出	15	未正确配置 AAA 认证扣 10 分； 未正确配置登录超时退出扣 5 分		
2.5	保存配置	正确保存配置	3	未正确保存配置扣 3 分		
3	设备验证					
3.1	验证及备份	验证配置功能，备份设备配置	10	未正确验证设备功能扣 5 分； 未备份完整配置扣 5 分		
3.2	设备巡视	进行设备巡视	10	未巡视设备扣 10 分		
3.3	记录填写	操作结束后填写运维记录	10	记录不完整扣 10 分		
4	现场恢复	恢复现场	10	未进行现场恢复扣 10 分		
合计			100			

Jc0001242006－2 调度数据网路由器安全加固配置。（100 分）

考核知识点：调度数据网建设及接入联调配置方法

难易度：中

技能等级评价专业技能考核操作工作任务书

一、任务名称

调度数据网路由器安全加固配置。

二、适用工种

电网调度自动化维护员技师。

三、具体任务

（1）工作状态为调度数据网路由器运行正常。工作内容为：① 登录路由器，禁用 HTTP、FTP、telnet、DHCP 服务；② 关闭未使用的路由器物理接口。

（2）工作任务：完成调度数据网路由器安全加固配置，并验证配置生效。

四、工作规范及要求

（1）按照《国家电网公司电力安全工作规程（电力监控部分）》要求做好相关安全措施，办理工作票。

（2）填写运维记录，并对设备进行全面巡视，检查设备运行情况。

五、考核及时间要求

（1）本考核操作时间为 60 分钟，按所完成的内容计分，未完成部分均不得分，时间到停止考核。

（2）技能操作过程中，如确实不能完成相关项目，可向考评员申请，该项目不得分，但不影响其他项目。

技能等级评价专业技能考核操作评分标准

工种	电网调度自动化维护员				评价等级	技师
项目模块	系统安装及调试—调度数据网设备安装调试			编号	Jc0001242006－2	
单位		准考证号			姓名	
考试时限	60 分钟	题型	单项操作		题分	100 分
成绩		考评员		考评组长	日期	
试题正文	调度数据网路由器安全加固配置					
需要说明的问题和要求	（1）要求单人完成工作任务。 （2）操作应注意安全，按照标准化作业书的技术安全说明做好安全措施。 （3）在指定系统/设备完成操作					
序号	项目名称	质量要求	满分	扣分标准	扣分原因	得分
1	功能应用及安全措施					
1.1	相关安全措施的准备	（1）办理工作票。 （2）作业人员身份鉴别和授权。 （3）备份可能受影响的内容	10	未正确办理工作票扣 3 分； 未进行作业人员身份鉴别和授权扣 2 分； 未备份可能受影响的程序、配置文件、运行参数、运行数据、日志文件等扣 5 分		
2	设备配置					
2.1	登录路由器	正确登录指定路由器	2	未正确登录路由器扣 2 分		
2.2	禁用服务	禁用 HTTP、FTP、telnet、DHCP 服务	36	未正确禁用要求的服务每项扣 9 分，扣完为止		

续表

序号	项目名称	质量要求	满分	扣分标准	扣分原因	得分
2.3	关闭接口	关闭未使用的物理接口	9	未正确关闭未使用的路由器接口扣9分		
2.4	保存配置	正确保存配置	3	未正确保存配置扣3分		
3	设备验证					
3.1	验证及备份	验证配置功能，备份设备配置	10	未正确验证设备功能扣5分； 未备份完整配置扣5分		
3.2	设备巡视	进行设备巡视	10	未巡视设备扣10分		
3.3	记录填写	操作结束后填写运维记录	10	记录不完整扣10分		
4	现场恢复	恢复现场	10	未进行现场恢复扣10分		
合计			100			

Jc0001242007　调度数据网路由器对时服务配置。（100分）

考核知识点：调度数据网建设及接入联调配置方法

难易度：中

技能等级评价专业技能考核操作工作任务书

一、任务名称

调度数据网路由器对时服务配置。

二、适用工种

电网调度自动化维护员技师。

三、具体任务

（1）工作状态为调度数据网路由器运行正常。工作内容为登录路由器，开启对时服务，设置源接口为 loopback 0，对时服务器地址 10.37.242.240。

（2）工作任务：完成调度数据网路由器对时服务配置，并验证配置生效。

四、工作规范及要求

（1）按照《国家电网公司电力安全工作规程（电力监控部分）》要求做好相关安全措施，办理工作票。

（2）填写运维记录，并对设备进行全面巡视，检查设备运行情况。

五、考核及时间要求

（1）本考核操作时间为60分钟，按所完成的内容计分，未完成部分均不得分，时间到停止考核。

（2）技能操作过程中，如确实不能完成相关项目，可向考评员申请，该项目不得分，但不影响其他项目。

技能等级评价专业技能考核操作评分标准

工种	电网调度自动化维护员					评价等级	技师
项目模块	系统安装及调试—调度数据网设备安装调试				编号		Jc0001242007
单位			准考证号			姓名	
考试时限	60分钟	题型		单项操作		题分	100分
成绩		考评员		考评组长		日期	

续表

试题正文	调度数据网路由器对时服务配置					
需要说明的问题和要求	（1）要求单人完成工作任务。 （2）操作应注意安全，按照标准化作业书的技术安全说明做好安全措施。 （3）在指定系统/设备完成操作					
序号	项目名称	质量要求	满分	扣分标准	扣分原因	得分
1	功能应用及安全措施					
1.1	相关安全措施的准备	（1）办理工作票。 （2）作业人员身份鉴别和授权。 （3）备份可能受影响的内容	10	未正确办理工作票扣3分； 未进行作业人员身份鉴别和授权扣2分； 未备份可能受影响的程序、配置文件、运行参数、运行数据、日志文件等扣5分		
2	设备配置					
2.1	登录路由器	正确登录指定路由器	2	未正确登录路由器扣2分		
2.2	开启对时	开启对时服务	20	未正确开启对时扣20分		
2.3	设置源接口	设置源接口、对时服务器地址	25	未正确设置源接口扣10分； 未正确配置对时服务器地址扣15分		
2.4	保存配置	正确保存配置	3	未正确保存配置扣3分		
3	设备验证					
3.1	验证及备份	验证配置功能，备份设备配置	10	未正确验证设备功能扣5分； 未备份完整配置扣5分		
3.2	设备巡视	进行设备巡视	10	未巡视设备扣10分		
3.3	记录填写	操作结束后填写运维记录	10	记录不完整扣10分		
4	现场恢复	恢复现场	10	未进行现场恢复扣10分		
合计			100			

Jc0001242008 调度数据网路由器互联地址配置。（100分）

考核知识点：调度数据网建设及接入联调配置方法

难易度：中

技能等级评价专业技能考核操作工作任务书

一、任务名称

调度数据网路由器互联地址配置。

二、适用工种

电网调度自动化维护员技师。

三、具体任务

（1）工作状态为调度数据网路由器运行正常。工作内容为：① 登录路由器，在 BGP 100 配置 lookback 地址为 172.10.10.1；② 在 OSPF 1 的 area 2 配置互联地址为 192.1.1.2/30。

（2）工作任务：完成调度数据网路由器互联地址配置，并验证配置生效。

四、工作规范及要求

（1）按照《国家电网公司电力安全工作规程（电力监控部分）》要求做好相关安全措施，办理工作票。

（2）填写运维记录，并对设备进行全面巡视，检查设备运行情况。

五、考核及时间要求

（1）本考核操作时间为60分钟，按所完成的内容计分，未完成部分均不得分，时间到停止考核。

（2）技能操作过程中，如确实不能完成相关项目，可向考评员申请，该项目不得分，但不影响其他项目。

技能等级评价专业技能考核操作评分标准

工种	电网调度自动化维护员					评价等级	技师
项目模块	系统安装及调试—调度数据网设备安装调试				编号	Jc0001242008	
单位			准考证号			姓名	
考试时限	60分钟		题型	单项操作		题分	100分
成绩		考评员		考评组长		日期	
试题正文	调度数据网路由器互联地址配置						
需要说明的问题和要求	（1）要求单人完成工作任务。 （2）操作应注意安全，按照标准化作业书的技术安全说明做好安全措施。 （3）在指定系统/设备完成操作						

序号	项目名称	质量要求	满分	扣分标准	扣分原因	得分
1	功能应用及安全措施					
1.1	相关安全措施的准备	（1）办理工作票。 （2）作业人员身份鉴别和授权。 （3）备份可能受影响的内容	10	未正确办理工作票扣3分； 未进行作业人员身份鉴别和授权扣2分； 未备份可能受影响的程序、配置文件、运行参数、运行数据、日志文件等扣5分		
2	设备配置					
2.1	登录路由器	正确登录指定路由器	2	未正确登录路由器扣2分		
2.2	配置BGP	配置BGP回环地址	20	未正确配置BGP扣20分		
2.3	配置OSPF	配置OSPF互联地址	25	未正确配置OSPF扣25分		
2.4	保存配置	正确保存配置	3	未正确保存配置扣3分		
3	设备验证					
3.1	验证及备份	验证配置功能，备份设备配置	10	未正确验证设备功能扣5分； 未备份完整配置扣5分		
3.2	设备巡视	进行设备巡视	10	未巡视设备扣10分		
3.3	记录填写	操作结束后填写运维记录	10	记录不完整扣10分		
4	现场恢复	恢复现场	10	未进行现场恢复扣10分		
合计			100			

Jc0001242009　调度数据网路由器网管地址配置。（100分）

考核知识点：调度数据网建设及接入联调配置方法

难易度：中

技能等级评价专业技能考核操作工作任务书

一、任务名称

调度数据网路由器网管地址配置。

二、适用工种

电网调度自动化维护员技师。

三、具体任务

（1）工作状态为调度数据网路由器运行正常。工作内容为：① 登录路由器，配置 SNMP，使用 V2C 版本；② 配置 ACL 策略允许网管地址访问，网管地址为 10.37.242.240。

（2）工作任务：完成调度数据网路由器网管地址配置，并验证配置生效。

四、工作规范及要求

（1）按照《国家电网公司电力安全工作规程（电力监控部分）》要求做好相关安全措施，办理工作票。

（2）填写运维记录，并对设备进行全面巡视，检查设备运行情况。

五、考核及时间要求

（1）本考核操作时间为 60 分钟，按所完成的内容计分，未完成部分均不得分，时间到停止考核。

（2）技能操作过程中，如确实不能完成相关项目，可向考评员申请，该项目不得分，但不影响其他项目。

技能等级评价专业技能考核操作评分标准

工种	电网调度自动化维护员				评价等级	技师
项目模块	系统安装及调试—调度数据网设备安装调试			编号	Jc0001242009	
单位		准考证号			姓名	
考试时限	60 分钟	题型	单项操作		题分	100 分
成绩	考评员		考评组长		日期	
试题正文	调度数据网路由器网管地址配置					
需要说明的问题和要求	（1）要求单人完成工作任务。 （2）操作应注意安全，按照标准化作业书的技术安全说明做好安全措施。 （3）在指定系统/设备完成操作					

序号	项目名称	质量要求	满分	扣分标准	扣分原因	得分
1	功能应用及安全措施					
1.1	相关安全措施的准备	（1）办理工作票。 （2）作业人员身份鉴别和授权。 （3）备份可能受影响的内容	10	未正确办理工作票扣 3 分； 未进行作业人员身份鉴别和授权扣 2 分； 未备份可能受影响的程序、配置文件、运行参数、运行数据、日志文件等扣 5 分		
2	设备配置					
2.1	登录路由器	正确登录指定路由器	2	未正确登录路由器扣 2 分		
2.2	配置 SNMP	配置 SNMP 版本	25	未正确配置 SNMP 扣 25 分		
2.3	配置 ACL	配置 ACL 策略	20	未正确配置 ACL 扣 20 分		
2.4	保存配置	正确保存配置	3	未正确保存配置扣 3 分		
3	设备验证					
3.1	验证及备份	验证配置功能，备份设备配置	10	未正确验证设备功能扣 5 分； 未备份完整配置扣 5 分		
3.2	设备巡视	进行设备巡视	10	未巡视设备扣 10 分		
3.3	记录填写	操作结束后填写运维记录	10	记录不完整扣 10 分		
4	现场恢复	恢复现场	10	未进行现场恢复扣 10 分		
合计			100			

Jc0001242010　调度数据网路由器登录方式配置。（100分）

考核知识点：调度数据网建设及接入联调配置方法

难易度：中

技能等级评价专业技能考核操作工作任务书

一、任务名称

调度数据网路由器登录方式配置。

二、适用工种

电网调度自动化维护员技师。

三、具体任务

（1）工作状态为调度数据网路由器运行正常。工作内容为：① 登录路由器，配置通过路由器console口登录时需使用密码，且权限最低；② 配置路由器超级用户登录后无操作5min后自动退出。

（2）工作任务：完成调度数据网路由器登录方式配置，并验证配置生效。

四、工作规范及要求

（1）按照《国家电网公司电力安全工作规程（电力监控部分）》要求做好相关安全措施，办理工作票。

（2）填写运维记录，并对设备进行全面巡视，检查设备运行情况。

五、考核及时间要求

（1）本考核操作时间为60分钟，按所完成的内容计分，未完成部分均不得分，时间到停止考核。

（2）技能操作过程中，如确实不能完成相关项目，可向考评员申请，该项目不得分，但不影响其他项目。

技能等级评价专业技能考核操作评分标准

<table>
<tr><td>工种</td><td colspan="5">电网调度自动化维护员</td><td>评价等级</td><td>技师</td></tr>
<tr><td>项目模块</td><td colspan="5">系统安装及调试—调度数据网设备安装调试</td><td>编号</td><td>Jc0001242010</td></tr>
<tr><td>单位</td><td colspan="3"></td><td>准考证号</td><td></td><td>姓名</td><td></td></tr>
<tr><td>考试时限</td><td colspan="2">60分钟</td><td>题型</td><td colspan="2">单项操作</td><td>题分</td><td>100分</td></tr>
<tr><td>成绩</td><td></td><td>考评员</td><td></td><td>考评组长</td><td></td><td>日期</td><td></td></tr>
<tr><td>试题正文</td><td colspan="7">调度数据网路由器登录方式配置</td></tr>
<tr><td>需要说明的问题和要求</td><td colspan="7">（1）要求单人完成工作任务。
（2）操作应注意安全，按照标准化作业书的技术安全说明做好安全措施。
（3）在指定系统/设备完成操作</td></tr>
</table>

序号	项目名称	质量要求	满分	扣分标准	扣分原因	得分
1	功能应用及安全措施					
1.1	相关安全措施的准备	（1）办理工作票。 （2）作业人员身份鉴别和授权。 （3）备份可能受影响的内容	10	未正确办理工作票扣3分； 未进行作业人员身份鉴别和授权扣2分； 未备份可能受影响的程序、配置文件、运行参数、运行数据、日志文件等扣5分		
2	设备配置					
2.1	登录路由器	正确登录指定路由器	2	未正确登录路由器扣2分		
2.2	配置权限	配置console口密码登录	25	未正确配置权限扣25分		

续表

序号	项目名称	质量要求	满分	扣分标准	扣分原因	得分
2.3	配置超时退出	配置超级用户超时退出	20	未正确配置超时退出扣 20 分		
2.4	保存配置	正确保存配置	3	未正确保存配置扣 3 分		
3	设备验证					
3.1	验证及备份	验证配置功能，备份设备配置	10	未正确验证设备功能扣 5 分； 未备份完整配置扣 5 分		
3.2	设备巡视	进行设备巡视	10	未巡视设备扣 10 分		
3.3	记录填写	操作结束后填写运维记录	10	记录不完整扣 10 分		
4	现场恢复	恢复现场	10	未进行现场恢复扣 10 分		
合计			100			

Jc0001242011 调度数据网路由器登录失败锁定策略配置。（100 分）

考核知识点：调度数据网建设及接入联调配置方法

难易度：中

技能等级评价专业技能考核操作工作任务书

一、任务名称

调度数据网路由器登录失败锁定策略配置。

二、适用工种

电网调度自动化维护员技师。

三、具体任务

（1）工作状态为调度数据网路由器运行正常。工作内容为：① 登录路由器，配置用户登录失败锁定策略：开启密码控制，设置用户登录失败 5 次锁定该用户 10min；② 关闭密码老化功能，关闭首次登录更改密码。

（2）工作任务：完成调度数据网路由器登录失败锁定策略配置，并验证配置生效。

四、工作规范及要求

（1）按照《国家电网公司电力安全工作规程（电力监控部分）》要求做好相关安全措施，办理工作票。

（2）填写运维记录，并对设备进行全面巡视，检查设备运行情况。

五、考核及时间要求

（1）本考核操作时间为 60 分钟，按所完成的内容计分，未完成部分均不得分，时间到停止考核。

（2）技能操作过程中，如确实不能完成相关项目，可向考评员申请，该项目不得分，但不影响其他项目。

技能等级评价专业技能考核操作评分标准

<table>
<tr><td>工种</td><td colspan="5">电网调度自动化维护员</td><td>评价等级</td><td>技师</td></tr>
<tr><td>项目模块</td><td colspan="4">系统安装及调试—调度数据网设备安装调试</td><td colspan="2">编号</td><td>Jc0001242011</td></tr>
<tr><td>单位</td><td colspan="2"></td><td colspan="2">准考证号</td><td></td><td>姓名</td><td></td></tr>
<tr><td>考试时限</td><td colspan="2">60 分钟</td><td>题型</td><td colspan="2">单项操作</td><td>题分</td><td>100 分</td></tr>
<tr><td>成绩</td><td></td><td>考评员</td><td></td><td>考评组长</td><td></td><td>日期</td><td></td></tr>
</table>

续表

试题正文	调度数据网路由器登录失败锁定策略配置
需要说明的问题和要求	（1）要求单人完成工作任务。 （2）操作应注意安全，按照标准化作业书的技术安全说明做好安全措施。 （3）在指定系统/设备完成操作

序号	项目名称	质量要求	满分	扣分标准	扣分原因	得分
1	功能应用及安全措施					
1.1	相关安全措施的准备	（1）办理工作票。 （2）作业人员身份鉴别和授权。 （3）备份可能受影响的内容	10	未正确办理工作票扣3分； 未进行作业人员身份鉴别和授权扣2分； 未备份可能受影响的程序、配置文件、运行参数、运行数据、日志文件等扣5分		
2	设备配置					
2.1	登录路由器	正确登录指定路由器	2	未正确登录路由器扣2分		
2.2	开启密码控制	配置开启密码控制	10	未正确配置扣10分		
2.3	设置用户登录失败5次锁定该用户10min	配置登录失败锁定策略	15	未正确配置扣15分		
2.4	关闭密码老化功能	配置关闭密码老化功能	10	未正确配置扣10分		
2.5	关闭首次登录更改密码	配置关闭首次登录更改密码	10	未正确配置扣10分		
2.6	保存配置	正确保存配置	3	未正确保存配置扣3分		
3	设备验证					
3.1	验证及备份	验证配置功能，备份设备配置	10	未正确验证设备功能扣5分； 未备份完整配置扣5分		
3.2	设备巡视	进行设备巡视	10	未巡视设备扣10分		
3.3	记录填写	操作结束后填写运维记录	10	记录不完整扣10分		
4	现场恢复	恢复现场	10	未进行现场恢复扣10分		
合计			100			

Jc0001242012　调度数据网交换机登录失败锁定策略配置。（100分）

考核知识点：调度数据网建设及接入联调配置方法

难易度：中

技能等级评价专业技能考核操作工作任务书

一、任务名称

调度数据网交换机登录失败锁定策略配置。

二、适用工种

电网调度自动化维护员技师。

三、具体任务

（1）工作状态为调度数据网交换机运行正常。工作内容为：① 登录交换机，配置用户登录失败锁定策略：开启密码控制，设置用户登录失败5次锁定该用户10min；② 关闭密码失效。

（2）工作任务：完成调度数据网交换机登录失败锁定策略配置，并验证配置生效。

四、工作规范及要求

（1）按照《国家电网公司电力安全工作规程（电力监控部分）》要求做好相关安全措施，办理工作票。

（2）填写运维记录，并对设备进行全面巡视，检查设备运行情况。

五、考核及时间要求

（1）本考核操作时间为60分钟，按所完成的内容计分，未完成部分均不得分，时间到停止考核。

（2）技能操作过程中，如确实不能完成相关项目，可向考评员申请，该项目不得分，但不影响其他项目。

技能等级评价专业技能考核操作评分标准

工种	电网调度自动化维护员					评价等级	技师
项目模块	系统安装及调试—调度数据网设备安装调试				编号	Jc0001242012	
单位			准考证号			姓名	
考试时限	60分钟	题型		单项操作		题分	100分
成绩		考评员		考评组长		日期	
试题正文	调度数据网交换机登录失败锁定策略配置						
需要说明的问题和要求	（1）要求单人完成工作任务。 （2）操作应注意安全，按照标准化作业书的技术安全说明做好安全措施。 （3）在指定系统/设备完成操作						

序号	项目名称	质量要求	满分	扣分标准	扣分原因	得分
1	功能应用及安全措施					
1.1	相关安全措施的准备	（1）办理工作票。 （2）作业人员身份鉴别和授权。 （3）备份可能受影响的内容	10	未正确办理工作票扣3分； 未进行作业人员身份鉴别和授权扣2分； 未备份可能受影响的程序、配置文件、运行参数、运行数据、日志文件等扣5分		
2	设备配置					
2.1	登录交换机	正确登录指定交换机	2	未正确登录交换机扣2分		
2.2	开启密码控制	配置开启密码控制	15	未正确配置扣15分		
2.3	设置用户登录失败5次锁定该用户10min	配置登录失败锁定策略	15	未正确配置扣15分		
2.4	关闭密码失效	配置关闭密码失效	15	未正确配置扣15分		
2.5	保存配置	正确保存配置	3	未正确保存配置扣3分		
3	设备验证					
3.1	验证及备份	验证配置功能，备份设备配置	10	未正确验证设备功能扣5分； 未备份完整配置扣5分		
3.2	设备巡视	进行设备巡视	10	未巡视设备扣10分		
3.3	记录填写	操作结束后填写运维记录	10	记录不完整扣10分		
4	现场恢复	恢复现场	10	未进行现场恢复扣10分		
合计			100			

Jc0001242013 调度数据网交换机关闭危险服务。（100分）

考核知识点：调度数据网建设及接入联调配置方法

难易度：中

技能等级评价专业技能考核操作工作任务书

一、任务名称

调度数据网交换机关闭危险服务。

二、适用工种

电网调度自动化维护员技师。

三、具体任务

（1）工作状态为调度数据网交换机运行正常。工作内容为：① 登录交换机，禁用 HTTP、FTP、telnet、DHCP 服务；② 关闭 banner 信息。

（2）工作任务：完成调度数据网交换机关闭危险服务，并验证配置生效。

四、工作规范及要求

（1）按照《国家电网公司电力安全工作规程（电力监控部分）》要求做好相关安全措施，办理工作票。

（2）填写运维记录，并对设备进行全面巡视，检查设备运行情况。

五、考核及时间要求

（1）本考核操作时间为 60 分钟，按所完成的内容计分，未完成部分均不得分，时间到停止考核。

（2）技能操作过程中，如确实不能完成相关项目，可向考评员申请，该项目不得分，但不影响其他项目。

技能等级评价专业技能考核操作评分标准

工种	电网调度自动化维护员				评价等级	技师
项目模块	系统安装及调试—调度数据网设备安装调试			编号	Jc0001242013	
单位		准考证号			姓名	
考试时限	60 分钟	题型	单项操作		题分	100 分
成绩		考评员		考评组长		日期	
试题正文	调度数据网交换机关闭危险服务					
需要说明的问题和要求	（1）要求单人完成工作任务。 （2）操作应注意安全，按照标准化作业书的技术安全说明做好安全措施。 （3）在指定系统/设备完成操作					

序号	项目名称	质量要求	满分	扣分标准	扣分原因	得分
1	功能应用及安全措施					
1.1	相关安全措施的准备	（1）办理工作票。 （2）作业人员身份鉴别和授权。 （3）备份可能受影响的内容	10	未正确办理工作票扣 3 分； 未进行作业人员身份鉴别和授权扣 2 分； 未备份可能受影响的程序、配置文件、运行参数、运行数据、日志文件等扣 5 分		
2	设备配置					
2.1	登录交换机	正确登录指定交换机	2	未正确登录交换机扣 2 分		
2.2	禁用服务	禁用 HTTP、FTP、telnet、DHCP 服务	40	未正确禁用要求的服务每项扣 10 分，扣完为止		
2.3	关闭 banner 信息	正确关闭 banner 信息	5	未正确关闭 banner 信息扣 5 分		
2.4	保存配置	正确保存配置	3	未正确保存配置扣 3 分		

续表

序号	项目名称	质量要求	满分	扣分标准	扣分原因	得分
3	设备验证					
3.1	验证及备份	验证配置功能，备份设备配置	10	未正确验证设备功能扣 5 分； 未备份完整配置扣 5 分		
3.2	设备巡视	进行设备巡视	10	未巡视设备扣 10 分		
3.3	记录填写	操作结束后填写运维记录	10	记录不完整扣 10 分		
4	现场恢复	恢复现场	10	未进行现场恢复扣 10 分		
	合计		100			

Jc0001242014 路由器配置查看及导出。(100 分)

考核知识点：路由器配置

难易度：中

技能等级评价专业技能考核操作工作任务书

一、任务名称

路由器配置查看及导出。

二、适用工种

电网调度自动化维护员技师。

三、具体任务

（1）工作状态为路由器运行正常。工作内容为：① 登录路由器，查看路由器所有配置；② 将路由器配置导出并保存在调试笔记本桌面。

（2）工作任务：完成路由器配置查看及导出。

四、工作规范及要求

（1）按照《国家电网公司电力安全工作规程（电力监控部分）》要求做好相关安全措施，办理工作票。

（2）填写运维记录，并对设备进行全面巡视，检查设备运行情况。

五、考核及时间要求

（1）本考核操作时间为 60 分钟，按所完成的内容计分，未完成部分均不得分，时间到停止考核。

（2）技能操作过程中，如确实不能完成相关项目，可向考评员申请，该项目不得分，但不影响其他项目。

技能等级评价专业技能考核操作评分标准

工种	电网调度自动化维护员					评价等级	技师
项目模块	系统安装及调试—调度数据网设备安装调试				编号	Jc0001242014	
单位			准考证号			姓名	
考试时限	60 分钟	题型	单项操作			题分	100 分
成绩		考评员		考评组长		日期	
试题正文	路由器配置查看及导出						
需要说明的问题和要求	（1）要求单人完成工作任务。 （2）操作应注意安全，按照标准化作业书的技术安全说明做好安全措施。 （3）在指定系统/设备完成操作						

续表

序号	项目名称	质量要求	满分	扣分标准	扣分原因	得分
1	功能应用及安全措施					
1.1	相关安全措施的准备	（1）办理工作票。 （2）作业人员身份鉴别和授权。 （3）备份可能受影响的内容	10	未正确办理工作票扣3分； 未进行作业人员身份鉴别和授权扣2分； 未备份可能受影响的程序、配置文件、运行参数、运行数据、日志文件等扣5分		
2	设备配置					
2.1	设备上电	给路由器上电并启动	10	未正确启动设备扣10分		
2.2	登录路由器	正确登录指定路由器	10	未正确登录路由器扣10分		
2.3	查看配置	查看路由器所有配置	15	未正确使用查看命令扣15分		
2.4	导出配置	导出配置并保存在指定位置，确认导出配置的文件内容无误	15	未正确保存配置扣15分		
3	设备验证					
3.1	验证及备份	验证配置功能，备份设备配置	10	未正确验证设备功能扣5分； 未备份完整配置扣5分		
3.2	设备巡视	进行设备巡视	10	未巡视设备扣10分		
3.3	记录填写	操作结束后填写运维记录	10	记录不完整扣10分		
4	现场恢复	恢复现场	10	未进行现场恢复扣10分		
	合计		100			

Jc0001242015　路由器新增用户及配置。（100分）

考核知识点：路由器配置

难易度：中

技能等级评价专业技能考核操作工作任务书

一、任务名称

路由器新增用户及配置。

二、适用工种

电网调度自动化维护员技师。

三、具体任务

（1）工作状态为路由器运行正常。工作内容为：① 登录路由器，新增考生姓名用户，配置密码为考试姓名；② 将新增的用户级别设置为3。

（2）工作任务：完成路由器新增用户及配置，并验证配置生效。

四、工作规范及要求

（1）按照《国家电网公司电力安全工作规程（电力监控部分）》要求做好相关安全措施，办理工作票。

（2）填写运维记录，并对设备进行全面巡视，检查设备运行情况。

五、考核及时间要求

（1）本考核操作时间为60分钟，按所完成的内容计分，未完成部分均不得分，时间到停止考核。

（2）技能操作过程中，如确实不能完成相关项目，可向考评员申请，该项目不得分，但不影响其他项目。

技能等级评价专业技能考核操作评分标准

工种	电网调度自动化维护员					评价等级	技师
项目模块	系统安装及调试—调度数据网设备安装调试				编号	Jc0001242015	
单位			准考证号			姓名	
考试时限	60 分钟		题型	单项操作		题分	100 分
成绩		考评员		考评组长		日期	
试题正文	路由器新增用户及配置						
需要说明的问题和要求	（1）要求单人完成工作任务。 （2）操作应注意安全，按照标准化作业书的技术安全说明做好安全措施。 （3）在指定系统/设备完成操作						

序号	项目名称	质量要求	满分	扣分标准	扣分原因	得分
1	功能应用及安全措施					
1.1	相关安全措施的准备	（1）办理工作票。 （2）作业人员身份鉴别和授权。 （3）备份可能受影响的内容	10	未正确办理工作票扣 3 分； 未进行作业人员身份鉴别和授权扣 2 分； 未备份可能受影响的程序、配置文件、运行参数、运行数据、日志文件等扣 5 分		
2	设备配置					
2.1	登录路由器	正确登录指定路由器	2	未正确登录路由器扣 2 分		
2.2	新增用户	正确新增用户	15	未正确新增用户扣 15 分		
2.3	配置密码	配置用户密码	15	未正确配置用户密码扣 15 分		
2.4	配置用户级别	配置用户级别为 3	15	未正确配置用户级别扣 15 分		
2.5	保存配置	正确保存配置	3	未正确保存配置扣 3 分		
3	设备验证					
3.1	验证及备份	验证配置功能，备份设备配置	10	未正确验证设备功能扣 5 分； 未备份完整配置扣 5 分		
3.2	设备巡视	进行设备巡视	10	未巡视设备扣 10 分		
3.3	记录填写	操作结束后填写运维记录	10	记录不完整扣 10 分		
4	现场恢复	恢复现场	10	未进行现场恢复扣 10 分		
合计			100			

Jc0001242016 路由器登录方式及登录失败锁定配置。（100 分）

考核知识点：路由器配置

难易度：中

技能等级评价专业技能考核操作工作任务书

一、任务名称

路由器登录方式及登录失败锁定配置。

二、适用工种

电网调度自动化维护员技师。

三、具体任务

（1）工作状态为路由器运行正常。工作内容为：① 登录路由器，配置用户登录方式为 SSH；② 配置登录策略：登录失败 5 次锁定 10min。

（2）工作任务：完成路由器登录方式及登录失败锁定配置，并验证配置生效。

四、工作规范及要求

（1）按照《国家电网公司电力安全工作规程（电力监控部分）》要求做好相关安全措施，办理工作票。

（2）填写运维记录，并对设备进行全面巡视，检查设备运行情况。

五、考核及时间要求

（1）本考核操作时间为 60 分钟，按所完成的内容计分，未完成部分均不得分，时间到停止考核。

（2）技能操作过程中，如确实不能完成相关项目，可向考评员申请，该项目不得分，但不影响其他项目。

技能等级评价专业技能考核操作评分标准

工种	电网调度自动化维护员			评价等级	技师	
项目模块	系统安装及调试—调度数据网设备安装调试		编号	Jc0001242016		
单位		准考证号		姓名		
考试时限	60 分钟	题型	单项操作	题分	100 分	
成绩	考评员		考评组长		日期	
试题正文	路由器登录方式及登录失败锁定配置					
需要说明的问题和要求	（1）要求单人完成工作任务。 （2）操作应注意安全，按照标准化作业书的技术安全说明做好安全措施。 （3）在指定系统/设备完成操作					

序号	项目名称	质量要求	满分	扣分标准	扣分原因	得分
1	功能应用及安全措施					
1.1	相关安全措施的准备	（1）办理工作票。 （2）作业人员身份鉴别和授权。 （3）备份可能受影响的内容	10	未正确办理工作票扣 3 分； 未进行作业人员身份鉴别和授权扣 2 分； 未备份可能受影响的程序、配置文件、运行参数、运行数据、日志文件等扣 5 分		
2	设备配置					
2.1	登录路由器	正确登录指定路由器	2	未正确登录路由器扣 2 分		
2.2	配置登录方式	配置 SSH 登录方式	15	未正确配置登录方式扣 15 分		
2.3	配置登录次数	配置登录尝试次数为 5 次	15	未正确配置登录次数扣 15 分		
2.4	配置登录失败锁定时间	配置登录失效锁定时间为 10min	15	未正确配置登录失败锁定时间扣 15 分		
2.5	保存配置	正确保存配置	3	未正确保存配置扣 3 分		
3	设备验证					
3.1	验证及备份	验证配置功能，备份设备配置	10	未正确验证设备功能扣 5 分； 未备份完整配置扣 5 分		
3.2	设备巡视	进行设备巡视	10	未巡视设备扣 10 分		
3.3	记录填写	操作结束后填写运维记录	10	记录不完整扣 10 分		
4	现场恢复	恢复现场	10	未进行现场恢复扣 10 分		
合计			100			

Jc0001242017 路由器登录方式及登录超时配置。（100 分）

考核知识点：路由器配置

难易度：中

技能等级评价专业技能考核操作工作任务书

一、任务名称

路由器登录方式及登录超时配置。

二、适用工种

电网调度自动化维护员技师。

三、具体任务

（1）工作状态为路由器运行正常。工作内容为：① 通过 console 口登录路由器，配置 console 口登录路由器需输入用户名和口令；② 登录后超过 5min 无动作自动退出。

（2）工作任务：完成路由器登录方式及登录超时配置，并验证配置生效。

四、工作规范及要求

（1）按照《国家电网公司电力安全工作规程（电力监控部分）》要求做好相关安全措施，办理工作票。

（2）填写运维记录，并对设备进行全面巡视，检查设备运行情况。

五、考核及时间要求

（1）本考核操作时间为 60 分钟，按所完成的内容计分，未完成部分均不得分，时间到停止考核。

（2）技能操作过程中，如确实不能完成相关项目，可向考评员申请，该项目不得分，但不影响其他项目。

技能等级评价专业技能考核操作评分标准

工种	电网调度自动化维护员			评价等级	技师
项目模块	系统安装及调试—调度数据网设备安装调试		编号	Jc0001242017	
单位		准考证号		姓名	
考试时限	60 分钟	题型	单项操作	题分	100 分
成绩	考评员		考评组长	日期	
试题正文	路由器登录方式及登录超时配置				
需要说明的问题和要求	（1）要求单人完成工作任务。 （2）操作应注意安全，按照标准化作业书的技术安全说明做好安全措施。 （3）在指定系统/设备完成操作				

序号	项目名称	质量要求	满分	扣分标准	扣分原因	得分
1	功能应用及安全措施					
1.1	相关安全措施的准备	（1）办理工作票。 （2）作业人员身份鉴别和授权。 （3）备份可能受影响的内容	10	未正确办理工作票扣 3 分； 未进行作业人员身份鉴别和授权扣 2 分； 未备份可能受影响的程序、配置文件、运行参数、运行数据、日志文件等扣 5 分		
2	设备配置					
2.1	登录路由器	通过 console 口登录路由器	10	未正确登录路由器扣 10 分		

续表

序号	项目名称	质量要求	满分	扣分标准	扣分原因	得分
2.2	配置 console 口登录	配置 console 口登录路由器需输入用户名和口令	17	未正确配置扣 17 分		
2.3	配置登录退出时间	根据要求配置登录失效时间	20	未正确配置登录时限扣 20 分		
2.4	保存配置	正确保存配置	3	未正确保存配置扣 3 分		
3	设备验证					
3.1	验证及备份	验证配置功能，备份设备配置	10	未正确验证设备功能扣 5 分； 未备份完整配置扣 5 分		
3.2	设备巡视	进行设备巡视	10	未巡视设备扣 10 分		
3.3	记录填写	操作结束后填写运维记录	10	记录不完整扣 10 分		
4	现场恢复	恢复现场	10	未进行现场恢复扣 10 分		
合计			100			

Jc0001242018　路由器 ACL 策略配置。(100 分)

考核知识点：路由器配置

难易度：中

技能等级评价专业技能考核操作工作任务书

一、任务名称

路由器 ACL 策略配置。

二、适用工种

电网调度自动化维护员技师。

三、具体任务

（1）工作状态为路由器运行正常。工作内容为：① 登录路由器，配置 ACL 访问控制策略：允许 10.37.242.240 地址通过；② 禁止其他地址通过。

（2）工作任务：完成路由器 ACL 策略配置，并验证配置生效。

四、工作规范及要求

（1）按照《国家电网公司电力安全工作规程（电力监控部分）》要求做好相关安全措施，办理工作票。

（2）填写运维记录，并对设备进行全面巡视，检查设备运行情况。

五、考核及时间要求

（1）本考核操作时间为 60 分钟，按所完成的内容计分，未完成部分均不得分，时间到停止考核。

（2）技能操作过程中，如确实不能完成相关项目，可向考评员申请，该项目不得分，但不影响其他项目。

技能等级评价专业技能考核操作评分标准

工种	电网调度自动化维护员					评价等级	技师
项目模块	系统安装及调试—调度数据网设备安装调试				编号	Jc0001242018	
单位			准考证号			姓名	
考试时限	60 分钟	题型	单项操作			题分	100 分
成绩		考评员		考评组长		日期	

续表

试题正文	路由器ACL策略配置
需要说明的问题和要求	（1）要求单人完成工作任务。 （2）操作应注意安全，按照标准化作业书的技术安全说明做好安全措施。 （3）在指定系统/设备完成操作

序号	项目名称	质量要求	满分	扣分标准	扣分原因	得分
1	功能应用及安全措施					
1.1	相关安全措施的准备	（1）办理工作票。 （2）作业人员身份鉴别和授权。 （3）备份可能受影响的内容	10	未正确办理工作票扣3分； 未进行作业人员身份鉴别和授权扣2分； 未备份可能受影响的程序、配置文件、运行参数、运行数据、日志文件等扣5分		
2	设备配置					
2.1	登录路由器	正确登录指定路由器	2	未正确登录路由器扣2分		
2.2	设置允许通过地址	正确设置允许通过地址	25	未正确设置允许通过地址扣25分		
2.3	设置禁止通过地址	正确设置禁止通过地址	20	未正确设置禁止通过地址扣20分		
2.4	保存配置	正确保存配置	3	未正确保存配置扣3分		
3	设备验证					
3.1	验证及备份	验证配置功能，备份设备配置	10	未正确验证设备功能扣5分； 未备份完整配置扣5分		
3.2	设备巡视	进行设备巡视	10	未巡视设备扣10分		
3.3	记录填写	操作结束后填写运维记录	10	记录不完整扣10分		
4	现场恢复	恢复现场	10	未进行现场恢复扣10分		
	合计		100			

Jc0001242019 路由器关闭危险服务配置。（100分）

考核知识点：路由器配置

难易度：中

技能等级评价专业技能考核操作工作任务书

一、任务名称

路由器关闭危险服务配置。

二、适用工种

电网调度自动化维护员技师。

三、具体任务

（1）工作状态为路由器运行正常。工作内容为登录路由器，禁用HTTP、FTP、telnet服务。

（2）工作任务：完成路由器关闭危险服务配置，并验证配置生效。

四、工作规范及要求

（1）按照《国家电网公司电力安全工作规程（电力监控部分）》要求做好相关安全措施，办理工作票。

（2）填写运维记录，并对设备进行全面巡视，检查设备运行情况。

五、考核及时间要求

（1）本考核操作时间为60分钟，按所完成的内容计分，未完成部分均不得分，时间到停止考核。

（2）技能操作过程中，如确实不能完成相关项目，可向考评员申请，该项目不得分，但不影响其他项目。

技能等级评价专业技能考核操作评分标准

工种	电网调度自动化维护员					评价等级	技师
项目模块	系统安装及调试—调度数据网设备安装调试				编号	Jc0001242019	
单位			准考证号			姓名	
考试时限	60 分钟		题型	单项操作		题分	100 分
成绩		考评员		考评组长		日期	
试题正文	路由器关闭危险服务配置						
需要说明的问题和要求	（1）要求单人完成工作任务。 （2）操作应注意安全，按照标准化作业书的技术安全说明做好安全措施。 （3）在指定系统/设备完成操作						

序号	项目名称	质量要求	满分	扣分标准	扣分原因	得分
1	功能应用及安全措施					
1.1	相关安全措施的准备	（1）办理工作票。 （2）作业人员身份鉴别和授权。 （3）备份可能受影响的内容	10	未正确办理工作票扣 3 分； 未进行作业人员身份鉴别和授权扣 2 分； 未备份可能受影响的程序、配置文件、运行参数、运行数据、日志文件等扣 5 分		
2	设备配置					
2.1	登录路由器	正确登录指定路由器	2	未正确登录路由器扣 2 分		
2.2	禁用 HTTP 服务	禁用 HTTP 服务配置	15	未正确禁用 HTTP 服务扣 15 分		
2.3	禁用 FTP 服务	禁用 FTP 服务配置	15	未正确禁用 FTP 服务扣 15 分		
2.4	禁用 telnet 服务	禁用 telnet 服务配置	15	未正确禁用 telnet 服务扣 15 分		
2.5	保存配置	正确保存配置	3	未正确保存配置扣 3 分		
3	设备验证					
3.1	验证及备份	验证配置功能，备份设备配置	10	未正确验证设备功能扣 5 分； 未备份完整配置扣 5 分		
3.2	设备巡视	进行设备巡视	10	未巡视设备扣 10 分		
3.3	记录填写	操作结束后填写运维记录	10	记录不完整扣 10 分		
4	现场恢复	恢复现场	10	未进行现场恢复扣 10 分		
合计			100			

Jc0001242020　路由器未使用端口关闭及 banner 信息关闭。（100 分）

考核知识点：路由器配置

难易度：中

技能等级评价专业技能考核操作工作任务书

一、任务名称

路由器未使用端口关闭及 banner 信息关闭。

二、适用工种

电网调度自动化维护员技师。

三、具体任务

（1）工作状态为路由器运行正常。工作内容为：① 登录路由器，关闭未使用端口；② 关闭banner信息。

（2）工作任务：完成路由器未使用端口关闭及banner信息关闭，并验证配置生效。

四、工作规范及要求

（1）按照《国家电网公司电力安全工作规程（电力监控部分）》要求做好相关安全措施，办理工作票。

（2）填写运维记录，并对设备进行全面巡视，检查设备运行情况。

五、考核及时间要求

（1）本考核操作时间为60分钟，按所完成的内容计分，未完成部分均不得分，时间到停止考核。

（2）技能操作过程中，如确实不能完成相关项目，可向考评员申请，该项目不得分，但不影响其他项目。

技能等级评价专业技能考核操作评分标准

工种	电网调度自动化维护员				评价等级	技师
项目模块	系统安装及调试—调度数据网设备安装调试			编号	Jc0001242020	
单位		准考证号			姓名	
考试时限	60分钟	题型	单项操作		题分	100分
成绩	考评员		考评组长		日期	
试题正文	路由器未使用端口关闭及banner信息关闭					
需要说明的问题和要求	（1）要求单人完成工作任务。 （2）操作应注意安全，按照标准化作业书的技术安全说明做好安全措施。 （3）在指定系统/设备完成操作					

序号	项目名称	质量要求	满分	扣分标准	扣分原因	得分
1	功能应用及安全措施					
1.1	相关安全措施的准备	（1）办理工作票。 （2）作业人员身份鉴别和授权。 （3）备份可能受影响的内容	10	未正确办理工作票扣3分； 未进行作业人员身份鉴别和授权扣2分； 未备份可能受影响的程序、配置文件、运行参数、运行数据、日志文件等扣5分		
2	设备配置					
2.1	登录路由器	正确登录指定路由器	2	未正确登录路由器扣2分		
2.2	关闭路由器未使用端口	查看并关闭路由器的未使用端口	25	未正确关闭空闲端口扣25分		
2.3	关闭banner信息	关闭路由器banner信息	20	未正确关闭路由器banner信息扣20分		
2.4	保存配置	正确保存配置	3	未正确保存配置扣3分		
3	设备验证					
3.1	验证及备份	验证配置功能，备份设备配置	10	未正确验证设备功能扣5分； 未备份完整配置扣5分		
3.2	设备巡视	进行设备巡视	10	未巡视设备扣10分		
3.3	记录填写	操作结束后填写运维记录	10	记录不完整扣10分		
4	现场恢复	恢复现场	10	未进行现场恢复扣10分		
合计			100			

Jc0001242021　路由器互联地址配置。（100 分）

考核知识点：路由器配置

难易度：中

技能等级评价专业技能考核操作工作任务书

一、任务名称

路由器互联地址配置。

二、适用工种

电网调度自动化维护员技师。

三、具体任务

（1）工作状态为路由器运行正常。工作内容为登录路由器，在 GE3/1/1.1005 接口下将互联地址配置为 100.100.100.100/30。

（2）工作任务：完成路由器互联地址配置，并验证配置生效。

四、工作规范及要求

（1）按照《国家电网公司电力安全工作规程（电力监控部分）》要求做好相关安全措施，办理工作票。

（2）填写运维记录，并对设备进行全面巡视，检查设备运行情况。

五、考核及时间要求

（1）本考核操作时间为 60 分钟，按所完成的内容计分，未完成部分均不得分，时间到停止考核。

（2）技能操作过程中，如确实不能完成相关项目，可向考评员申请，该项目不得分，但不影响其他项目。

技能等级评价专业技能考核操作评分标准

工种	电网调度自动化维护员				评价等级	技师
项目模块	系统安装及调试—调度数据网设备安装调试			编号	Jc0001242021	
单位		准考证号			姓名	
考试时限	60 分钟	题型	单项操作		题分	100 分
成绩		考评员		考评组长	日期	
试题正文	路由器互联地址配置					
需要说明的问题和要求	（1）要求单人完成工作任务。 （2）操作应注意安全，按照标准化作业书的技术安全说明做好安全措施。 （3）在指定系统/设备完成操作					

序号	项目名称	质量要求	满分	扣分标准	扣分原因	得分
1	功能应用及安全措施					
1.1	相关安全措施的准备	（1）办理工作票。 （2）作业人员身份鉴别和授权。 （3）备份可能受影响的内容	10	未正确办理工作票扣 3 分； 未进行作业人员身份鉴别和授权扣 2 分； 未备份可能受影响的程序、配置文件、运行参数、运行数据、日志文件等扣 5 分		
2	设备配置					
2.1	登录路由器	正确登录指定路由器	2	未正确登录路由器扣 2 分		
2.2	进入指定接口	正确进入指定接口	15	未正确进入指定接口扣 15 分		

续表

序号	项目名称	质量要求	满分	扣分标准	扣分原因	得分
2.3	配置互联地址、掩码	正确配置互联地址、掩码	30	未正确配置互联地址扣 15 分； 未正确配置掩码扣 15 分		
2.4	保存配置	正确保存配置	3	未正确保存配置扣 3 分		
3	设备验证					
3.1	验证及备份	验证配置功能，备份设备配置	10	未正确验证设备功能扣 5 分； 未备份完整配置扣 5 分		
3.2	设备巡视	进行设备巡视	10	未巡视设备扣 10 分		
3.3	记录填写	操作结束后填写运维记录	10	记录不完整扣 10 分		
4	现场恢复	恢复现场	10	未进行现场恢复扣 10 分		
合计			100			

Jc0001242022 路由器 BGP 地址配置。（100 分）

考核知识点：路由器配置

难易度：中

技能等级评价专业技能考核操作工作任务书

一、任务名称

路由器 BGP 地址配置。

二、适用工种

电网调度自动化维护员技师。

三、具体任务

（1）工作状态为路由器运行正常。工作内容为登录路由器，进入 BGP 26413 将 loopback 地址配置为 10.10.10.1。

（2）工作任务：完成路由器 BGP 地址配置，并验证配置生效。

四、工作规范及要求

（1）按照《国家电网公司电力安全工作规程（电力监控部分）》要求做好相关安全措施，办理工作票。

（2）填写运维记录，并对设备进行全面巡视，检查设备运行情况。

五、考核及时间要求

（1）本考核操作时间为 60 分钟，按所完成的内容计分，未完成部分均不得分，时间到停止考核。

（2）技能操作过程中，如确实不能完成相关项目，可向考评员申请，该项目不得分，但不影响其他项目。

技能等级评价专业技能考核操作评分标准

<table>
<tr><td>工种</td><td colspan="4">电网调度自动化维护员</td><td>评价等级</td><td>技师</td></tr>
<tr><td>项目模块</td><td colspan="3">系统安装及调试—调度数据网设备安装调试</td><td>编号</td><td colspan="2">Jc0001242022</td></tr>
<tr><td>单位</td><td colspan="2"></td><td>准考证号</td><td></td><td>姓名</td><td></td></tr>
<tr><td>考试时限</td><td>60 分钟</td><td>题型</td><td colspan="2">单项操作</td><td>题分</td><td>100 分</td></tr>
<tr><td>成绩</td><td></td><td>考评员</td><td></td><td>考评组长</td><td>日期</td><td></td></tr>
</table>

续表

试题正文	路由器 BGP 地址配置
需要说明的问题和要求	（1）要求单人完成工作任务。 （2）操作应注意安全，按照标准化作业书的技术安全说明做好安全措施。 （3）在指定系统/设备完成操作

序号	项目名称	质量要求	满分	扣分标准	扣分原因	得分
1	功能应用及安全措施					
1.1	相关安全措施的准备	（1）办理工作票。 （2）作业人员身份鉴别和授权。 （3）备份可能受影响的内容	10	未正确办理工作票扣 3 分； 未进行作业人员身份鉴别和授权扣 2 分； 未备份可能受影响的程序、配置文件、运行参数、运行数据、日志文件等扣 5 分		
2	设备配置					
2.1	登录路由器	正确登录指定路由器	2	未正确登录路由器扣 2 分		
2.2	进入指定 BGP 区域	正确进入指定 BGP 区域	25	未正确进入指定区域扣 25 分		
2.3	配置 loopback 地址	正确配置 loopback 地址	20	未正确配置 loopback 地址扣 20 分		
2.4	保存配置	正确保存配置	3	未正确保存配置扣 3 分		
3	设备验证					
3.1	验证及备份	验证配置功能，备份设备配置	10	未正确验证设备功能扣 5 分； 未备份完整配置扣 5 分		
3.2	设备巡视	进行设备巡视	10	未巡视设备扣 10 分		
3.3	记录填写	操作结束后填写运维记录	10	记录不完整扣 10 分		
4	现场恢复	恢复现场	10	未进行现场恢复扣 10 分		
合计			100			

Jc0001242023　路由器 area 地址配置。（100 分）

考核知识点：路由器配置

难易度：中

技能等级评价专业技能考核操作工作任务书

一、任务名称

路由器 area 地址配置。

二、适用工种

电网调度自动化维护员技师。

三、具体任务

（1）工作状态为路由器运行正常。工作内容为登录路由器，进入 area2 将互联地址配置为 100.100.100.100，掩码为 30 位。

（2）工作任务：完成路由器 area 地址配置，并验证配置生效。

四、工作规范及要求

（1）按照《国家电网公司电力安全工作规程（电力监控部分）》要求做好相关安全措施，办理工作票。

（2）填写运维记录，并对设备进行全面巡视，检查设备运行情况。

五、考核及时间要求

（1）本考核操作时间为60分钟，按所完成的内容计分，未完成部分均不得分，时间到停止考核。

（2）技能操作过程中，如确实不能完成相关项目，可向考评员申请，该项目不得分，但不影响其他项目。

技能等级评价专业技能考核操作评分标准

工种	电网调度自动化维护员					评价等级	技师
项目模块	系统安装及调试—调度数据网设备安装调试				编号	Jc0001242023	
单位			准考证号			姓名	
考试时限	60分钟	题型		单项操作		题分	100分
成绩		考评员		考评组长		日期	
试题正文	路由器area地址配置						
需要说明的问题和要求	（1）要求单人完成工作任务。 （2）操作应注意安全，按照标准化作业书的技术安全说明做好安全措施。 （3）在指定系统/设备完成操作						

序号	项目名称	质量要求	满分	扣分标准	扣分原因	得分
1	功能应用及安全措施					
1.1	相关安全措施的准备	（1）办理工作票。 （2）作业人员身份鉴别和授权。 （3）备份可能受影响的内容	10	未正确办理工作票扣3分； 未进行作业人员身份鉴别和授权扣2分； 未备份可能受影响的程序、配置文件、运行参数、运行数据、日志文件等扣5分		
2	设备配置					
2.1	登录路由器	正确登录指定路由器	2	未正确登录路由器扣2分		
2.2	进入指定区域	正确进入指定区域	15	未正确进入指定区域扣15分		
2.3	配置地址、掩码	正确配置地址、掩码	30	未正确配置地址扣15分； 未正确配置子网掩码扣15分		
2.4	保存配置	正确保存配置	3	未正确保存配置扣3分		
3	设备验证					
3.1	验证及备份	验证配置功能，备份设备配置	10	未正确验证设备功能扣5分； 未备份完整配置扣5分		
3.2	设备巡视	进行设备巡视	10	未巡视设备扣10分		
3.3	记录填写	操作结束后填写运维记录	10	记录不完整扣10分		
4	现场恢复	恢复现场	10	未进行现场恢复扣10分		
合计			100			

Jc0001241024 交换机VLAN配置。（100分）

考核知识点：交换机命令使用

难易度：易

技能等级评价专业技能考核操作工作任务书

一、任务名称

交换机VLAN配置。

二、适用工种

电网调度自动化维护员技师。

三、具体任务

（1）工作状态为交换机运行正常。工作内容为登录交换机，将 G0/1－G0/10 接口划分到 VLAN 10。

（2）工作任务：完成交换机 VLAN 配置，并验证配置生效。

四、工作规范及要求

（1）按照《国家电网公司电力安全工作规程（电力监控部分）》要求做好相关安全措施，办理工作票。

（2）填写运维记录，并对设备进行全面巡视，检查设备运行情况。

五、考核及时间要求

（1）本考核操作时间为 60 分钟，按所完成的内容计分，未完成部分均不得分，时间到停止考核。

（2）技能操作过程中，如确实不能完成相关项目，可向考评员申请，该项目不得分，但不影响其他项目。

技能等级评价专业技能考核操作评分标准

工种	电网调度自动化维护员				评价等级	技师
项目模块	系统安装及调试—调度数据网设备安装调试			编号	Jc0001241024	
单位		准考证号			姓名	
考试时限	60 分钟	题型	单项操作		题分	100 分
成绩		考评员		考评组长		日期
试题正文	交换机 VLAN 配置					
需要说明的问题和要求	（1）要求单人完成工作任务。 （2）操作应注意安全，按照标准化作业书的技术安全说明做好安全措施。 （3）在指定系统/设备完成操作					

序号	项目名称	质量要求	满分	扣分标准	扣分原因	得分
1	功能应用及安全措施					
1.1	相关安全措施的准备	（1）办理工作票。 （2）作业人员身份鉴别和授权。 （3）备份可能受影响的内容	10	未正确办理工作票扣 3 分； 未进行作业人员身份鉴别和授权扣 2 分； 未备份可能受影响的程序、配置文件、运行参数、运行数据、日志文件等扣 5 分		
2	设备配置					
2.1	登录交换机	正确登录指定交换机	2	未正确登录交换机扣 2 分		
2.2	进入指定接口	正确进入指定接口	15	未正确进入指定接口扣 15 分		
2.3	配置 VLAN	正确配置 VLAN	30	未正确配置 VLAN 扣 25 分		
2.4	保存配置	正确保存配置	3	未正确保存配置扣 3 分		
3	设备验证					
3.1	验证及备份	验证配置功能，备份设备配置	10	未正确验证设备功能扣 5 分； 未备份完整配置扣 5 分		
3.2	设备巡视	进行设备巡视	10	未巡视设备扣 10 分		
3.3	记录填写	操作结束后填写运维记录	10	记录不完整扣 10 分		
4	现场恢复	恢复现场	10	未进行现场恢复扣 10 分		
合计			100			

Jc0001241025 交换机 IP/MAC 绑定配置。（100 分）

考核知识点：交换机命令使用

难易度：易

技能等级评价专业技能考核操作工作任务书

一、任务名称

交换机 IP/MAC 绑定配置。

二、适用工种

电网调度自动化维护员技师。

三、具体任务

（1）工作状态为交换机运行正常。工作内容为登录交换机，将交换机学到的 ARP 报文中的 IP 与 MAC 地址静态绑定。已知 IP 为 10.1.1.1，MAC 地址为 0000－5E00－0101。

（2）工作任务：完成交换机 IP/MAC 绑定配置，并验证配置生效。

四、工作规范及要求

（1）按照《国家电网公司电力安全工作规程（电力监控部分）》要求做好相关安全措施，办理工作票。

（2）填写运维记录，并对设备进行全面巡视，检查设备运行情况。

五、考核及时间要求

（1）本考核操作时间为 60 分钟，按所完成的内容计分，未完成部分均不得分，时间到停止考核。

（2）技能操作过程中，如确实不能完成相关项目，可向考评员申请，该项目不得分，但不影响其他项目。

技能等级评价专业技能考核操作评分标准

工种	电网调度自动化维护员					评价等级	技师
项目模块	系统安装及调试—调度数据网设备安装调试				编号	Jc0001241025	
单位			准考证号			姓名	
考试时限	60 分钟	题型		单项操作		题分	100 分
成绩		考评员		考评组长		日期	
试题正文	交换机 IP/MAC 绑定配置						
需要说明的问题和要求	（1）要求单人完成工作任务。 （2）操作应注意安全，按照标准化作业书的技术安全说明做好安全措施。 （3）在指定系统/设备完成操作						

序号	项目名称	质量要求	满分	扣分标准	扣分原因	得分
1	功能应用及安全措施					
1.1	相关安全措施的准备	（1）办理工作票。 （2）作业人员身份鉴别和授权。 （3）备份可能受影响的内容	10	未正确办理工作票扣 3 分； 未进行作业人员身份鉴别和授权扣 2 分； 未备份可能受影响的程序、配置文件、运行参数、运行数据、日志文件等扣 5 分		
2	设备配置					
2.1	登录交换机	正确登录指定交换机	2	未正确登录交换机扣 2 分		

续表

序号	项目名称	质量要求	满分	扣分标准	扣分原因	得分
2.2	地址绑定	按照给定信息正确进行地址绑定	45	未正确命令 system view 切换视图扣 10 分； 未实现 IP/MAC 绑定扣 20 分； 绑定信息错误扣 15 分		
2.3	保存配置	正确保存配置	3	未正确保存配置扣 3 分		
3	设备验证					
3.1	验证及备份	验证配置功能，备份设备配置	10	未正确验证设备功能扣 5 分； 未备份完整配置扣 5 分		
3.2	设备巡视	进行设备巡视	10	未巡视设备扣 10 分		
3.3	记录填写	操作结束后填写运维记录	10	记录不完整扣 10 分		
4	现场恢复	恢复现场	10	未进行现场恢复扣 10 分		
合计			100			

Jc0001242026　正向隔离装置配置。(100 分)

考核知识点：横向安全隔离装置

难易度：中

技能等级评价专业技能考核操作工作任务书

一、任务名称

正向隔离装置配置。

二、适用工种

电网调度自动化维护员技师。

三、具体任务

（1）工作状态为正向隔离装置运行正常。工作内容为登录正向隔离装置，完成如下规则配置：将外网侧地址 192.168.1.100 转换为 192.168.2.101，将内网侧地址 192.168.2.100 转换为 192.168.1.101。

（2）工作任务：完成正向隔离装置配置，并验证配置生效。

四、工作规范及要求

（1）按照《国家电网公司电力安全工作规程（电力监控部分）》要求做好相关安全措施，办理工作票。

（2）填写运维记录，并对设备进行全面巡视，检查设备运行情况。

五、考核及时间要求

（1）本考核操作时间为 60 分钟，按所完成的内容计分，未完成部分均不得分，时间到停止考核。

（2）技能操作过程中，如确实不能完成相关项目，可向考评员申请，该项目不得分，但不影响其他项目。

技能等级评价专业技能考核操作评分标准

工种	电网调度自动化维护员					评价等级	技师
项目模块	系统安装及调试—电力监控系统安全防护设备安装调试				编号	Jc0001242026	
单位			准考证号			姓名	
考试时限	60 分钟	题型	单项操作			题分	100 分
成绩		考评员		考评组长		日期	

续表

试题正文	正向隔离装置配置
需要说明的问题和要求	（1）要求单人完成工作任务。 （2）操作应注意安全，按照标准化作业书的技术安全说明做好安全措施。 （3）在指定系统/设备完成操作

序号	项目名称	质量要求	满分	扣分标准	扣分原因	得分
1	功能应用及安全措施					
1.1	相关安全措施的准备	（1）办理工作票。 （2）作业人员身份鉴别和授权。 （3）备份可能受影响的内容	10	未正确办理工作票扣3分； 未进行作业人员身份鉴别和授权扣2分； 未备份可能受影响的程序、配置文件、运行参数、运行数据、日志文件等扣5分		
2	设备配置					
2.1	登录正向隔离装置	正确登录指定正向隔离装置	5	未正确登录正向隔离装置扣5分		
2.2	配置外网侧规则	正确配置外网侧规则	20	未正确配置规则扣20分		
2.3	配置内网侧规则	正确配置内网侧规则	20	未正确配置规则扣20分		
2.4	保存配置	正确保存配置	5	未正确保存配置扣5分		
3	设备验证					
3.1	验证及备份	验证配置功能，备份设备配置	10	未正确验证设备功能扣5分； 未备份完整配置扣5分		
3.2	设备巡视	进行设备巡视	10	未巡视设备扣10分		
3.3	记录填写	操作结束后填写运维记录	10	记录不完整扣10分		
4	现场恢复	恢复现场	10	未进行现场恢复扣10分		
合计			100			

Jc0001242027 反向隔离装置配置。(100分)

考核知识点：横向安全隔离装置

难易度：中

技能等级评价专业技能考核操作工作任务书

一、任务名称

反向隔离装置配置。

二、适用工种

电网调度自动化维护员技师。

三、具体任务

（1）工作状态为反向隔离装置运行正常。工作内容为：① 登录反向隔离装置，完成如下规则配置：将外网侧地址192.168.1.100转换为192.168.2.101，将内网侧地址192.168.2.100转换为192.168.1.101；② 配置协商地址为192.168.1.102。

（2）工作任务：完成反向隔离装置配置，并验证配置生效。

四、工作规范及要求

（1）按照《国家电网公司电力安全工作规程（电力监控部分）》要求做好相关安全措施，办理工作票。

（2）填写运维记录，并对设备进行全面巡视，检查设备运行情况。

五、考核及时间要求

（1）本考核操作时间为60分钟，按所完成的内容计分，未完成部分均不得分，时间到停止考核。

（2）技能操作过程中，如确实不能完成相关项目，可向考评员申请，该项目不得分，但不影响其他项目。

技能等级评价专业技能考核操作评分标准

工种	电网调度自动化维护员					评价等级	技师
项目模块	系统安装及调试—电力监控系统安全防护设备安装调试				编号	Jc0001242027	
单位			准考证号			姓名	
考试时限	60 分钟		题型	单项操作		题分	100 分
成绩		考评员		考评组长		日期	
试题正文	反向隔离装置配置						
需要说明的问题和要求	（1）要求单人完成工作任务。 （2）操作应注意安全，按照标准化作业书的技术安全说明做好安全措施。 （3）在指定系统/设备完成操作						

序号	项目名称	质量要求	满分	扣分标准	扣分原因	得分
1	功能应用及安全措施					
1.1	相关安全措施的准备	（1）办理工作票。 （2）作业人员身份鉴别和授权。 （3）备份可能受影响的内容	10	未正确办理工作票扣3分； 未进行作业人员身份鉴别和授权扣2分； 未备份可能受影响的程序、配置文件、运行参数、运行数据、日志文件等扣5分		
2	设备配置					
2.1	登录反向隔离装置	正确登录指定反向隔离装置	5	未正确登录反向隔离装置扣5分		
2.2	配置外网侧规则	正确配置外网侧规则	15	未正确配置规则扣15分		
2.3	配置内网侧规则	正确配置内网侧规则	15	未正确配置规则扣15分		
2.4	配置协商地址	正确配置协商地址	10	未正确配置协商地址扣10分		
2.5	保存配置	正确保存配置	5	未正确保存配置扣5分		
3	设备验证					
3.1	验证及备份	验证配置功能，备份设备配置	10	未正确验证设备功能扣5分； 未备份完整配置扣5分		
3.2	设备巡视	进行设备巡视	10	未巡视设备扣10分		
3.3	记录填写	操作结束后填写运维记录	10	记录不完整扣10分		
4	现场恢复	恢复现场	10	未进行现场恢复扣10分		
合计			100			

Jc0001242028　纵向加密装置证书请求文件生成及证书导入。（100分）

考核知识点：纵向加密装置配置

难易度：中

技能等级评价专业技能考核操作工作任务书

一、任务名称

纵向加密装置证书请求文件生成及证书导入。

二、适用工种

电网调度自动化维护员技师。

三、具体任务

（1）工作状态为纵向加密装置运行正常。工作内容为：① 登录纵向加密装置，生成设备证书请求文件、操作员证书请求文件；② 将对端装置证书、管理中心证书导入到纵向加密装置。

（2）工作任务：完成纵向加密装置证书请求文件生成及证书导入，并验证导入正确。

四、工作规范及要求

（1）按照《国家电网公司电力安全工作规程（电力监控部分）》要求做好相关安全措施，办理工作票。

（2）填写运维记录，并对设备进行全面巡视，检查设备运行情况。

五、考核及时间要求

（1）本考核操作时间为60分钟，按所完成的内容计分，未完成部分均不得分，时间到停止考核。

（2）技能操作过程中，如确实不能完成相关项目，可向考评员申请，该项目不得分，但不影响其他项目。

技能等级评价专业技能考核操作评分标准

工种	电网调度自动化维护员					评价等级	技师
项目模块	系统安装及调试—电力监控系统安全防护设备安装调试				编号	Jc0001242028	
单位			准考证号			姓名	
考试时限	60分钟		题型		单项操作	题分	100分
成绩		考评员		考评组长		日期	
试题正文	纵向加密装置证书请求文件生成及证书导入						
需要说明的问题和要求	（1）要求单人完成工作任务。 （2）操作应注意安全，按照标准化作业书的技术安全说明做好安全措施。 （3）在指定系统/设备完成操作						

序号	项目名称	质量要求	满分	扣分标准	扣分原因	得分
1	功能应用及安全措施					
1.1	相关安全措施的准备	（1）办理工作票。 （2）作业人员身份鉴别和授权。 （3）备份可能受影响的内容	10	未正确办理工作票扣3分； 未进行作业人员身份鉴别和授权扣2分； 未备份可能受影响的程序、配置文件、运行参数、运行数据、日志文件等扣5分		
2	设备配置					
2.1	登录纵向加密装置	正确登录指定纵向加密装置	5	未正确登录纵向加密装置扣5分		
2.2	证书请求文件生成	生成设备证书请求文件、操作员证书请求文件	20	未正确完成指定内容，每项扣10分，扣完为止		
2.3	证书导入	导入对端装置证书、管理中心证书	20	未正确完成指定内容，每项扣10分，扣完为止		
2.4	保存配置	正确保存配置	5	未正确保存配置扣5分		

续表

序号	项目名称	质量要求	满分	扣分标准	扣分原因	得分
3	设备验证					
3.1	验证及备份	验证配置功能，备份设备配置	10	未正确验证设备功能扣5分； 未备份完整配置扣5分		
3.2	设备巡视	进行设备巡视	10	未巡视设备扣10分		
3.3	记录填写	操作结束后填写运维记录	10	记录不完整扣10分		
4	现场恢复	恢复现场	10	未进行现场恢复扣10分		
合计			100			

Jc0001242029　纵向加密装置证书导入及管理中心地址配置。（100分）

考核知识点：纵向加密装置配置

难易度：中

技能等级评价专业技能考核操作工作任务书

一、任务名称

纵向加密装置证书导入及管理中心地址配置。

二、适用工种

电网调度自动化维护员技师。

三、具体任务

（1）工作状态为纵向加密装置运行正常。工作内容为：① 登录纵向加密装置，导入对端装置证书、管理中心证书；② 配置设备日志上传地址、管理中心地址。

（2）工作任务：完成纵向加密装置证书导入及管理中心地址配置，并验证导入正确，配置生效。

四、工作规范及要求

（1）按照《国家电网公司电力安全工作规程（电力监控部分）》要求做好相关安全措施，办理工作票。

（2）填写运维记录，并对设备进行全面巡视，检查设备运行情况。

五、考核及时间要求

（1）本考核操作时间为60分钟，按所完成的内容计分，未完成部分均不得分，时间到停止考核。

（2）技能操作过程中，如确实不能完成相关项目，可向考评员申请，该项目不得分，但不影响其他项目。

技能等级评价专业技能考核操作评分标准

<table>
<tr><td>工种</td><td colspan="5">电网调度自动化维护员</td><td>评价等级</td><td>技师</td></tr>
<tr><td>项目模块</td><td colspan="4">系统安装及调试—电力监控系统安全防护设备安装调试</td><td>编号</td><td colspan="2">Jc0001242029</td></tr>
<tr><td>单位</td><td colspan="2"></td><td>准考证号</td><td colspan="2"></td><td>姓名</td><td></td></tr>
<tr><td>考试时限</td><td colspan="2">60分钟</td><td>题型</td><td colspan="2">单项操作</td><td>题分</td><td>100分</td></tr>
<tr><td>成绩</td><td></td><td>考评员</td><td></td><td>考评组长</td><td></td><td>日期</td><td></td></tr>
<tr><td>试题正文</td><td colspan="7">纵向加密装置证书导入及管理中心地址配置</td></tr>
<tr><td>需要说明的问题和要求</td><td colspan="7">（1）要求单人完成工作任务。
（2）操作应注意安全，按照标准化作业书的技术安全说明做好安全措施。
（3）在指定系统/设备完成操作</td></tr>
</table>

续表

序号	项目名称	质量要求	满分	扣分标准	扣分原因	得分
1	功能应用及安全措施					
1.1	相关安全措施的准备	（1）办理工作票。 （2）作业人员身份鉴别和授权。 （3）备份可能受影响的内容	10	未正确办理工作票扣3分； 未进行作业人员身份鉴别和授权扣2分； 未备份可能受影响的程序、配置文件、运行参数、运行数据、日志文件等扣5分		
2	设备配置					
2.1	登录纵向加密装置	正确登录指定纵向加密装置	5	未正确登录纵向加密装置扣5分		
2.2	证书导入	导入对端装置证书、管理中心证书	20	未正确完成指定内容，每项扣10分，扣完为止		
2.3	地址配置	配置设备日志上传地址、管理中心地址	20	未正确完成指定内容，每项扣10分，扣完为止		
2.4	保存配置	正确保存配置	5	未正确保存配置扣5分		
3	设备验证					
3.1	验证及备份	验证配置功能，备份设备配置	10	未正确验证设备功能扣5分； 未备份完整配置扣5分		
3.2	设备巡视	进行设备巡视	10	未巡视设备扣10分		
3.3	记录填写	操作结束后填写运维记录	10	记录不完整扣10分		
4	现场恢复	恢复现场	10	未进行现场恢复扣10分		
合计			100			

Jc0001242030 网络安全监测装置配置。（100分）

考核知识点：网络安全监测装置配置

难易度：中

技能等级评价专业技能考核操作工作任务书

一、任务名称

网络安全监测装置配置。

二、适用工种

电网调度自动化维护员技师。

三、具体任务

（1）工作状态为网络安全监测装置运行正常。工作内容为：① 登录网络安全监测装置，申请授权、导出装置证书请求、导入公钥、导入平台证书；② 配置装置地址为192.168.3.200，配置路由从网关地址192.168.3.254指向地址段192.168.1.0，掩码为24。

（2）工作任务：完成网络安全监测装置配置，并验证配置生效。

四、工作规范及要求

（1）按照《国家电网公司电力安全工作规程（电力监控部分）》要求做好相关安全措施，办理工作票。

（2）填写运维记录，并对设备进行全面巡视，检查设备运行情况。

五、考核及时间要求

（1）本考核操作时间为60分钟，按所完成的内容计分，未完成部分均不得分，时间到停止考核。

（2）技能操作过程中，如确实不能完成相关项目，可向考评员申请，该项目不得分，但不影响其他项目。

技能等级评价专业技能考核操作评分标准

工种	电网调度自动化维护员					评价等级	技师
项目模块	系统安装及调试—电力监控系统安全防护设备安装调试				编号	Jc0001242030	
单位			准考证号			姓名	
考试时限	60分钟		题型	单项操作		题分	100分
成绩		考评员		考评组长		日期	
试题正文	网络安全监测装置配置						
需要说明的问题和要求	（1）要求单人完成工作任务。 （2）操作应注意安全，按照标准化作业书的技术安全说明做好安全措施。 （3）在指定系统/设备完成操作						

序号	项目名称	质量要求	满分	扣分标准	扣分原因	得分
1	功能应用及安全措施					
1.1	相关安全措施的准备	（1）办理工作票。 （2）作业人员身份鉴别和授权。 （3）备份可能受影响的内容	10	未正确办理工作票扣3分； 未进行作业人员身份鉴别和授权扣2分； 未备份可能受影响的程序、配置文件、运行参数、运行数据、日志文件等扣5分		
2	设备配置					
2.1	登录网络安全监测装置	正确登录指定网络安全监测装置	5	未正确登录网络安全监测装置扣5分		
2.2	申请授权、导出证书请求	正确申请授权、导出证书请求	15	未正确申请授权、导出证书请求扣15分		
2.3	导入公钥及平台证书	正确导入公钥及平台证书	15	未正确导入扣15分		
2.4	配置装置地址及路由	正确配置装置地址及路由	10	未正确配置扣10分		
2.5	保存配置	正确保存配置	5	未正确保存配置扣5分		
3	设备验证					
3.1	验证及备份	验证配置功能，备份设备配置	10	未正确验证设备功能扣5分； 未备份完整配置扣5分		
3.2	设备巡视	进行设备巡视	10	未巡视设备扣10分		
3.3	记录填写	操作结束后填写运维记录	10	记录不完整扣10分		
4	现场恢复	恢复现场	10	未进行现场恢复扣10分		
合计			100			

Jc0001242031　防火墙策略配置。（100分）

考核知识点：防火墙

难易度：中

技能等级评价专业技能考核操作工作任务书

一、任务名称

防火墙策略配置。

二、适用工种

电网调度自动化维护员技师。

三、具体任务

（1）工作状态为防火墙运行正常。工作内容为登录防火墙，配置策略要求：内网侧地址192.168.1.100与外网侧地址192.168.1.101可以通信，除此之外的地址不允许通信。

（2）工作任务：完成防火墙策略配置，并验证配置生效。

四、工作规范及要求

（1）按照《国家电网公司电力安全工作规程（电力监控部分）》要求做好相关安全措施，办理工作票。

（2）填写运维记录，并对设备进行全面巡视，检查设备运行情况。

五、考核及时间要求

（1）本考核操作时间为60分钟，按所完成的内容计分，未完成部分均不得分，时间到停止考核。

（2）技能操作过程中，如确实不能完成相关项目，可向考评员申请，该项目不得分，但不影响其他项目。

技能等级评价专业技能考核操作评分标准

工种	电网调度自动化维护员					评价等级	技师
项目模块	系统安装及调试—电力监控系统安全防护设备安装调试				编号	Jc0001242031	
单位			准考证号			姓名	
考试时限	60分钟		题型	单项操作		题分	100分
成绩		考评员		考评组长		日期	
试题正文	防火墙策略配置						
需要说明的问题和要求	（1）要求单人完成工作任务。 （2）操作应注意安全，按照标准化作业书的技术安全说明做好安全措施。 （3）在指定系统/设备完成操作						

序号	项目名称	质量要求	满分	扣分标准	扣分原因	得分
1	功能应用及安全措施					
1.1	相关安全措施的准备	（1）办理工作票。 （2）作业人员身份鉴别和授权。 （3）备份可能受影响的内容	10	未正确办理工作票扣3分； 未进行作业人员身份鉴别和授权扣2分； 未备份可能受影响的程序、配置文件、运行参数、运行数据、日志文件等扣5分		
2	设备配置					
2.1	登录防火墙	正确登录指定防火墙	5	未正确登录防火墙扣5分		
2.2	配置点对点策略	正确配置点对点策略	20	未正确配置策略扣20分		
2.3	配置策略生效	正确配置策略生效	20	未正确配置策略生效扣20分		
2.4	保存配置	正确保存配置	5	未正确保存配置扣5分		
3	设备验证					

续表

序号	项目名称	质量要求	满分	扣分标准	扣分原因	得分
3.1	验证及备份	验证配置功能，备份设备配置	10	未正确验证设备功能扣5分； 未备份完整配置扣5分		
3.2	设备巡视	进行设备巡视	10	未巡视设备扣10分		
3.3	记录填写	操作结束后填写运维记录	10	记录不完整扣10分		
4	现场恢复	恢复现场	10	未进行现场恢复扣10分		
合计			100			

Jc0001242032－1　服务器主机加固。(100分)

考核知识点：主机加固

难易度：中

技能等级评价专业技能考核操作工作任务书

一、任务名称

服务器主机加固。

二、适用工种

电网调度自动化维护员技师。

三、具体任务

(1) 工作状态为服务器运行正常。工作内容为：① 将指定服务器密码更改为Admin@123；② 设置服务器登录失败锁定次数为3；③ 设置密码有效期为90天；④ 设置SSH超时退出登录为600s。

(2) 工作任务：完成服务器主机加固，并验证配置生效。

四、工作规范及要求

(1) 按照《国家电网公司电力安全工作规程（电力监控部分）》要求做好相关安全措施，办理工作票。

(2) 填写运维记录，并对设备进行全面巡视，检查设备运行情况。

五、考核及时间要求

(1) 本考核操作时间为60分钟，按所完成的内容计分，未完成部分均不得分，时间到停止考核。

(2) 技能操作过程中，如确实不能完成相关项目，可向考评员申请，该项目不得分，但不影响其他项目。

技能等级评价专业技能考核操作评分标准

工种	电网调度自动化维护员					评价等级	技师
项目模块	系统安装及调试—电力监控系统安全防护设备安装调试				编号	Jc0001242032－1	
单位			准考证号			姓名	
考试时限	60分钟	题型	单项操作			题分	100分
成绩		考评员		考评组长		日期	
试题正文	服务器主机加固						
需要说明的问题和要求	(1) 要求单人完成工作任务。 (2) 操作应注意安全，按照标准化作业书的技术安全说明做好安全措施。 (3) 在指定系统/设备完成操作						

续表

序号	项目名称	质量要求	满分	扣分标准	扣分原因	得分
1	功能应用及安全措施					
1.1	相关安全措施的准备	（1）办理工作票。 （2）作业人员身份鉴别和授权。 （3）备份可能受影响的内容	10	未正确办理工作票扣3分； 未进行作业人员身份鉴别和授权扣2分； 未备份可能受影响的程序、配置文件、运行参数、运行数据、日志文件等扣5分		
2	设备配置					
2.1	登录管理员权限	正确登录管理员权限	5	未正确切换权限扣5分		
2.2	修改密码	按要求修改密码	15	未正确修改密码扣15分		
2.3	配置密码策略	设置服务器登录失败锁定次数为3、设置密码有效期为90天、设置SSH超时退出登录为600s	30	未正确配置策略每项扣10分，扣完为止		
3	设备验证					
3.1	验证及备份	验证配置功能，备份设备配置	10	未正确验证设备功能扣5分； 未备份完整配置扣5分		
3.2	设备巡视	进行设备巡视	10	未巡视设备扣10分		
3.3	记录填写	操作结束后填写运维记录	10	记录不完整扣10分		
4	现场恢复	恢复现场	10	未进行现场恢复扣10分		
合计			100			

Jc0001242032－2 服务器主机加固。（100分）

考核知识点：主机加固

难易度：中

技能等级评价专业技能考核操作工作任务书

一、任务名称

服务器主机加固。

二、适用工种

电网调度自动化维护员技师。

三、具体任务

（1）工作状态为服务器运行正常。工作内容为：① 查询并记录指定服务器操作系统版本信息；② 查询服务器各账户权限；③ 禁用非必须账户。

（2）工作任务：完成服务器主机加固，并验证配置生效。

四、工作规范及要求

（1）按照《国家电网公司电力安全工作规程（电力监控部分）》要求做好相关安全措施，办理工作票。

（2）填写运维记录，并对设备进行全面巡视，检查设备运行情况。

五、考核及时间要求

（1）本考核操作时间为60分钟，按所完成的内容计分，未完成部分均不得分，时间到停止考核。

（2）技能操作过程中，如确实不能完成相关项目，可向考评员申请，该项目不得分，但不影响其他项目。

技能等级评价专业技能考核操作评分标准

工种	电网调度自动化维护员				评价等级	技师
项目模块	系统安装及调试—电力监控系统安全防护设备安装调试			编号	Jc0001242032－2	
单位			准考证号		姓名	
考试时限	60 分钟	题型	单项操作		题分	100 分
成绩		考评员		考评组长	日期	
试题正文	服务器主机加固					
需要说明的问题和要求	（1）要求单人完成工作任务。 （2）操作应注意安全，按照标准化作业书的技术安全说明做好安全措施。 （3）在指定系统/设备完成操作					

序号	项目名称	质量要求	满分	扣分标准	扣分原因	得分
1	功能应用及安全措施					
1.1	相关安全措施的准备	（1）办理工作票。 （2）作业人员身份鉴别和授权。 （3）备份可能受影响的内容	10	未正确办理工作票扣 3 分； 未进行作业人员身份鉴别和授权扣 2 分； 未备份可能受影响的程序、配置文件、运行参数、运行数据、日志文件等扣 5 分		
2	设备配置					
2.1	查询操作系统版本	正确查询操作系统版本	10	未正确查询版本号扣 5 分； 未正确记录版本号扣 5 分		
2.2	查询各账户权限	正确查询各账户权限	20	未正确查询账户权限每项扣 5 分，扣完为止		
2.3	禁用账户	正确禁用账户	20	未正确禁用非必须账户每项扣 5 分，扣完为止		
3	设备验证					
3.1	验证及备份	验证配置功能，备份设备配置	10	未正确验证设备功能扣 5 分； 未备份完整配置扣 5 分		
3.2	设备巡视	进行设备巡视	10	未巡视设备扣 10 分		
3.3	记录填写	操作结束后填写运维记录	10	记录不完整扣 10 分		
4	现场恢复	恢复现场	10	未进行现场恢复扣 10 分		
合计			100			

Jc0001242032－3　服务器主机加固。（100 分）

考核知识点：主机加固

难易度：中

技能等级评价专业技能考核操作工作任务书

一、任务名称

服务器主机加固。

二、适用工种

电网调度自动化维护员技师。

三、具体任务

（1）工作状态为服务器运行正常。工作内容为按如下要求修改指定服务器操作系统密码复杂度配置文件：最小密码长度为8位，包含大写字母至少1位、小写字母至少1位、数字至少1位、标点符号至少1位。

（2）工作任务：完成服务器主机加固，并验证配置生效。

四、工作规范及要求

（1）按照《国家电网公司电力安全工作规程（电力监控部分）》要求做好相关安全措施，办理工作票。

（2）填写运维记录，并对设备进行全面巡视，检查设备运行情况。

五、考核及时间要求

（1）本考核操作时间为60分钟，按所完成的内容计分，未完成部分均不得分，时间到停止考核。

（2）技能操作过程中，如确实不能完成相关项目，可向考评员申请，该项目不得分，但不影响其他项目。

技能等级评价专业技能考核操作评分标准

工种	电网调度自动化维护员				评价等级	技师
项目模块	系统安装及调试—电力监控系统安全防护设备安装调试			编号	Jc0001242032－3	
单位		准考证号			姓名	
考试时限	60分钟	题型	单项操作		题分	100分
成绩	考评员		考评组长		日期	
试题正文	服务器主机加固					
需要说明的问题和要求	（1）要求单人完成工作任务。 （2）操作应注意安全，按照标准化作业书的技术安全说明做好安全措施。 （3）在指定系统/设备完成操作					

序号	项目名称	质量要求	满分	扣分标准	扣分原因	得分
1	功能应用及安全措施					
1.1	相关安全措施的准备	（1）办理工作票。 （2）作业人员身份鉴别和授权。 （3）备份可能受影响的内容	10	未正确办理工作票扣3分； 未进行作业人员身份鉴别和授权扣2分； 未备份可能受影响的程序、配置文件、运行参数、运行数据、日志文件等扣5分		
2	设备配置					
2.1	设置密码长度	按要求设置密码长度	10	未正确设置密码长度扣10分		
2.2	设置密码规则	按要求设置密码规则	40	未正确设置密码规则每项扣10分，扣完为止		
3	设备验证					
3.1	验证及备份	验证配置功能，备份设备配置	10	未正确验证设备功能扣5分； 未备份完整配置扣5分		
3.2	设备巡视	进行设备巡视	10	未巡视设备扣10分		
3.3	记录填写	操作结束后填写运维记录	10	记录不完整扣10分		
4	现场恢复	恢复现场	10	未进行现场恢复扣10分		
合计			100			

Jc0001242032－4　服务器主机加固。(100分)

考核知识点：主机加固

难易度：中

技能等级评价专业技能考核操作工作任务书

一、任务名称

服务器主机加固。

二、适用工种

电网调度自动化维护员技师。

三、具体任务

(1) 工作状态为服务器运行正常。工作内容为按如下要求修改指定服务器操作系统密码周期策略配置文件：最大密码有效天数为90天，密码最小长度为8位，密码失效前提前7天提示。

(2) 工作任务：完成服务器主机加固，并验证配置生效。

四、工作规范及要求

(1) 按照《国家电网公司电力安全工作规程（电力监控部分）》要求做好相关安全措施，办理工作票。

(2) 填写运维记录，并对设备进行全面巡视，检查设备运行情况。

五、考核及时间要求

(1) 本考核操作时间为60分钟，按所完成的内容计分，未完成部分均不得分，时间到停止考核。

(2) 技能操作过程中，如确实不能完成相关项目，可向考评员申请，该项目不得分，但不影响其他项目。

技能等级评价专业技能考核操作评分标准

工种	电网调度自动化维护员					评价等级	技师
项目模块	系统安装及调试—电力监控系统安全防护设备安装调试				编号	Jc0001242032－4	
单位			准考证号			姓名	
考试时限	60分钟		题型	单项操作		题分	100分
成绩		考评员		考评组长		日期	
试题正文	服务器主机加固						
需要说明的问题和要求	(1) 要求单人完成工作任务。 (2) 操作应注意安全，按照标准化作业书的技术安全说明做好安全措施。 (3) 在指定系统/设备完成操作						

序号	项目名称	质量要求	满分	扣分标准	扣分原因	得分
1	功能应用及安全措施					
1.1	相关安全措施的准备	(1) 办理工作票。 (2) 作业人员身份鉴别和授权。 (3) 备份可能受影响的内容	10	未正确办理工作票扣3分； 未进行作业人员身份鉴别和授权扣2分； 未备份可能受影响的程序、配置文件、运行参数、运行数据、日志文件等扣5分		
2	设备配置					
2.1	查询账户密码策略	查询账户密码策略（共4条用户名）	5	未正确查询密码策略扣5分		
2.2	设置密码有效天数	按要求设置密码有效天数	15	未正确设置密码策略扣15分		
2.3	设置密码最小长度	按要求设置密码最小长度	15	未正确设置密码策略扣15分		

续表

序号	项目名称	质量要求	满分	扣分标准	扣分原因	得分
2.4	设置密码失效提示	按要求设置密码失效提示	15	未正确设置密码策略扣 15 分		
3	设备验证					
3.1	验证及备份	验证配置功能，备份设备配置	10	未正确验证设备功能扣 5 分； 未备份完整配置扣 5 分		
3.2	设备巡视	进行设备巡视	10	未巡视设备扣 10 分		
3.3	记录填写	操作结束后填写运维记录	10	记录不完整扣 10 分		
4	现场恢复	恢复现场	10	未进行现场恢复扣 10 分		
	合计		100			

Jc0001242032－5 服务器主机加固。（100 分）

考核知识点：主机加固

难易度：中

技能等级评价专业技能考核操作工作任务书

一、任务名称

服务器主机加固。

二、适用工种

电网调度自动化维护员技师。

三、具体任务

（1）工作状态为服务器运行正常。工作内容为设置指定服务器操作系统限制终端远程登录，具体要求为：允许 192.168.1.0/255.255.255.0 访问；禁止除以上网段外的其他地址访问。

（2）工作任务：完成服务器主机加固，并验证配置生效。

四、工作规范及要求

（1）按照《国家电网公司电力安全工作规程（电力监控部分）》要求做好相关安全措施，办理工作票。

（2）填写运维记录，并对设备进行全面巡视，检查设备运行情况。

五、考核及时间要求

（1）本考核操作时间为 60 分钟，按所完成的内容计分，未完成部分均不得分，时间到停止考核。

（2）技能操作过程中，如确实不能完成相关项目，可向考评员申请，该项目不得分，但不影响其他项目。

技能等级评价专业技能考核操作评分标准

<table>
<tr><td>工种</td><td colspan="5">电网调度自动化维护员</td><td>评价等级</td><td>技师</td></tr>
<tr><td>项目模块</td><td colspan="4">系统安装及调试—电力监控系统安全防护设备安装调试</td><td>编号</td><td colspan="2">Jc0001242032－5</td></tr>
<tr><td>单位</td><td colspan="2"></td><td>准考证号</td><td colspan="2"></td><td>姓名</td><td></td></tr>
<tr><td>考试时限</td><td colspan="2">60 分钟</td><td>题型</td><td colspan="2">单项操作</td><td>题分</td><td>100 分</td></tr>
<tr><td>成绩</td><td></td><td>考评员</td><td></td><td>考评组长</td><td></td><td>日期</td><td></td></tr>
<tr><td>试题正文</td><td colspan="7">服务器主机加固</td></tr>
<tr><td>需要说明的问题和要求</td><td colspan="7">（1）要求单人完成工作任务。
（2）操作应注意安全，按照标准化作业书的技术安全说明做好安全措施。
（3）在指定系统/设备完成操作</td></tr>
</table>

续表

序号	项目名称	质量要求	满分	扣分标准	扣分原因	得分
1	功能应用及安全措施					
1.1	相关安全措施的准备	（1）办理工作票。 （2）作业人员身份鉴别和授权。 （3）备份可能受影响的内容	10	未正确办理工作票扣3分； 未进行作业人员身份鉴别和授权扣2分； 未备份可能受影响的程序、配置文件、运行参数、运行数据、日志文件等扣5分		
2	设备配置					
2.1	查询指定服务器现有远程登录配置	查询远程登录配置	10	未正确查询远程登录配置扣10分		
2.2	设置指定网段登录	按要求设置指定网段登录	20	未正确设置指定网段登录扣20分		
2.3	设置禁止其他地址登录	正确设置禁止其他地址访问	20	未正确设置禁止其他地址访问扣20分		
3	设备验证					
3.1	验证及备份	验证配置功能，备份设备配置	10	未正确验证设备功能扣5分； 未备份完整配置扣5分		
3.2	设备巡视	进行设备巡视	10	未巡视设备扣10分		
3.3	记录填写	操作结束后填写运维记录	10	记录不完整扣10分		
4	现场恢复	恢复现场	10	未进行现场恢复扣10分		
合计			100			

Jc0001242032－6　服务器主机加固。（100分）

考核知识点：主机加固

难易度：中

技能等级评价专业技能考核操作工作任务书

一、任务名称

服务器主机加固。

二、适用工种

电网调度自动化维护员技师。

三、具体任务

（1）工作状态为服务器运行正常。工作内容为修改指定服务器UMASK值为027，并令此UMASK值生效。

（2）工作任务：完成服务器主机加固，并验证配置生效。

四、工作规范及要求

（1）按照《国家电网公司电力安全工作规程（电力监控部分）》要求做好相关安全措施，办理工作票。

（2）填写运维记录，并对设备进行全面巡视，检查设备运行情况。

五、考核及时间要求

（1）本考核操作时间为60分钟，按所完成的内容计分，未完成部分均不得分，时间到停止考核。

（2）技能操作过程中，如确实不能完成相关项目，可向考评员申请，该项目不得分，但不影响其他项目。

技能等级评价专业技能考核操作评分标准

工种	电网调度自动化维护员					评价等级	技师
项目模块	系统安装及调试—电力监控系统安全防护设备安装调试				编号	Jc0001242032－6	
单位			准考证号			姓名	
考试时限	60 分钟		题型	单项操作		题分	100 分
成绩		考评员		考评组长		日期	
试题正文	服务器主机加固						
需要说明的问题和要求	（1）要求单人完成工作任务。 （2）操作应注意安全，按照标准化作业书的技术安全说明做好安全措施。 （3）在指定系统/设备完成操作						

序号	项目名称	质量要求	满分	扣分标准	扣分原因	得分
1	功能应用及安全措施					
1.1	相关安全措施的准备	（1）办理工作票。 （2）作业人员身份鉴别和授权。 （3）备份可能受影响的内容	10	未正确办理工作票扣 3 分； 未进行作业人员身份鉴别和授权扣 2 分； 未备份可能受影响的程序、配置文件、运行参数、运行数据、日志文件等扣 5 分		
2	设备配置					
2.1	查询指定服务器当前 UMASK 值	能正确查询 UMASK 值	10	未正确查询 UMASK 值扣 10 分		
2.2	修改 UMASK 值	能正确修改 UMASK 值	30	未正确修改 UMASK 值扣 30 分		
2.3	设置生效	能正确使设置生效	10	未正确使设置生效扣 10 分		
3	设备验证					
3.1	验证及备份	验证配置功能，备份设备配置	10	未正确验证设备功能扣 5 分； 未备份完整配置扣 5 分		
3.2	设备巡视	进行设备巡视	10	未巡视设备扣 10 分		
3.3	记录填写	操作结束后填写运维记录	10	记录不完整扣 10 分		
4	现场恢复	恢复现场	10	未进行现场恢复扣 10 分		
	合计		100			

Jc0001242032－7 服务器主机加固。（100 分）

考核知识点：主机加固

难易度：中

技能等级评价专业技能考核操作工作任务书

一、任务名称

服务器主机加固。

二、适用工种

电网调度自动化维护员技师。

三、具体任务

（1）工作状态为服务器运行正常。工作内容为在指定服务器上完成如下设置：禁用 root 账户远程登录服务，并令配置生效。

（2）工作任务：完成服务器主机加固，并验证配置生效。

四、工作规范及要求

（1）按照《国家电网公司电力安全工作规程（电力监控部分）》要求做好相关安全措施，办理工作票。

（2）填写运维记录，并对设备进行全面巡视，检查设备运行情况。

五、考核及时间要求

（1）本考核操作时间为60分钟，按所完成的内容计分，未完成部分均不得分，时间到停止考核。

（2）技能操作过程中，如确实不能完成相关项目，可向考评员申请，该项目不得分，但不影响其他项目。

技能等级评价专业技能考核操作评分标准

<table>
<tr><td>工种</td><td colspan="5">电网调度自动化维护员</td><td>评价等级</td><td>技师</td></tr>
<tr><td>项目模块</td><td colspan="4">系统安装及调试—电力监控系统安全防护设备安装调试</td><td>编号</td><td colspan="2">Jc0001242032－7</td></tr>
<tr><td>单位</td><td colspan="3"></td><td>准考证号</td><td></td><td>姓名</td><td></td></tr>
<tr><td>考试时限</td><td colspan="2">60分钟</td><td>题型</td><td colspan="2">单项操作</td><td>题分</td><td>100分</td></tr>
<tr><td>成绩</td><td></td><td>考评员</td><td></td><td>考评组长</td><td></td><td>日期</td><td></td></tr>
<tr><td>试题正文</td><td colspan="7">服务器主机加固</td></tr>
<tr><td>需要说明的问题和要求</td><td colspan="7">（1）要求单人完成工作任务。
（2）操作应注意安全，按照标准化作业书的技术安全说明做好安全措施。
（3）在指定系统/设备完成操作</td></tr>
</table>

序号	项目名称	质量要求	满分	扣分标准	扣分原因	得分
1	功能应用及安全措施					
1.1	相关安全措施的准备	（1）办理工作票。 （2）作业人员身份鉴别和授权。 （3）备份可能受影响的内容	10	未正确办理工作票扣3分； 未进行作业人员身份鉴别和授权扣2分； 未备份可能受影响的程序、配置文件、运行参数、运行数据、日志文件等扣5分		
2	设备配置					
2.1	查询指定服务器账户远程登录服务当前情况	查询登录服务配置	10	未正确查询登录服务扣10分		
2.2	按要求禁用服务	修改设置	30	未正确修改设置扣30分		
2.3	设置生效	验证设置生效	10	未正确验证设置生效扣10分		
3	设备验证					
3.1	验证及备份	验证配置功能，备份设备配置	10	未正确验证设备功能扣5分； 未备份完整配置扣5分		
3.2	设备巡视	进行设备巡视	10	未巡视设备扣10分		
3.3	记录填写	操作结束后填写运维记录	10	记录不完整扣10分		
4	现场恢复	恢复现场	10	未进行现场恢复扣10分		
合计			100			

Jc0001242032－8 服务器主机加固。（100分）

考核知识点：主机加固

难易度：中

技能等级评价专业技能考核操作工作任务书

一、任务名称

服务器主机加固。

二、适用工种

电网调度自动化维护员技师。

三、具体任务

（1）工作状态为服务器运行正常。工作内容为在指定服务器上完成如下设置：禁用 USB 存储设备驱动，并令配置生效。

（2）工作任务：完成服务器主机加固，并验证配置生效。

四、工作规范及要求

（1）按照《国家电网公司电力安全工作规程（电力监控部分）》要求做好相关安全措施，办理工作票。

（2）填写运维记录，并对设备进行全面巡视，检查设备运行情况。

五、考核及时间要求

（1）本考核操作时间为 60 分钟，按所完成的内容计分，未完成部分均不得分，时间到停止考核。

（2）技能操作过程中，如确实不能完成相关项目，可向考评员申请，该项目不得分，但不影响其他项目。

技能等级评价专业技能考核操作评分标准

工种	电网调度自动化维护员					评价等级	技师
项目模块	系统安装及调试—电力监控系统安全防护设备安装调试				编号	Jc0001242032－8	
单位			准考证号			姓名	
考试时限	60 分钟		题型	单项操作		题分	100 分
成绩		考评员		考评组长		日期	
试题正文	服务器主机加固						
需要说明的问题和要求	（1）要求单人完成工作任务。 （2）操作应注意安全，按照标准化作业书的技术安全说明做好安全措施。 （3）在指定系统/设备完成操作						

序号	项目名称	质量要求	满分	扣分标准	扣分原因	得分
1	功能应用及安全措施					
1.1	相关安全措施的准备	（1）办理工作票。 （2）作业人员身份鉴别和授权。 （3）备份可能受影响的内容	10	未正确办理工作票扣 3 分； 未进行作业人员身份鉴别和授权扣 2 分； 未备份可能受影响的程序、配置文件、运行参数、运行数据、日志文件等扣 5 分		
2	设备配置					
2.1	查找 UBS 驱动所在目录	查找驱动目录	20	未正确查找驱动目录扣 20 分		
2.2	按要求禁用 USB 驱动	禁用驱动	20	未正确禁用驱动扣 20 分		
2.3	设置生效	验证设置生效	10	未正确验证设置生效扣 10 分		
3	设备验证					

续表

序号	项目名称	质量要求	满分	扣分标准	扣分原因	得分
3.1	验证及备份	验证配置功能，备份设备配置	10	未正确验证设备功能扣 5 分； 未备份完整配置扣 5 分		
3.2	设备巡视	进行设备巡视	10	未巡视设备扣 10 分		
3.3	记录填写	操作结束后填写运维记录	10	记录不完整扣 10 分		
4	现场恢复	恢复现场	10	未进行现场恢复扣 10 分		
合计			100			

Jc0001242033－1　工作站主机加固。（100 分）

考核知识点：主机加固

难易度：中

技能等级评价专业技能考核操作工作任务书

一、任务名称

工作站主机加固。

二、适用工种

电网调度自动化维护员技师。

三、具体任务

（1）工作状态为工作站运行正常。工作内容为在指定工作站上完成如下设置：修改 shadow 文件的访问权限为允许所有者读取文件，禁止其他角色读、写、执行权限；修改 passwd 文件的访问权限为允许所有角色读文件，允许所有者写入文件，禁止其他角色读、写、执行权限。

（2）工作任务：完成工作站主机加固，并验证配置生效。

四、工作规范及要求

（1）按照《国家电网公司电力安全工作规程（电力监控部分）》要求做好相关安全措施，办理工作票。

（2）填写运维记录，并对设备进行全面巡视，检查设备运行情况。

五、考核及时间要求

（1）本考核操作时间为 60 分钟，按所完成的内容计分，未完成部分均不得分，时间到停止考核。

（2）技能操作过程中，如确实不能完成相关项目，可向考评员申请，该项目不得分，但不影响其他项目。

技能等级评价专业技能考核操作评分标准

<table>
<tr><td>工种</td><td colspan="6">电网调度自动化维护员</td><td>评价等级</td><td>技师</td></tr>
<tr><td>项目模块</td><td colspan="5">系统安装及调试—电力监控系统安全防护设备安装调试</td><td>编号</td><td colspan="2">Jc0001242033－1</td></tr>
<tr><td>单位</td><td colspan="3"></td><td>准考证号</td><td colspan="2"></td><td>姓名</td><td></td></tr>
<tr><td>考试时限</td><td colspan="2">60 分钟</td><td>题型</td><td colspan="3">单项操作</td><td>题分</td><td>100 分</td></tr>
<tr><td>成绩</td><td></td><td>考评员</td><td></td><td>考评组长</td><td colspan="2"></td><td>日期</td><td></td></tr>
<tr><td>试题正文</td><td colspan="8">工作站主机加固</td></tr>
<tr><td>需要说明的问题和要求</td><td colspan="8">（1）要求单人完成工作任务。
（2）操作应注意安全，按照标准化作业书的技术安全说明做好安全措施。
（3）在指定系统/设备完成操作</td></tr>
</table>

续表

序号	项目名称	质量要求	满分	扣分标准	扣分原因	得分
1	功能应用及安全措施					
1.1	相关安全措施的准备	（1）办理工作票。 （2）作业人员身份鉴别和授权。 （3）备份可能受影响的内容	10	未正确办理工作票扣3分； 未进行作业人员身份鉴别和授权扣2分； 未备份可能受影响的程序、配置文件、运行参数、运行数据、日志文件等扣5分		
2	设备配置					
2.1	查询 shadow、passwd 文件权限	正确查询 shadow、passwd 文件权限	10	未正确查询权限扣10分		
2.2	按要求计算权限代码	计算权限代码	20	未正确计算权限代码每个文件扣10分，扣完为止		
2.3	按要求修改权限	修改权限	20	未正确修改权限每个文件扣10分，扣完为止		
3	设备验证					
3.1	验证及备份	验证配置功能，备份设备配置	10	未正确验证设备功能扣5分； 未备份完整配置扣5分		
3.2	设备巡视	进行设备巡视	10	未巡视设备扣10分		
3.3	记录填写	操作结束后填写运维记录	10	记录不完整扣10分		
4	现场恢复	恢复现场	10	未进行现场恢复扣10分		
合计			100			

Jc0001242033－2 工作站主机加固。(100分)

考核知识点：主机加固

难易度：中

技能等级评价专业技能考核操作工作任务书

一、任务名称

工作站主机加固。

二、适用工种

电网调度自动化维护员技师。

三、具体任务

（1）工作状态为工作站运行正常。工作内容为在指定工作站上完成如下设置：配置指定用户对操作系统的最大进程数限制为2048。

（2）工作任务：完成工作站主机加固，并验证配置生效。

四、工作规范及要求

（1）按照《国家电网公司电力安全工作规程（电力监控部分）》要求做好相关安全措施，办理工作票。

（2）填写运维记录，并对设备进行全面巡视，检查设备运行情况。

五、考核及时间要求

（1）本考核操作时间为60分钟，按所完成的内容计分，未完成部分均不得分，时间到停止考核。

（2）技能操作过程中，如确实不能完成相关项目，可向考评员申请，该项目不得分，但不影响其他项目。

技能等级评价专业技能考核操作评分标准

工种	电网调度自动化维护员			评价等级	技师		
项目模块	系统安装及调试—电力监控系统安全防护设备安装调试			编号	Jc0001242033－2		
单位		准考证号		姓名			
考试时限	60分钟	题型	单项操作	题分	100分		
成绩		考评员		考评组长		日期	
试题正文	工作站主机加固						
需要说明的问题和要求	（1）要求单人完成工作任务。 （2）操作应注意安全，按照标准化作业书的技术安全说明做好安全措施。 （3）在指定系统/设备完成操作						

序号	项目名称	质量要求	满分	扣分标准	扣分原因	得分
1	功能应用及安全措施					
1.1	相关安全措施的准备	（1）办理工作票。 （2）作业人员身份鉴别和授权。 （3）备份可能受影响的内容	10	未正确办理工作票扣3分； 未进行作业人员身份鉴别和授权扣2分； 未备份可能受影响的程序、配置文件、运行参数、运行数据、日志文件等扣5分		
2	设备配置					
2.1	找到配置文件	找到配置文件位置	10	未正确找到配置文件位置扣10分		
2.2	按要求修改配置文件参数	修改配置文件参数	30	未正确修改配置文件参数每项扣15分，扣完为止		
2.3	配置保存	正确保存配置	10	未正确保存配置扣10分		
3	设备验证					
3.1	验证及备份	验证配置功能，备份设备配置	10	未正确验证设备功能扣5分； 未备份完整配置扣5分		
3.2	设备巡视	进行设备巡视	10	未巡视设备扣10分		
3.3	记录填写	操作结束后填写运维记录	10	记录不完整扣10分		
4	现场恢复	恢复现场	10	未进行现场恢复扣10分		
合计			100			

Jc0001242033－3 工作站主机加固。（100分）

考核知识点：主机加固

难易度：中

技能等级评价专业技能考核操作工作任务书

一、任务名称

工作站主机加固。

二、适用工种

电网调度自动化维护员技师。

三、具体任务

（1）工作状态为工作站运行正常。工作内容为关闭指定工作站高风险服务 FTP、DHCP、telnet、DNS、Email；关闭高危端口 21、23、137、138、139、445。

（2）工作任务：完成工作站主机加固，并验证配置生效。

四、工作规范及要求

（1）按照《国家电网公司电力安全工作规程（电力监控部分）》要求做好相关安全措施，办理工作票。

（2）填写运维记录，并对设备进行全面巡视，检查设备运行情况。

五、考核及时间要求

（1）本考核操作时间为 60 分钟，按所完成的内容计分，未完成部分均不得分，时间到停止考核。

（2）技能操作过程中，如确实不能完成相关项目，可向考评员申请，该项目不得分，但不影响其他项目。

技能等级评价专业技能考核操作评分标准

工种	电网调度自动化维护员					评价等级	技师
项目模块	系统安装及调试—电力监控系统安全防护设备安装调试				编号	Jc0001242033－3	
单位			准考证号			姓名	
考试时限	60 分钟	题型		单项操作		题分	100 分
成绩		考评员		考评组长		日期	
试题正文	工作站主机加固						
需要说明的问题和要求	（1）要求单人完成工作任务。 （2）操作应注意安全，按照标准化作业书的技术安全说明做好安全措施。 （3）在指定系统/设备完成操作						

序号	项目名称	质量要求	满分	扣分标准	扣分原因	得分
1	功能应用及安全措施					
1.1	相关安全措施的准备	（1）办理工作票。 （2）作业人员身份鉴别和授权。 （3）备份可能受影响的内容	10	未正确办理工作票扣 3 分； 未进行作业人员身份鉴别和授权扣 2 分； 未备份可能受影响的程序、配置文件、运行参数、运行数据、日志文件等扣 5 分		
2	设备配置					
2.1	关闭指定工作站高风险服务	关闭指定服务	20	未正确关闭指定服务每项扣 4 分，扣完为止		
2.2	关闭指定工作站高危端口	关闭指定端口	30	未正确关闭指定端口每项扣 5 分，扣完为止		
3	设备验证					
3.1	验证及备份	验证配置功能，备份设备配置	10	未正确验证设备功能扣 5 分； 未备份完整配置扣 5 分		
3.2	设备巡视	进行设备巡视	10	未巡视设备扣 10 分		
3.3	记录填写	操作结束后填写运维记录	10	记录不完整扣 10 分		
4	现场恢复	恢复现场	10	未进行现场恢复扣 10 分		
	合计		100			

Jc0001242034　服务器主机漏洞扫描。（100 分）

考核知识点：漏洞扫描方法

难易度：中

技能等级评价专业技能考核操作工作任务书

一、任务名称

服务器主机漏洞扫描。

二、适用工种

电网调度自动化维护员技师。

三、具体任务

（1）工作状态为服务器运行正常。工作内容为使用 Nmap 及漏扫工具对指定服务器主机进行网络探测及漏洞扫描：将扫描调试机地址配置为 192.168.1.100，启动 Nmap 软件，目标主机地址为 192.168.1.101。

（2）工作任务：完成服务器主机漏洞扫描。

四、工作规范及要求

（1）按照《国家电网公司电力安全工作规程（电力监控部分）》要求做好相关安全措施，办理工作票。

（2）填写运维记录，并对设备进行全面巡视，检查设备运行情况。

五、考核及时间要求

（1）本考核操作时间为 60 分钟，按所完成的内容计分，未完成部分均不得分，时间到停止考核。

（2）技能操作过程中，如确实不能完成相关项目，可向考评员申请，该项目不得分，但不影响其他项目。

技能等级评价专业技能考核操作评分标准

工种	电网调度自动化维护员			评价等级	技师
项目模块	系统安装及调试—电力监控系统安全防护设备安装调试		编号	Jc0001242034	
单位		准考证号		姓名	
考试时限	60 分钟	题型	单项操作	题分	100 分
成绩		考评员		考评组长		日期	
试题正文	服务器主机漏洞扫描				
需要说明的问题和要求	（1）要求单人完成工作任务。 （2）操作应注意安全，按照标准化作业书的技术安全说明做好安全措施。 （3）在指定系统/设备完成操作				

序号	项目名称	质量要求	满分	扣分标准	扣分原因	得分
1	功能应用及安全措施					
1.1	相关安全措施的准备	（1）办理工作票。 （2）作业人员身份鉴别和授权。 （3）备份可能受影响的内容	10	未正确办理工作票扣 3 分； 未进行作业人员身份鉴别和授权扣 2 分； 未备份可能受影响的程序、配置文件、运行参数、运行数据、日志文件等扣 5 分		
2	设备配置					
2.1	配置扫描调试机地址	正确配置扫描调试机地址	10	未正确配置扫描调试机地址扣 10 分		

续表

序号	项目名称	质量要求	满分	扣分标准	扣分原因	得分
2.2	启动 Nmap 软件	正确启动 Nmap 软件	10	未正确启动 Nmap 软件扣 10 分		
2.3	设置目标主机地址	正确设置目标主机地址	10	未正确设置目标主机地址扣 10 分		
2.4	执行扫描、记录扫描结果	正确执行扫描并记录扫描结果	20	未正确执行扫描扣 10 分； 未正确记录扫描结果扣 10 分		
3	设备验证					
3.1	验证及备份	验证配置功能，备份设备配置	10	未正确验证设备功能扣 5 分； 未备份完整配置扣 5 分		
3.2	设备巡视	进行设备巡视	10	未巡视设备扣 10 分		
3.3	记录填写	操作结束后填写运维记录	10	记录不完整扣 10 分		
4	现场恢复	恢复现场	10	未进行现场恢复扣 10 分		
合计			100			

Jc0001242035 入侵检测系统 IDS 配置。（100 分）

考核知识点：入侵检测系统 IDS 的特点及用途

难易度：中

技能等级评价专业技能考核操作工作任务书

一、任务名称

入侵检测系统 IDS 配置。

二、适用工种

电网调度自动化维护员技师。

三、具体任务

（1）工作状态为入侵检测系统 IDS 运行正常。工作内容为登录入侵检测系统 IDS，配置 IDS 监听口地址为 192.168.1.100，策略设置为 default。

（2）工作任务：完成入侵检测系统 IDS 配置，并验证配置生效。

四、工作规范及要求

（1）按照《国家电网公司电力安全工作规程（电力监控部分）》要求做好相关安全措施，办理工作票。

（2）填写运维记录，并对设备进行全面巡视，检查设备运行情况。

五、考核及时间要求

（1）本考核操作时间为 60 分钟，按所完成的内容计分，未完成部分均不得分，时间到停止考核。

（2）技能操作过程中，如确实不能完成相关项目，可向考评员申请，该项目不得分，但不影响其他项目。

技能等级评价专业技能考核操作评分标准

<table>
<tr><td>工种</td><td colspan="5">电网调度自动化维护员</td><td>评价等级</td><td>技师</td></tr>
<tr><td>项目模块</td><td colspan="5">系统安装及调试—电力监控系统安全防护设备安装调试</td><td>编号</td><td>Jc0001242035</td></tr>
<tr><td>单位</td><td colspan="2"></td><td>准考证号</td><td colspan="2"></td><td>姓名</td><td></td></tr>
<tr><td>考试时限</td><td colspan="2">60 分钟</td><td>题型</td><td colspan="2">单项操作</td><td>题分</td><td>100 分</td></tr>
<tr><td>成绩</td><td></td><td>考评员</td><td></td><td>考评组长</td><td></td><td>日期</td><td></td></tr>
</table>

续表

试题正文	入侵检测系统 IDS 配置
需要说明的问题和要求	（1）要求单人完成工作任务。 （2）操作应注意安全，按照标准化作业书的技术安全说明做好安全措施。 （3）在指定系统/设备完成操作

序号	项目名称	质量要求	满分	扣分标准	扣分原因	得分
1	功能应用及安全措施					
1.1	相关安全措施的准备	（1）办理工作票。 （2）作业人员身份鉴别和授权。 （3）备份可能受影响的内容	10	未正确办理工作票扣 3 分； 未进行作业人员身份鉴别和授权扣 2 分； 未备份可能受影响的程序、配置文件、运行参数、运行数据、日志文件等扣 5 分		
2	设备配置					
2.1	登录 IDS	正确登录指定 IDS	10	未正确登录 IDS 扣 10 分		
2.2	配置监听口地址	按要求配置监听口地址	20	未正确配置监听口地址扣 20 分		
2.3	配置策略模式	按要求配置策略模式	20	未正确配置策略模式扣 20 分		
3	设备验证					
3.1	验证及备份	验证配置功能，备份设备配置	10	未正确验证设备功能扣 5 分； 未备份完整配置扣 5 分		
3.2	设备巡视	进行设备巡视	10	未巡视设备扣 10 分		
3.3	记录填写	操作结束后填写运维记录	10	记录不完整扣 10 分		
4	现场恢复	恢复现场	10	未进行现场恢复扣 10 分		
合计			100			

Jc0001242036　数字证书系统证书录入、审核及签发。(100 分)

考核知识点：数字证书与认证技术

难易度：中

技能等级评价专业技能考核操作工作任务书

一、任务名称

数字证书系统证书录入、审核及签发。

二、适用工种

电网调度自动化维护员技师。

三、具体任务

（1）工作状态为数字证书系统运行正常。工作内容为使用数字证书系统进行证书录入、审核及签发：将指定的证书请求文件拷贝至证书系统内，使用录入 key 将请求文件录入证书系统；使用审核 key 审核该请求文件；使用签发 key，准确签发该请求文件，得到后缀为的.cer 证书文件。

（2）工作任务：完成数字证书系统证书录入、审核及签发。

四、工作规范及要求

（1）按照《国家电网公司电力安全工作规程（电力监控部分）》要求做好相关安全措施，办理工作票。

（2）填写运维记录，并对设备进行全面巡视，检查设备运行情况。

五、考核及时间要求

（1）本考核操作时间为60分钟，按所完成的内容计分，未完成部分均不得分，时间到停止考核。

（2）技能操作过程中，如确实不能完成相关项目，可向考评员申请，该项目不得分，但不影响其他项目。

技能等级评价专业技能考核操作评分标准

<table>
<tr><td>工种</td><td colspan="5">电网调度自动化维护员</td><td>评价等级</td><td colspan="2">技师</td></tr>
<tr><td>项目模块</td><td colspan="4">系统安装及调试—电力监控系统安全防护设备安装调试</td><td>编号</td><td colspan="3">Jc0001242036</td></tr>
<tr><td>单位</td><td colspan="2"></td><td>准考证号</td><td colspan="2"></td><td>姓名</td><td colspan="2"></td></tr>
<tr><td>考试时限</td><td colspan="2">60分钟</td><td>题型</td><td colspan="2">单项操作</td><td>题分</td><td colspan="2">100分</td></tr>
<tr><td>成绩</td><td></td><td>考评员</td><td></td><td>考评组长</td><td></td><td>日期</td><td colspan="2"></td></tr>
<tr><td>试题正文</td><td colspan="8">数字证书系统证书录入、审核及签发</td></tr>
<tr><td>需要说明的问题和要求</td><td colspan="8">（1）要求单人完成工作任务。
（2）操作应注意安全，按照标准化作业书的技术安全说明做好安全措施。
（3）在指定系统/设备完成操作</td></tr>
</table>

序号	项目名称	质量要求	满分	扣分标准	扣分原因	得分
1	功能应用及安全措施					
1.1	相关安全措施的准备	（1）办理工作票。 （2）作业人员身份鉴别和授权。 （3）备份可能受影响的内容	10	未正确办理工作票扣3分； 未进行作业人员身份鉴别和授权扣2分； 未备份可能受影响的程序、配置文件、运行参数、运行数据、日志文件等扣5分		
2	设备配置					
2.1	拷贝证书请求文件	正确拷贝证书请求文件	5	未使用正确的请求文件扣5分		
2.2	录入证书	正确录入证书	15	未正确录入证书扣15分		
2.3	审核证书	正确审核证书	15	未正确审核证书扣15分		
2.4	签发证书	签发证书、得到证书文件	15	未正确签发证书扣10分； 未产生证书文件扣5分		
3	设备验证					
3.1	验证及备份	验证配置功能，备份设备配置	10	未正确验证设备功能扣5分； 未备份完整配置扣5分		
3.2	设备巡视	进行设备巡视	10	未巡视设备扣10分		
3.3	记录填写	操作结束后填写运维记录	10	记录不完整扣10分		
4	现场恢复	恢复现场	10	未进行现场恢复扣10分		
合计			100			

Jc0002241037 用户新增及其权限定义。（100分）

考核知识点：权限管理

难易度：易

技能等级评价专业技能考核操作工作任务书

一、任务名称

用户新增及其权限定义。

二、适用工种

电网调度自动化维护员技师。

三、具体任务

（1）工作状态为调度自动化主站系统运行正常。工作内容为：①在调度自动化主站系统新建 kaoshi1 用户，密码为 root.2020，配置该用户所属角色为“管理”，具备功能：画面文件只读；②新建 kaoshi2 用户，密码为 root.2021，配置该用户所属角色为“维护”，具备功能：画面文件只写；③配置“管理”角色具有的系统终端节点为 wh2–1，“维护”角色具有的系统终端节点为 wh1–1。

（2）工作任务：完成用户新增及其权限定义，并验证配置生效。

四、工作规范及要求

（1）按照《国家电网公司电力安全工作规程（电力监控部分）》要求做好相关安全措施，办理工作票。

（2）填写运维记录，并对设备进行全面巡视，检查设备运行情况。

五、考核及时间要求

（1）本考核操作时间为 60 分钟，按所完成的内容计分，未完成部分均不得分，时间到停止考核。

（2）技能操作过程中，如确实不能完成相关项目，可向考评员申请，该项目不得分，但不影响其他项目。

技能等级评价专业技能考核操作评分标准

<table>
<tr><td>工种</td><td colspan="5">电网调度自动化维护员</td><td>评价等级</td><td>技师</td></tr>
<tr><td>项目模块</td><td colspan="4">系统应用及操作—基础平台及 SCADA 运维</td><td>编号</td><td colspan="2">Jc0002241037</td></tr>
<tr><td>单位</td><td colspan="2"></td><td>准考证号</td><td colspan="2"></td><td>姓名</td><td></td></tr>
<tr><td>考试时限</td><td>60 分钟</td><td>题型</td><td colspan="3">单项操作</td><td>题分</td><td>100 分</td></tr>
<tr><td>成绩</td><td></td><td>考评员</td><td></td><td>考评组长</td><td></td><td>日期</td><td></td></tr>
<tr><td>试题正文</td><td colspan="7">用户新增及其权限定义</td></tr>
<tr><td>需要说明的问题和要求</td><td colspan="7">（1）要求单人完成工作任务。
（2）操作应注意安全，按照标准化作业书的技术安全说明做好安全措施。
（3）在指定系统/设备完成操作</td></tr>
</table>

序号	项目名称	质量要求	满分	扣分标准	扣分原因	得分
1	功能应用及安全措施					
1.1	相关安全措施的准备	（1）办理工作票。 （2）作业人员身份鉴别和授权。 （3）备份可能受影响的内容	10	未正确办理工作票扣 3 分； 未进行作业人员身份鉴别和授权扣 2 分； 未备份可能受影响的程序、配置文件、运行参数、运行数据、日志文件等扣 5 分		

续表

序号	项目名称	质量要求	满分	扣分标准	扣分原因	得分
2	设备配置					
2.1	新建用户、密码	按照指定要求新建两个用户及登录密码	10	未正确新建用户每项扣3分； 未正确设置密码每项扣2分； 以上扣分，扣完为止		
2.2	用户权限设置	根据题目要求设置相应的用户权限	20	未正确配置用户每项扣10分，扣完为止		
2.3	节点权限设置	根据题目要求设置相应的节点权限	20	未正确配置节点权限每项扣10分，扣完为止		
3	设备验证					
3.1	验证及备份	验证配置功能，备份设备配置	10	未正确验证设备功能扣5分； 未备份完整配置扣5分		
3.2	设备巡视	进行设备巡视	10	未巡视设备扣10分		
3.3	记录填写	操作结束后填写运维记录	10	记录不完整扣10分		
4	现场恢复	恢复现场	10	未进行现场恢复扣10分		
合计			100			

Jc0002241038 系统管理工具最大推画面数目配置。（100分）

考核知识点：系统管理工具

难易度：易

技能等级评价专业技能考核操作工作任务书

一、任务名称

系统管理工具最大推画面数目配置。

二、适用工种

电网调度自动化维护员技师。

三、具体任务

（1）工作状态为调度自动化主站系统运行正常。工作内容为将系统管理工具中最大推画面个数由10个修改为6个。

（2）工作任务：完成系统管理工具最大推画面数目配置。

四、工作规范及要求

（1）按照《国家电网公司电力安全工作规程（电力监控部分）》要求做好相关安全措施，办理工作票。

（2）填写运维记录，并对设备进行全面巡视，检查设备运行情况。

五、考核及时间要求

（1）本考核操作时间为60分钟，按所完成的内容计分，未完成部分均不得分，时间到停止考核。

（2）技能操作过程中，如确实不能完成相关项目，可向考评员申请，该项目不得分，但不影响其他项目。

技能等级评价专业技能考核操作评分标准

<table>
<tr><td>工种</td><td colspan="5">电网调度自动化维护员</td><td>评价等级</td><td>技师</td></tr>
<tr><td>项目模块</td><td colspan="5">系统应用及操作—基础平台及 SCADA 运维</td><td>编号</td><td>Jc0002241038</td></tr>
<tr><td>单位</td><td colspan="3"></td><td>准考证号</td><td></td><td>姓名</td><td></td></tr>
<tr><td>考试时限</td><td colspan="2">60 分钟</td><td>题型</td><td colspan="2">单项操作</td><td>题分</td><td>100 分</td></tr>
<tr><td>成绩</td><td></td><td>考评员</td><td></td><td>考评组长</td><td></td><td>日期</td><td></td></tr>
<tr><td>试题正文</td><td colspan="7">系统管理工具最大推画面数目配置</td></tr>
<tr><td>需要说明的问题和要求</td><td colspan="7">（1）要求单人完成工作任务。
（2）操作应注意安全，按照标准化作业书的技术安全说明做好安全措施。
（3）在指定系统/设备完成操作</td></tr>
</table>

序号	项目名称	质量要求	满分	扣分标准	扣分原因	得分
1	功能应用及安全措施					
1.1	相关安全措施的准备	（1）办理工作票。 （2）作业人员身份鉴别和授权。 （3）备份可能受影响的内容	10	未正确办理工作票扣 3 分； 未进行作业人员身份鉴别和授权扣 2 分； 未备份可能受影响的程序、配置文件、运行参数、运行数据、日志文件等扣 5 分		
2	设备配置					
2.1	使用系统管理工具	正确使用系统管理工具	20	未正确使用系统管理工具扣 20 分		
2.2	修改推图个数	在PLATFORM-GRAPH-MAX_EXPLORER_WND_NUMS 下修改推图个数	30	未正确修改推图个数扣 30 分		
3	设备验证					
3.1	验证及备份	验证配置功能，备份设备配置	10	未正确验证设备功能扣 5 分； 未备份完整配置扣 5 分		
3.2	设备巡视	进行设备巡视	10	未巡视设备扣 10 分		
3.3	记录填写	操作结束后填写运维记录	10	记录不完整扣 10 分		
4	现场恢复	恢复现场	10	未进行现场恢复扣 10 分		
合计			100			

Jc0002242039　自动电压控制功能配置及控制状态图制作。（100 分）

考核知识点：自动电压控制的运行环境及参数配置

难易度：中

技能等级评价专业技能考核操作工作任务书

一、任务名称

自动电压控制功能配置及控制状态图制作。

二、适用工种

电网调度自动化维护员技师。

三、具体任务

（1）工作状态为调度自动化主站系统运行正常。工作内容为自动电压控制功能配置，根据以下给定设备完成自动电压控制功能配置及控制状态图制作：实操变电站内现已有 2 段 110kV 母线、2 台主变压器、2 段 35kV 母线、2 段 10kV 母线，10kV 母线上各接一台电容器，对应断路器编号分别为 511、521，数据库已有 AVC 保护信号。

（2）工作任务：完成自动电压控制功能配置及控制状态图制作。

四、工作规范及要求

（1）按照《国家电网公司电力安全工作规程（电力监控部分）》要求做好相关安全措施，办理工作票。

（2）填写运维记录，并对设备进行全面巡视，检查设备运行情况。

五、考核及时间要求

（1）本考核操作时间为60分钟，按所完成的内容计分，未完成部分均不得分，时间到停止考核。

（2）技能操作过程中，如确实不能完成相关项目，可向考评员申请，该项目不得分，但不影响其他项目。

技能等级评价专业技能考核操作评分标准

工种	电网调度自动化维护员					评价等级	技师
项目模块	系统应用及操作—电网自动控制				编号	Jc0002242039	
单位			准考证号			姓名	
考试时限	60分钟		题型		单项操作	题分	100分
成绩		考评员		考评组长		日期	
试题正文	自动电压控制功能配置及控制状态图制作						
需要说明的问题和要求	（1）要求单人完成工作任务。 （2）操作应注意安全，按照标准化作业书的技术安全说明做好安全措施。 （3）在指定系统/设备完成操作						

序号	项目名称	质量要求	满分	扣分标准	扣分原因	得分
1	功能应用及安全措施					
1.1	相关安全措施的准备	（1）办理工作票。 （2）作业人员身份鉴别和授权。 （3）备份可能受影响的内容	10	未正确办理工作票扣3分； 未进行作业人员身份鉴别和授权扣2分； 未备份可能受影响的程序、配置文件、运行参数、运行数据、日志文件等扣5分		
2	设备配置					
2.1	模型更新	正确更新模型	10	未正确更新模型扣10分		
2.2	制作控制状态图、图元关联数据库参数	完成控制状态图	10	未正确制作控制状态图扣5分； 未正确关联图元扣5分		
2.3	关联保护信号、关联设备	关联保护信号及设备	20	未正确关联保护信号扣10分； 未正确关联设备扣10分		
2.4	配置AVC遥控关系表	配置指定表	10	未正确配置指定表扣10分		
3	设备验证					
3.1	验证及备份	验证配置功能，备份设备配置	10	未正确验证设备功能扣5分； 未备份完整配置扣5分		
3.2	设备巡视	进行设备巡视	10	未巡视设备扣10分		
3.3	记录填写	操作结束后填写运维记录	10	记录不完整扣10分		
4	现场恢复	恢复现场	10	未进行现场恢复扣10分		
合计			100			

Jc0002242040　自动电压控制功能配置及线路参数录入。(100 分)

考核知识点： 自动电压控制的运行环境及参数配置

难易度： 中

技能等级评价专业技能考核操作工作任务书

一、任务名称

自动电压控制功能配置及线路参数录入。

二、适用工种

电网调度自动化维护员技师。

三、具体任务

（1）工作状态为调度自动化主站系统运行正常。工作内容为自动电压控制功能配置，根据表 Jc0002242040 完成实操站线路参数录入，并完成节点入库。

表 Jc0002242040

线路名称	实操一线	实操二线
线路总长度（km）	41.391	20.01
导线型号	2×JLHA3－425	2×JL/G1A－400/35
最大负荷电流	1900A	1600A
控制电流	1454	1250

（2）工作任务：完成自动电压控制功能配置及线路参数录入。

四、工作规范及要求

（1）按照《国家电网公司电力安全工作规程（电力监控部分）》要求做好相关安全措施，办理工作票。

（2）填写运维记录，并对设备进行全面巡视，检查设备运行情况。

五、考核及时间要求

（1）本考核操作时间为 60 分钟，按所完成的内容计分，未完成部分均不得分，时间到停止考核。

（2）技能操作过程中，如确实不能完成相关项目，可向考评员申请，该项目不得分，但不影响其他项目。

技能等级评价专业技能考核操作评分标准

<table>
<tr><td>工种</td><td colspan="5">电网调度自动化维护员</td><td>评价等级</td><td>技师</td></tr>
<tr><td>项目模块</td><td colspan="4">系统应用及操作—电网自动控制</td><td>编号</td><td colspan="2">Jc0002242040</td></tr>
<tr><td>单位</td><td colspan="2"></td><td>准考证号</td><td colspan="2"></td><td>姓名</td><td></td></tr>
<tr><td>考试时限</td><td>60 分钟</td><td>题型</td><td colspan="3">单项操作</td><td>题分</td><td>100 分</td></tr>
<tr><td>成绩</td><td>考评员</td><td></td><td>考评组长</td><td colspan="2"></td><td>日期</td><td></td></tr>
<tr><td>试题正文</td><td colspan="7">自动电压控制功能配置及线路参数录入</td></tr>
<tr><td>需要说明的问题和要求</td><td colspan="7">（1）要求单人完成工作任务。
（2）操作应注意安全，按照标准化作业书的技术安全说明做好安全措施。
（3）在指定系统/设备完成操作</td></tr>
</table>

序号	项目名称	质量要求	满分	扣分标准	扣分原因	得分
1	功能应用及安全措施					

续表

序号	项目名称	质量要求	满分	扣分标准	扣分原因	得分
1.1	相关安全措施的准备	（1）办理工作票。 （2）作业人员身份鉴别和授权。 （3）备份可能受影响的内容	10	未正确办理工作票扣3分； 未进行作业人员身份鉴别和授权扣2分； 未备份可能受影响的程序、配置文件、运行参数、运行数据、日志文件等扣5分		
2	设备配置					
2.1	登录主控台	正确登录主控台	5	未正确登录主控台扣5分		
2.2	参数录入	打开所需数据库表完成参数录入，参数类型应完整、正确	32	未正确录入参数每项扣4分，扣完为止		
2.3	数据复核	参数录入完毕进行复核	8	未正确进行数据复核扣8分		
2.4	节点入库	打开所需图形进行节点入库	5	未正确节点入库扣5分		
3	设备验证					
3.1	验证及备份	验证配置功能，备份设备配置	10	未正确验证设备功能扣5分； 未备份完整配置扣5分		
3.2	设备巡视	进行设备巡视	10	未巡视设备扣10分		
3.3	记录填写	操作结束后填写运维记录	10	记录不完整扣10分		
4	现场恢复	恢复现场	10	未进行现场恢复扣10分		
合计			100			

Jc0002242041　自动发电控制功能配置及AGC参数录入。（100分）

考核知识点：自动发电控制的运行环境及参数配置

难易度：中

技能等级评价专业技能考核操作工作任务书

一、任务名称

自动发电控制功能配置及AGC参数录入。

二、适用工种

电网调度自动化维护员技师。

三、具体任务

（1）工作状态为调度自动化主站系统运行正常。工作内容为自动发电控制功能配置，根据以下给定信息完成实操站自动发电控制功能配置：①增加实操变电站AGC遥信信息：子站AGC远方/就地，子站AGC功能投入/退出；②增加实操变电站AGC遥测信息：子站AGC有功设定返回值。

（2）工作任务：完成自动发电控制功能配置及AGC参数录入。

四、工作规范及要求

（1）按照《国家电网公司电力安全工作规程（电力监控部分）》要求做好相关安全措施，办理工作票。

（2）填写运维记录，并对设备进行全面巡视，检查设备运行情况。

五、考核及时间要求

（1）本考核操作时间为60分钟，按所完成的内容计分，未完成部分均不得分，时间到停止考核。

（2）技能操作过程中，如确实不能完成相关项目，可向考评员申请，该项目不得分，但不影响其他项目。

技能等级评价专业技能考核操作评分标准

工种	电网调度自动化维护员					评价等级	技师
项目模块	系统应用及操作—电网自动控制				编号	Jc0002242041	
单位			准考证号			姓名	
考试时限	60 分钟		题型	单项操作		题分	100 分
成绩		考评员		考评组长		日期	
试题正文	自动发电控制功能配置及 AGC 参数录入						
需要说明的问题和要求	（1）要求单人完成工作任务。 （2）操作应注意安全，按照标准化作业书的技术安全说明做好安全措施。 （3）在指定系统/设备完成操作						

序号	项目名称	质量要求	满分	扣分标准	扣分原因	得分
1	功能应用及安全措施					
1.1	相关安全措施的准备	（1）办理工作票。 （2）作业人员身份鉴别和授权。 （3）备份可能受影响的内容	10	未正确办理工作票扣 3 分； 未进行作业人员身份鉴别和授权扣 2 分； 未备份可能受影响的程序、配置文件、运行参数、运行数据、日志文件等扣 5 分		
2	设备配置					
2.1	添加 AGC 信息	正确添加 AGC 信息	18	未正确添加 AGC 信息每项扣 6 分，扣完为止		
2.2	完成数据库关联	关联数据库	18	未正确关联数据每项扣 6 分，扣完为止		
2.3	完成界面制作	制作界面	14	未正确制作界面扣 14 分		
3	设备验证					
3.1	验证及备份	验证配置功能，备份设备配置	10	未正确验证设备功能扣 5 分； 未备份完整配置扣 5 分		
3.2	设备巡视	进行设备巡视	10	未巡视设备扣 10 分		
3.3	记录填写	操作结束后填写运维记录	10	记录不完整扣 10 分		
4	现场恢复	恢复现场	10	未进行现场恢复扣 10 分		
合计			100			

Jc0003242042　前置通道异常故障处理。（100 分）

考核知识点：前置异常故障处理

难易度：中

技能等级评价专业技能考核操作工作任务书

一、任务名称

前置通道异常故障处理。

二、适用工种

电网调度自动化维护员技师。

三、具体任务

（1）工作状态为实操变电站前置网络通道参数已配置，但主站不能与实操变电站远动正常建立链接；实操站 RTU 地址为 1。工作内容为排除前置通道异常故障。

（2）工作任务：完成故障排除，并做好排除故障后的功能验证。

四、工作规范及要求

（1）按照《国家电网公司电力安全工作规程（电力监控部分）》要求做好相关安全措施，办理工作票。

（2）填写运维记录，并对设备进行全面巡视，检查设备运行情况。

五、考核及时间要求

（1）本考核操作时间为60分钟，按所完成的内容计分，未完成部分均不得分，时间到停止考核。

（2）技能操作过程中，如确实不能完成相关项目，可向考评员申请，该项目不得分，但不影响其他项目。

技能等级评价专业技能考核操作评分标准

工种	电网调度自动化维护员					评价等级	技师
项目模块	系统异常处理—厂站及通道工况异常处理				编号		Jc0003242042
单位			准考证号			姓名	
考试时限	60分钟		题型	单项操作		题分	100分
成绩		考评员		考评组长		日期	
试题正文	前置通道异常故障处理						
需要说明的问题和要求	（1）要求单人完成工作任务。 （2）操作应注意安全，按照标准化作业书的技术安全说明做好安全措施。 （3）在指定系统/设备完成操作						

序号	项目名称	质量要求	满分	扣分标准	扣分原因	得分
1	功能应用及安全措施					
1.1	相关安全措施的准备	（1）办理工作票。 （2）作业人员身份鉴别和授权。 （3）备份可能受影响的内容	10	未正确办理工作票扣3分； 未进行作业人员身份鉴别和授权扣2分； 未备份可能受影响的程序、配置文件、运行参数、运行数据、日志文件等扣5分		
2	故障排查					
2.1	故障查找	能正确进行故障查找： 故障1：厂站表中设置实操变电站厂站类型为“虚拟站”，实际应该为“变电站”。 故障2：实操变电站省调接入网104通道RTU地址设置为10，而实际RTU地址为1	30	未查找出故障每项扣15分		
2.2	故障排除	能正确进行故障排除	20	未正确排除故障每项扣10分，扣完为止		
3	操作记录					
3.1	变更记录	记录配置变更情况	10	未记录配置变更情况扣10分		
4	功能验证					
4.1	验证	验证故障确已消除	10	未正确验证故障已消除扣10分		
4.2	系统巡视	进行系统巡视	10	未巡视系统扣10分		
4.3	记录填写	操作结束后填写运维记录	5	记录不完整扣5分		
5	现场恢复	恢复现场	5	未进行现场恢复扣5分		
合计			100			

Jc0003242043－1　基础平台及 SCADA 异常处理。(100 分)

考核知识点：遥信位置不正确故障处理

难易度：中

技能等级评价专业技能考核操作工作任务书

一、任务名称

基础平台及 SCADA 异常处理。

二、适用工种

电网调度自动化维护员技师。

三、具体任务

（1）工作状态为实操变电站 511 断路器遥信位置与现场不一致。工作内容为排除断路器遥信位置不正确故障。

（2）工作任务：完成故障排除，并做好排除故障后的功能验证。

四、工作规范及要求

（1）按照《国家电网公司电力安全工作规程（电力监控部分）》要求做好相关安全措施，办理工作票。

（2）填写运维记录，并对设备进行全面巡视，检查设备运行情况。

五、考核及时间要求

（1）本考核操作时间为 60 分钟，按所完成的内容计分，未完成部分均不得分，时间到停止考核。

（2）技能操作过程中，如确实不能完成相关项目，可向考评员申请，该项目不得分，但不影响其他项目。

技能等级评价专业技能考核操作评分标准

工种	电网调度自动化维护员					评价等级	技师
项目模块	系统异常处理—基础平台及 SCADA 异常处理				编号	Jc0003242043－1	
单位		准考证号				姓名	
考试时限	60 分钟	题型	单项操作			题分	100 分
成绩		考评员		考评组长		日期	
试题正文	基础平台及 SCADA 异常处理						
需要说明的问题和要求	（1）要求单人完成工作任务。 （2）操作应注意安全，按照标准化作业书的技术安全说明做好安全措施。 （3）在指定系统/设备完成操作						

序号	项目名称	质量要求	满分	扣分标准	扣分原因	得分
1	功能应用及安全措施					
1.1	相关安全措施的准备	（1）办理工作票。 （2）作业人员身份鉴别和授权。 （3）备份可能受影响的内容	10	未正确办理工作票扣 3 分； 未进行作业人员身份鉴别和授权扣 2 分； 未备份可能受影响的程序、配置文件、运行参数、运行数据、日志文件等扣 5 分		

续表

序号	项目名称	质量要求	满分	扣分标准	扣分原因	得分
2	故障排查					
2.1	故障查找	能正确进行故障查找： 故障 1：设置前置遥信定义表“实操变电站 511 断路器”极性为反极性。 故障 2：设置前置“实操变电站 511 断路器”遥信状态为无效	30	未查找出故障每项扣 15 分		
2.2	故障排除	能正确进行故障排除	20	未正确排除故障每项扣 10 分，扣完为止		
3	操作记录					
3.1	变更记录	记录配置变更情况	10	未记录配置变更情况扣 10 分		
4	功能验证					
4.1	验证	验证故障确已消除	10	未正确验证故障已消除扣 10 分		
4.2	系统巡视	进行系统巡视	10	未巡视系统扣 10 分		
4.3	记录填写	操作结束后填写运维记录	5	记录不完整扣 5 分		
5	现场恢复	恢复现场	5	未进行现场恢复扣 5 分		
	合计		100			

Jc0003242043－2 基础平台及 SCADA 异常处理。（100 分）

考核知识点：遥信位置不正确故障处理

难易度：中

技能等级评价专业技能考核操作工作任务书

一、任务名称

基础平台及 SCADA 异常处理。

二、适用工种

电网调度自动化维护员技师。

三、具体任务

（1）工作状态为实操变电站 511 断路器对点时，主站画面 511 断路器不变位，告警窗无变位信息；511 断路器遥信点号为 101。工作内容为排除断路器遥信位置不变位故障。

（2）工作任务：完成故障排除，并做好排除故障后的功能验证。

四、工作规范及要求

（1）按照《国家电网公司电力安全工作规程（电力监控部分）》要求做好相关安全措施，办理工作票。

（2）填写运维记录，并对设备进行全面巡视，检查设备运行情况。

五、考核及时间要求

（1）本考核操作时间为 60 分钟，按所完成的内容计分，未完成部分均不得分，时间到停止考核。

（2）技能操作过程中，如确实不能完成相关项目，可向考评员申请，该项目不得分，但不影响其他项目。

技能等级评价专业技能考核操作评分标准

工种	电网调度自动化维护员					评价等级	技师
项目模块	系统异常处理—基础平台及 SCADA 异常处理				编号	Jc0003242043－2	
单位			准考证号			姓名	
考试时限	60 分钟		题型	单项操作		题分	100 分
成绩		考评员		考评组长		日期	
试题正文	基础平台及 SCADA 异常处理						
需要说明的问题和要求	（1）要求单人完成工作任务。 （2）操作应注意安全，按照标准化作业书的技术安全说明做好安全措施。 （3）在指定系统/设备完成操作						

序号	项目名称	质量要求	满分	扣分标准	扣分原因	得分
1	功能应用及安全措施					
1.1	相关安全措施的准备	（1）办理工作票。 （2）作业人员身份鉴别和授权。 （3）备份可能受影响的内容	10	未正确办理工作票扣 3 分； 未进行作业人员身份鉴别和授权扣 2 分； 未备份可能受影响的程序、配置文件、运行参数、运行数据、日志文件等扣 5 分		
2	故障排查					
2.1	故障查找	能正确进行故障查找： 故障 1：设置前置遥信定义表“实操变电站 511 断路器”点号错误。 故障 2：设置前置遥信定义表“实操变电站 511 断路器”通道错误	30	未查找出故障每项扣 15 分		
2.2	故障排除	能正确进行故障排除	20	未正确排除故障每项扣 10 分，扣完为止		
3	操作记录					
3.1	变更记录	记录配置变更情况	10	未记录配置变更情况扣 10 分		
4	功能验证					
4.1	验证	验证故障确已消除	10	未正确验证故障已消除扣 10 分		
4.2	系统巡视	进行系统巡视	10	未巡视系统扣 10 分		
4.3	记录填写	操作结束后填写运维记录	5	记录不完整扣 5 分		
5	现场恢复	恢复现场	5	未进行现场恢复扣 5 分		
合计			100			

Jc0003242043－3　基础平台及 SCADA 异常处理。（100 分）

考核知识点：遥信位置不正确故障处理

难易度：中

技能等级评价专业技能考核操作工作任务书

一、任务名称

基础平台及 SCADA 异常处理。

二、适用工种

电网调度自动化维护员技师。

三、具体任务

（1）工作状态为实操变电站 511 断路器对点时，主站画面 511 断路器不变位，告警窗无变位信息；

511 断路器遥信点号为 101。工作内容为排除断路器遥信位置不变位故障。

（2）工作任务：完成故障排除，并做好排除故障后的功能验证。

四、工作规范及要求

（1）按照《国家电网公司电力安全工作规程（电力监控部分）》要求做好相关安全措施，办理工作票。

（2）填写运维记录，并对设备进行全面巡视，检查设备运行情况。

五、考核及时间要求

（1）本考核操作时间为 60 分钟，按所完成的内容计分，未完成部分均不得分，时间到停止考核。

（2）技能操作过程中，如确实不能完成相关项目，可向考评员申请，该项目不得分，但不影响其他项目。

技能等级评价专业技能考核操作评分标准

工种	电网调度自动化维护员					评价等级	技师
项目模块	系统异常处理—基础平台及 SCADA 异常处理				编号	Jc0003242043－3	
单位			准考证号			姓名	
考试时限	60 分钟		题型		单项操作	题分	100 分
成绩		考评员		考评组长		日期	
试题正文	基础平台及 SCADA 异常处理						
需要说明的问题和要求	（1）要求单人完成工作任务。 （2）操作应注意安全，按照标准化作业书的技术安全说明做好安全措施。 （3）在指定系统/设备完成操作						

序号	项目名称	质量要求	满分	扣分标准	扣分原因	得分
1	功能应用及安全措施					
1.1	相关安全措施的准备	（1）办理工作票。 （2）作业人员身份鉴别和授权。 （3）备份可能受影响的内容	10	未正确办理工作票扣 3 分； 未进行作业人员身份鉴别和授权扣 2 分； 未备份可能受影响的程序、配置文件、运行参数、运行数据、日志文件等扣 5 分		
2	故障排查					
2.1	故障查找	能正确进行故障查找： 故障 1：设置前置遥信定义表“实操变电站 511 断路器”极性为反极性。 故障 2：设置前置遥信定义表“实操变电站 511 断路器”点号错误	30	未查找出故障每项扣 15 分		
2.2	故障排除	能正确进行故障排除	20	未正确排除故障每项扣 10 分，扣完为止		
3	操作记录					
3.1	变更记录	记录配置变更情况	10	未记录配置变更情况扣 10 分		
4	功能验证					
4.1	验证	验证故障确已消除	10	未正确验证故障已消除扣 10 分		
4.2	系统巡视	进行系统巡视	10	未巡视系统扣 10 分		
4.3	记录填写	操作结束后填写运维记录	5	记录不完整扣 5 分		
5	现场恢复	恢复现场	5	未进行现场恢复扣 5 分		
合计			100			

Jc0003242043－4 基础平台及 SCADA 异常处理。(100 分)

考核知识点：遥信位置不正确故障处理

难易度：中

技能等级评价专业技能考核操作工作任务书

一、任务名称

基础平台及 SCADA 异常处理。

二、适用工种

电网调度自动化维护员技师。

三、具体任务

(1) 工作状态为实操变电站 511 断路器对点时，主站画面 511 断路器不变位，告警窗无变位信息。工作内容为排除断路器遥信位置不变位故障。

(2) 工作任务：完成故障排除，并做好排除故障后的功能验证。

四、工作规范及要求

(1) 按照《国家电网公司电力安全工作规程（电力监控部分）》要求做好相关安全措施，办理工作票。

(2) 填写运维记录，并对设备进行全面巡视，检查设备运行情况。

五、考核及时间要求

(1) 本考核操作时间为 60 分钟，按所完成的内容计分，未完成部分均不得分，时间到停止考核。

(2) 技能操作过程中，如确实不能完成相关项目，可向考评员申请，该项目不得分，但不影响其他项目。

技能等级评价专业技能考核操作评分标准

工种	电网调度自动化维护员				评价等级	技师
项目模块	系统异常处理—基础平台及 SCADA 异常处理			编号	Jc0003242043－4	
单位		准考证号			姓名	
考试时限	60 分钟	题型	单项操作		题分	100 分
成绩	考评员		考评组长		日期	
试题正文	基础平台及 SCADA 异常处理					
需要说明的问题和要求	(1) 要求单人完成工作任务。 (2) 操作应注意安全，按照标准化作业书的技术安全说明做好安全措施。 (3) 在指定系统/设备完成操作					

序号	项目名称	质量要求	满分	扣分标准	扣分原因	得分
1	功能应用及安全措施					
1.1	相关安全措施的准备	(1) 办理工作票。 (2) 作业人员身份鉴别和授权。 (3) 备份可能受影响的内容	10	未正确办理工作票扣 3 分； 未进行作业人员身份鉴别和授权扣 2 分； 未备份可能受影响的程序、配置文件、运行参数、运行数据、日志文件等扣 5 分		
2	故障排查					
2.1	故障查找	能正确进行故障查找： 故障 1：设置前置遥信定义表“实操变电站 511 断路器”通道错误。 故障 2：设置前置“实操变电站 511 断路器”遥信状态为无效	30	未查找出故障每项扣 15 分		

续表

序号	项目名称	质量要求	满分	扣分标准	扣分原因	得分
2.2	故障排除	能正确进行故障排除	20	未正确排除故障每项扣10分，扣完为止		
3	操作记录					
3.1	变更记录	记录配置变更情况	10	未记录配置变更情况扣10分		
4	功能验证					
4.1	验证	验证故障确已消除	10	未正确验证故障已消除扣10分		
4.2	系统巡视	进行系统巡视	10	未巡视系统扣10分		
4.3	记录填写	操作结束后填写运维记录	5	记录不完整扣5分		
5	现场恢复	恢复现场	5	未进行现场恢复扣5分		
合计			100			

Jc0003242044－1 遥测数据不刷新故障处理。（100分）

考核知识点：数据显示异常

难易度：中

技能等级评价专业技能考核操作工作任务书

一、任务名称

遥测数据不刷新故障处理。

二、适用工种

电网调度自动化维护员技师。

三、具体任务

（1）工作状态为实操Ⅰ线电流以及无功数据不刷新。工作内容为排除数据不刷新故障。

（2）工作任务：完成故障排除，并做好排除故障后的功能验证。

四、工作规范及要求

（1）按照《国家电网公司电力安全工作规程（电力监控部分）》要求做好相关安全措施，办理工作票。

（2）填写运维记录，并对设备进行全面巡视，检查设备运行情况。

五、考核及时间要求

（1）本考核操作时间为60分钟，按所完成的内容计分，未完成部分均不得分，时间到停止考核。

（2）技能操作过程中，如确实不能完成相关项目，可向考评员申请，该项目不得分，但不影响其他项目。

技能等级评价专业技能考核操作评分标准

工种	电网调度自动化维护员					评价等级	技师
项目模块	系统异常处理—基础平台及SCADA异常处理				编号	Jc0003242044－1	
单位			准考证号			姓名	
考试时限	60分钟		题型	单项操作		题分	100分
成绩		考评员		考评组长		日期	

续表

试题正文	遥测数据不刷新故障处理
需要说明的问题和要求	（1）要求单人完成工作任务。 （2）操作应注意安全，按照标准化作业书的技术安全说明做好安全措施。 （3）在指定系统/设备完成操作

序号	项目名称	质量要求	满分	扣分标准	扣分原因	得分
1	功能应用及安全措施					
1.1	相关安全措施的准备	（1）办理工作票。 （2）作业人员身份鉴别和授权。 （3）备份可能受影响的内容	10	未正确办理工作票扣3分； 未进行作业人员身份鉴别和授权扣2分； 未备份可能受影响的程序、配置文件、运行参数、运行数据、日志文件等扣5分		
2	故障排查					
2.1	故障查找	能正确进行故障查找： 故障1：实操Ⅰ线无功数据封锁。 故障2：实操Ⅰ线电流值超过合理值上限范围	30	未查找出故障每项扣15分		
2.2	故障排除	能正确进行故障排除	20	未正确排除故障每项扣10分，扣完为止		
3	操作记录					
3.1	变更记录	记录配置变更情况	10	未记录配置变更情况扣10分		
4	功能验证					
4.1	验证	验证故障确已消除	10	未正确验证故障已消除扣10分		
4.2	系统巡视	进行系统巡视	10	未巡视系统扣10分		
4.3	记录填写	操作结束后填写运维记录	5	记录不完整扣5分		
5	现场恢复	恢复现场	5	未进行现场恢复扣5分		
合计			100			

Jc0003242044－2　遥测数据不刷新故障处理。（100分）

考核知识点：数据显示异常

难易度：中

技能等级评价专业技能考核操作工作任务书

一、任务名称

遥测数据不刷新故障处理。

二、适用工种

电网调度自动化维护员技师。

三、具体任务

（1）工作状态为实操Ⅱ线有功值以及线电压数据不刷新。工作内容为排除数据不刷新故障。

（2）工作任务：完成故障排除，并做好排除故障后的功能验证。

四、工作规范及要求

（1）按照《国家电网公司电力安全工作规程（电力监控部分）》要求做好相关安全措施，办理工作票。

（2）填写运维记录，并对设备进行全面巡视，检查设备运行情况。

五、考核及时间要求

（1）本考核操作时间为60分钟，按所完成的内容计分，未完成部分均不得分，时间到停止考核。

（2）技能操作过程中，如确实不能完成相关项目，可向考评员申请，该项目不得分，但不影响其他项目。

技能等级评价专业技能考核操作评分标准

工种	电网调度自动化维护员			评价等级	技师	
项目模块	系统异常处理—基础平台及SCADA异常处理		编号	Jc0003242044－2		
单位		准考证号		姓名		
考试时限	60分钟	题型	单项操作	题分	100分	
成绩		考评员		考评组长		日期
试题正文	遥测数据不刷新故障处理					
需要说明的问题和要求	（1）要求单人完成工作任务。 （2）操作应注意安全，按照标准化作业书的技术安全说明做好安全措施。 （3）在指定系统/设备完成操作					
序号	项目名称	质量要求	满分	扣分标准	扣分原因	得分
1	功能应用及安全措施					
1.1	相关安全措施的准备	（1）办理工作票。 （2）作业人员身份鉴别和授权。 （3）备份可能受影响的内容	10	未正确办理工作票扣3分； 未进行作业人员身份鉴别和授权扣2分； 未备份可能受影响的程序、配置文件、运行参数、运行数据、日志文件等扣5分		
2	故障排查					
2.1	故障查找	能正确进行故障查找： 故障1：实操Ⅱ线有功值被置数。 故障2：实操Ⅱ线线路电压为非实测	30	未查找出故障每项扣15分		
2.2	故障排除	能正确进行故障排除	20	未正确排除故障每项扣10分，扣完为止		
3	操作记录					
3.1	变更记录	记录配置变更情况	10	未记录配置变更情况扣10分		
4	功能验证					
4.1	验证	验证故障确已消除	10	未正确验证故障已消除扣10分		
4.2	系统巡视	进行系统巡视	10	未巡视系统扣10分		
4.3	记录填写	操作结束后填写运维记录	5	记录不完整扣5分		
5	现场恢复	恢复现场	5	未进行现场恢复扣5分		
合计			100			

Jc0003242045 前置遥信设置错误故障排查。（100分）

考核知识点：前置遥信异常处理

难易度：中

技能等级评价专业技能考核操作工作任务书

一、任务名称

前置遥信设置错误故障排查。

二、适用工种

电网调度自动化维护员技师。

三、具体任务

（1）工作状态为前置遥信报文点号与实际点号错位，但是遥信位置报文正常；IEC104 规约遥信起始地址为 1，遥信地址数为 3000。工作内容为排除前置遥信设置错误故障。

（2）工作任务：完成故障排除，并做好排除故障后的功能验证。

四、工作规范及要求

（1）按照《国家电网公司电力安全工作规程（电力监控部分）》要求做好相关安全措施，办理工作票。

（2）填写运维记录，并对设备进行全面巡视，检查设备运行情况。

五、考核及时间要求

（1）本考核操作时间为 60 分钟，按所完成的内容计分，未完成部分均不得分，时间到停止考核。

（2）技能操作过程中，如确实不能完成相关项目，可向考评员申请，该项目不得分，但不影响其他项目。

技能等级评价专业技能考核操作评分标准

工种	电网调度自动化维护员					评价等级	技师
项目模块	系统异常处理—基础平台及 SCADA 异常处理				编号	Jc0003242045	
单位			准考证号			姓名	
考试时限	60 分钟		题型	单项操作		题分	100 分
成绩		考评员		考评组长		日期	
试题正文	前置遥信设置错误故障排查						
需要说明的问题和要求	（1）要求单人完成工作任务。 （2）操作应注意安全，按照标准化作业书的技术安全说明做好安全措施。 （3）在指定系统/设备完成操作						

序号	项目名称	质量要求	满分	扣分标准	扣分原因	得分
1	功能应用及安全措施					
1.1	相关安全措施的准备	（1）办理工作票。 （2）作业人员身份鉴别和授权。 （3）备份可能受影响的内容	10	未正确办理工作票扣 3 分； 未进行作业人员身份鉴别和授权扣 2 分； 未备份可能受影响的程序、配置文件、运行参数、运行数据、日志文件等扣 5 分		
2	故障排查					
2.1	故障查找	能正确进行故障查找： 故障 1：数据库内的“IEC104 规约表”的“遥信起始地址”改为 100，实际为 1。 故障 2：数据库内的“IEC104 规约表”的“遥信地址数”改为 1000，实际为 3000	30	未查找出故障每项扣 15 分		
2.2	故障排除	能正确进行故障排除	20	未正确排除故障每项扣 10 分，扣完为止		

续表

序号	项目名称	质量要求	满分	扣分标准	扣分原因	得分
3	操作记录					
3.1	变更记录	记录配置变更情况	10	未记录配置变更情况扣 10 分		
4	功能验证					
4.1	验证	验证故障确已消除	10	未正确验证故障已消除扣 10 分		
4.2	系统巡视	进行系统巡视	10	未巡视系统扣 10 分		
4.3	记录填写	操作结束后填写运维记录	5	记录不完整扣 5 分		
5	现场恢复	恢复现场	5	未进行现场恢复扣 5 分		
合计			100			

Jc0003242046－1　前置遥测设置错误故障排查。（100 分）

考核知识点：前置遥测异常处理

难易度：中

技能等级评价专业技能考核操作工作任务书

一、任务名称

前置遥测设置错误故障排查。

二、适用工种

电网调度自动化维护员技师。

三、具体任务

（1）工作状态为前置遥测报文点号与实际点号错位，但是遥测值报文正常；IEC104 规约遥测起始地址为 4001，遥测地址数为 512。工作内容为排除前置遥测设置错误故障。

（2）工作任务：完成故障排除，并做好排除故障后的功能验证。

四、工作规范及要求

（1）按照《国家电网公司电力安全工作规程（电力监控部分）》要求做好相关安全措施，办理工作票。

（2）填写运维记录，并对设备进行全面巡视，检查设备运行情况。

五、考核及时间要求

（1）本考核操作时间为 60 分钟，按所完成的内容计分，未完成部分均不得分，时间到停止考核。

（2）技能操作过程中，如确实不能完成相关项目，可向考评员申请，该项目不得分，但不影响其他项目。

技能等级评价专业技能考核操作评分标准

工种	电网调度自动化维护员					评价等级	技师
项目模块	系统异常处理—基础平台及 SCADA 异常处理				编号	Jc0003242046－1	
单位		准考证号				姓名	
考试时限	60 分钟	题型		单项操作		题分	100 分
成绩		考评员		考评组长		日期	
试题正文	前置遥测设置错误故障排查						

续表

需要说明的问题和要求	（1）要求单人完成工作任务。 （2）操作应注意安全，按照标准化作业书的技术安全说明做好安全措施。 （3）在指定系统/设备完成操作

序号	项目名称	质量要求	满分	扣分标准	扣分原因	得分
1	功能应用及安全措施					
1.1	相关安全措施的准备	（1）办理工作票。 （2）作业人员身份鉴别和授权。 （3）备份可能受影响的内容	10	未正确办理工作票扣3分； 未进行作业人员身份鉴别和授权扣2分； 未备份可能受影响的程序、配置文件、运行参数、运行数据、日志文件等扣5分		
2	故障排查					
2.1	故障查找	能正确进行故障查找： 故障1：数据库内的“IEC104规约表”的“遥测起始地址”为4000，实际应为4001。 故障2：数据库内的“IEC104规约表”的“遥测地址数”改256，实际应为512	30	未查找出故障每项扣15分		
2.2	故障排除	能正确进行故障排除	20	未正确排除故障每项扣10分，扣完为止		
3	操作记录					
3.1	变更记录	记录配置变更情况	10	未记录配置变更情况扣10分		
4	功能验证					
4.1	验证	验证故障确已消除	10	未正确验证故障已消除扣10分		
4.2	系统巡视	进行系统巡视	10	未巡视系统扣10分		
4.3	记录填写	操作结束后填写运维记录	5	记录不完整扣5分		
5	现场恢复	恢复现场	5	未进行现场恢复扣5分		
合计			100			

Jc0003242046－2　前置遥测设置错误故障排查。（100分）

考核知识点：前置遥测异常处理

难易度：中

技能等级评价专业技能考核操作工作任务书

一、任务名称

前置遥测设置错误故障排查。

二、适用工种

电网调度自动化维护员技师。

三、具体任务

（1）工作状态为在实操变电站无法新增遥信遥测。工作内容为排除无法新增遥信遥测故障。

（2）工作任务：完成故障排除，并做好排除故障后的功能验证。

四、工作规范及要求

（1）按照《国家电网公司电力安全工作规程（电力监控部分）》要求做好相关安全措施，办理工作票。

（2）填写运维记录，并对设备进行全面巡视，检查设备运行情况。

五、考核及时间要求

（1）本考核操作时间为60分钟，按所完成的内容计分，未完成部分均不得分，时间到停止考核。

（2）技能操作过程中，如确实不能完成相关项目，可向考评员申请，该项目不得分，但不影响其他项目。

技能等级评价专业技能考核操作评分标准

工种	电网调度自动化维护员					评价等级	技师
项目模块	系统异常处理—基础平台及SCADA异常处理				编号	Jc0003242046－2	
单位			准考证号			姓名	
考试时限	60分钟	题型		单项操作		题分	100分
成绩		考评员		考评组长		日期	
试题正文	前置遥测设置错误故障排查						
需要说明的问题和要求	（1）要求单人完成工作任务。 （2）操作应注意安全，按照标准化作业书的技术安全说明做好安全措施。 （3）在指定系统/设备完成操作						

序号	项目名称	质量要求	满分	扣分标准	扣分原因	得分
1	功能应用及安全措施					
1.1	相关安全措施的准备	（1）办理工作票。 （2）作业人员身份鉴别和授权。 （3）备份可能受影响的内容	10	未正确办理工作票扣3分； 未进行作业人员身份鉴别和授权扣2分； 未备份可能受影响的程序、配置文件、运行参数、运行数据、日志文件等扣5分		
2	故障排查					
2.1	故障查找	能正确进行故障查找： 故障1：将通信厂站表中“实操变电站”最大遥信数改为256。 故障2：将通信厂站表中“实操变电站”最大遥测数改为128	30	未查找出故障每项扣15分		
2.2	故障排除	能正确进行故障排除	20	未正确排除故障每项扣10分，扣完为止		
3	操作记录					
3.1	变更记录	记录配置变更情况	10	未记录配置变更情况扣10分		
4	功能验证					
4.1	验证	验证故障确已消除	10	未正确验证故障已消除扣10分		
4.2	系统巡视	进行系统巡视	10	未巡视系统扣10分		
4.3	记录填写	操作结束后填写运维记录	5	记录不完整扣5分		
5	现场恢复	恢复现场	5	未进行现场恢复扣5分		
合计			100			

Jc0003242047－1 前置报文上送异常故障排查。（100分）

考核知识点： 前置机远动网络通道的调试方法

难易度： 中

技能等级评价专业技能考核操作工作任务书

一、任务名称

前置报文上送异常故障排查。

二、适用工种

电网调度自动化维护员技师。

三、具体任务

（1）工作状态为在调试某场站远动时发现主站无法收到报文；远动地址 192.168.1.100；端口号 2404。工作内容为排除前置报文上送异常故障。

（2）工作任务：完成故障排除，并做好排除故障后的功能验证。

四、工作规范及要求

（1）按照《国家电网公司电力安全工作规程（电力监控部分）》要求做好相关安全措施，办理工作票。

（2）填写运维记录，并对设备进行全面巡视，检查设备运行情况。

五、考核及时间要求

（1）本考核操作时间为 60 分钟，按所完成的内容计分，未完成部分均不得分，时间到停止考核。

（2）技能操作过程中，如确实不能完成相关项目，可向考评员申请，该项目不得分，但不影响其他项目。

技能等级评价专业技能考核操作评分标准

工种	电网调度自动化维护员					评价等级	技师
项目模块	系统异常处理—基础平台及 SCADA 异常处理				编号	Jc0003242047－1	
单位			准考证号			姓名	
考试时限	60 分钟		题型	单项操作		题分	100 分
成绩		考评员		考评组长		日期	
试题正文	前置报文上送异常故障排查						
需要说明的问题和要求	（1）要求单人完成工作任务。 （2）操作应注意安全，按照标准化作业书的技术安全说明做好安全措施。 （3）在指定系统/设备完成操作						

序号	项目名称	质量要求	满分	扣分标准	扣分原因	得分
1	功能应用及安全措施					
1.1	相关安全措施的准备	（1）办理工作票。 （2）作业人员身份鉴别和授权。 （3）备份可能受影响的内容	10	未正确办理工作票扣 3 分； 未进行作业人员身份鉴别和授权扣 2 分； 未备份可能受影响的程序、配置文件、运行参数、运行数据、日志文件等扣 5 分		
2	故障排查					
2.1	故障查找	能正确进行故障查找： 故障 1：通道表中厂站的 IP 填写错误。 故障 2：通道表中厂站的端口号填写错误	30	未查找出故障每项扣 15 分		
2.2	故障排除	能正确进行故障排除	20	未正确排除故障每项扣 10 分，扣完为止		

续表

序号	项目名称	质量要求	满分	扣分标准	扣分原因	得分
3	操作记录					
3.1	变更记录	记录配置变更情况	10	未记录配置变更情况扣10分		
4	功能验证					
4.1	验证	验证故障确已消除	10	未正确验证故障已消除扣10分		
4.2	系统巡视	进行系统巡视	10	未巡视系统扣10分		
4.3	记录填写	操作结束后填写运维记录	5	记录不完整扣5分		
5	现场恢复	恢复现场	5	未进行现场恢复扣5分		
合计			100			

Jc0003242047－2　前置报文上送异常故障排查。（100分）

考核知识点：前置机远动网络通道的调试方法

难易度：中

技能等级评价专业技能考核操作工作任务书

一、任务名称

前置报文上送异常故障排查。

二、适用工种

电网调度自动化维护员技师。

三、具体任务

（1）工作状态为主站调度自动化系统运行正常，在调试某场站远动时发现报文不上送。工作内容为排查报文不上送故障原因并处理。

（2）工作任务：分析排除设置的故障，完成现场检验任务。

四、工作规范及要求

（1）按照《国家电网公司电力安全工作规程（电力监控部分）》要求做好相关安全措施，办理工作票。

（2）维护完成后填写运维记录，并对系统进行全面巡视。

五、考核及时间要求

（1）本考核操作时间为60分钟，按所完成的内容计分，未完成部分均不得分，时间到停止考核。

（2）设备配置过程中，如确实不能完成相关配置，可向考评员申请，该项项目不得分，但不影响其他项目。

技能等级评价专业技能考核操作评分标准

工种	电网调度自动化维护员				评价等级	技师
项目模块	系统异常处理—SCADA安装调试			编号	Jc0003242047－2	
单位			准考证号		姓名	
考试时限	60分钟	题型	单项操作		题分	100分
成绩		考评员		考评组长	日期	
试题正文	前置报文上送异常故障排查					

续表

需要说明的问题和要求	（1）要求单人完成工作任务。 （2）操作应注意安全，按照标准化作业书的技术安全说明做好安全措施。 （3）在指定系统/设备完成操作

序号	项目名称	质量要求	满分	扣分标准	扣分原因	得分
1	功能应用及安全措施					
1.1	相关安全措施的准备	（1）办理工作票。 （2）作业人员身份鉴别和授权。 （3）备份可能受影响的内容	10	未正确办理工作票扣 3 分； 未进行作业人员身份鉴别和授权扣 2 分； 未备份可能受影响的程序、配置文件、运行参数、运行数据、日志文件等扣 5 分		
2	故障排查					
2.1	故障查找	能正确进行故障查找： 故障 1：通道表中厂站的端口号填写错误。 故障 2：通道分配模式填写错误	30	未查找出故障每项扣 15 分		
2.2	故障排除	能正确进行故障排除	20	未正确排除故障每项扣 10 分，扣完为止		
3	操作记录					
3.1	变更记录	记录配置变更情况	10	未记录配置变更情况扣 10 分		
4	功能验证					
4.1	验证	验证故障确已消除	10	未正确验证故障已消除扣 10 分		
4.2	系统巡视	进行系统巡视	10	未巡视系统扣 10 分		
4.3	记录填写	操作结束后填写运维记录	5	记录不完整扣 5 分		
5	现场恢复	恢复现场	5	未进行现场恢复扣 5 分		
合计			100			

Jc0003242048　模型文件异常故障排查。（100 分）

考核知识点：PAS 模型异常故障处理

难易度：中

技能等级评价专业技能考核操作工作任务书

一、任务名称

模型文件异常故障排查。

二、适用工种

电网调度自动化维护员技师。

三、具体任务

（1）工作状态为调度自动化系统运行正常，但 PAS 应用无法正常生成模型。工作内容为查找故障原因并分析处理。

（2）工作任务：完成分析排除设置的故障，完成现场检验任务。

四、工作规范及要求

（1）按照《国家电网公司电力安全工作规程（电力监控部分）》要求做好相关安全措施，办理工作票。

（2）维护完成后填写运维记录，并对系统进行全面巡视。

五、考核及时间要求

（1）本考核操作时间为60分钟，按所完成的内容计分，未完成部分均不得分，时间到停止考核。

（2）设备配置过程中，如确实不能完成相关配置，可向考评员申请，该项项目不得分，但不影响其他项目。

技能等级评价专业技能考核操作评分标准

工种	电网调度自动化维护员				评价等级	技师
项目模块	系统异常处理—基础平台及SCADA异常处理		编号	Jc0003242048		
单位		准考证号			姓名	
考试时限	60分钟	题型	单项操作		题分	100分
成绩		考评员		考评组长	日期	
试题正文	模型文件异常故障排查					
需要说明的问题和要求	（1）要求单人完成工作任务。 （2）操作应注意安全，按照标准化作业书的技术安全说明做好安全措施。 （3）在指定系统/设备完成操作					

序号	项目名称	质量要求	满分	扣分标准	扣分原因	得分
1	功能应用及安全措施					
1.1	相关安全措施的准备	（1）办理工作票。 （2）作业人员身份鉴别和授权。 （3）备份可能受影响的内容	10	未正确办理工作票扣3分； 未进行作业人员身份鉴别和授权扣2分； 未备份可能受影响的程序、配置文件、运行参数、运行数据、日志文件等扣5分		
2	故障排查					
2.1	故障查找	能正确进行故障查找： 故障1：正确启动CIME文件生成程序。 故障2：正确在/var/model_ythxs目录下生成CIME文件	30	未查找出故障每项扣15分		
2.2	故障排除	能正确进行故障排除	20	未正确排除故障每项扣10分，扣完为止		
3	操作记录					
3.1	变更记录	记录配置变更情况	10	未记录配置变更情况扣10分		
4	功能验证					
4.1	验证	验证故障确已消除	10	未正确验证故障已消除扣10分		
4.2	系统巡视	进行系统巡视	10	未巡视系统扣10分		
4.3	记录填写	操作结束后填写运维记录	5	记录不完整扣5分		
5	现场恢复	恢复现场	5	未进行现场恢复扣5分		
合计			100			

Jc0003242049 遥信位置不正确问题排查。（100分）

考核知识点：画面显示异常故障处理

难易度：中

技能等级评价专业技能考核操作工作任务书

一、任务名称

遥信位置不正确问题排查。

二、适用工种

电网调度自动化维护员技师。

三、具体任务

（1）工作状态为调度自动化主站系统运行正常，考试站 511 断路器遥信位置显示不正确。工作内容为排查遥信位置不正确原因并处理。

（2）工作任务：完成分析排除故障，完成现场检验任务。

四、工作规范及要求

（1）按照《国家电网公司电力安全工作规程（电力监控部分）》要求做好相关安全措施，办理工作票。

（2）维护完成后填写运维记录，并对系统进行全面巡视。

五、考核及时间要求

（1）本考核操作时间为 60 分钟，按所完成的内容计分，未完成部分均不得分，时间到停止考核。

（2）设备配置过程中，如确实不能完成相关配置，可向考评员申请，该项项目不得分，但不影响其他项目。

技能等级评价专业技能考核操作评分标准

工种	电网调度自动化维护员				评价等级	技师
项目模块	系统异常处理—基础平台及 SCADA 异常处理			编号	Jc0003242049	
单位		准考证号			姓名	
考试时限	60 分钟	题型	单项操作		题分	100 分
成绩		考评员		考评组长	日期	
试题正文	遥信位置不正确问题排查					
需要说明的问题和要求	（1）要求单人完成工作任务。 （2）操作应注意安全，按照标准化作业书的技术安全说明做好安全措施。 （3）在指定系统/设备完成操作					

序号	项目名称	质量要求	满分	扣分标准	扣分原因	得分
1	功能应用及安全措施					
1.1	相关安全措施的准备	（1）办理工作票。 （2）作业人员身份鉴别和授权。 （3）备份可能受影响的内容	10	未正确办理工作票扣 3 分； 未进行作业人员身份鉴别和授权扣 2 分； 未备份可能受影响的程序、配置文件、运行参数、运行数据、日志文件等扣 5 分		
2	故障排查					
2.1	故障查找	能正确进行故障查找： 故障 1：设置前置遥信定义表“考试站 511 断路器”点号错误。 故障 2：设置前置遥信定义表“考试站 511 断路器”通道错误	30	未查找出故障每项扣 15 分		
2.2	故障排除	能正确进行故障排除	20	未正确排除故障每项扣 10 分，扣完为止		

续表

序号	项目名称	质量要求	满分	扣分标准	扣分原因	得分
3	操作记录					
3.1	变更记录	记录配置变更情况	10	未记录配置变更情况扣 10 分		
4	功能验证					
4.1	验证	验证故障确已消除	10	未正确验证故障已消除扣 10 分		
4.2	系统巡视	进行系统巡视	10	未巡视系统扣 10 分		
4.3	记录填写	操作结束后填写运维记录	5	记录不完整扣 5 分		
5	现场恢复	恢复现场	5	未进行现场恢复扣 5 分		
合计			100			

Jc0003242050 量测不平衡异常处理。(100 分)

考核知识点：量测不平衡判断及处理

难易度：中

技能等级评价专业技能考核操作工作任务书

一、任务名称

量测不平衡异常处理。

二、适用工种

电网调度自动化维护员技师。

三、具体任务

(1) 工作状态为调度自动化主站系统运行正常，自动化人员进行系统巡视时发现考试站母线功率、有功及主变压器均出现不平衡，到现场核实后，发现现场数据正常未出现不平衡，系统规定主站遥测系数默认为1，遥信极性默认为正极性。工作内容为量测不平衡故障查找及分析，并消除母线不平衡。

(2) 工作任务：完成分析及排除故障，并进行现场检验任务。

四、工作规范及要求

(1) 按照《国家电网公司电力安全工作规程（电力监控部分）》要求做好相关安全措施，办理工作票。

(2) 维护完成后填写运维记录，并对系统进行全面巡视。

五、考核及时间要求

(1) 本考核操作时间为 60 分钟，按所完成的内容计分，未完成部分均不得分，时间到停止考核。

(2) 设备配置过程中，如确实不能完成相关配置，可向考评员申请，该项项目不得分，但不影响其他项目。

技能等级评价专业技能考核操作评分标准

工种	电网调度自动化维护员					评价等级	技师
项目模块	系统异常处理—基础平台及 SCADA 运维				编号	Jc0003242050	
单位				准考证号		姓名	
考试时限	60 分钟		题型	单项操作		题分	100 分
成绩		考评员		考评组长		日期	
试题正文	量测不平衡异常处理						

续表

需要说明的问题和要求	（1）要求单人完成工作任务。 （2）操作应注意安全，按照标准化作业书的技术安全说明做好安全措施。 （3）在指定系统/设备完成操作

序号	项目名称	质量要求	满分	扣分标准	扣分原因	得分
1	功能应用及安全措施					
1.1	相关安全措施的准备	（1）办理工作票。 （2）作业人员身份鉴别和授权。 （3）备份可能受影响的内容	10	未正确办理工作票扣 3 分； 未进行作业人员身份鉴别和授权扣 2 分； 未备份可能受影响的程序、配置文件、运行参数、运行数据、日志文件等扣 5 分		
2	故障排查					
2.1	故障查找	能正确进行故障查找： 故障 1：设定合理值上限。将实操 2 线有功合理值上限设定为 10（数据灵活设置保证不平衡量大于 10MW）。 故障 2：修改遥信状态。将实操 1 线 2 隔离开关前置遥信参数中极性修改为“反极性”	30	未查找出故障每项扣 15 分		
2.2	故障排除	能正确进行故障排除	20	未正确排除故障每项扣 10 分，扣完为止		
3	操作记录					
3.1	变更记录	记录配置变更情况	10	未记录配置变更情况扣 10 分		
4	功能验证					
4.1	验证	验证故障确已消除	10	未正确验证故障已消除扣 10 分		
4.2	系统巡视	进行系统巡视	10	未巡视系统扣 10 分		
4.3	记录填写	操作结束后填写运维记录	5	记录不完整扣 5 分		
5	现场恢复	恢复现场	5	未进行现场恢复扣 5 分		
	合计		100			

Jc0003242051　告警异常故障排查。（100 分）

考核知识点：告警异常故障处理

难易度：中

技能等级评价专业技能考核操作工作任务书

一、任务名称

告警异常故障排查。

二、适用工种

电网调度自动化维护员技师。

三、具体任务

（1）工作状态为调度自动化主站系统运行正常，监控反映某个保护信号遥信变位光字牌正常发出，但未上告警窗。工作内容为查找、分析故障原因并处理。

（2）工作任务：完成故障分析及处理，并进行现场检验。

四、工作规范及要求

（1）按照《国家电网公司电力安全工作规程（电力监控部分）》要求做好相关安全措施，办理工作票。

（2）维护完成后填写运维记录，并对系统进行全面巡视。

五、考核及时间要求

（1）本考核操作时间为60分钟，按所完成的内容计分，未完成部分均不得分，时间到停止考核。

（2）设备配置过程中，如确实不能完成相关配置，可向考评员申请，该项项目不得分，但不影响其他项目。

技能等级评价专业技能考核操作评分标准

工种	电网调度自动化维护员					评价等级	技师
项目模块	系统异常处理—基础平台及SCADA异常处理				编号	Jc0003242051	
单位			准考证号			姓名	
考试时限	60分钟		题型	单项操作		题分	100分
成绩		考评员		考评组长		日期	
试题正文	告警异常故障排查						
需要说明的问题和要求	（1）要求单人完成工作任务。 （2）操作应注意安全，按照标准化作业书的技术安全说明做好安全措施。 （3）在指定系统/设备完成操作						

序号	项目名称	质量要求	满分	扣分标准	扣分原因	得分
1	功能应用及安全措施					
1.1	相关安全措施的准备	（1）办理工作票。 （2）作业人员身份鉴别和授权。 （3）备份可能受影响的内容	10	未正确办理工作票扣3分； 未进行作业人员身份鉴别和授权扣2分； 未备份可能受影响的程序、配置文件、运行参数、运行数据、日志文件等扣5分		
2	故障排查					
2.1	故障查找	能正确进行故障查找： 故障1：告警窗未选择相应的告警类型或未选择相应的厂站。 故障2：告警定义未定义相应的告警类型上告警窗，或定义了节点告警关系，在某些节点遥信变为配置为不上告警窗	30	未查找出故障每项扣15分		
2.2	故障排除	能正确进行故障排除	20	未正确排除故障每项扣10分，扣完为止		
3	操作记录					
3.1	变更记录	记录配置变更情况	10	未记录配置变更情况扣10分		
4	功能验证					
4.1	验证	验证故障确已消除	10	未正确验证故障已消除扣10分		
4.2	系统巡视	进行系统巡视	10	未巡视系统扣10分		
4.3	记录填写	操作结束后填写运维记录	5	记录不完整扣5分		
5	现场恢复	恢复现场	5	未进行现场恢复扣5分		
合计			100			

Jc0003242052　事故推图异常处理。（100分）

考核知识点：事故推图故障排查

难易度：中

技能等级评价专业技能考核操作工作任务书

一、任务名称

事故推图异常处理。

二、适用工种

电网调度自动化维护员技师。

三、具体任务

（1）工作状态为调度自动化主站系统中考试站 511 断路器事故跳闸，监控工作站未推画面（厂站主接线图）。工作内容为进行工作站事故未推画面故障查找及分析。

（2）工作任务：模拟事故跳闸，分析事故未推画面的故障原因并处理。

四、工作规范及要求

（1）按照《国家电网公司电力安全工作规程（电力监控部分）》要求做好相关安全措施，办理工作票。

（2）维护完成后填写运维记录，并对系统进行全面巡视。

五、考核及时间要求

（1）本考核操作时间为 60 分钟，按所完成的内容计分，未完成部分均不得分，时间到停止考核。

（2）设备配置过程中，如确实不能完成相关配置，可向考评员申请，该项项目不得分，但不影响其他项目。

技能等级评价专业技能考核操作评分标准

工种	电网调度自动化维护员					评价等级	技师
项目模块	系统异常处理—基础平台及 SCADA 异常处理				编号	Jc0003242052	
单位			准考证号			姓名	
考试时限	60 分钟		题型		单项操作	题分	100 分
成绩		考评员		考评组长		日期	
试题正文	事故推图异常处理						
需要说明的问题和要求	（1）要求单人完成工作任务。 （2）操作应注意安全，按照标准化作业书的技术安全说明做好安全措施。 （3）在指定系统/设备完成操作						

序号	项目名称	质量要求	满分	扣分标准	扣分原因	得分
1	功能应用及安全措施					
1.1	相关安全措施的准备	（1）办理工作票。 （2）作业人员身份鉴别和授权。 （3）备份可能受影响的内容	10	未正确办理工作票扣 3 分； 未进行作业人员身份鉴别和授权扣 2 分； 未备份可能受影响的程序、配置文件、运行参数、运行数据、日志文件等扣 5 分		
2	故障排查					
2.1	故障查找	能正确进行故障查找： 故障 1：告警定义中已设置 pxjk1-1 工作站为不推画面。 故障 2：考试站 511 断路器不属于 ks01 责任区但属于 ks02 责任区	30	未查找出故障每项扣 15 分		
2.2	故障排除	能正确进行故障排除	20	未正确排除故障每项扣 10 分，扣完为止		

续表

序号	项目名称	质量要求	满分	扣分标准	扣分原因	得分
3	操作记录					
3.1	变更记录	记录配置变更情况	10	未记录配置变更情况扣 10 分		
4	功能验证					
4.1	验证	验证故障确已消除	10	未正确验证故障已消除扣 10 分		
4.2	系统巡视	进行系统巡视	10	未巡视系统扣 10 分		
4.3	记录填写	操作结束后填写运维记录	5	记录不完整扣 5 分		
5	现场恢复	恢复现场	5	未进行现场恢复扣 5 分		
	合计		100			

Jc0003242053－1　遥控操作界面异常处理。(100 分)

考核知识点：前置遥控故障排查

难易度：中

技能等级评价专业技能考核操作工作任务书

一、任务名称

遥控操作界面异常处理。

二、适用工种

电网调度自动化维护员技师。

三、具体任务

(1) 工作状态为调度自动化主站系统运行正常，监控员在 pxjk1－1 工作站上，不能正常对考试站 511 断路器进行遥控分操作。工作内容为工作站遥控操作界面故障查找及分析。

(2) 工作任务：模拟遥控操作，查找故障原因并处理。

四、工作规范及要求

(1) 按照《国家电网公司电力安全工作规程（电力监控部分）》要求做好相关安全措施，办理工作票。

(2) 维护完成后填写运维记录，并对系统进行全面巡视。

五、考核及时间要求

(1) 本考核操作时间为 60 分钟，按所完成的内容计分，未完成部分均不得分，时间到停止考核。

(2) 设备配置过程中，如确实不能完成相关配置，可向考评员申请，该项项目不得分，但不影响其他项目。

技能等级评价专业技能考核操作评分标准

工种	电网调度自动化维护员				评价等级	技师
项目模块	系统异常处理—厂站及通道工况异常处理			编号	Jc0003242053－1	
单位		准考证号			姓名	
考试时限	60 分钟	题型	单项操作		题分	100 分
成绩		考评员	考评组长		日期	
试题正文	遥控操作界面异常处理					

续表

需要说明的问题和要求	（1）要求单人完成工作任务。 （2）操作应注意安全，按照标准化作业书的技术安全说明做好安全措施。 （3）在指定系统/设备完成操作					
序号	项目名称	质量要求	满分	扣分标准	扣分原因	得分
1	功能应用及安全措施					
1.1	相关安全措施的准备	（1）办理工作票。 （2）作业人员身份鉴别和授权。 （3）备份可能受影响的内容	10	未正确办理工作票扣3分； 未进行作业人员身份鉴别和授权扣2分； 未备份可能受影响的程序、配置文件、运行参数、运行数据、日志文件等扣5分		
2	故障排查					
2.1	故障查找	能正确进行故障查找： 故障1：设置考试站511断路器遥控闭锁，禁止511断路器遥控。 故障2：pxjk1-1工作站的sca_guard进程未启动	30	未查找出故障每项扣15分		
2.2	故障排除	能正确进行故障排除	20	未正确排除故障每项扣10分，扣完为止		
3	操作记录					
3.1	变更记录	记录配置变更情况	10	未记录配置变更情况扣10分		
4	功能验证					
4.1	验证	验证故障确已消除	10	未正确验证故障已消除扣10分		
4.2	系统巡视	进行系统巡视	10	未巡视系统扣10分		
4.3	记录填写	操作结束后填写运维记录	5	记录不完整扣5分		
5	现场恢复	恢复现场	5	未进行现场恢复扣5分		
合计			100			

Jc0003242053－2　遥控操作界面异常处理。(100分)

考核知识点：前置遥控故障排查

难易度：中

技能等级评价专业技能考核操作工作任务书

一、任务名称

遥控操作界面异常处理。

二、适用工种

电网调度自动化维护员技师。

三、具体任务

（1）工作状态为监控员通过智能电网调度控制系统对某变电站断路器进行遥控操作，结果无法间隔内遥控操作。工作内容为查找故障并分析处理。

（2）工作任务：完成故障排查及处理，并用模拟的方式验证处理结果。

四、工作规范及要求

（1）按照《国家电网公司电力安全工作规程（电力监控部分）》要求做好相关安全措施，办理工作票。

（2）维护完成后填写运维记录，并对系统进行全面巡视。

五、考核及时间要求

（1）本考核操作时间为60分钟，按所完成的内容计分，未完成部分均不得分，时间到停止考核。

（2）设备配置过程中，如确实不能完成相关配置，可向考评员申请，该项项目不得分，但不影响其他项目。

技能等级评价专业技能考核操作评分标准

工种	电网调度自动化维护员			评价等级	技师
项目模块	系统异常处理—厂站及通道工况异常处理		编号	Jc0003242053－2	
单位		准考证号		姓名	
考试时限	60分钟	题型	单项操作	题分	100分
成绩	考评员		考评组长	日期	
试题正文	遥控操作界面异常处理				
需要说明的问题和要求	（1）要求单人完成工作任务。 （2）操作应注意安全，按照标准化作业书的技术安全说明做好安全措施。 （3）在指定系统/设备完成操作				

序号	项目名称	质量要求	满分	扣分标准	扣分原因	得分
1	功能应用及安全措施					
1.1	相关安全措施的准备	（1）办理工作票。 （2）作业人员身份鉴别和授权。 （3）备份可能受影响的内容	10	未正确办理工作票扣3分； 未进行作业人员身份鉴别和授权扣2分； 未备份可能受影响的程序、配置文件、运行参数、运行数据、日志文件等扣5分		
2	故障排查					
2.1	故障查找	能正确进行故障查找： 故障1：进行人工遥控操作的间隔图类型不是“间隔图”。 故障2：设备已挂检修牌等禁止操作的标识牌	30	未查找出故障每项扣15分		
2.2	故障排除	能正确进行故障排除	20	未正确排除故障每项扣10分，扣完为止		
3	操作记录					
3.1	变更记录	记录配置变更情况	10	未记录配置变更情况扣10分		
4	功能验证					
4.1	验证	验证故障确已消除	10	未正确验证故障已消除扣10分		
4.2	系统巡视	进行系统巡视	10	未巡视系统扣10分		
4.3	记录填写	操作结束后填写运维记录	5	记录不完整扣5分		
5	现场恢复	恢复现场	5	未进行现场恢复扣5分		
	合计		100			

Jc0003242053－3 遥控操作界面异常处理。（100分）

考核知识点：前置遥控故障排查

难易度：中

技能等级评价专业技能考核操作工作任务书

一、任务名称

遥控操作界面异常处理。

二、适用工种

电网调度自动化维护员技师。

三、具体任务

（1）工作状态为监控员通过智能电网调度控制系统对某变电站断路器进行遥控操作，结果操作无法进行。工作内容为查找故障并分析处理。

（2）工作任务：完成故障排查及处理，并用模拟的方式验证处理结果。

四、工作规范及要求

（1）按照《国家电网公司电力安全工作规程（电力监控部分）》要求做好相关安全措施，办理工作票。

（2）维护完成后填写运维记录，并对系统进行全面巡视。

五、考核及时间要求

（1）本考核操作时间为60分钟，按所完成的内容计分，未完成部分均不得分，时间到停止考核。

（2）设备配置过程中，如确实不能完成相关配置，可向考评员申请，该项项目不得分，但不影响其他项目。

技能等级评价专业技能考核操作评分标准

<table>
<tr><td>工种</td><td colspan="8">电网调度自动化维护员</td><td>评价等级</td><td>技师</td></tr>
<tr><td>项目模块</td><td colspan="7">系统异常处理—厂站及通道工况异常处理</td><td>编号</td><td colspan="2">Jc0003242053－3</td></tr>
<tr><td>单位</td><td colspan="3"></td><td colspan="2">准考证号</td><td colspan="3"></td><td>姓名</td><td></td></tr>
<tr><td>考试时限</td><td colspan="2">60分钟</td><td colspan="2">题型</td><td colspan="4">单项操作</td><td>题分</td><td>100分</td></tr>
<tr><td>成绩</td><td></td><td>考评员</td><td colspan="2"></td><td colspan="2">考评组长</td><td colspan="2"></td><td>日期</td><td></td></tr>
<tr><td>试题正文</td><td colspan="10">遥控操作界面异常处理</td></tr>
<tr><td>需要说明的问题和要求</td><td colspan="10">（1）要求单人完成工作任务。
（2）操作应注意安全，按照标准化作业书的技术安全说明做好安全措施。
（3）在指定系统/设备完成操作</td></tr>
</table>

序号	项目名称	质量要求	满分	扣分标准	扣分原因	得分
1	功能应用及安全措施					
1.1	相关安全措施的准备	（1）办理工作票。 （2）作业人员身份鉴别和授权。 （3）备份可能受影响的内容	10	未正确办理工作票扣3分； 未进行作业人员身份鉴别和授权扣2分； 未备份可能受影响的程序、配置文件、运行参数、运行数据、日志文件等扣5分		
2	故障排查					
2.1	故障查找	能正确进行故障查找： 故障1：变电站责任区配置错误。 故障2：设备已挂检修牌等禁止操作的标识牌	30	未查找出故障每项扣15分		
2.2	故障排除	能正确进行故障排除	20	未正确排除故障每项扣10分，扣完为止		

续表

序号	项目名称	质量要求	满分	扣分标准	扣分原因	得分
3	操作记录					
3.1	变更记录	记录配置变更情况	10	未记录配置变更情况扣 10 分		
4	功能验证					
4.1	验证	验证故障确已消除	10	未正确验证故障已消除扣 10 分		
4.2	系统巡视	进行系统巡视	10	未巡视系统扣 10 分		
4.3	记录填写	操作结束后填写运维记录	5	记录不完整扣 5 分		
5	现场恢复	恢复现场	5	未进行现场恢复扣 5 分		
合计			100			

Jc0003242053－4 遥控操作界面异常处理。（100 分）

考核知识点：前置遥控故障排查

难易度：中

技能等级评价专业技能考核操作工作任务书

一、任务名称

遥控操作界面异常处理。

二、适用工种

电网调度自动化维护员技师。

三、具体任务

（1）工作状态为监控员通过智能电网调度控制系统对某变电站断路器进行遥控操作，结果操作无法进行。工作内容为查找故障并分析处理。

（2）工作任务：完成故障排查及处理，并用模拟的方式验证处理结果。

四、工作规范及要求

（1）按照《国家电网公司电力安全工作规程（电力监控部分）》要求做好相关安全措施，办理工作票。

（2）维护完成后填写运维记录，并对系统进行全面巡视。

五、考核及时间要求

（1）本考核操作时间为 60 分钟，按所完成的内容计分，未完成部分均不得分，时间到停止考核。

（2）设备配置过程中，如确实不能完成相关配置，可向考评员申请，该项项目不得分，但不影响其他项目。

技能等级评价专业技能考核操作评分标准

工种	电网调度自动化维护员					评价等级	技师
项目模块	系统异常处理—厂站及通道工况异常处理				编号	Jc0003242053－4	
单位			准考证号			姓名	
考试时限	60 分钟		题型	单项操作		题分	100 分
成绩		考评员		考评组长		日期	
试题正文	遥控操作界面异常处理						

续表

需要说明的问题和要求	（1）要求单人完成工作任务。 （2）操作应注意安全，按照标准化作业书的技术安全说明做好安全措施。 （3）在指定系统/设备完成操作

序号	项目名称	质量要求	满分	扣分标准	扣分原因	得分
1	功能应用及安全措施					
1.1	相关安全措施的准备	（1）办理工作票。 （2）作业人员身份鉴别和授权。 （3）备份可能受影响的内容	10	未正确办理工作票扣 3 分； 未进行作业人员身份鉴别和授权扣 2 分； 未备份可能受影响的程序、配置文件、运行参数、运行数据、日志文件等扣 5 分		
2	故障排查					
2.1	故障查找	能正确进行故障查找： 故障 1：该工作站节点被设置成禁止遥控。 故障 2：遥控点号设置不正确	30	未查找出故障每项扣 15 分		
2.2	故障排除	能正确进行故障排除	20	未正确排除故障每项扣 10 分，扣完为止		
3	操作记录					
3.1	变更记录	记录配置变更情况	10	未记录配置变更情况扣 10 分		
4	功能验证					
4.1	验证	验证故障确已消除	10	未正确验证故障已消除扣 10 分		
4.2	系统巡视	进行系统巡视	10	未巡视系统扣 10 分		
4.3	记录填写	操作结束后填写运维记录	5	记录不完整扣 5 分		
5	现场恢复	恢复现场	5	未进行现场恢复扣 5 分		
合计			100			

Jc0003242054－1　自动电压控制功能异常处理。（100 分）

考核知识点：自动电压控制的运行环境及参数配置

难易度：中

技能等级评价专业技能考核操作工作任务书

一、任务名称

自动电压控制功能异常处理。

二、适用工种

电网调度自动化维护员技师。

三、具体任务

（1）工作状态为调度自动化主站系统运行正常，监控员对考试站 1 号主变压器进行挡位调整后，自动电压控制界面考试站 1 号主变压器挡位显示无变化。工作内容为查找故障原因并处理。

（2）工作任务：完成考试站自动电压控制功能异常处理。

四、工作规范及要求

（1）按照《国家电网公司电力安全工作规程（电力监控部分）》要求做好相关安全措施，办理工作票。

（2）维护完成后填写运维记录，并对系统进行全面巡视。

五、考核及时间要求

（1）本考核操作时间为60分钟，按所完成的内容计分，未完成部分均不得分，时间到停止考核。

（2）设备配置过程中，如确实不能完成相关配置，可向考评员申请，该项项目不得分，但不影响其他项目。

技能等级评价专业技能考核操作评分标准

工种	电网调度自动化维护员				评价等级	技师	
项目模块	系统异常处理—电网自动控制			编号	Jc0003242054－1		
单位		准考证号			姓名		
考试时限	60分钟	题型	单项操作		题分	100分	
成绩	考评员		考评组长		日期		
试题正文	自动电压控制功能异常处理						
需要说明的问题和要求	（1）要求单人完成工作任务。 （2）操作应注意安全，按照标准化作业书的技术安全说明做好安全措施。 （3）在指定系统/设备完成操作						

序号	项目名称	质量要求	满分	扣分标准	扣分原因	得分
1	功能应用及安全措施					
1.1	相关安全措施的准备	（1）办理工作票。 （2）作业人员身份鉴别和授权。 （3）备份可能受影响的内容	10	未正确办理工作票扣3分； 未进行作业人员身份鉴别和授权扣2分； 未备份可能受影响的程序、配置文件、运行参数、运行数据、日志文件等扣5分		
2	系统操作					
2.1	故障查找	能正确进行故障查找： 故障1：图形界面下考试站1号主变压器挡位关联错误，误关联为2号主变压器挡位。 故障2：图形界面下考试站1厂站误关联为考试站2厂站	30	未查找出故障每项扣15分		
2.2	故障排除	能正确进行故障排除	20	未正确排除故障每项扣10分，扣完为止		
3	操作记录					
3.1	变更记录	记录配置变更情况	10	未记录配置变更情况扣10分		
4	功能验证					
4.1	验证	验证故障确已消除	10	未正确验证故障已消除扣10分		
4.2	系统巡视	进行系统巡视	10	未巡视系统扣10分		
4.3	记录填写	操作结束后填写运维记录	5	记录不完整扣5分		
5	现场恢复	恢复现场	5	未进行现场恢复扣5分		
合计			100			

Jc0003242054－2　自动电压控制功能异常处理。（100分）

考核知识点：自动电压控制的运行环境及参数配置

难易度：中

技能等级评价专业技能考核操作工作任务书

一、任务名称

自动电压控制功能异常处理。

二、适用工种

电网调度自动化维护员技师。

三、具体任务

（1）工作状态为调度自动化主站系统运行正常，对考试站511电容器进行断路器控分操作后，自动电压控制界面考试站511电容器断路器位置显示无变化，10kVⅠ段母线电压无变化。工作内容为查找故障原因并处理。

（2）工作任务：完成考试站自动电压控制功能异常处理。

四、工作规范及要求

（1）按照《国家电网公司电力安全工作规程（电力监控部分）》要求做好相关安全措施，办理工作票。

（2）维护完成后填写运维记录，并对系统进行全面巡视。

五、考核及时间要求

（1）本考核操作时间为60分钟，按所完成的内容计分，未完成部分均不得分，时间到停止考核。

（2）设备配置过程中，如确实不能完成相关配置，可向考评员申请，该项项目不得分，但不影响其他项目。

技能等级评价专业技能考核操作评分标准

工种	电网调度自动化维护员			评价等级	技师
项目模块	系统异常处理—电网自动控制		编号	Jc0003242054－2	
单位		准考证号		姓名	
考试时限	60分钟	题型	单项操作	题分	100分
成绩	考评员		考评组长		日期
试题正文	自动电压控制功能异常处理				
需要说明的问题和要求	（1）要求单人完成工作任务。 （2）操作应注意安全，按照标准化作业书的技术安全说明做好安全措施。 （3）在指定系统/设备完成操作				

序号	项目名称	质量要求	满分	扣分标准	扣分原因	得分
1	功能应用及安全措施					
1.1	相关安全措施的准备	（1）办理工作票。 （2）作业人员身份鉴别和授权。 （3）备份可能受影响的内容	10	未正确办理工作票扣3分； 未进行作业人员身份鉴别和授权扣2分； 未备份可能受影响的程序、配置文件、运行参数、运行数据、日志文件等扣5分		
2	系统操作					
2.1	故障查找	能正确进行故障查找： 故障1：图形界面下考试站511断路器位置关联错误，误关联512断路器位置。 故障2：图形界面下考试站10kVⅠ段母线电压未做数据库关联操作	30	未查找出故障每项扣15分		

续表

序号	项目名称	质量要求	满分	扣分标准	扣分原因	得分
2.2	故障排除	能正确进行故障排除	20	未正确排除故障每项扣10分，扣完为止		
3	操作记录					
3.1	变更记录	记录配置变更情况	10	未记录配置变更情况扣10分		
4	功能验证					
4.1	验证	验证故障确已消除	10	未正确验证故障已消除扣10分		
4.2	系统巡视	进行系统巡视	10	未巡视系统扣10分		
4.3	记录填写	操作结束后填写运维记录	5	记录不完整扣5分		
5	现场恢复	恢复现场	5	未进行现场恢复扣5分		
合计			100			

Jc0003242054－3 自动电压控制功能异常处理。(100分)

考核知识点：自动电压控制的运行环境及参数配置

难易度：中

技能等级评价专业技能考核操作工作任务书

一、任务名称

自动电压控制功能异常处理。

二、适用工种

电网调度自动化维护员技师。

三、具体任务

（1）工作状态为调度主站系统中考试站10kVⅠ段母线和10kVⅡ段母线并列运行，图形界面1号主变压器，2号主变压器均处于告警闭锁状态，考试站10kV 母线电压越上限，具备切实操511或521电容器的条件，但自动电压控制功能未正常动作。工作内容为查找自动电压控制功能异常原因并处理。

（2）工作任务：完成考试站自动电压控制功能异常处理。

四、工作规范及要求

（1）按照《国家电网公司电力安全工作规程（电力监控部分）》要求做好相关安全措施，办理工作票。

（2）维护完成后填写运维记录，并对系统进行全面巡视。

五、考核及时间要求

（1）本考核操作时间为60分钟，按所完成的内容计分，未完成部分均不得分，时间到停止考核。

（2）设备配置过程中，如确实不能完成相关配置，可向考评员申请，该项项目不得分，但不影响其他项目。

技能等级评价专业技能考核操作评分标准

工种	电网调度自动化维护员				评价等级	技师
项目模块	系统异常处理—电网自动控制			编号	Jc0003242054－3	
单位		准考证号			姓名	
考试时限	60分钟	题型	单项操作		题分	100分

续表

成绩		考评员		考评组长		日期	
试题正文	自动电压控制功能异常处理						
需要说明的问题和要求	（1）要求单人完成工作任务。 （2）操作应注意安全，按照标准化作业书的技术安全说明做好安全措施。 （3）在指定系统/设备完成操作						

序号	项目名称	质量要求	满分	扣分标准	扣分原因	得分
1	功能应用及安全措施					
1.1	相关安全措施的准备	（1）办理工作票。 （2）作业人员身份鉴别和授权。 （3）备份可能受影响的内容	10	未正确办理工作票扣 3 分； 未进行作业人员身份鉴别和授权扣 2 分； 未备份可能受影响的程序、配置文件、运行参数、运行数据、日志文件等扣 5 分		
2	系统操作					
2.1	故障查找	能正确进行故障查找： 故障 1：图形界面下考试站 511 断路器保护闭锁，闭锁信息未人工解除。 故障 2：数据库内实操 521 断路器未增加 AVC 遥控功能	30	未查找出故障每项扣 15 分		
2.2	故障排除	能正确进行故障排除	20	未正确排除故障每项扣 10 分，扣完为止		
3	操作记录					
3.1	变更记录	记录配置变更情况	10	未记录配置变更情况扣 10 分		
4	功能验证					
4.1	验证	验证故障确已消除	10	未正确验证故障已消除扣 10 分		
4.2	系统巡视	进行系统巡视	10	未巡视系统扣 10 分		
4.3	记录填写	操作结束后填写运维记录	5	记录不完整扣 5 分		
5	现场恢复	恢复现场	5	未进行现场恢复扣 5 分		
合计			100			

Jc0003242054－4　自动电压控制功能异常处理。（100 分）

考核知识点：自动电压控制的运行环境及参数配置

难易度：中

技能等级评价专业技能考核操作工作任务书

一、任务名称

自动电压控制功能异常处理。

二、适用工种

电网调度自动化维护员技师。

三、具体任务

（1）工作状态为调度主站系统 中考试站 10kVⅠ段母线和 10kVⅡ段母线并列运行，图形界面 1 号主变压器，2 号主变压器均处于告警闭锁状态，考试站 10kV 母线电压越下限，具备投实操 511 或 521 电容器的条件，但自动电压控制功能未正常动作。工作内容为查找自动电压控制功能异常原因并处理。

（2）工作任务：完成考试站自动电压控制功能异常处理。

四、工作规范及要求

（1）按照《国家电网公司电力安全工作规程（电力监控部分）》要求做好相关安全措施，办理工作票。

（2）维护完成后填写运维记录，并对系统进行全面巡视。

五、考核及时间要求

（1）本考核操作时间为60分钟，按所完成的内容计分，未完成部分均不得分，时间到停止考核。

（2）设备配置过程中，如确实不能完成相关配置，可向考评员申请，该项项目不得分，但不影响其他项目。

技能等级评价专业技能考核操作评分标准

工种	电网调度自动化维护员				评价等级	技师	
项目模块	系统异常处理—电网自动控制			编号	Jc0003242054－4		
单位			准考证号		姓名		
考试时限	60分钟	题型		单项操作	题分	100分	
成绩		考评员		考评组长		日期	
试题正文	自动电压控制功能异常处理						
需要说明的问题和要求	（1）要求单人完成工作任务。 （2）操作应注意安全，按照标准化作业书的技术安全说明做好安全措施。 （3）在指定系统/设备完成操作						

序号	项目名称	质量要求	满分	扣分标准	扣分原因	得分
1	功能应用及安全措施					
1.1	相关安全措施的准备	（1）办理工作票。 （2）作业人员身份鉴别和授权。 （3）备份可能受影响的内容	10	未正确办理工作票扣3分； 未进行作业人员身份鉴别和授权扣2分； 未备份可能受影响的程序、配置文件、运行参数、运行数据、日志文件等扣5分		
2	系统操作					
2.1	故障查找	能正确进行故障查找： 故障1：图形界面下考试站511断路器AVC遥控功能运行模式为测试态，未投入运行态。 故障2：数据库内实操521断路器保护闭锁，闭锁信息未人工解除	30	未查找出故障每项扣15分		
2.2	故障排除	能正确进行故障排除	20	未正确排除故障每项扣10分，扣完为止		
3	操作记录					
3.1	变更记录	记录配置变更情况	10	未记录配置变更情况扣10分		
4	功能验证					
4.1	验证	验证故障确已消除	10	未正确验证故障已消除扣10分		
4.2	系统巡视	进行系统巡视	10	未巡视系统扣10分		
4.3	记录填写	操作结束后填写运维记录	5	记录不完整扣5分		
5	现场恢复	恢复现场	5	未进行现场恢复扣5分		
合计			100			

Jc0003242054－5　自动电压控制功能异常处理。（100 分）

考核知识点：自动电压控制的运行环境及参数配置

难易度：中

技能等级评价专业技能考核操作工作任务书

一、任务名称

自动电压控制功能异常处理。

二、适用工种

电网调度自动化维护员技师。

三、具体任务

（1）工作状态为调度主站系统中考试站 10kVⅠ段母线和 10kVⅡ段母线并列运行，图形界面 1 号主变压器，实操 511 电容器断路器均处于告警闭锁状态，考试站 10kV 母线电压越下限，具备投实操 512 电容器断路器或 2 号主变压器挡位升挡的条件，但自动电压控制功能未正常动作。工作内容为查找自动电压控制功能异常原因并处理。

（2）工作任务：完成考试站自动电压控制功能异常处理。

四、工作规范及要求

（1）按照《国家电网公司电力安全工作规程（电力监控部分）》要求做好相关安全措施，办理工作票。

（2）维护完成后填写运维记录，并对系统进行全面巡视。

五、考核及时间要求

（1）本考核操作时间为 60 分钟，按所完成的内容计分，未完成部分均不得分，时间到停止考核。

（2）设备配置过程中，如确实不能完成相关配置，可向考评员申请，该项目不得分，但不影响其他项目。

技能等级评价专业技能考核操作评分标准

工种	电网调度自动化维护员					评价等级	技师
项目模块	系统异常处理—电网自动控制				编号	Jc0003242054－5	
单位			准考证号			姓名	
考试时限	60 分钟		题型	单项操作		题分	100 分
成绩		考评员		考评组长		日期	
试题正文	自动电压控制功能异常处理						
需要说明的问题和要求	（1）要求单人完成工作任务。 （2）操作应注意安全，按照标准化作业书的技术安全说明做好安全措施。 （3）在指定系统/设备完成操作						

序号	项目名称	质量要求	满分	扣分标准	扣分原因	得分
1	功能应用及安全措施					
1.1	相关安全措施的准备	（1）办理工作票。 （2）作业人员身份鉴别和授权。 （3）备份可能受影响的内容	10	未正确办理工作票扣 3 分； 未进行作业人员身份鉴别和授权扣 2 分； 未备份可能受影响的程序、配置文件、运行参数、运行数据、日志文件等扣 5 分		

续表

序号	项目名称	质量要求	满分	扣分标准	扣分原因	得分
2	系统操作					
2.1	故障查找	能正确进行故障查找： 故障1：图形界面下考试站512断路器告警闭锁，闭锁信息未人工解除。 故障2：数据库内2号主变压器未增加AVC遥控功能	30	未查找出故障每项扣15分		
2.2	故障排除	能正确进行故障排除	20	未正确排除故障每项扣10分，扣完为止		
3	操作记录					
3.1	变更记录	记录配置变更情况	10	未记录配置变更情况扣10分		
4	功能验证					
4.1	验证	验证故障确已消除	10	未正确验证故障已消除扣10分		
4.2	系统巡视	进行系统巡视	10	未巡视系统扣10分		
4.3	记录填写	操作结束后填写运维记录	5	记录不完整扣5分		
5	现场恢复	恢复现场	5	未进行现场恢复扣5分		
合计			100			

Jc0003242054－6 自动电压控制功能异常处理。（100分）

考核知识点：自动电压控制的运行环境及参数配置

难易度：中

技能等级评价专业技能考核操作工作任务书

一、任务名称

自动电压控制功能异常处理。

二、适用工种

电网调度自动化维护员技师。

三、具体任务

（1）工作状态为调度主站系统中考试站10kVⅠ段母线和10kVⅡ段母线并列运行，图形界面2号主变压器，实操511电容器断路器均处于告警闭锁状态，考试站10kV母线电压越下限，具备投实操512电容器断路器或1号主变压器挡位升挡的条件，但自动电压控制功能未正常动作。工作内容为查找自动电压控制功能异常原因并处理。

（2）工作任务：完成考试站自动电压控制功能异常处理。

四、工作规范及要求

（1）按照《国家电网公司电力安全工作规程（电力监控部分）》要求做好相关安全措施，办理工作票。

（2）维护完成后填写运维记录，并对系统进行全面巡视。

五、考核及时间要求

（1）本考核操作时间为60分钟，按所完成的内容计分，未完成部分均不得分，时间到停止考核。

（2）设备配置过程中，如确实不能完成相关配置，可向考评员申请，该项项目不得分，但不影响其他项目。

技能等级评价专业技能考核操作评分标准

工种	电网调度自动化维护员					评价等级	技师
项目模块	系统异常处理—电网自动控制				编号	Jc0003242054－6	
单位			准考证号			姓名	
考试时限	60 分钟		题型	单项操作		题分	100 分
成绩		考评员		考评组长		日期	
试题正文	自动电压控制功能异常处理						
需要说明的问题和要求	（1）要求单人完成工作任务。 （2）操作应注意安全，按照标准化作业书的技术安全说明做好安全措施。 （3）在指定系统/设备完成操作						

序号	项目名称	质量要求	满分	扣分标准	扣分原因	得分
1	功能应用及安全措施					
1.1	相关安全措施的准备	（1）办理工作票。 （2）作业人员身份鉴别和授权。 （3）备份可能受影响的内容	10	未正确办理工作票扣 3 分； 未进行作业人员身份鉴别和授权扣 2 分； 未备份可能受影响的程序、配置文件、运行参数、运行数据、日志文件等扣 5 分		
2	系统操作					
2.1	故障查找	能正确进行故障查找： 故障 1：图形界面下考试站 512 断路器保护闭锁，闭锁信息未人工解除。 故障 2：数据库内 1 号主变压器 AVC 遥控功能运行模式为测试态，未投入运行态	30	未查找出故障每项扣 15 分		
2.2	故障排除	能正确进行故障排除	20	未正确排除故障每项扣 10 分，扣完为止		
3	操作记录					
3.1	变更记录	记录配置变更情况	10	未记录配置变更情况扣 10 分		
4	功能验证					
4.1	验证	验证故障确已消除	10	未正确验证故障已消除扣 10 分		
4.2	系统巡视	进行系统巡视	10	未巡视系统扣 10 分		
4.3	记录填写	操作结束后填写运维记录	5	记录不完整扣 5 分		
5	现场恢复	恢复现场	5	未进行现场恢复扣 5 分		
	合计		100			

Jc0003242054－7　自动电压控制功能异常处理。（100 分）

考核知识点： 自动电压控制的运行环境及参数配置

难易度： 中

技能等级评价专业技能考核操作工作任务书

一、任务名称

自动电压控制功能异常处理。

二、适用工种

电网调度自动化维护员技师。

三、具体任务

（1）工作状态为调度主站系统中考试站 10kVⅠ段母线和 10kVⅡ段母线分列运行，考试站 10kVⅡ

母线电压越上限，自动电压控制动作切521电容器，但图形显示521断路器未动作，2号主变压器档位无显示。工作内容为查找自动电压控制功能异常原因并处理。

（2）工作任务：完成考试站自动电压控制功能异常处理。

四、工作规范及要求

（1）按照《国家电网公司电力安全工作规程（电力监控部分）》要求做好相关安全措施，办理工作票。

（2）维护完成后填写运维记录，并对系统进行全面巡视。

五、考核及时间要求

（1）本考核操作时间为60分钟，按所完成的内容计分，未完成部分均不得分，时间到停止考核。

（2）设备配置过程中，如确实不能完成相关配置，可向考评员申请，该项项目不得分，但不影响其他项目。

技能等级评价专业技能考核操作评分标准

工种	电网调度自动化维护员				评价等级	技师
项目模块	系统异常处理—电网自动控制			编号	Jc0003242054－7	
单位		准考证号			姓名	
考试时限	60分钟	题型	单项操作		题分	100分
成绩	考评员		考评组长		日期	
试题正文	自动电压控制功能异常处理					
需要说明的问题和要求	（1）要求单人完成工作任务。 （2）操作应注意安全，按照标准化作业书的技术安全说明做好安全措施。 （3）在指定系统/设备完成操作					

序号	项目名称	质量要求	满分	扣分标准	扣分原因	得分
1	功能应用及安全措施					
1.1	相关安全措施的准备	（1）办理工作票。 （2）作业人员身份鉴别和授权。 （3）备份可能受影响的内容	10	未正确办理工作票扣3分； 未进行作业人员身份鉴别和授权扣2分； 未备份可能受影响的程序、配置文件、运行参数、运行数据、日志文件等扣5分		
2	系统操作					
2.1	故障查找	能正确进行故障查找： 故障1：图形界面下考试站521断路器关联错误，误关联为511断路器。 故障2：数据库内2号主变压器挡位未关联数据库	30	未查找出故障每项扣15分		
2.2	故障排除	能正确进行故障排除	20	未正确排除故障每项扣10分，扣完为止		
3	操作记录					
3.1	变更记录	记录配置变更情况	10	未记录配置变更情况扣10分		
4	功能验证					
4.1	验证	验证故障确已消除	10	未正确验证故障已消除扣10分		
4.2	系统巡视	进行系统巡视	10	未巡视系统扣10分		
4.3	记录填写	操作结束后填写运维记录	5	记录不完整扣5分		
5	现场恢复	恢复现场	5	未进行现场恢复扣5分		
合计			100			

Jc0003242055－1　自动发电控制功能异常处理。（100 分）

考核知识点：自动发电控制的运行环境及参数配置

难易度：中

技能等级评价专业技能考核操作工作任务书

一、任务名称

自动发电控制功能异常处理。

二、适用工种

电网调度自动化维护员技师。

三、具体任务

（1）工作状态为调度主站系统中考试站无法正常下发 AGC 遥调报文，AGC 遥调点号为 1。工作内容为查找自动发电控制功能异常原因并处理。

（2）工作任务：完成考试站自动发电控制功能异常处理。

四、工作规范及要求

（1）按照《国家电网公司电力安全工作规程（电力监控部分）》要求做好相关安全措施，办理工作票。

（2）维护完成后填写运维记录，并对系统进行全面巡视。

五、考核及时间要求

（1）本考核操作时间为 60 分钟，按所完成的内容计分，未完成部分均不得分，时间到停止考核。

（2）设备配置过程中，如确实不能完成相关配置，可向考评员申请，该项项目不得分，但不影响其他项目。

技能等级评价专业技能考核操作评分标准

工种	电网调度自动化维护员					评价等级	技师
项目模块	系统异常处理—电网自动控制				编号	Jc0003242055－1	
单位			准考证号			姓名	
考试时限	60 分钟		题型	单项操作		题分	100 分
成绩		考评员		考评组长		日期	
试题正文	自动发电控制功能异常处理						
需要说明的问题和要求	（1）要求单人完成工作任务。 （2）操作应注意安全，按照标准化作业书的技术安全说明做好安全措施。 （3）在指定系统/设备完成操作						

序号	项目名称	质量要求	满分	扣分标准	扣分原因	得分
1	功能应用及安全措施					
1.1	相关安全措施的准备	（1）办理工作票。 （2）作业人员身份鉴别和授权。 （3）备份可能受影响的内容	10	未正确办理工作票扣 3 分； 未进行作业人员身份鉴别和授权扣 2 分； 未备份可能受影响的程序、配置文件、运行参数、运行数据、日志文件等扣 5 分		
2	系统操作					
2.1	故障查找	能正确进行故障查找： 故障 1：数据库内考试站通信厂站表是否遥控为“否”。 故障 2：数据库电厂控制器表内遥调点号填写错误	30	未查找出故障每项扣 15 分		

续表

序号	项目名称	质量要求	满分	扣分标准	扣分原因	得分
2.2	故障排除	能正确进行故障排除	20	未正确排除故障每项扣10分，扣完为止		
3	操作记录					
3.1	变更记录	记录配置变更情况	10	未记录配置变更情况扣10分		
4	功能验证					
4.1	验证	验证故障确已消除	10	未正确验证故障已消除扣10分		
4.2	系统巡视	进行系统巡视	10	未巡视系统扣10分		
4.3	记录填写	操作结束后填写运维记录	5	记录不完整扣5分		
5	现场恢复	恢复现场	5	未进行现场恢复扣5分		
合计			100			

Jc0003242055－2 自动发电控制功能异常处理。（100分）

考核知识点：自动发电控制的运行环境及参数配置

难易度：中

技能等级评价专业技能考核操作工作任务书

一、任务名称

自动发电控制功能异常处理。

二、适用工种

电网调度自动化维护员技师。

三、具体任务

（1）工作状态为主站端无法正常下发AGC遥调报文。工作内容为排查故障原因并处理。

（2）工作任务：完成考试站自动发电控制功能异常处理。

四、工作规范及要求

（1）按照《国家电网公司电力安全工作规程（电力监控部分）》要求做好相关安全措施，办理工作票。

（2）维护完成后填写运维记录，并对系统进行全面巡视。

五、考核及时间要求

（1）本考核操作时间为60分钟，按所完成的内容计分，未完成部分均不得分，时间到停止考核。

（2）设备配置过程中，如确实不能完成相关配置，可向考评员申请，该项项目不得分，但不影响其他项目。

技能等级评价专业技能考核操作评分标准

工种	电网调度自动化维护员			评价等级	技师
项目模块	系统异常处理—电网自动控制		编号	Jc0003242055－2	
单位		准考证号		姓名	
考试时限	60分钟	题型	单项操作	题分	100分
成绩	考评员		考评组长	日期	
试题正文	自动发电控制功能异常处理				

续表

需要说明的问题和要求	（1）要求单人完成工作任务。 （2）操作应注意安全，按照标准化作业书的技术安全说明做好安全措施。 （3）在指定系统/设备完成操作					
序号	项目名称	质量要求	满分	扣分标准	扣分原因	得分
1	功能应用及安全措施					
1.1	相关安全措施的准备	（1）办理工作票。 （2）作业人员身份鉴别和授权。 （3）备份可能受影响的内容	10	未正确办理工作票扣3分； 未进行作业人员身份鉴别和授权扣2分； 未备份可能受影响的程序、配置文件、运行参数、运行数据、日志文件等扣5分		
2	系统操作					
2.1	故障查找	能正确进行故障查找： 故障1：数据库内考试站通信厂站表是否遥控为“否”。 故障2：数据库规约表内遥调起始地址错误	30	未查找出故障每项扣15分		
2.2	故障排除	能正确进行故障排除	20	未正确排除故障每项扣10分，扣完为止		
3	操作记录					
3.1	变更记录	记录配置变更情况	10	未记录配置变更情况扣10分		
4	功能验证					
4.1	验证	验证故障确已消除	10	未正确验证故障已消除扣10分		
4.2	系统巡视	进行系统巡视	10	未巡视系统扣10分		
4.3	记录填写	操作结束后填写运维记录	5	记录不完整扣5分		
5	现场恢复	恢复现场	5	未进行现场恢复扣5分		
合计			100			

Jc0003242055－3　自动发电控制功能异常处理。（100分）

考核知识点：自动发电控制的运行环境及参数配置

难易度：中

技能等级评价专业技能考核操作工作任务书

一、任务名称

自动发电控制功能异常处理。

二、适用工种

电网调度自动化维护员技师。

三、具体任务

（1）工作状态为主站端AGC功能无法正常启动。工作内容为排查故障原因并处理。

（2）工作任务：完成考试站自动发电控制功能异常处理，并验证处理结果。

四、工作规范及要求

（1）按照《国家电网公司电力安全工作规程（电力监控部分）》要求做好相关安全措施，办理工作票。

（2）维护完成后填写运维记录，并对系统进行全面巡视。

五、考核及时间要求

（1）本考核操作时间为60分钟，按所完成的内容计分，未完成部分均不得分，时间到停止考核。

（2）设备配置过程中，如确实不能完成相关配置，可向考评员申请，该项项目不得分，但不影响其他项目。

技能等级评价专业技能考核操作评分标准

工种	电网调度自动化维护员				评价等级	技师
项目模块	系统异常处理—电网自动控制			编号	Jc0003242055－3	
单位		准考证号			姓名	
考试时限	60分钟	题型	单项操作		题分	100分
成绩	考评员		考评组长		日期	
试题正文	自动发电控制功能异常处理					
需要说明的问题和要求	（1）要求单人完成工作任务。 （2）操作应注意安全，按照标准化作业书的技术安全说明做好安全措施。 （3）在指定系统/设备完成操作					

序号	项目名称	质量要求	满分	扣分标准	扣分原因	得分
1	功能应用及安全措施					
1.1	相关安全措施的准备	（1）办理工作票。 （2）作业人员身份鉴别和授权。 （3）备份可能受影响的内容	10	未正确办理工作票扣3分； 未进行作业人员身份鉴别和授权扣2分； 未备份可能受影响的程序、配置文件、运行参数、运行数据、日志文件等扣5分		
2	系统操作					
2.1	故障查找	能正确进行故障查找： 故障1：AGC安全逻辑判断频率量测无效，导致AGC停运，数据库频率量测测点异常。 故障2：区域量测表内频率测点选择不当	30	未查找出故障每项扣15分		
2.2	故障排除	能正确进行故障排除	20	未正确排除故障每项扣10分，扣完为止		
3	操作记录					
3.1	变更记录	记录配置变更情况	10	未记录配置变更情况扣10分		
4	功能验证					
4.1	验证	验证故障确已消除	10	未正确验证故障已消除扣10分		
4.2	系统巡视	进行系统巡视	10	未巡视系统扣10分		
4.3	记录填写	操作结束后填写运维记录	5	记录不完整扣5分		
5	现场恢复	恢复现场	5	未进行现场恢复扣5分		
合计			100			

Jc0003242055－4　自动发电控制功能异常处理。（100分）

考核知识点：自动发电控制的运行环境及参数配置

难易度：中

技能等级评价专业技能考核操作工作任务书

一、任务名称

自动发电控制功能异常处理。

二、适用工种

电网调度自动化维护员技师。

三、具体任务

（1）工作状态为主站端 AGC 下发遥调指令有误，主站遥调点号为 1。工作内容为排查故障原因并处理。

（2）工作任务：完成考试站自动发电控制功能异常处理。

四、工作规范及要求

（1）按照《国家电网公司电力安全工作规程（电力监控部分）》要求做好相关安全措施，办理工作票。

（2）维护完成后填写运维记录，并对系统进行全面巡视。

五、考核及时间要求

（1）本考核操作时间为 60 分钟，按所完成的内容计分，未完成部分均不得分，时间到停止考核。

（2）设备配置过程中，如确实不能完成相关配置，可向考评员申请，该项项目不得分，但不影响其他项目。

技能等级评价专业技能考核操作评分标准

工种	电网调度自动化维护员					评价等级	技师
项目模块	系统异常处理—电网自动控制				编号	Jc0003242055－4	
单位			准考证号			姓名	
考试时限	60 分钟	题型		单项操作		题分	100 分
成绩		考评员		考评组长		日期	
试题正文	自动发电控制功能异常处理						
需要说明的问题和要求	（1）要求单人完成工作任务。 （2）操作应注意安全，按照标准化作业书的技术安全说明做好安全措施。 （3）在指定系统/设备完成操作						

序号	项目名称	质量要求	满分	扣分标准	扣分原因	得分
1	功能应用及安全措施					
1.1	相关安全措施的准备	（1）办理工作票。 （2）作业人员身份鉴别和授权。 （3）备份可能受影响的内容	10	未正确办理工作票扣 3 分； 未进行作业人员身份鉴别和授权扣 2 分； 未备份可能受影响的程序、配置文件、运行参数、运行数据、日志文件等扣 5 分		
2	系统操作					
2.1	故障查找	能正确进行故障查找： 故障 1：数据库规约表内遥调起始地址错误。 故障 2：AGC 电厂控制器表内遥调点号填写错误	30	未查找出故障每项扣 15 分		
2.2	故障排除	能正确进行故障排除	20	未正确排除故障每项扣 10 分，扣完为止		

续表

序号	项目名称	质量要求	满分	扣分标准	扣分原因	得分
3	操作记录					
3.1	变更记录	记录配置变更情况	10	未记录配置变更情况扣 10 分		
4	功能验证					
4.1	验证	验证故障确已消除	10	未正确验证故障已消除扣 10 分		
4.2	系统巡视	进行系统巡视	10	未巡视系统扣 10 分		
4.3	记录填写	操作结束后填写运维记录	5	记录不完整扣 5 分		
5	现场恢复	恢复现场	5	未进行现场恢复扣 5 分		
合计			100			

Jc0003242055－5 自动发电控制功能异常处理。（100 分）

考核知识点：自动发电控制的运行环境及参数配置

难易度：中

技能等级评价专业技能考核操作工作任务书

一、任务名称

自动发电控制功能异常处理。

二、适用工种

电网调度自动化维护员技师。

三、具体任务

（1）工作状态为主站端 AGC 遥调指令下发后，图形 AGC 界面上子站 AGC 有功设定返回值无变化，AGC 有功设定返回值点号为 146，考试站通道默认为 104 通道。工作内容为排查故障原因并处理。

（2）工作任务：完成考试站自动发电控制功能异常处理，并验证处理结果。

四、工作规范及要求

（1）按照《国家电网公司电力安全工作规程（电力监控部分）》要求做好相关安全措施，办理工作票。

（2）维护完成后填写运维记录，并对系统进行全面巡视。

五、考核及时间要求

（1）本考核操作时间为 60 分钟，按所完成的内容计分，未完成部分均不得分，时间到停止考核。

（2）设备配置过程中，如确实不能完成相关配置，可向考评员申请，该项项目不得分，但不影响其他项目。

技能等级评价专业技能考核操作评分标准

<table>
<tr><td>工种</td><td colspan="5">电网调度自动化维护员</td><td>评价等级</td><td>技师</td></tr>
<tr><td>项目模块</td><td colspan="4">系统异常处理—电网自动控制</td><td>编号</td><td colspan="2">Jc0003242055－5</td></tr>
<tr><td>单位</td><td colspan="2"></td><td>准考证号</td><td colspan="2"></td><td>姓名</td><td></td></tr>
<tr><td>考试时限</td><td colspan="2">60 分钟</td><td>题型</td><td colspan="2">单项操作</td><td>题分</td><td>100 分</td></tr>
<tr><td>成绩</td><td></td><td>考评员</td><td></td><td>考评组长</td><td></td><td>日期</td><td></td></tr>
<tr><td>试题正文</td><td colspan="7">自动发电控制功能异常处理</td></tr>
</table>

续表

需要说明的问题和要求	（1）要求单人完成工作任务。 （2）操作应注意安全，按照标准化作业书的技术安全说明做好安全措施。 （3）在指定系统/设备完成操作					
序号	项目名称	质量要求	满分	扣分标准	扣分原因	得分
1	功能应用及安全措施					
1.1	相关安全措施的准备	（1）办理工作票。 （2）作业人员身份鉴别和授权。 （3）备份可能受影响的内容	10	未正确办理工作票扣3分； 未进行作业人员身份鉴别和授权扣2分； 未备份可能受影响的程序、配置文件、运行参数、运行数据、日志文件等扣5分		
2	系统操作					
2.1	故障查找	能正确进行故障查找： 故障1：图形界面上子站AGC有功设定返回值连接错误。 故障2：数据库子站AGC有功设定返回值未添加点号、通道，且增加基值	30	未查找出故障每项扣15分		
2.2	故障排除	能正确进行故障排除	20	未正确排除故障每项扣10分，扣完为止		
3	操作记录					
3.1	变更记录	记录配置变更情况	10	未记录配置变更情况扣10分		
4	功能验证					
4.1	验证	验证故障确已消除	10	未正确验证故障已消除扣10分		
4.2	系统巡视	进行系统巡视	10	未巡视系统扣10分		
4.3	记录填写	操作结束后填写运维记录	5	记录不完整扣5分		
5	现场恢复	恢复现场	5	未进行现场恢复扣5分		
合计			100			

Jc0004242056　网络安全管理平台应用。（100分）

考核知识点：网络安全管理平台

难易度：中

技能等级评价专业技能考核操作工作任务书

一、任务名称

网络安全管理平台应用。

二、适用工种

电网调度自动化维护员技师。

三、具体任务

（1）工作状态为网络安全管理平台运行正常。工作内容为登录网络安全管理平台，查询指定日期四率情况、查询指定日期网络安全监测装置的重要告警数量、导出指定日期运维报表。

（2）工作任务：完成网络安全管理平台操作。

四、工作规范及要求

（1）按照《国家电网公司电力安全工作规程（电力监控部分）》要求做好相关安全措施，办理工作票。

（2）维护完成后填写运维记录，并对系统进行全面巡视。

五、考核及时间要求

（1）本考核操作时间为60分钟，按所完成的内容计分，未完成部分均不得分，时间到停止考核。

（2）设备配置过程中，如确实不能完成相关配置，可向考评员申请，该项项目不得分，但不影响其他项目。

技能等级评价专业技能考核操作评分标准

工种	电网调度自动化维护员					评价等级	技师
项目模块	系统维护—电力监控系统安全防护设备安装调试				编号	Jc0004242056	
单位			准考证号			姓名	
考试时限	60分钟		题型		单项操作	题分	100分
成绩		考评员		考评组长		日期	
试题正文	网络安全管理平台应用						
需要说明的问题和要求	（1）要求单人完成工作任务。 （2）操作应注意安全，按照标准化作业书的技术安全说明做好安全措施。 （3）在指定系统/设备完成操作						

序号	项目名称	质量要求	满分	扣分标准	扣分原因	得分
1	功能应用及安全措施					
1.1	相关安全措施的准备	（1）办理工作票。 （2）作业人员身份鉴别和授权。 （3）备份可能受影响的内容	10	未正确办理工作票扣3分； 未进行作业人员身份鉴别和授权扣2分； 未备份可能受影响的程序、配置文件、运行参数、运行数据、日志文件等扣5分		
2	系统操作					
2.1	登录网络安全管理平台	能正确登录网络安全管理平台	10	未正确登录网络安全管理平台扣10分		
2.2	查询指定日期四率、重要告警	能正确完成查询	40	未正确查询每项扣8分		
2.3	导出报表	能正确导出运维报表	15	未正确导出报表扣15分		
3	操作结束					
3.1	验证	验证操作结果的正确性	10	未正确验证操作结果扣10分		
3.2	操作记录	操作结束后完整填写操作记录	5	每漏填写一项扣1分，扣完为止； 操作记录不完整扣2分		
4	现场恢复	恢复现场	10	未进行现场恢复扣10分		
合计			100			

Jc0004241057－1　命令操作。（100分）

考核知识点：操作系统常见命令

难易度：易

技能等级评价专业技能考核操作工作任务书

一、任务名称

命令操作。

二、适用工种

电网调度自动化维护员技师。

三、具体任务

（1）工作状态为调度主站系统运行正常。工作内容为查找bin目录下100M以上文件，并用命令保存查找结果。

（2）工作任务：完成查找文件。

四、工作规范及要求

（1）按照《国家电网公司电力安全工作规程（电力监控部分）》要求做好相关安全措施，办理工作票。

（2）维护完成后填写运维记录，并对系统进行全面巡视。

五、考核及时间要求

（1）本考核操作时间为60分钟，按所完成的内容计分，未完成部分均不得分，时间到停止考核。

（2）设备配置过程中，如确实不能完成相关配置，可向考评员申请，该项项目不得分，但不影响其他项目。

技能等级评价专业技能考核操作评分标准

工种	电网调度自动化维护员				评价等级	技师
项目模块	系统维护—电网自动控制			编号	Jc0004241057－1	
单位		准考证号			姓名	
考试时限	60分钟	题型	单项操作		题分	100分
成绩		考评员		考评组长	日期	
试题正文	命令操作					
需要说明的问题和要求	（1）要求单人完成工作任务。 （2）操作应注意安全，按照标准化作业书的技术安全说明做好安全措施。 （3）在指定系统/设备完成操作					

序号	项目名称	质量要求	满分	扣分标准	扣分原因	得分
1	功能应用及安全措施					
1.1	相关安全措施的准备	（1）办理工作票。 （2）作业人员身份鉴别和授权。 （3）备份可能受影响的内容	10	未正确办理工作票扣3分； 未进行作业人员身份鉴别和授权扣2分； 未备份可能受影响的程序、配置文件、运行参数、运行数据、日志文件等扣5分		
2	系统操作					

续表

序号	项目名称	质量要求	满分	扣分标准	扣分原因	得分
2.1	登录系统	能正确登录系统并查看系统运行情况	15	未正确登录系统扣 15 分		
2.2	命令操作	使用命令完成指定内容的操作	30	未正确使用命令进行文件查询扣 30 分		
2.3	保存结果	使用命令将查找结果保存	20	未正确使用命令保存结果扣 20 分		
3	操作结束					
3.1	验证	验证操作结果的正确性	10	未正确验证操作结果扣 10 分		
3.2	操作记录	操作结束后完整填写操作记录	5	每漏填写一项扣 1 分，扣完为止；操作记录不完整扣 2 分		
4	现场恢复	恢复现场	10	未进行现场恢复扣 10 分		
合计			100			

Jc0004241057－2 命令操作。（100 分）

考核知识点：操作系统常见命令

难易度：易

技能等级评价专业技能考核操作工作任务书

一、任务名称

命令操作。

二、适用工种

电网调度自动化维护员技师。

三、具体任务

（1）工作状态为调度主站系统运行正常。工作内容为进行文件操作，用命令查找 345.txt 与 456.txt 不同处，保存输出结果至“结果 2.txt”。

（2）工作任务：完成文件操作，并验证操作结果。

四、工作规范及要求

（1）按照《国家电网公司电力安全工作规程（电力监控部分）》要求做好相关安全措施，办理工作票。

（2）维护完成后填写运维记录，并对系统进行全面巡视。

五、考核及时间要求

（1）本考核操作时间为 60 分钟，按所完成的内容计分，未完成部分均不得分，时间到停止考核。

（2）设备配置过程中，如确实不能完成相关配置，可向考评员申请，该项项目不得分，但不影响其他项目。

技能等级评价专业技能考核操作评分标准

工种	电网调度自动化维护员				评价等级	技师
项目模块	系统维护—计算机应用及网络基本知识			编号	Jc0004241057－2	
单位		准考证号			姓名	
考试时限	60 分钟	题型	单项操作		题分	100 分

续表

成绩		考评员		考评组长		日期	
试题正文	命令操作						
需要说明的问题和要求	（1）要求单人完成工作任务。 （2）操作应注意安全，按照标准化作业书的技术安全说明做好安全措施。 （3）在指定系统/设备完成操作						

序号	项目名称	质量要求	满分	扣分标准	扣分原因	得分
1	功能应用及安全措施					
1.1	相关安全措施的准备	（1）办理工作票。 （2）作业人员身份鉴别和授权。 （3）备份可能受影响的内容	10	未正确办理工作票扣3分； 未进行作业人员身份鉴别和授权扣2分； 未备份可能受影响的程序、配置文件、运行参数、运行数据、日志文件等扣5分		
2	系统操作					
2.1	登录系统	能正确登录系统并查看系统运行情况	15	未正确登录系统扣15分		
2.2	文件操作	使用命令完成指定内容的操作	30	未正确使用命令 diff 345.txt 456.txt>结果 2.txt 进行文件操作扣30分		
2.3	保存结果	验证保存的结果正确	20	未验证保存结果正确扣20分		
3	操作结束					
3.1	验证	验证操作结果正确性	10	未正确验证操作结果扣10分		
3.2	操作记录	操作结束后完整填写操作记录	5	每漏填写一项扣1分，扣完为止； 操作记录不完整扣2分		
4	现场恢复	恢复现场	10	未进行现场恢复扣10分		
合计			100			

Jc0004241057－3　命令操作。（100分）

考核知识点：操作系统常见命令

难易度：易

技能等级评价专业技能考核操作工作任务书

一、任务名称

命令操作。

二、适用工种

电网调度自动化维护员技师。

三、具体任务

（1）工作状态为调度主站系统运行正常。工作内容为新建考试站，用命令新建一个名为“kaoshi”和“kaobei”的目录，用命令在“kaoshi”目录下新建123.txt 文档，在123.txt 文档中输入本人姓名，联系方式，用命令将123.txt 文档拷贝至“kaobei”目录下。

（2）工作任务：完成新建目录、文档，输入相应内容，将文档拷贝至指定目录下。

四、工作规范及要求

（1）按照《国家电网公司电力安全工作规程（电力监控部分）》要求做好相关安全措施，办理工

作票。

（2）维护完成后填写运维记录，并对系统进行全面巡视。

五、考核及时间要求

（1）本考核操作时间为60分钟，按所完成的内容计分，未完成部分均不得分，时间到停止考核。

（2）设备配置过程中，如确实不能完成相关配置，可向考评员申请，该项项目不得分，但不影响其他项目。

技能等级评价专业技能考核操作评分标准

<table>
<tr><td>工种</td><td colspan="5">电网调度自动化维护员</td><td>评价等级</td><td>技师</td></tr>
<tr><td>项目模块</td><td colspan="4">系统维护—计算机应用及网络基本知识</td><td>编号</td><td colspan="2">Jc0004241057－3</td></tr>
<tr><td>单位</td><td colspan="3"></td><td>准考证号</td><td></td><td>姓名</td><td></td></tr>
<tr><td>考试时限</td><td colspan="2">60分钟</td><td>题型</td><td colspan="2">单项操作</td><td>题分</td><td>100分</td></tr>
<tr><td>成绩</td><td></td><td>考评员</td><td></td><td>考评组长</td><td></td><td>日期</td><td></td></tr>
<tr><td>试题正文</td><td colspan="7">命令操作</td></tr>
<tr><td>需要说明的问题和要求</td><td colspan="7">（1）要求单人完成工作任务。
（2）操作应注意安全，按照标准化作业书的技术安全说明做好安全措施。
（3）在指定系统/设备完成操作</td></tr>
</table>

序号	项目名称	质量要求	满分	扣分标准	扣分原因	得分
1	功能应用及安全措施					
1.1	相关安全措施的准备	（1）办理工作票。 （2）作业人员身份鉴别和授权。 （3）备份可能受影响的内容	10	未正确办理工作票扣3分； 未进行作业人员身份鉴别和授权扣2分； 未备份可能受影响的程序、配置文件、运行参数、运行数据、日志文件等扣5分		
2	系统操作					
2.1	登录系统	能正确登录系统并查看系统运行情况	10	未正确登录系统扣10分		
2.2	创建目录	使用命令创建指定目录	20	未正确使用命令创建目录每项扣10分		
2.3	创建文档	使用命令按指定要求创建文档，并输入指定内容	20	未正确使用命令创建文档扣10分； 未将内容正确输入文档并进行保存扣10分		
2.4	拷贝文档	拷贝文档至指定目录	15	未使用命令将文档拷贝至指定目录扣15分		
3	操作结束					
3.1	验证	验证操作结果的正确性	10	未正确验证操作结果扣10分		
3.2	操作记录	操作结束后完整填写操作记录	5	每漏填写一项扣1分，扣完为止； 操作记录不完整扣2分		
4	现场恢复	恢复现场	10	未进行现场恢复扣10分		
合计			100			

Jc0004241058 一次接线图制作与联库。（100分）

考核知识点：绘图及数据库录入

难易度：易

技能等级评价专业技能考核操作工作任务书

一、任务名称

一次接线图制作与联库。

二、适用工种

电网调度自动化维护员技师。

三、具体任务

（1）工作状态为调度主站系统运行正常。工作内容为系统中完成指定变电站一次接线图制作与联库，建变电站“姓名_考试变3”，绘制“姓名_考试变3一次图”并联库。

（2）工作任务：完成设备数据库属性链接，命名参照样图；完成设备入库。

四、工作规范及要求

（1）按照《国家电网公司电力安全工作规程（电力监控部分）》要求做好相关安全措施，办理工作票。

（2）维护完成后填写运维记录，并对系统进行全面巡视。

五、考核及时间要求

（1）本考核操作时间为60分钟，按所完成的内容计分，未完成部分均不得分，时间到停止考核。

（2）设备配置过程中，如确实不能完成相关配置，可向考评员申请，该项项目不得分，但不影响其他项目。

技能等级评价专业技能考核操作评分标准

工种	电网调度自动化维护员				评价等级	技师	
项目模块	系统维护—基础平台及SCADA运维			编号	Jc0004241058		
单位		准考证号			姓名		
考试时限	60分钟	题型	单项操作		题分	100分	
成绩		考评员		考评组长		日期	
试题正文	一次接线图制作与联库						
需要说明的问题和要求	（1）要求单人完成工作任务。 （2）操作应注意安全，按照标准化作业书的技术安全说明做好安全措施。 （3）在指定系统/设备完成操作						

序号	项目名称	质量要求	满分	扣分标准	扣分原因	得分
1	功能应用及安全措施					
1.1	相关安全措施的准备	（1）办理工作票。 （2）作业人员身份鉴别和授权。 （3）备份可能受影响的内容	10	未正确办理工作票扣3分； 未进行作业人员身份鉴别和授权扣2分； 未备份可能受影响的程序、配置文件、运行参数、运行数据、日志文件等扣5分		
2	系统操作					
2.1	检查、登录系统	能正确检查系统运行情况、正确登录系统	10	未查看系统运行情况扣5分； 未正确登录系统扣5分		
2.2	新建站名	能正确按照指定要求在数据库新建变电站	15	未正确新建变电站扣15分		

续表

序号	项目名称	质量要求	满分	扣分标准	扣分原因	得分
2.3	接线图绘制	正确绘制指定的接线图	20	未正确绘制接线图扣 20 分		
2.4	设备定义及入库	正确完成设备属性定义、关联入库	20	未正确录入数据库相应信息扣 20 分		
3	操作结束					
3.1	验证	验证操作结果的正确性	10	未正确验证操作结果扣 10 分		
3.2	操作记录	操作结束后完整填写操作记录	5	每漏填写一项扣 1 分，扣完为止； 操作记录不完整扣 2 分		
4	现场恢复	恢复现场	10	未进行现场恢复扣 10 分		
合计			100			

Jc0004242059－1 告警定义。(100 分)

考核知识点：告警定义及配置方法

难易度：中

技能等级评价专业技能考核操作工作任务书

一、任务名称

告警定义。

二、适用工种

电网调度自动化维护员技师。

三、具体任务

(1) 工作状态为调度主站系统运行正常。工作内容为进行告警定义，新建考试站，完成五类告警方式类别的定义，新增上事故窗告警行为，要求具有“语音、事故推图、上告警窗、需人工确认、登录告警库、上事故窗”行为。

(2) 工作任务：完成告警定义。

四、工作规范及要求

(1) 按照《国家电网公司电力安全工作规程（电力监控部分）》要求做好相关安全措施，办理工作票。

(2) 维护完成后填写运维记录，并对系统进行全面巡视。

五、考核及时间要求

(1) 本考核操作时间为 60 分钟，按所完成的内容计分，未完成部分均不得分，时间到停止考核。

(2) 设备配置过程中，如确实不能完成相关配置，可向考评员申请，该项项目不得分，但不影响其他项目。

技能等级评价专业技能考核操作评分标准

工种	电网调度自动化维护员				评价等级	技师
项目模块	系统维护—基础平台及 SCADA 应用及操作			编号	Jc0004242059－1	
单位		准考证号			姓名	
考试时限	60 分钟	题型	单项操作		题分	100 分

续表

成绩		考评员		考评组长		日期	
试题正文	告警定义						
需要说明的问题和要求	（1）要求单人完成工作任务。 （2）操作应注意安全，按照标准化作业书的技术安全说明做好安全措施。 （3）在指定系统/设备完成操作						

序号	项目名称	质量要求	满分	扣分标准	扣分原因	得分
1	功能应用及安全措施					
1.1	相关安全措施的准备	（1）办理工作票。 （2）作业人员身份鉴别和授权。 （3）备份可能受影响的内容	10	未正确办理工作票扣3分； 未进行作业人员身份鉴别和授权扣2分； 未备份可能受影响的程序、配置文件、运行参数、运行数据、日志文件等扣5分		
2	系统操作					
2.1	数据库操作	能正确进入数据库表	13	未正确进入数据库表扣13分		
2.2	告警方式类别	能正确增加告警方式类别	10	未正确增加告警方式类别扣10分		
2.3	告警行为定义	能正确定义告警行为	42	未正确定义告警行为每项扣7分，扣完为止		
3	操作结束					
3.1	验证	验证操作结果的正确性	10	未正确验证操作结果扣10分		
3.2	操作记录	操作结束后完整填写操作记录	5	每漏填写一项扣1分，扣完为止； 操作记录不完整扣2分		
4	现场恢复	恢复现场	10	未进行现场恢复扣10分		
合计			100			

Jc0004242059－2　告警定义。（100分）

考核知识点：告警定义及配置方法

难易度：中

技能等级评价专业技能考核操作工作任务书

一、任务名称

告警定义。

二、适用工种

电网调度自动化维护员技师。

三、具体任务

（1）工作状态为调度主站系统运行正常。工作内容为新建考试站，完成考试站监控信息进行分类，新增上变位窗告警行为，要求具有“语音、上告警窗、需人工确认、登录告警库、上变位窗”行为。

（2）工作任务：完成告警定义。

四、工作规范及要求

（1）按照《国家电网公司电力安全工作规程（电力监控部分）》要求做好相关安全措施，办理工

作票。

（2）维护完成后填写运维记录，并对系统进行全面巡视。

五、考核及时间要求

（1）本考核操作时间为60分钟，按所完成的内容计分，未完成部分均不得分，时间到停止考核。

（2）设备配置过程中，如确实不能完成相关配置，可向考评员申请，该项项目不得分，但不影响其他项目。

技能等级评价专业技能考核操作评分标准

工种	电网调度自动化维护员				评价等级	技师	
项目模块	系统维护—基础平台及SCADA应用及操作				编号	Jc0004242059－2	
单位		准考证号			姓名		
考试时限	60分钟	题型		单项操作	题分	100分	
成绩		考评员		考评组长		日期	
试题正文	告警定义						
需要说明的问题和要求	（1）要求单人完成工作任务。 （2）操作应注意安全，按照标准化作业书的技术安全说明做好安全措施。 （3）在指定系统/设备完成操作						

序号	项目名称	质量要求	满分	扣分标准	扣分原因	得分
1	功能应用及安全措施					
1.1	相关安全措施的准备	（1）办理工作票。 （2）作业人员身份鉴别和授权。 （3）备份可能受影响的内容	10	未正确办理工作票扣3分； 未进行作业人员身份鉴别和授权扣2分； 未备份可能受影响的程序、配置文件、运行参数、运行数据、日志文件等扣5分		
2	系统操作					
2.1	数据库操作	能正确进入数据库表	15	未正确进入数据库表扣15分		
2.2	告警方式类别	能正确增加告警方式类别	15	未正确增加告警方式类别扣15分		
2.3	告警行为定义	能正确定义告警行为	35	未正确定义告警行为每项扣7分，扣完为止		
3	操作结束					
3.1	验证	验证操作结果的正确性	10	未正确验证操作结果扣10分		
3.2	操作记录	操作结束后完整填写操作记录	5	每漏填写一项扣1分，扣完为止； 操作记录不完整扣2分		
4	现场恢复	恢复现场	10	未进行现场恢复扣10分		
合计			100			

Jc0004242059－3 告警定义。（100分）

考核知识点：告警定义及配置方法

难易度：中

技能等级评价专业技能考核操作工作任务书

一、任务名称

告警定义。

二、适用工种

电网调度自动化维护员技师。

三、具体任务

（1）工作状态为调度主站系统运行正常。工作内容为新增上事故窗告警行为，要求具有“语音、事故推图、上告警窗、需人工确认、登录告警库、上事故窗”行为；新增上变位窗告警行为，要求具有“语音、上告警窗、需人工确认、登录告警库、上变位窗”行为；新增上异常窗告警行为，要求具有“语音、上告警窗、需人工确认、登录告警库、上异常窗”行为。

（2）工作任务：完成告警定义。

四、工作规范及要求

（1）按照《国家电网公司电力安全工作规程（电力监控部分）》要求做好相关安全措施，办理工作票。

（2）维护完成后填写运维记录，并对系统进行全面巡视。

五、考核及时间要求

（1）本考核操作时间为60分钟，按所完成的内容计分，未完成部分均不得分，时间到停止考核。

（2）设备配置过程中，如确实不能完成相关配置，可向考评员申请，该项项目不得分，但不影响其他项目。

技能等级评价专业技能考核操作评分标准

工种	电网调度自动化维护员					评价等级	技师
项目模块	系统维护—基础平台及SCADA应用及操作				编号	Jc0004242059－3	
单位			准考证号			姓名	
考试时限	60分钟		题型	单项操作		题分	100分
成绩		考评员		考评组长		日期	
试题正文	告警定义						
需要说明的问题和要求	（1）要求单人完成工作任务。 （2）操作应注意安全，按照标准化作业书的技术安全说明做好安全措施。 （3）在指定系统/设备完成操作						

序号	项目名称	质量要求	满分	扣分标准	扣分原因	得分
1	功能应用及安全措施					
1.1	相关安全措施的准备	（1）办理工作票。 （2）作业人员身份鉴别和授权。 （3）备份可能受影响的内容	10	未正确办理工作票扣3分； 未进行作业人员身份鉴别和授权扣2分； 未备份可能受影响的程序、配置文件、运行参数、运行数据、日志文件等扣5分		
2	系统操作					
2.1	数据库操作	能正确进入数据库表	20	未正确进入数据库表扣20分		
2.2	告警行为定义	能正确定义事故告警行为	15	未正确定义事故告警行为每项扣3分，扣完为止		
2.3	告警行为定义	能正确定义变位告警行为	15	未正确定义变位告警行为每项扣3分，扣完为止		

续表

序号	项目名称	质量要求	满分	扣分标准	扣分原因	得分
2.4	告警行为定义	能正确定义异常告警行为	15	未正确定义异常告警行为每项扣3分，扣完为止		
3	操作结束					
3.1	验证	验证操作结果的正确性	10	未正确验证操作结果扣10分		
3.2	操作记录	操作结束后完整填写操作记录	5	每漏填写一项扣1分，扣完为止；操作记录不完整扣2分		
4	现场恢复	恢复现场	10	未进行现场恢复扣10分		
合计			100			

Jc0004242059－4 告警定义。(100分)

考核知识点：告警定义及配置方法

难易度：中

技能等级评价专业技能考核操作工作任务书

一、任务名称

告警定义。

二、适用工种

电网调度自动化维护员技师。

三、具体任务

（1）工作状态为调度主站系统运行正常。工作内容为新增上事故窗告警行为，要求具有“语音、事故推图、上告警窗、需人工确认、登录告警库、上事故窗”行为；新增上告知窗告警行为，要求具有“上告警窗、登录告警库、上告知窗”行为；新增上越限窗告警行为，要求具有“上告警窗、登录告警库、上越限窗”行为。

（2）工作任务：完成告警定义。

四、工作规范及要求

（1）按照《国家电网公司电力安全工作规程（电力监控部分）》要求做好相关安全措施，办理工作票。

（2）维护完成后填写运维记录，并对系统进行全面巡视。

五、考核及时间要求

（1）本考核操作时间为60分钟，按所完成的内容计分，未完成部分均不得分，时间到停止考核。

（2）设备配置过程中，如确实不能完成相关配置，可向考评员申请，该项项目不得分，但不影响其他项目。

技能等级评价专业技能考核操作评分标准

<table>
<tr><td>工种</td><td colspan="5">电网调度自动化维护员</td><td>评价等级</td><td>技师</td></tr>
<tr><td>项目模块</td><td colspan="4">系统维护—基础平台及SCADA应用及操作</td><td colspan="2">编号</td><td>Jc0004242059－4</td></tr>
<tr><td>单位</td><td colspan="3"></td><td>准考证号</td><td></td><td>姓名</td><td></td></tr>
<tr><td>考试时限</td><td colspan="2">60分钟</td><td>题型</td><td colspan="2">单项操作</td><td>题分</td><td>100分</td></tr>
<tr><td>成绩</td><td></td><td>考评员</td><td></td><td>考评组长</td><td></td><td>日期</td><td></td></tr>
</table>

续表

试题正文	告警定义
需要说明的问题和要求	（1）要求单人完成工作任务。 （2）操作应注意安全，按照标准化作业书的技术安全说明做好安全措施。 （3）在指定系统/设备完成操作

序号	项目名称	质量要求	满分	扣分标准	扣分原因	得分
1	功能应用及安全措施					
1.1	相关安全措施的准备	（1）办理工作票。 （2）作业人员身份鉴别和授权。 （3）备份可能受影响的内容	10	未正确办理工作票扣 3 分； 未进行作业人员身份鉴别和授权扣 2 分； 未备份可能受影响的程序、配置文件、运行参数、运行数据、日志文件等扣 5 分		
2	系统操作					
2.1	数据库操作	能正确进入数据库表	17	未正确进入数据库表扣 17 分		
2.2	告警行为定义	能正确定义事故告警行为	24	未正确定义告警行为每项扣 4 分，扣完为止		
2.3	告警行为定义	能正确定义告知告警行为	12	未正确定义告警行为每项扣 4 分，扣完为止		
2.4	告警行为定义	能正确定义越限告警行为	12	未正确定义告警行为每项扣 4 分，扣完为止		
3	操作结束					
3.1	验证	验证操作结果的正确性	10	未正确验证操作结果扣 10 分		
3.2	操作记录	操作结束后完整填写操作记录	5	每漏填写一项扣 1 分，扣完为止； 操作记录不完整扣 2 分		
4	现场恢复	恢复现场	10	未进行现场恢复扣 10 分		
合计			100			

Jc0004242060　责任区及权限管理。(100 分)

考核知识点：责任区定义及配置方法

难易度：中

技能等级评价专业技能考核操作工作任务书

一、任务名称

责任区及权限管理。

二、适用工种

电网调度自动化维护员技师。

三、具体任务

（1）工作状态为调度主站系统运行正常。工作内容为用责任区定义工具，定义“考试责任区 1”“考试责任区 2”基本责任区；用责任区定义工具，定义“技能评定”复合责任区，该责任区包括“考试责任区 1”“考试责任区 2”。

（2）工作任务：完成责任区及权限管理。

四、工作规范及要求

（1）按照《国家电网公司电力安全工作规程（电力监控部分）》要求做好相关安全措施，办理工作票。

（2）维护完成后填写运维记录，并对系统进行全面巡视。

五、考核及时间要求

（1）本考核操作时间为60分钟，按所完成的内容计分，未完成部分均不得分，时间到停止考核。

（2）设备配置过程中，如确实不能完成相关配置，可向考评员申请，该项项目不得分，但不影响其他项目。

技能等级评价专业技能考核操作评分标准

工种	电网调度自动化维护员					评价等级	技师
项目模块	系统维护—基础平台及SCADA应用及操作				编号	Jc0004242060	
单位		准考证号				姓名	
考试时限	60分钟	题型		单项操作		题分	100分
成绩		考评员		考评组长		日期	
试题正文	责任区及权限管理						
需要说明的问题和要求	（1）要求单人完成工作任务。 （2）操作应注意安全，按照标准化作业书的技术安全说明做好安全措施。 （3）在指定系统/设备完成操作						

序号	项目名称	质量要求	满分	扣分标准	扣分原因	得分
1	功能应用及安全措施					
1.1	相关安全措施的准备	（1）办理工作票。 （2）作业人员身份鉴别和授权。 （3）备份可能受影响的内容	10	未正确办理工作票扣3分； 未进行作业人员身份鉴别和授权扣2分； 未备份可能受影响的程序、配置文件、运行参数、运行数据、日志文件等扣5分		
2	系统操作					
2.1	系统登录	能正确登录系统	10	未正确登录系统扣10分		
2.2	正确工具	能正确打开责任区定义工具	15	未正确打开工具扣15分		
2.3	新增责任区	能正确新增责任区	20	未正确新增责任区扣20分		
2.4	新增权限	能正确新增权限	20	未正确新增权限扣20分		
3	操作结束					
3.1	验证	验证操作结果的正确性	10	未正确验证操作结果扣10分		
3.2	操作记录	操作结束后完整填写操作记录	5	每漏填写一项扣1分，扣完为止； 操作记录不完整扣2分		
4	现场恢复	恢复现场	10	未进行现场恢复扣10分		
	合计		100			

Jc0004242061 系统性能检查。（100分）

考核知识点：系统性能检查方法

难易度：中

技能等级评价专业技能考核操作工作任务书

一、任务名称

系统性能检查。

二、适用工种

电网调度自动化维护员技师。

三、具体任务

（1）工作状态为调度主站系统运行正常。工作内容为检查系统应用数据库连接状态、检查系统是否存在文件堆积，并做好记录。

（2）工作任务：完成系统检查。

四、工作规范及要求

（1）按照《国家电网公司电力安全工作规程（电力监控部分）》要求做好相关安全措施，办理工作票。

（2）维护完成后填写运维记录，并对系统进行全面巡视。

五、考核及时间要求

（1）本考核操作时间为60分钟，按所完成的内容计分，未完成部分均不得分，时间到停止考核。

（2）设备配置过程中，如确实不能完成相关配置，可向考评员申请，该项项目不得分，但不影响其他项目。

技能等级评价专业技能考核操作评分标准

工种	电网调度自动化维护员					评价等级	技师
项目模块	系统维护—基础平台及SCADA运维				编号	Jc0004242061	
单位			准考证号			姓名	
考试时限	60分钟		题型	单项操作		题分	100分
成绩		考评员		考评组长		日期	
试题正文	系统性能检查						
需要说明的问题和要求	（1）要求单人完成工作任务。 （2）操作应注意安全，按照标准化作业书的技术安全说明做好安全措施。 （3）在指定系统/设备完成操作						

序号	项目名称	质量要求	满分	扣分标准	扣分原因	得分
1	功能应用及安全措施					
1.1	相关安全措施的准备	（1）办理工作票。 （2）作业人员身份鉴别和授权。 （3）备份可能受影响的内容	10	未正确办理工作票扣3分； 未进行作业人员身份鉴别和授权扣2分； 未备份可能受影响的程序、配置文件、运行参数、运行数据、日志文件等扣5分		
2	系统操作					
2.1	系统登录	能正确登录系统	10	未正确登录系统扣10分		
2.2	查看数据库状态	能正确使用命令登录数据库并查看连接情况	20	未正确使用命令扣20分		
2.3	查看文件状态	能正确使用命令查看文件堆积情况	20	未正确使用命令扣20分		
2.4	登录退出	能正确登录退出	15	未正确登录退出扣15分		

续表

序号	项目名称	质量要求	满分	扣分标准	扣分原因	得分
3	操作结束					
3.1	验证	验证操作结果的正确性	10	未正确验证操作结果扣 10 分		
3.2	操作记录	操作结束后完整填写操作记录	5	每漏填写一项扣 1 分，扣完为止； 操作记录不完整扣 2 分		
4	现场恢复	恢复现场	10	未进行现场恢复扣 10 分		
合计			100			

第五部分
高级技师

第九章　电网调度自动化维护员高级技师技能笔答

Jb0001132001　厂站侧远动机普遍采用双主机模式配置，即双远动机通过双平面分别连至调度侧前置机，不再采用双机主备切换模式。请简述双主机模式对比主备切换模式有哪些优点。（5分）

考核知识点：了解SCADA应用的基础运行方式

难易度：中

标准答案：

双主机模式对比主备切换模式的优点：

（1）“双机双主”由调度选择主用数据通道，该种配置方法可使得调度侧实时监测到站端双远动机的运行工况，做到真正的远动机数据热备用。

（2）可以在检修时单独针对远动机检修，在远动机检修完毕后检查数据无误再解除封锁，避免数据跳变。

（3）避免数据封锁等对实时数据影响，不影响实时数据传输。

Jb0001132002　下面是某厂站网络104规约上发的一组遥信帧：681204096002010203001100 9e0300019e030000，请详细解释以上报文，说明遥信变位的内容。（5分）

考核知识点：主厂站网络状态调试；规约基础参数设置

难易度：中

标准答案：

68（启动字符）

12［长度，12H=18，指从第3个字节开始（包括第3个字节）的后续报文长度为18个字节］

0409（发送序列号）

6002（接收序列号）

01（类型标识，单点遥信）

02（可变结构限定词，有2个遥信上送）

0300（传输原因，0300为突变变位）

1100（公共地址即RTU地址，1100解释为0011H=17，站址为17）

9e0300（第一个信息元素地址，3个字节：9e0300解释为00039eH=926第925号遥信）

01（第一个信息元素数据，01遥信合）

9e0300（第二个信息元素地址，3个字节：9e0300解释为00039eH=926第925号遥信）

00（第一个信息元素数据，00遥信分）

Jb0001132003　在进行某变电站断路器遥控联调试验时，自动化运维人员在调度自动化主站系统中，发现断路器不能遥控，请简述此种故障如何排查。（5分）

考核知识点：了解SCADA应用的基础运行方式

难易度：中

标准答案：

断路器不能遥控的排查步骤：

（1）查参数定义是否正确，如遥控序号、厂站是否可遥控等。

（2）查 scada_op 有没有收到画面发出的遥控操作报文。

（3）查 fes_net 有没有收到 scada_op 发出的遥控操作报文。

（4）查遥控厂站有无值班通道。

（5）查前置报文有没有正确下发遥控报文。

（6）查站端通讯网关机有没有正确返回遥控返校报文。

（7）排除主站侧问题后，可判断为站端通信网关机有问题。

Jb0001132004　在系统变位告警信息中，有时会见到告警信息后面有括号标注“全数据判定”“备通道补”或者两者同时出现。请分析原因。（5 分）

考核知识点：了解 SCADA 应用的基础运行方式

难易度：中

标准答案：

（1）全数据判定：一般出现在 101 协议或 104 协议中，用于主站总召唤子站上传全数据，全数据接收时发现某个遥信值与当前值不一致，就会判定为变位，并标注“全数据判定”。

（2）备通道补：用于防范主备通道切换过程中遗漏变位信息，其逻辑是备通道接收到变位后，与主通道变位情况进行比较，一旦发现主通道在前、后各 10s 内没有接收到这个变位信息，则判定为遥信变位，并标注“备通道补”。

Jb0001132005　在某新建调度的 220kV 变电站基建项目中，某设计院在设计文档中对该变电站调度数据网设备的描述如下，请问该变电站调度数据网设计是否合理？如果不合理，指出错误之处。（5 分）

设计方案：按照公司要求该站要配备 2 套调度数据网网络设备，每套包括 1 台路由器、1 台交换机，两套设备均部署在省网调度数据网中，每套设备安排 1 个 2M 通信通道。

考核知识点：调度数据网的设计原则；调度数据网并网关键技术

难易度：中

标准答案：

不合理，错误之处有以下三点：

（1）每套网络设备包括 2 台交换机。

（2）两套网络设备分别部署在省网调度数据网和变电站所在地地区调度数据网中。

（3）每套网络设备要安排 2 个 2M 通信通道。

Jb0002132006　区域内某变电站发生故障跳闸，当值监控值班员通知自动化运维值班人员，该站综合智能告警无对应的故障告警，请试从稳态数据的角度分析排查此问题。（5 分）

考核知识点：了解 SCADA 应用的基础运行方式

难易度：中

标准答案：

（1）首先检查是否有断路器变位、SOE 动作信号以及事故总等信息。若上述信息全无，则未告警原因为缺少信号，应从主站至站端各个环节排查信号未上送的原因。

（2）若有事故总信号，则进一步查看事故总信号配置是否正确，包括事故总信号是否在保护信号表里进行配置，事故总信号所属厂站是否正确，信号类型是否为“事故总”类型。

（3）查看断路器变位与事故总信号动作的间隔时间是否在信号整合的范围内，信号整合时间范围可查询综合智能告警层次库 IFAMOM 中 AREATM 的数值；对于 3/2 接线方式下的双开关同时变位，则要求变位时间间隔不超过 15s。

（4）根据系统的设备故障跳闸逻辑文档，查看信号是否满足判断逻辑要求。

Jb0002132007　一新建厂站投入运行后，某日发现线路 B 的断路器在检修，处于旁路代的运行方式，而单线图中该线路未进行自动旁路代，请分析可能存在的原因。（5 分）

考核知识点：了解 SCADA 应用的基础运行方式

难易度：中

标准答案：

（1）查看厂站表中该站自动旁路代设定不应为“否”，修改为“是”。

（2）检查单线图中“线路 B”、旁路间隔的遥信状态是否正确。

（3）检查厂站接线图“线路 B”、旁路间隔是否存在连接点虚焊情况，解决后重新节点入库。

Jb0002132008　某厂站路由器至核心路由器 1 出现业务震荡，经排查路由器两端接口状态 UP，但 ping 直连物理接口地址丢包严重，请分析故障原因。（5 分）

考核知识点：数据链路层故障排除方法

难易度：中

标准答案：

LDP 会话 hello 包发送间隔 5s，超过 3 次时变为 Down，而 PPP 心跳 keepalive 的发送间隔为 10s，超过 3 次时接口状态变为 Down，故接口未报 Down。

Jb0002133009　监控员通过调度自动化主站系统对某变电站断路器进行遥控操作，结果操作无法进行，请分析主站侧可能的故障原因。（5 分）

考核知识点：了解 SCADA 应用的基础运行方式

难易度：难

标准答案：

（答出 5 项即可）

（1）系统管理员没有给操作人设置遥控权限。

（2）操作人所操作的设备不属于操作人的责任区范围。

（3）不是在间隔图进行人工遥控操作。

（4）设备已挂检修牌等禁止操作的标识牌。

（5）该工作站节点被设置成禁止遥控。

（6）拓扑校验结果不正确。

（7）遥控参数设置不正确。

（8）该厂站通道工况退出。

（9）另一个控制台正在对该设备进行操作。

（10）双席操作时监护进程异常导致监护员无法确认。

Jb0002132010　当两台在线式UPS并机系统处于冗余运行方式时，发现一台UPS空载，试分析可能的故障部位。（5分）

考核知识点： UPS及自动化辅助设备异常处理

难易度： 中

标准答案：

另一台UPS工作正常说明输入市电和负载部分正常，故障点应是空载UPS本身，通过监控系统可查明UPS转空载过程。

（1）如由正常转电池供电再转空载，则为整流部分故障。

（2）如由正常直接转空载，则为逆变部分故障。

Jb0002132011　某220kV线路停电检修，在恢复送电后造成状态估计指标下降，请简述排除故障、恢复状态估计指标的方法。（5分）

考核知识点： 了解SCADA应用的基础运行方式

难易度： 中

标准答案：

（1）检查线路两侧变电站遥信信息是否与实际运行状态相符，如断路器、隔离开关状态异常可先采用人工置位，然后通知现场进行处理。

（2）如遥信无异常则检查线路两端遥测数据是否正常，如两侧数据偏差较大可先进行线路对端代，然后通知现场处理数据异常。

（3）如遥测遥信数据均无异常，则确定线路是否换线，线路参数是否发生了变化，如参数发生变化录入新参数，建模验证完成后，复制给状态估计，重新计算。

Jb0002131012　某220kV变电站的104规约通道数据运行多年无异常，某日该站远动总控单元升级程序，升级完成后调度端遥控无法执行，提示返校错误。已知主站及厂站两侧设备硬件无问题，两侧对应信息表无问题，数据网IP设置无问题，网络无异常，纵向加密设备未改动。试分析故障原因。（5分）

考核知识点： 通道参数设置对通道退出的影响

难易度： 易

标准答案：

（1）厂站侧总控单元升级后“公共地址”未配置。

（2）主站与厂站应配置统一的公共地址。

（3）默认公共地址为1或0。

Jb0003132013　DM数据库基本文件包括什么？（5分）

考核知识点： 了解电力调度自动化系统的组成

难易度： 中

标准答案：

DM数据库基本文件包括：

（1）控制文件。

（2）数据文件。

（3）回滚日志文件。
（4）重做日志文件。

Jb0003132014 请简述 AGC 主要功能模块包括什么？（5 分）
考核知识点：了解电力调度自动化系统的组成
难易度：中
标准答案：
AGC 主要功能模块包括：
（1）负荷频率控制 LFC。
（2）在线经济调度 ED。
（3）LFC 性能监视。
（4）备用监视 RVMON。
（5）机组响应测试 UTEST。

Jb0003132015 请简述国家电网调度数据网的概念。（5 分）
考核知识点：调度数据网的设计原则；调度数据网建设技术规范
难易度：中
标准答案：
国家电网调度数据网（SGDnet）由双平面骨干网（包括核心区和子区）和各级调度接入网组成，是为电力调度生产服务的专用数据网络，是实现各级调度中心之间及调度中心与厂站之间生产数据传输和交换的基础承载设施。

Jb0003132016 请简述调度数据网网管系统的主要功能有哪些？（5 分）
考核知识点：调度数据网建设技术规范
难易度：中
标准答案：
调度数据网网管系统的主要功能有：
（1）网络容量和拓扑管理。
（2）网络故障分析。
（3）网络服务层测试。
（4）网络性能分析。
（5）告警管理。

Jb0003133017 简述 SQL 命令中 TRUNCATE 与 DELETE 的区别。（5 分）
考核知识点：数据库、操作系统、体系结构的网络安全防范知识
难易度：难
标准答案：
（1）TRUNCATE 在各种表上无论是大的还是小的都非常快。如果有 ROLLBACK 命令 DELETE 将被撤销，而 TRUNCATE 则不会被撤销。
（2）TRUNCATE 是一个 DDL 语言，和其他所有的 DDL 语言一样，命令将被隐式提交，不记录回

滚信息，不能对 TRUNCATE 使用 ROLLBACK 命令。

（3）TRUNCATE 不能触发任何 DELETE 触发器。

Jb0003132018　电力监控系统在什么条件下应设立安全接入区？（5 分）

考核知识点：电力调度自动化系统的组成及其设备的运行管理、检验管理、技术管理、运行管理及数据传输通道等管理要求

难易度：中

标准答案：

生产控制大区的业务系统在与其终端的纵向连接中使用无线通信网、电力企业其他数据网（非电力调度数据网）或者外部公用数据网的虚拟专用网络方式（VPN）等进行通信的，应当设立安全接入区。

Jb0003133019　简述正向隔离装置的功能要求。（5 分）

考核知识点：防火墙、横向隔离装置的工作原理和正确配置方法

难易度：难

标准答案：

正向隔离装置的功能要求：

（1）实现两个安全区之间的非网络方式的安全的数据交换，并且保证安全隔离装置内外两个处理系统不同时连通。

（2）单 bit 返回，即返回数据为 1 个字节，且必须是 0x00 或 0xFF。

（3）透明工作方式，虚拟主机 IP 地址、隐藏 MAC 地址。

（4）基于 MAC、IP、传输协议、传输端口以及通信方向的综合报文过滤与访问控制。

（5）支持 NAT。

（6）防止穿透性 TCP 连接：禁止内网、外网的两个应用网关之间直接建立 TCP 连接，应将内外两个应用网关之间的 TCP 连接分解成内外两个应用网关，分别到隔离装置内外两个网卡的两个 TCP 虚拟连接。隔离装置内外两个网卡在装置内部是非网络连接，且只允许以物理方式实现数据单向传输。

Jb0004133020　某日，某电厂因基础数据采集不准确，在事故跳闸时未正确上送事故总信号及 SOE 信息，导致调度中心调度自动化主站系统综合智能告警模块未能及时推出正确的告警信息，降低了调度运行人员对电网运行的势态感知能力。请依据《国家电网有限公司十八项电网重大反事故措施》要求分析：（1）为避免此类事件的发生，《国家电网有限公司十八项电网重大反事故措施》中有何要求？（2）如何提高自动化基础数据质量？（5 分）

考核知识点：了解专业技术管理的工作内容

难易度：难

标准答案：

依据《国家电网有限公司十八项电网重大反事故措施》16.1.3.2 主站系统应建立基础数据一体化维护使用机制和考核机制，利用状态估计、综合智能告警、远程浏览、母线功率不平衡统计等手段，加强对基础数据质量的监视与管理，不断提高基础数据（尤其是电网模型参数和运行数据）的完整性、准确性、一致性和及时性。

应从以下五个方面提高自动化基础数据质量：

（1）提高量测覆盖率，提高基础数据完整性，满足全网可观测的要求并具备一定的冗余度。

（2）通过各种技术手段开展厂站量测数据检测与校核，全面提高基础数据准确性。

（3）协同调度自动化及其他各专业推进电网模型和设备参数的统一管理、分级维护工作，提高基础数据可用性。

（4）进一步提高基础数据及时性，为分析预警功能提供及时的基础数据；加强模型参数管理，及时准确地维护基础数据模型和设备参数。

（5）进一步加强 IEC61970、IEC61850、IEC61968 等系列标准的推广应用，推进调度自动化、变电站自动化、配电网自动化的数据模型和程序接口的标准化，实现基础数据和基本功能的标准化交互与共享。

第十章 电网调度自动化维护员高级技师技能操作

Jc0001142001 路由器配置安全加固。（100分）

考核知识点：调度数据网设备安装调试

难易度：中

技能等级评价专业技能考核操作工作任务书

一、任务名称

路由器配置安全加固。

二、适用工种

电网调度自动化维护员高级技师。

三、具体任务

（1）工作状态为调度主站路由器未完成安全配置加固，路由器初始用户名admin，密码admin。工作内容为：① 启用三权分立，账户分别为SGDnet－admin、SGDnet－user、SGDnet－read，密码应符合强度要求，数字字母或特殊符号的组合，长度不少于8位；② 启用用户登录验证措施，要求3次登录失败锁定5min。

（2）工作任务：完成路由器配置安全加固，并验证配置生效。

四、工作规范及要求

（1）按照《国家电网公司电力安全工作规程（电力监控部分）》要求做好相关安全措施，办理工作票。

（2）填写运维记录，并对设备进行全面巡视，检查设备运行情况。

五、考核及时间要求

（1）本考核操作时间为60分钟，按所完成的内容计分，未完成部分均不得分，时间到停止考核。

（2）技能操作过程中，如确实不能完成相关项目，可向考评员申请，该项目不得分，但不影响其他项目。

技能等级评价专业技能考核操作评分标准

<table>
<tr><td>工种</td><td colspan="5">电网调度自动化维护员</td><td>评价等级</td><td>高级技师</td></tr>
<tr><td>项目模块</td><td colspan="4">系统安装及调试—调度数据网设备安装调试</td><td>编号</td><td colspan="2">Jc0001142001</td></tr>
<tr><td>单位</td><td colspan="3"></td><td>准考证号</td><td></td><td>姓名</td><td></td></tr>
<tr><td>考试时限</td><td colspan="2">60分钟</td><td>题型</td><td colspan="2">单项操作</td><td>题分</td><td>100分</td></tr>
<tr><td>成绩</td><td></td><td>考评员</td><td></td><td>考评组长</td><td></td><td>日期</td><td></td></tr>
<tr><td>试题正文</td><td colspan="7">路由器配置安全加固</td></tr>
<tr><td>需要说明的问题和要求</td><td colspan="7">（1）要求单人完成工作任务。
（2）操作应注意安全，按照标准化作业书的技术安全说明做好安全措施。
（3）在指定系统/设备完成操作</td></tr>
</table>

序号	项目名称	质量要求	满分	扣分标准	扣分原因	得分
1	功能应用及安全措施					

续表

序号	项目名称	质量要求	满分	扣分标准	扣分原因	得分
1.1	相关安全措施的准备	（1）办理工作票。 （2）作业人员身份鉴别和授权。 （3）备份可能受影响的内容	10	未正确办理工作票扣 3 分； 未进行作业人员身份鉴别和授权扣 2 分； 未备份可能受影响的程序、配置文件、运行参数、运行数据、日志文件等扣 5 分		
2	设备配置					
2.1	设备检查	能通过设备外观及指示灯正常判定设备运行状态	10	未巡视设备运行情况扣 10 分		
2.2	正确使用调试工具登录设备	能正确使用调试工具	10	未正确使用调试工具登录设备扣 10 分		
2.3	设备配置	能正确进行设备配置： 操作 1：启用账户的三权分立。（****** 为符合密码强度要求的密码，自行设定） local-user SGDnet-admin password cipher ****** authorization-attribute level 3 service - type ssh terminal local - user SGDnet - admin password cipher ****** authorization - attribute level 1 service - type ssh terminal local - user SGDnet - admin password cipher ****** authorization - attribute level 0 service - type ssh terminal。 操作 2：关闭 http 服务，例如下： undo http server enable	20	未正确配置，每项扣 10 分		
2.4	记录修改	记录设备配置变更情况	10	未记录设备配置变更情况扣 10 分		
3	设备验证					
3.1	验证及备份	验证配置功能，备份设备配置	10	未正确验证设备功能扣 5 分； 未备份完整配置扣 5 分		
3.2	设备巡视	进行设备巡视	10	未巡视设备扣 10 分		
3.3	记录填写	操作结束后填写运维记录	10	记录不完整扣 10 分		
4	现场恢复	恢复现场	10	未进行现场恢复扣 10 分		
合计			100			

Jc0001142002　厂站通道故障处理。（100 分）

考核知识点：SCADA 安装调试

难易度：中

技能等级评价专业技能考核操作工作任务书

一、任务名称

厂站通道故障处理。

二、适用工种

电网调度自动化维护员高级技师。

三、具体任务

（1）工作状态为实操站前置网络通道参数已配置，但主站不能与实操站远动正常建立链接；操作系统管理用户：sysadm，密码：ssys_kaoshi896；调度自动化主站系统登录用户：dusr01，密码：dusr.kaoshi896；厂站 RTU 地址：2，远动地址：152.1.1.1，规约类型：IEC－104，端口号 2405。工作内容为排除厂站通道异常故障。

（2）工作任务：完成故障排除，并做好排除故障后的功能验证。

四、工作规范及要求

（1）按照《国家电网公司电力安全工作规程（电力监控部分）》要求做好相关安全措施，办理工作票。

（2）填写运维记录，并对系统进行全面巡视，检查系统运行情况。

五、考核及时间要求

（1）本考核操作时间为 60 分钟，按所完成的内容计分，未完成部分均不得分，时间到停止考核。

（2）技能操作过程中，如确实不能完成相关项目，可向考评员申请，该项目不得分，但不影响其他项目。

技能等级评价专业技能考核操作评分标准

工种	电网调度自动化维护员					评价等级	高级技师
项目模块	系统安装及调试—SCADA 安装调试				编号		Jc0001142002
单位			准考证号			姓名	
考试时限	60 分钟		题型	单项操作		题分	100 分
成绩		考评员		考评组长		日期	
试题正文	厂站通道故障处理						
需要说明的问题和要求	（1）要求单人完成工作任务。 （2）操作应注意安全，按照标准化作业书的技术安全说明做好安全措施。 （3）在指定系统/设备完成操作						

序号	项目名称	质量要求	满分	扣分标准	扣分原因	得分
1	功能应用及安全措施					
1.1	相关安全措施的准备	（1）办理工作票。 （2）作业人员身份鉴别和授权。 （3）备份可能受影响的内容	10	未正确办理工作票扣 3 分； 未进行作业人员身份鉴别和授权扣 2 分； 未备份可能受影响的程序、配置文件、运行参数、运行数据、日志文件等扣 5 分		
2	故障排查					
2.1	系统状态检查	能通过告警查询及系统命令判定系统运行状态	10	未巡视系统运行情况扣 10 分		
2.2	故障查找	能正确进行故障查找： 故障 1：实操站前置通道表中网络类型选择错误。 故障 2：实操站设置的 RTU 地址错误	20	未查找出故障每项扣 10 分		
2.3	故障排除	能正确进行故障排除： 解决 1：在前置通道表，修改实操站的网络类型为“TCP 客户端”。 解决 2：在通道表中，修改实操站的 RTU 地址设置为 2	20	未正确排除故障每项扣 10 分		
3	操作记录					
3.1	变更记录	记录配置变更情况	10	未记录配置变更情况扣 10 分		
4	功能验证					

续表

序号	项目名称	质量要求	满分	扣分标准	扣分原因	得分
4.1	验证	验证故障确已消除	10	未正确验证故障已消除扣 10 分		
4.2	系统巡视	进行系统巡视	10	未巡视系统扣 10 分		
4.3	记录填写	操作结束后填写运维记录	5	记录不完整扣 5 分		
5	现场恢复	恢复现场	5	未进行现场恢复扣 5 分		
合计			100			

Jc0002142003　调度数据网链路故障处理。（100 分）

考核知识点：调度数据网故障排查及异常处理

难易度：中

技能等级评价专业技能考核操作工作任务书

一、任务名称

调度数据网链路故障处理。

二、适用工种

电网调度自动化维护员高级技师。

三、具体任务

（1）工作状态为主站调度数据网实时交换机与路由器数据传输异常；骨干路由器下行接口为 G4/1/1，互联地址为 192.168.100.254，登录用户名 r_user，密码 router@123；实时交换机的实时业务 vlan 标签为 100，上联接口为 24 口，管理地址 192.168.100.252，登录用户名 srt_user，密码 srt@123。工作内容排除调度数据网链路故障。

（2）工作任务：完成故障排除，并做好排除故障后的功能验证。

四、工作规范及要求

（1）按照《国家电网公司电力安全工作规程（电力监控部分）》要求做好相关安全措施，办理工作票。

（2）填写运维记录，并对设备进行全面巡视，检查设备运行情况。

五、考核及时间要求

（1）本考核操作时间为 60 分钟，按所完成的内容计分，未完成部分均不得分，时间到停止考核。

（2）技能操作过程中，如确实不能完成相关项目，可向考评员申请，该项目不得分，但不影响其他项目。

技能等级评价专业技能考核操作评分标准

工种	电网调度自动化维护员				评价等级	高级技师
项目模块	系统异常处理—调度数据网故障排查及异常处理			编号	Jc0002142003	
单位		准考证号			姓名	
考试时限	60 分钟	题型	单项操作		题分	100 分
成绩		考评员		考评组长	日期	
试题正文	调度数据网链路故障处理					
需要说明的问题和要求	（1）要求单人完成工作任务。 （2）操作应注意安全，按照标准化作业书的技术安全说明做好安全措施。 （3）在指定系统/设备完成操作					

续表

序号	项目名称	质量要求	满分	扣分标准	扣分原因	得分
1	功能应用及安全措施					
1.1	相关安全措施的准备	（1）办理工作票。 （2）作业人员身份鉴别和授权。 （3）备份可能受影响的内容	10	未正确办理工作票扣 3 分； 未进行作业人员身份鉴别和授权扣 2 分； 未备份可能受影响的程序、配置文件、运行参数、运行数据、日志文件等扣 5 分		
2	故障排查					
2.1	设备状态检查	能通过设备外观及指示灯正常判定设备运行状态	10	未巡视设备运行情况扣 10 分		
2.2	使用调试工具登录设备	能正确使用调试工具	10	未正确使用调试工具登录设备扣 10 分		
2.3	故障查找	能正确进行故障查找： 故障 1：交换机上联接口 24 口关闭。 故障 2：交换机上联接口 24 口配置错误	10	未查找出故障每项扣 5 分		
2.4	故障排除	能正确进行故障排除： 解决 1：开启实时交换机端口状态，如下： intertface Ethernet0/0/24 undo shutdown。 解决 2：修改交换机接口模式为 Trunk 模式，并允许 vlan100 通过，如下： interface Ethernet0/0/24 port link-type trunk port trunk permit vlan 100	20	未正确排除故障每项扣 10 分		
3	操作记录					
3.1	变更记录	记录配置变更情况	10	未记录配置变更情况扣 10 分		
4	功能验证					
4.1	验证及备份	确验证故障已消除，并进行完整备份	10	未正确验证故障已消除扣 5 分； 未备份完整配置扣 5 分		
4.2	设备巡视	进行设备巡检	10	未巡视设备扣 10 分		
4.3	记录填写	操作结束后填写运维记录	5	记录不完整扣 5 分		
5	现场恢复	恢复现场	5	未进行现场恢复扣 5 分		
合计			100			

Jc0002142004－1 断路器事故跳闸未推画面故障处理。（100 分）

考核知识点：基础平台及 SCADA 运维

难易度：中

技能等级评价专业技能考核操作工作任务书

一、任务名称

断路器事故跳闸未推画面故障处理。

二、适用工种

电网调度自动化维护员高级技师。

三、具体任务

（1）工作状态为实操变电站的 511 断路器事故跳闸，pxjk1－1 工作站未推画面（厂站主接线图）；操作系统管理用户：sysadm，密码：ssys_kaoshi896；主站系统登录用户：dusr01，密码：dusr.kaoshi896；主站系统超级用户：sa，密码：susr_kaoshi896；实操变电站属于实操 2 责任区。工作内容：排除断路器事故跳闸未推画面故障。

（2）工作任务：完成故障排除，并做好排除故障后的功能验证。

四、工作规范及要求

（1）按照《国家电网公司电力安全工作规程（电力监控部分）》要求做好相关安全措施，办理工作票。

（2）填写运维记录，并对系统进行全面巡视，检查系统运行情况。

五、考核及时间要求

（1）本考核操作时间为 60 分钟，按所完成的内容计分，未完成部分均不得分，时间到停止考核。

（2）技能操作过程中，如确实不能完成相关项目，可向考评员申请，该项目不得分，但不影响其他项目。

技能等级评价专业技能考核操作评分标准

工种	电网调度自动化维护员			评价等级	高级技师
项目模块	系统异常处理—基础平台及 SCADA 运维			编号	Jc0002142004－1
单位		准考证号		姓名	
考试时限	60 分钟	题型	单项操作	题分	100 分
成绩	考评员		考评组长		日期	
试题正文	断路器事故跳闸未推画面故障处理				
需要说明的问题和要求	（1）要求单人完成工作任务。 （2）操作应注意安全，按照标准化作业书的技术安全说明做好安全措施。 （3）在指定系统/设备完成操作				

序号	项目名称	质量要求	满分	扣分标准	扣分原因	得分
1	功能应用及安全措施					
1.1	相关安全措施的准备	（1）办理工作票。 （2）作业人员身份鉴别和授权。 （3）备份可能受影响的内容	10	未正确办理工作票扣 3 分； 未进行作业人员身份鉴别和授权扣 2 分； 未备份可能受影响的程序、配置文件、运行参数、运行数据、日志文件等扣 5 分		
2	故障排查					
2.1	系统状态检查	能通过告警查询及系统命令判定系统运行状态	10	未巡视系统运行情况扣 10 分		
2.2	故障查找	能正确进行故障查找： 故障 1：pxjk1-1 工作站中 alarm_client 进程未启动。 故障 2：实操站 1 的 511 断路器设置责任区错误（实操 1 责任区）	20	未查找出故障每项扣 10 分		
2.3	故障排除	能正确进行故障排除： 解决 1：在 pxjk1-1 工作站终端中执行“alarm_client”启动 alarm_client 程序。 解决 2：打开责任区定义工具将 511 断路器的责任区改到“实操 2 责任区”，并点击应用保存	20	未正确排除故障每项扣 10 分		

续表

序号	项目名称	质量要求	满分	扣分标准	扣分原因	得分
3	操作记录					
3.1	变更记录	记录配置变更情况	10	未记录配置变更情况扣 10 分		
4	功能验证					
4.1	验证	验证故障确已消除	10	未正确验证故障已消除扣 10 分		
4.2	系统巡视	进行系统巡视	10	未巡视系统扣 10 分		
4.3	记录填写	操作结束后填写运维记录	5	记录不完整扣 5 分		
5	现场恢复	恢复现场	5	未进行现场恢复扣 5 分		
合计			100			

Jc0002142004－2　断路器事故跳闸未推画面故障处理。（100 分）

考核知识点：基础平台及 SCADA 运维

难易度：中

技能等级评价专业技能考核操作工作任务书

一、任务名称

断路器事故跳闸未推画面故障处理。

二、适用工种

电网调度自动化维护员高级技师。

三、具体任务

（1）工作状态为实操变电站的 511 断路器事故跳闸，pxjk1－1 工作站未推画面（厂站主接线图）；操作系统管理用户：sysadm，密码：ssys_kaoshi896；主站系统登录用户：dusr01，密码：dusr.kaoshi896；主站系统超级用户：sa，密码：susr_kaoshi896；实操变电站属于实操 2 责任区。工作内容为排除断路器事故跳闸未推画面故障。

（2）工作任务：完成故障排除，并做好排除故障后的功能验证。

四、工作规范及要求

（1）按照《国家电网公司电力安全工作规程（电力监控部分）》要求做好相关安全措施，办理工作票。

（2）填写运维记录，并对系统进行全面巡视，检查系统运行情况。

五、考核及时间要求

（1）本考核操作时间为 60 分钟，按所完成的内容计分，未完成部分均不得分，时间到停止考核。

（2）技能操作过程中，如确实不能完成相关项目，可向考评员申请，该项目不得分，但不影响其他项目。

技能等级评价专业技能考核操作评分标准

工种	电网调度自动化维护员				评价等级	高级技师
项目模块	系统异常处理—基础平台及 SCADA 运维			编号	Jc0002142004－2	
单位		准考证号			姓名	
考试时限	60 分钟	题型	单项操作		题分	100 分
成绩		考评员		考评组长	日期	

续表

试题正文	断路器事故跳闸未推画面故障处理					
需要说明的问题和要求	（1）要求单人完成工作任务。 （2）操作应注意安全，按照标准化作业书的技术安全说明做好安全措施。 （3）在指定系统/设备完成操作					
序号	项目名称	质量要求	满分	扣分标准	扣分原因	得分
1	功能应用及安全措施					
1.1	相关安全措施的准备	（1）办理工作票。 （2）作业人员身份鉴别和授权。 （3）备份可能受影响的内容	10	未正确办理工作票扣3分； 未进行作业人员身份鉴别和授权扣2分； 未备份可能受影响的程序、配置文件、运行参数、运行数据、日志文件等扣5分		
2	故障排查					
2.1	系统状态检查	能通过告警查询及系统命令判定系统运行状态	10	未巡视系统运行情况扣10分		
2.2	故障查找	能正确进行故障查找： 故障1：告警定义中节点告警关系定义中已设置pxjk1－1工作站为不推画面。 故障2：在厂站表中设置实操站的“厂站状态”为“厂站告警抑制”状态	20	未查找出故障每项扣10分		
2.3	故障排除	能正确进行故障排除： 解决1：告警定义中将“节点告警关系定义”取消设置pxjk1－1工作站“告警动作限制”不推画面，并确定保存。 解决2：在厂站接线图中右键点击“全厂恢复告警”，登录并确定解除告警抑制	20	未正确排除故障每项扣10分		
3	操作记录					
3.1	变更记录	记录配置变更情况	10	未记录配置变更情况扣10分		
4	功能验证					
4.1	验证	验证故障确已消除	10	未正确验证故障已消除扣10分		
4.2	系统巡视	进行系统巡视	10	未巡视系统扣10分		
4.3	记录填写	操作结束后填写运维记录	5	记录不完整扣5分		
5	现场恢复	恢复现场	5	未进行现场恢复扣5分		
合计			100			

Jc0002142005　遥控操作不成功故障处理。（100分）

考核知识点：基础平台及SCADA运维

难易度：中

技能等级评价专业技能考核操作工作任务书

一、任务名称

遥控操作不成功故障处理。

二、适用工种

电网调度自动化维护员高级技师。

三、具体任务

（1）工作状态为pxjk1－1工作站不能正常对实操变电站的511断路器进行遥控分操作；操作系统管理用户：sysadm，密码：ssys_kaoshi896；主站系统登录用户：dusr01，密码：dusr.kaoshi896；主站系统登录用户：dusr02，密码：dusr.kaoshi896；主站系统超级用户：sa，密码：susr_kaoshi896；实操变电站属于实操2责任区。工作内容为排除遥控操作不成功故障。

（2）工作任务：完成故障排除，并做好排除故障后的功能验证。

四、工作规范及要求

（1）按照《国家电网公司电力安全工作规程（电力监控部分）》要求做好相关安全措施，办理工作票。

（2）填写运维记录，并对系统进行全面巡视，检查系统运行情况。

五、考核及时间要求

（1）本考核操作时间为60分钟，按所完成的内容计分，未完成部分均不得分，时间到停止考核。

（2）技能操作过程中，如确实不能完成相关项目，可向考评员申请，该项目不得分，但不影响其他项目。

技能等级评价专业技能考核操作评分标准

工种	电网调度自动化维护员					评价等级	高级技师
项目模块	系统异常处理—基础平台及SCADA运维				编号	Jc0002142005	
单位			准考证号			姓名	
考试时限	60分钟		题型	单项操作		题分	100分
成绩		考评员		考评组长		日期	
试题正文	遥控操作不成功故障处理						
需要说明的问题和要求	（1）要求单人完成工作任务。 （2）操作应注意安全，按照标准化作业书的技术安全说明做好安全措施。 （3）在指定系统/设备完成操作						

序号	项目名称	质量要求	满分	扣分标准	扣分原因	得分
1	功能应用及安全措施					
1.1	相关安全措施的准备	（1）办理工作票。 （2）作业人员身份鉴别和授权。 （3）备份可能受影响的内容	10	未正确办理工作票扣3分； 未进行作业人员身份鉴别和授权扣2分； 未备份可能受影响的程序、配置文件、运行参数、运行数据、日志文件等扣5分		
2	故障排查					
2.1	系统状态检查	能通过告警查询及系统命令判定系统运行状态	10	未巡视系统运行情况扣10分		
2.2	故障查找	能正确进行故障查找： 故障1：pxjk1－1工作站的sca_guard进程未启动。 故障2：实操变电站的511断路器设置责任区错误（实操1责任区）。 故障3：实操变电站的511断路器遥控闭锁	20	未查找出故障每项扣6分		
2.3	故障排除	能正确进行故障排除： 解决1：在pxjk1－1工作站终端执行“sca_guard”启动sca_guard程序。 解决2：打开责任区定义工具将511断路器的责任区改到“实操2责任区”，并点击应用保存。 解决3：在对应间隔图、对应断路器位置右键选择“遥控解闭锁”，解除实操变电站的511断路器遥控闭锁	20	未正确排除故障每项扣6分		
3	操作记录					

续表

序号	项目名称	质量要求	满分	扣分标准	扣分原因	得分
3.1	变更记录	记录配置变更情况	10	未记录配置变更情况扣 10 分		
4	功能验证					
4.1	验证	验证故障确已消除	10	未正确验证故障已消除扣 10 分		
4.2	系统巡视	进行系统巡视	10	未巡视系统扣 10 分		
4.3	记录填写	操作结束后填写运维记录	5	记录不完整扣 5 分		
5	现场恢复	恢复现场	5	未进行现场恢复扣 5 分		
合计			100			

Jc0002142006－1　告警窗显示异常故障处理。（100 分）

考核知识点：基础平台及 SCADA 运维

难易度：中

技能等级评价专业技能考核操作工作任务书

一、任务名称

告警窗显示异常故障处理。

二、适用工种

电网调度自动化维护员高级技师。

三、具体任务

（1）工作状态为实操变电站的 511 断路器变位信息在告知信息窗显示，要求断路器变位应在变位信息窗显示；操作系统管理用户：sysadm，密码：ssys_kaoshi896；主站系统登录用户：dusr01，密码：dusr.kaoshi896。工作内容为排除告警窗显示异常故障。

（2）工作任务：完成故障排除，并做好排除故障后的功能验证。

四、工作规范及要求

（1）按照《国家电网公司电力安全工作规程（电力监控部分）》要求做好相关安全措施，办理工作票。

（2）填写运维记录，并对系统进行全面巡视，检查系统运行情况。

五、考核及时间要求

（1）本考核操作时间为 60 分钟，按所完成的内容计分，未完成部分均不得分，时间到停止考核。

（2）技能操作过程中，如确实不能完成相关项目，可向考评员申请，该项目不得分，但不影响其他项目。

技能等级评价专业技能考核操作评分标准

工种	电网调度自动化维护员			评价等级	高级技师
项目模块	系统异常处理—基础平台及 SCADA 运维		编号	Jc0002142006－1	
单位		准考证号		姓名	
考试时限	60 分钟	题型	单项操作	题分	100 分
成绩		考评员	考评组长	日期	
试题正文	告警窗显示异常故障处理				
需要说明的问题和要求	（1）要求单人完成工作任务。 （2）操作应注意安全，按照标准化作业书的技术安全说明做好安全措施。 （3）在指定系统/设备完成操作				

续表

序号	项目名称	质量要求	满分	扣分标准	扣分原因	得分
1	功能应用及安全措施					
1.1	相关安全措施的准备	（1）办理工作票。 （2）作业人员身份鉴别和授权。 （3）备份可能受影响的内容	10	未正确办理工作票扣3分； 未进行作业人员身份鉴别和授权扣2分； 未备份可能受影响的程序、配置文件、运行参数、运行数据、日志文件等扣5分		
2	故障排查					
2.1	系统状态检查	能通过告警查询及系统命令判定系统运行状态	10	未巡视系统运行情况扣10分		
2.2	故障查找	能正确进行故障查找： 故障1：告警定义功能中，“告警行为定义”tab页面下，“告警行为/上开关变位窗”的告警动作设置错误为“上告知窗”。 故障2：告警定义中在“告警方式定义”tab页面，将“遥信变位”中“分闸、合闸”的告警行为设置错误为“上告知窗”	20	未查找出故障每项扣10分		
2.3	故障排除	能正确进行故障排除： 解决1：告警定义功能中，“告警行为定义”tab页面下，将“告警行为/上开关变位窗”的告警动作“上告知窗”改为“上开关变位窗”。 解决2：告警定义中在“告警方式定义”tab页面，将“遥信变位”中“分闸、合闸”的告警行为设置为“上变位窗”	20	未正确排除故障每项扣10分		
3	操作记录					
3.1	变更记录	记录配置变更情况	10	未记录配置变更情况扣10分		
4	功能验证					
4.1	验证	验证故障确已消除	10	未正确验证故障已消除扣10分		
4.2	系统巡视	进行系统巡视	10	未巡视系统扣10分		
4.3	记录填写	操作结束后填写运维记录	5	记录不完整扣5分		
5	现场恢复	恢复现场	5	未进行现场恢复扣5分		
合计			100			

Jc0002142006-2　告警窗显示异常故障处理。（100分）

考核知识点：基础平台及SCADA运维

难易度：中

技能等级评价专业技能考核操作工作任务书

一、任务名称

告警窗显示异常故障处理。

二、适用工种

电网调度自动化维护员高级技师。

三、具体任务

（1）工作状态为实操变电站511断路器变位信息在告知信息窗显示，要求断路器变位应在变位信息窗显示；操作系统管理用户：sysadm，密码：ssys_kaoshi896；调度自动化主站系统登录用户：dusr01，密码：dusr.kaoshi896。工作内容为排除告警窗显示异常故障。

（2）工作任务：完成故障排除，并做好排除故障后的功能验证。

四、工作规范及要求

（1）按照《国家电网公司电力安全工作规程（电力监控部分）》要求做好相关安全措施，办理工作票。

（2）填写运维记录，并对系统进行全面巡视，检查系统运行情况。

五、考核及时间要求

（1）本考核操作时间为60分钟，按所完成的内容计分，未完成部分均不得分，时间到停止考核。

（2）技能操作过程中，如确实不能完成相关项目，可向考评员申请，该项目不得分，但不影响其他项目。

技能等级评价专业技能考核操作评分标准

工种	电网调度自动化维护员					评价等级	高级技师
项目模块	系统异常处理—基础平台及SCADA运维				编号	Jc0002142006－2	
单位			准考证号			姓名	
考试时限	60分钟		题型	单项操作		题分	100分
成绩		考评员		考评组长		日期	
试题正文	告警窗显示异常故障处理						
需要说明的问题和要求	（1）要求单人完成工作任务。 （2）操作应注意安全，按照标准化作业书的技术安全说明做好安全措施。 （3）在指定系统/设备完成操作						

序号	项目名称	质量要求	满分	扣分标准	扣分原因	得分
1	功能应用及安全措施					
1.1	相关安全措施的准备	（1）办理工作票。 （2）作业人员身份鉴别和授权。 （3）备份可能受影响的内容	10	未正确办理工作票扣3分； 未进行作业人员身份鉴别和授权扣2分； 未备份可能受影响的程序、配置文件、运行参数、运行数据、日志文件等扣5分		
2	故障排查					
2.1	系统状态检查	能通过告警查询及系统命令判定系统运行状态	10	未巡视系统运行情况扣10分		
2.2	故障查找	能正确进行故障查找： 故障1：告警定义中在“告警方式定义”tab页面，将“遥信变位”中“分闸、合闸”的告警行为设置错误为“上告知窗”。 故障2：遥信表中“实操变电站”的“511断路器”告警方式错误设置为“告知信息”	20	未查找出故障每项扣10分		
2.3	故障排除	能正确进行故障排除： 解决1：告警定义功能中，“告警行为定义”tab页面下，将“告警行为/上开关变位窗”的告警动作“上告知窗”改为“上开关变位窗”。 解决2：遥信表中“实操变电站”的“511断路器”告警方式设置为“变位信息”	20	未正确排除故障每项扣10分		
3	操作记录					
3.1	变更记录	记录配置变更情况	10	未记录配置变更情况扣10分		

续表

序号	项目名称	质量要求	满分	扣分标准	扣分原因	得分
4	功能验证					
4.1	验证	验证故障确已消除	10	未正确验证故障已消除扣 10 分		
4.2	系统巡视	进行系统巡视	10	未巡视系统扣 10 分		
4.3	记录填写	操作结束后填写运维记录	5	记录不完整扣 5 分		
5	现场恢复	恢复现场	5	未进行现场恢复扣 5 分		
合计			100			

Jc0002142007 遥控过程拓扑防误功能异常故障处理。（100 分）

考核知识点：基础平台及 SCADA 运维

难易度：中

技能等级评价专业技能考核操作工作任务书

一、任务名称

遥控过程拓扑防误功能异常故障处理。

二、适用工种

电网调度自动化维护员高级技师。

三、具体任务

（1）工作状态为实操变电站 111 断路器遥控过程中发现系统未进行拓扑防误并报异常；操作系统管理用户：sysadm，密码：ssys_kaoshi896；调度自动化主站系统登录用户：dusr01，密码：dusr.kaoshi896。工作内容为排除遥控过程拓扑防误功能异常故障。

（2）工作任务：完成故障排除，并做好排除故障后的功能验证。

四、工作规范及要求

（1）按照《国家电网公司电力安全工作规程（电力监控部分）》要求做好相关安全措施，办理工作票。

（2）填写运维记录，并对系统进行全面巡视，检查系统运行情况。

五、考核及时间要求

（1）本考核操作时间为 60 分钟，按所完成的内容计分，未完成部分均不得分，时间到停止考核。

（2）技能操作过程中，如确实不能完成相关项目，可向考评员申请，该项目不得分，但不影响其他项目。

技能等级评价专业技能考核操作评分标准

工种	电网调度自动化维护员			评价等级	高级技师
项目模块	系统异常处理—基础平台及 SCADA 运维		编号	Jc0002142007	
单位		准考证号		姓名	
考试时限	60 分钟	题型	单项操作	题分	100 分
成绩		考评员		考评组长	日期
试题正文	遥控过程拓扑防误功能异常故障处理				
需要说明的问题和要求	（1）要求单人完成工作任务。 （2）操作应注意安全，按照标准化作业书的技术安全说明做好安全措施。 （3）在指定系统/设备完成操作				

续表

序号	项目名称	质量要求	满分	扣分标准	扣分原因	得分
1	功能应用及安全措施					
1.1	相关安全措施的准备	（1）办理工作票。 （2）作业人员身份鉴别和授权。 （3）备份可能受影响的内容	10	未正确办理工作票扣3分； 未进行作业人员身份鉴别和授权扣2分； 未备份可能受影响的程序、配置文件、运行参数、运行数据、日志文件等扣5分		
2	故障排查					
2.1	系统状态检查	能通过告警查询及系统命令判定系统运行状态	10	未巡视系统运行情况扣10分		
2.2	故障查找	能正确进行故障查找： 故障1：SCADA主机进程opt_topo_server未启动。 故障2：11101接地开关挂注释牌，但是注释牌有接地属性，导致误报设备接地	20	未查找出故障每项扣10分		
2.3	故障排除	能正确进行故障排除： 解决1：SCADA主机终端中使用“opt_topo_server”命令启动opt_topo_server进程。 解决2：先解除注释牌，然后在数据库内scada/参数类/标志牌定义表内将注释牌的接地属性改为“否”，再在11101接地开关挂上注释牌	20	未正确排除故障每项扣10分		
3	操作记录					
3.1	变更记录	记录配置变更情况	10	未记录配置变更情况扣10分		
4	功能验证					
4.1	验证	验证故障确已消除	10	未正确验证故障已消除扣10分		
4.2	系统巡视	进行系统巡视	10	未巡视系统扣10分		
4.3	记录填写	操作结束后填写运维记录	5	记录不完整扣5分		
5	现场恢复	恢复现场	5	未进行现场恢复扣5分		
合计			100			

Jc0002142008　系统数据不平衡故障处理。（100分）

考核知识点：基础平台及SCADA运维

难易度：中

技能等级评价专业技能考核操作工作任务书

一、任务名称

系统数据不平衡故障处理。

二、适用工种

电网调度自动化维护员高级技师。

三、具体任务

（1）工作状态为实操变电站母线及主变压器有功功率均出现不平衡现象，与现场核实现场数据正常未出现不平衡，（主站遥测系数当前为1，遥信极性当前为正极性）；操作系统管理用户：sysadm，密码：ssys_kaoshi896；调度自动化主站系统登录用户：dusr01，密码：dusr.kaoshi896。工作内容为查找不平衡原因，排除系统数据不平衡故障。

（2）工作任务：完成故障排除，并做好排除故障后的功能验证。

四、工作规范及要求

（1）按照《国家电网公司电力安全工作规程（电力监控部分）》要求做好相关安全措施，办理工作票。

（2）填写运维记录，并对系统进行全面巡视，检查系统运行情况。

五、考核及时间要求

（1）本考核操作时间为60分钟，按所完成的内容计分，未完成部分均不得分，时间到停止考核。

（2）技能操作过程中，如确实不能完成相关项目，可向考评员申请，该项目不得分，但不影响其他项目。

技能等级评价专业技能考核操作评分标准

工种	电网调度自动化维护员					评价等级	高级技师
项目模块	系统异常处理—基础平台及SCADA运维				编号	Jc0002142008	
单位			准考证号			姓名	
考试时限	60分钟		题型	单项操作		题分	100分
成绩		考评员		考评组长		日期	
试题正文	系统数据不平衡故障处理						
需要说明的问题和要求	（1）要求单人完成工作任务。 （2）操作应注意安全，按照标准化作业书的技术安全说明做好安全措施。 （3）在指定系统/设备完成操作						

序号	项目名称	质量要求	满分	扣分标准	扣分原因	得分
1	功能应用及安全措施					
1.1	相关安全措施的准备	（1）办理工作票。 （2）作业人员身份鉴别和授权。 （3）备份可能受影响的内容	10	未正确办理工作票扣3分； 未进行作业人员身份鉴别和授权扣2分； 未备份可能受影响的程序、配置文件、运行参数、运行数据、日志文件等扣5分		
2	故障排查					
2.1	系统状态检查	能通过告警查询及系统命令判定系统运行状态	10	未巡视系统运行情况扣10分		
2.2	故障查找	能正确进行故障查找： 故障1：遥测数据状态异常、系数错误，实操1线本端遥测数据无效。 故障2：实操Ⅰ线间隔隔离开关极性设置异常	20	未查找出故障每项扣10分		
2.3	故障排除	能正确进行故障排除： 解决1：遥测数据对端代。修改对端实操Ⅰ线有功前置遥测参数中系数为0.1，选择本端实操Ⅰ线有功右键点击“人工对端代”。 解决2：修改遥信状态。将实操Ⅰ线间隔隔离开关置遥信参数中极性修改为“反极性”	20	未正确排除故障每项扣10分		
3	操作记录					
3.1	变更记录	记录配置变更情况	10	未记录配置变更情况扣10分		
4	功能验证					
4.1	验证	验证故障确已消除	10	未正确验证故障已消除扣10分		
4.2	系统巡视	进行系统巡视	10	未巡视系统扣10分		

续表

序号	项目名称	质量要求	满分	扣分标准	扣分原因	得分
4.3	记录填写	操作结束后填写运维记录	5	记录不完整扣5分		
5	现场恢复	恢复现场	5	未进行现场恢复扣5分		
合计			100			

Jc0002142009　状态估计计算异常故障处理。（100分）

考核知识点： 状态估计计算异常处理

难易度： 中

技能等级评价专业技能考核操作工作任务书

一、任务名称

状态估计计算异常故障处理。

二、适用工种

电网调度自动化维护员高级技师。

三、具体任务

（1）工作状态为实操变电站状态估计不计算；操作系统管理用户：sysadm，密码：ssys_kaoshi896；调度自动化主站系统登录用户：dusr01，密码：dusr.kaoshi896。工作内容为排除状态估计计算异常故障。

（2）工作任务：完成故障排除，并做好排除故障后的功能验证。

四、工作规范及要求

（1）按照《国家电网公司电力安全工作规程（电力监控部分）》要求做好相关安全措施，办理工作票。

（2）填写运维记录，并对系统进行全面巡视，检查系统运行情况。

五、考核及时间要求

（1）本考核操作时间为60分钟，按所完成的内容计分，未完成部分均不得分，时间到停止考核。

（2）技能操作过程中，如确实不能完成相关项目，可向考评员申请，该项目不得分，但不影响其他项目。

技能等级评价专业技能考核操作评分标准

工种	电网调度自动化维护员				评价等级	高级技师
项目模块	系统异常处理—在线分析类系统异常处理			编号	Jc0002142009	
单位		准考证号			姓名	
考试时限	60分钟	题型	单项操作		题分	100分
成绩		考评员		考评组长		日期	
试题正文	状态估计计算异常故障处理					
需要说明的问题和要求	（1）要求单人完成工作任务。 （2）操作应注意安全，按照标准化作业书的技术安全说明做好安全措施。 （3）在指定系统/设备完成操作					

序号	项目名称	质量要求	满分	扣分标准	扣分原因	得分
1	功能应用及安全措施					

续表

序号	项目名称	质量要求	满分	扣分标准	扣分原因	得分
1.1	相关安全措施的准备	（1）办理工作票。 （2）作业人员身份鉴别和授权。 （3）备份可能受影响的内容	10	未正确办理工作票扣3分； 未进行作业人员身份鉴别和授权扣2分； 未备份可能受影响的程序、配置文件、运行参数、运行数据、日志文件等扣5分		
2	故障排查					
2.1	系统状态检查	能通过告警查询及系统命令判定系统运行状态	10	未巡视系统运行情况扣10分		
2.2	故障查找	能正确进行故障查找： 故障1：实操变电站的“厂站量测质量”设置错误（排除）。 故障2：在数据库pas_model应用下的交流线段表中将实操变电站进线“实操Ⅰ线”等值标志设置错误（等值成负荷）	20	未查找出故障每项扣10分		
2.3	故障排除	能正确进行故障排除： 解决1：在厂站表中将实操变电站的“厂站量测质量”设置为正常。 解决2：在数据库“pas_model”应用下的交流线段表中将“实操Ⅰ线”等值标志修改为“不等值”，并进行模型验证，模型复制	20	未正确排除故障每项扣10分		
3	操作记录					
3.1	变更记录	记录配置变更情况	10	未记录配置变更情况扣10分		
4	功能验证					
4.1	验证	验证故障确已消除	10	未正确验证故障已消除扣10分		
4.2	系统巡视	进行系统巡视	10	未巡视系统扣10分		
4.3	记录填写	操作结束后填写运维记录	5	记录不完整扣5分		
5	现场恢复	恢复现场	5	未进行现场恢复扣5分		
合计			100			

Jc0002142010　断路器变位语音告警异常故障处理。（100分）

考核知识点：基基础平台及SCADA运维

难易度：中

技能等级评价专业技能考核操作工作任务书

一、任务名称

断路器变位语音告警异常故障处理。

二、适用工种

电网调度自动化维护员高级技师。

三、具体任务

（1）工作状态为实操变电站511断路器遥控操作信息告警窗告警正常上送，但是不报语音；操作系统管理用户：sysadm，密码：ssys_kaoshi896；调度自动化主站系统登录用户：dusr01，密码：dusr.kaoshi896；开关遥控变位的语音为：ykcg.wav。工作内容为排除断路器变位语音告警异常故障。

（2）工作任务：完成故障排除，并做好排除故障后的功能验证。

四、工作规范及要求

（1）按照《国家电网公司电力安全工作规程（电力监控部分）》要求做好相关安全措施，办理工作票。

（2）填写运维记录，并对系统进行全面巡视，检查系统运行情况。

五、考核及时间要求

（1）本考核操作时间为60分钟，按所完成的内容计分，未完成部分均不得分，时间到停止考核。

（2）技能操作过程中，如确实不能完成相关项目，可向考评员申请，该项目不得分，但不影响其他项目。

技能等级评价专业技能考核操作评分标准

工种	电网调度自动化维护员					评价等级	高级技师
项目模块	系统异常处理—基础平台及SCADA运维				编号		Jc0002142010
单位			准考证号			姓名	
考试时限	60分钟		题型	单项操作		题分	100分
成绩		考评员		考评组长		日期	
试题正文	断路器变位语音告警异常故障处理						
需要说明的问题和要求	（1）要求单人完成工作任务。 （2）操作应注意安全，按照标准化作业书的技术安全说明做好安全措施。 （3）在指定系统/设备完成操作						

序号	项目名称	质量要求	满分	扣分标准	扣分原因	得分
1	功能应用及安全措施					
1.1	相关安全措施的准备	（1）办理工作票。 （2）作业人员身份鉴别和授权。 （3）备份可能受影响的内容	10	未正确办理工作票扣3分； 未进行作业人员身份鉴别和授权扣2分； 未备份可能受影响的程序、配置文件、运行参数、运行数据、日志文件等扣5分		
2	故障排查					
2.1	系统状态检查	能通过告警查询及系统命令判定系统运行状态	10	未巡视系统运行情况扣10分		
2.2	故障查找	能正确进行故障查找： 故障1：告警服务定义工具内“告警定义方式”，“电力系统”－“遥信变位”－“遥控变位”项的“语音文件”设置错误。 故障2：遥信表内实操变电站的511断路器的“语音文件名”设置错误	20	未查找出故障每项扣10分		
2.3	故障排除	能正确进行故障排除： 解决1：告警服务定义工具内“告警定义方式”，“电力系统”－“遥信变位”－“遥控变位”项的“语音文件”设置所在表为“遥信表”，所在域1为“语音文件名”。 解决2：遥信表内维护的“语音文件名”域与/data/sounds内的语音文件名不一致，应设置为“ykcg.wav”	20	未正确排除故障每项扣10分		
3	操作记录					
3.1	变更记录	记录配置变更情况	10	未记录配置变更情况扣10分		
4	功能验证					
4.1	验证	验证故障确已消除	10	未正确验证故障已消除扣10分		
4.2	系统巡视	进行系统巡视	10	未巡视系统扣10分		

续表

序号	项目名称	质量要求	满分	扣分标准	扣分原因	得分
4.3	记录填写	操作结束后填写运维记录	5	记录不完整扣5分		
5	现场恢复	恢复现场	5	未进行现场恢复扣5分		
	合计		100			

Jc0002142011　告警光字牌异常故障处理。（100分）

考核知识点：基础平台及SCADA运维

难易度：中

技能等级评价专业技能考核操作工作任务书

一、任务名称

告警光字牌异常故障处理。

二、适用工种

电网调度自动化维护员高级技师。

三、具体任务

（1）工作状态为告警窗告警正常上送，但是实操变电站1号主变压器（三卷变）间隔图内中压侧无光字牌，间隔内模板光字牌的默认命名规则格式为："Table=1；col=3；ln=20；dir=v；dx=600；dy=40；sql=selectidfromrelaysigwherest_id=$fac_idLandbay_id=$bay_idLandif_light=1andlight_dis_no=3"，默认主变压器高、中、低、本体的光字牌显示顺序分别为2、3、4、5；操作系统管理用户：sysadm，密码：ssys_kaoshi896；调度自动化主站系统登录用户：dusr01，密码：dusr.kaoshi896。工作内容为排除告警光字牌异常故障。

（2）工作任务：完成故障排除，并做好排除故障后的功能验证。

四、工作规范及要求

（1）按照《国家电网公司电力安全工作规程（电力监控部分）》要求做好相关安全措施，办理工作票。

（2）填写运维记录，并对系统进行全面巡视，检查系统运行情况。

五、考核及时间要求

（1）本考核操作时间为60分钟，按所完成的内容计分，未完成部分均不得分，时间到停止考核。

（2）技能操作过程中，如确实不能完成相关项目，可向考评员申请，该项目不得分，但不影响其他项目。

技能等级评价专业技能考核操作评分标准

<table>
<tr><td>工种</td><td colspan="5">电网调度自动化维护员</td><td>评价等级</td><td>高级技师</td></tr>
<tr><td>项目模块</td><td colspan="4">系统异常处理—基础平台及SCADA运维</td><td>编号</td><td colspan="2">Jc0002142011</td></tr>
<tr><td>单位</td><td colspan="2"></td><td>准考证号</td><td colspan="2"></td><td>姓名</td><td></td></tr>
<tr><td>考试时限</td><td colspan="2">60分钟</td><td>题型</td><td colspan="2">单项操作</td><td>题分</td><td>100分</td></tr>
<tr><td>成绩</td><td></td><td>考评员</td><td></td><td>考评组长</td><td></td><td>日期</td><td></td></tr>
<tr><td>试题正文</td><td colspan="7">告警光字牌异常故障处理</td></tr>
<tr><td>需要说明的问题和要求</td><td colspan="7">（1）要求单人完成工作任务。
（2）操作应注意安全，按照标准化作业书的技术安全说明做好安全措施。
（3）在指定系统/设备完成操作</td></tr>
</table>

续表

序号	项目名称	质量要求	满分	扣分标准	扣分原因	得分
1	功能应用及安全措施					
1.1	相关安全措施的准备	（1）办理工作票。 （2）作业人员身份鉴别和授权。 （3）备份可能受影响的内容	10	未正确办理工作票扣3分； 未进行作业人员身份鉴别和授权扣2分； 未备份可能受影响的程序、配置文件、运行参数、运行数据、日志文件等扣5分		
2	故障排查					
2.1	系统状态检查	能通过告警查询及系统命令判定系统运行状态	10	未巡视系统运行情况扣10分		
2.2	故障查找	能正确进行故障查找： 故障1：数据库中保护信号表内“1号主变压器中压侧保护信号”的“是否光字牌”属性设置错误。 故障2：编辑状态下，实操变电站“1号主变压器中压侧”图层内“保护信号图元”未编辑命名规则	20	未查找出故障每项扣10分		
2.3	故障排除	能正确进行故障排除： 解决1：数据库中保护信号表内“1号主变压器中压侧保护信号”的“是否光字牌”属性选为“是”。 解决2：编辑状态下，实操变电站“1号主变压器中压侧”图层内“保护信号图元”按题目给出语句修改命名规则	20	未正确排除故障每项扣10分		
3	操作记录					
3.1	变更记录	记录配置变更情况	10	未记录配置变更情况扣10分		
4	功能验证					
4.1	验证	验证故障确已消除	10	未正确验证故障已消除扣10分		
4.2	系统巡视	进行系统巡视	10	未巡视系统扣10分		
4.3	记录填写	操作结束后填写运维记录	5	记录不完整扣5分		
5	现场恢复	恢复现场	5	未进行现场恢复扣5分		
合计			100			

Jc0002142012　拓扑着色异常故障处理。（100分）

考核知识点：基础平台及SCADA运维

难易度：中

技能等级评价专业技能考核操作工作任务书

一、任务名称

拓扑着色异常故障处理。

二、适用工种

电网调度自动化维护员高级技师。

三、具体任务

（1）工作状态为调度自动化主站系统状态估计功能实操变电站拓扑着色异常；操作系统管理用户：

sysadm，密码：ssys_kaoshi896；调度自动化主站系统登录用户：dusr01，密码：dusr.kaoshi896。工作内容为排除拓扑着色异常故障。

（2）工作任务：完成故障排除，并做好排除故障后的功能验证。

四、工作规范及要求

（1）按照《国家电网公司电力安全工作规程（电力监控部分）》要求做好相关安全措施，办理工作票。

（2）填写运维记录，并对系统进行全面巡视，检查系统运行情况。

五、考核及时间要求

（1）本考核操作时间为 60 分钟，按所完成的内容计分，未完成部分均不得分，时间到停止考核。

（2）技能操作过程中，如确实不能完成相关项目，可向考评员申请，该项目不得分，但不影响其他项目。

技能等级评价专业技能考核操作评分标准

工种	电网调度自动化维护员				评价等级	高级技师
项目模块	系统异常处理—基础平台及 SCADA 运维			编号	Jc0002142012	
单位		准考证号			姓名	
考试时限	60 分钟	题型	单项操作		题分	100 分
成绩	考评员		考评组长		日期	
试题正文	拓扑着色异常故障处理					
需要说明的问题和要求	（1）要求单人完成工作任务。 （2）操作应注意安全，按照标准化作业书的技术安全说明做好安全措施。 （3）在指定系统/设备完成操作					

序号	项目名称	质量要求	满分	扣分标准	扣分原因	得分
1	功能应用及安全措施					
1.1	相关安全措施的准备	（1）办理工作票。 （2）作业人员身份鉴别和授权。 （3）备份可能受影响的内容	10	未正确办理工作票扣 3 分； 未进行作业人员身份鉴别和授权扣 2 分； 未备份可能受影响的程序、配置文件、运行参数、运行数据、日志文件等扣 5 分		
2	故障排查					
2.1	系统状态检查	能通过告警查询及系统命令判定系统运行状态	10	未巡视系统运行情况扣 10 分		
2.2	故障查找	能正确进行故障查找： 故障 1：厂站表中实操变电站“记录所属应用”未选 PAS 应用。 故障 2：厂站表中实操变电站“厂站量测质量”勾选错误	20	未查找出故障每项扣 10 分		
2.3	故障排除	能正确进行故障排除： 解决 1：厂站表中实操变电站“记录所属应用”勾选 PAS 应用。 解决 2：厂站表中实操站变电“厂站量测质量”勾选为“正常”，并做模型验证、模型复制操作	20	未正确排除故障每项扣 10 分		

续表

序号	项目名称	质量要求	满分	扣分标准	扣分原因	得分
3	操作记录					
3.1	变更记录	记录配置变更情况	10	未记录配置变更情况扣 10 分		
4	功能验证					
4.1	验证	验证故障确已消除	10	未正确验证故障已消除扣 10 分		
4.2	系统巡视	进行系统巡视	10	未巡视系统扣 10 分		
4.3	记录填写	操作结束后填写运维记录	5	记录不完整扣 5 分		
5	现场恢复	恢复现场	5	未进行现场恢复扣 5 分		
合计			100			

第二篇

电网调度自动化厂站端调试检修工

第一部分
初级工

第一章　电网调度自动化厂站端调试检修工初级工技能笔答

Jb0001531001　什么是计算机病毒？（5分）

考核知识点：自动化装置配置及校验

难易度：易

标准答案：

计算机病毒是一种人为制造的（有意识、无意识地）破坏计算机系统运行和破坏计算机文件的一种程序。

Jb0001532002　什么是计算机网络？（5分）

考核知识点：自动化装置配置及校验

难易度：中

标准答案：

把分布在不同地理位置的多台独立工作的计算机、终端以及附属设备在物理上互联，按照网络协议相互通信，由功能完善的网络软件管理，以共享硬件、软件和数据资源为目的的计算机系统。

Jb0001531003　关闭后台监控系统的步骤是什么？（5分）

考核知识点：自动化装置配置及校验

难易度：易

标准答案：

关闭后台监控软件、关闭后台监控服务器操作系统、关闭设备电源。

Jb0001531004　监控系统的软件性能有哪些？（5分）

考核知识点：自动化装置配置及校验

难易度：易

标准答案：

监控系统的软件性能有可靠性、可移植性、可扩展性。

Jb0001533005　简述智能变电站Ⅰ区数据通信网关机的作用和传输的内容。（5分）

考核知识点：自动化装置配置及校验

难易度：难

标准答案：

Ⅰ区数据通信网关机直接采集站内数据，通过专用通道向调度（调控）中心传送实时信息。通过Ⅰ区数据通信网关机传输的内容包括：

（1）电网实时运行的量测值和状态信息。

（2）保护动作及告警信息（保护启动、动作及告警信号）。

（3）设备运行状态的告警信息（设备自检和告警信息）。
（4）调度操作控制命令。

Jb0001532006　简述数据通信网关机的主要功能。（5分）
考核知识点：自动化装置配置及校验
难易度：中
标准答案：
为实现变电站监视控制、信息查询和远程浏览等功能，提供数据、模型和图形的传输服务。
主要实现功能如下：数据采集、数据处理、数据远传、控制功能、时间同步、告警直传、远程浏览、源端维护、冗余管理、运行维护及参数配置。

Jb0001531007　简述“四遥”的概念。（5分）
考核知识点：自动化装置配置及校验
难易度：易
标准答案：
四遥指遥测、遥信、遥控、遥调。

Jb0001531008　简述测控装置测量变化死区和零值死区的含义。（5分）
考核知识点：自动化装置配置及校验
难易度：易
标准答案：
变化死区：当测量值变化超过该死区值测量值刷新，主动上送遥测值，不超过变化死区时测量值不刷新。
零值死区：当测量值在该死区范围内时强迫将测量值归零。

Jb0001532009　简述变电站测控装置主要功能（5种及以上）。（5分）
考核知识点：自动化装置配置及校验
难易度：中
标准答案：
（1）交直流电气量采集功能。
（2）状态量采集功能。
（3）控制功能。（以上三条必须包括）
（4）同期功能。
（5）防误逻辑闭锁功能。
（6）记录存储功能。
（7）通信功能。
（8）对时功能。
（9）运行状态监测管理功能。

Jb0001531010　执行遥控操作步骤的顺序是什么？（5分）
考核知识点：自动化装置配置及校验
难易度：易

标准答案：

预置、返校、执行。

Jb0001531011　用仪表测量时为什么会产生测量误差？（5 分）

考核知识点：自动化装置配置及校验

难易度：易

标准答案：

由于测量仪器、仪表自身的误差和测量方法的不完善，环境影响和人们感观的不同，总会存在一定的误差。

Jb0001531012　变电站测量电流时都经过电流互感器的主要原因是什么？（5 分）

考核知识点：自动化装置配置及校验

难易度：易

标准答案：

主要原因是为了隔离高压，因为不允许将高压引入测量回路。

Jb0001533013　简述 ISO/OSI 模型的七层结构。（5 分）

考核知识点：自动化装置配置及校验

难易度：难

标准答案：

ISO/OSI 参考模型分为 7 个协议层，由下而上分别为物理层、数据链路层、网络层、传输层、会话层、表示层、应用层。

Jb0001531014　交换机工作在 ISO/OSI 参考模型中的哪一层？（5 分）

考核知识点：自动化装置配置及校验

难易度：易

标准答案：

交换机工作在 ISO 参考模型中的数据链路层。

Jb0001531015　电力系统同步时钟系统主要由哪几部分组成？（5 分）

考核知识点：自动化装置配置及校验

难易度：易

标准答案：

电力系统同步时钟系统主要由时间信号接收（输入）单元（接收外部时间基准信号）、时间保持单元、时间信号输出（扩展）单元组成。

Jb0001532016　GPS 卫星同步时钟在电力系统自动化领域有何用途？（5 分）

考核知识点：自动化装置配置及校验

难易度：中

标准答案：

利用 GPS 系统的授时功能，配合高精度的守时时钟，可开发应用于电力系统的卫星同步时钟，它广泛地应用在电力系统自动化等领域，大大地提高了事故分析、故障测距、稳定判断与自动控制的时间监控与分析的精度。

Jb0002531017 简述变电站调度数据网包含哪些设备？（5分）

考核知识点：自动化设备安装及网络构建

难易度：易

标准答案：

实时交换机，非实时交换机，实时纵向加密，非实时纵向加密，调度数据网路由器。

Jb0002532018 简述合并单元的主要功能（5种及以上）。（5分）

考核知识点：自动化设备安装及网络构建

难易度：中

标准答案：

（1）采集电压、电流瞬时数据。

（2）采样值有效性处理。

（3）采样值输出。

（4）时钟同步及守时。

（5）设备自检及指示。

（6）电压并列和切换。

Jb0002533019 简述智能终端的功能（5种及以上）。（5分）

考核知识点：自动化设备安装及网络构建

难易度：难

标准答案：

（1）接收保护跳合闸命令、测控的手合/手分断路器命令及隔离开关、接地开关等GOOSE命令；输入断路器位置、隔离开关及接地开关位置、断路器本体信号（含压力低闭锁重合闸等）；跳合闸自保持功能；控制回路断线监视、跳合闸压力监视与闭锁功能等。

（2）智能终端应具备三跳硬接点输入接口，可灵活配置的保护点对点接口（最大考虑10个）和GOOSE网络接口。

（3）具备对时功能、事件报文记录功能。

（4）跳、合闸命令需可靠校验。

（5）智能终端的动作时间不应大于7ms。

（6）智能终端具备跳/合闸命令输出的监测功能。当智能终端接收到跳闸命令后，应通过GOOSE网发出收到跳令的报文。

（7）智能终端的告警信息通过GOOSE上送。

Jb0003532020 新安装自动化系统设备必须提供哪些技术资料？（5分）

考核知识点：技术管理

难易度：中

标准答案：

（1）在安装及调试中已校正的设计资料（竣工原理图、竣工安装图、技术说明书、电缆清册等）。

（2）制造厂提供的技术资料（说明书、合格证明和出厂试验报告等）。

（3）调试试验报告。

Jb0003531021　根据 Q/GDW 1799.1—2013《电力安全工作规程　变电部分》要求，在电气设备上工作，保证安全的技术措施有哪些？（5 分）

考核知识点：技术管理

难易度：易

标准答案：

（1）停电。

（2）验电。

（3）接地。

（4）悬挂标识牌和装设遮栏（围栏）。

Jb0004531022　什么是二次设备？（5 分）

考核知识点：基本技能及基础知识

难易度：易

标准答案：

二次设备是指对一次设备的工况进行监测、控制、调节、保护，为运行人员提供运行工况或生产指挥信号所需要的电气设备，如测量仪表、继电器、控制及信号器具、自动装置等。

Jb0004533023　简述综合自动化变电站优越性（5 种及以上）。（5 分）

考核知识点：基本技能及基础知识

难易度：难

标准答案：

（1）提升供电可靠性，提高电压合格率。

（2）由于采用综合自动化使站内一、二次设备的可靠性大大提高，提高变电站的安全、可靠运行水平。

（3）由于采用综合自动化使站内运行管理智能化、微机化，提高电力系统的运行、管理水平。

（4）缩小变电站占地面积，降低造价，减少总投资。

（5）减少维护工作量，减少值班员劳动，实现减人增效。

（6）提升新技术、新工艺在变电站中的应用。

Jb0004531024　电力系统的含义是什么？（5 分）

考核知识点：基本技能及基础知识

难易度：易

标准答案：

由发电、供电（输电、变电、配电）、用电设施以及为保障其正常运行所需的继电保护和安全自动装置、计量装置、调度自动化、电力通信等二次设施构成的统一整体。

Jb0004531025　电力调度数据网络是什么？（5 分）

考核知识点：基本技能及基础知识

难易度：易

标准答案：

电力调度数据网络是指各级电力调度专用的广域数据网络及电力生产专用网络。

Jb0004533026 自动化 UPS 交流供电电源中断怎么办？（5 分）

考核知识点： 基本技能及基础知识

难易度： 难

标准答案：

UPS 交流供电电源中断，立即将大屏幕、部分显示器、部分工作站关掉，以延长 UPS 的供电时间。如果直流供电中断导致 UPS 电源输出中断，则迅速关闭所有设备，待供电恢复后，再重新开启设备，恢复系统运行。如果 UPS 是旁路供电，还需要人工启动逆变器，使 UPS 恢复正常运行状态。

Jb0004533027 识读电气接线图主要包括哪些步骤？（5 分）

考核知识点： 基本技能及基础知识

难易度： 难

标准答案：

（1）分析清楚电气原理图中的主电路和辅助电路所含有的元器件，弄清楚各元器件的动作原理和作用。

（2）弄清电气原理图和接线图中元器件的对应关系。

（3）弄清电气接线图中接线导线的根数和所用导线的具体规格。

（4）根据电气接线图中的线号弄清主电路和辅助电路的走向。

第二章　电网调度自动化厂站端调试检修工初级工技能操作

Jc0001541001　测控装置简单遥控功能测试。(100分)

考核知识点：自动化装置配置及校验

难易度：易

技能等级评价专业技能考核操作工作任务书

一、任务名称

测控装置简单遥控功能测试。

二、适用工种

电网调度自动化厂站端调试检修工初级工。

三、具体任务

(1)工作状态为实操变电站无法实现某110kV线路间隔断路器遥控功能。工作内容为实现某110kV线路间隔断路器遥控功能。

(2)工作任务：

1)检查测控装置远方/就地把手位置，遥控压板投入状态。

2)在后台机开展遥控功能测试，完成模拟断路器的遥控分合。

四、工作规范及要求

(1)按照《国家电网公司电力安全工作规程（电力监控部分）》要求做好相关安全措施，办理工作票。

(2)完成测控装置简单遥控功测试工作。

(3)填写运维记录，并对设备进行全面巡视，检查设备运行情况。

五、考核及时间要求

(1)本考核操作时间为30分钟，包括操作前准备和报告整理时间，时间到停止考核。同一类现象故障不限一处故障点。

(2)技能考核过程中，如确实不能操作，可向考评员申请协助完成该项操作，该项操作任务不得分，但不影响其他项目。

(3)按照技能操作记录单的操作要求进行操作，正确记录操作结果，记录项目包括：本次工作时间、地点、操作人员、工作内容、结论等。

技能等级评价专业技能考核操作评分标准

<table>
<tr><td>工种</td><td colspan="8">电网调度自动化厂站端调试检修工</td><td>评价等级</td><td>初级工</td></tr>
<tr><td>项目模块</td><td colspan="7">自动化装置配置及校验—测控装置配置</td><td>编号</td><td colspan="2">Jc0001541001</td></tr>
<tr><td>单位</td><td colspan="3"></td><td colspan="2">准考证号</td><td colspan="3"></td><td>姓名</td><td></td></tr>
<tr><td>考试时限</td><td colspan="2">30分钟</td><td colspan="2">题型</td><td colspan="4">单项操作</td><td>题分</td><td>100分</td></tr>
<tr><td>成绩</td><td></td><td>考评员</td><td colspan="2"></td><td colspan="2">考评组长</td><td colspan="2"></td><td>日期</td><td></td></tr>
</table>

续表

试题正文	测控装置简单遥控功能测试					
需要说明的问题和要求	（1）要求调试单人操作。 （2）操作应注意安全，按照标准化作业书的技术安全说明做好安全措施。 （3）操作在测控屏上完成操作					

序号	项目名称	质量要求	满分	扣分标准	扣分原因	得分
1	工作票办理及安全措施					
1.1	办理工作票	正确办理工作票	10	出现工作票错误一次扣 1 分，扣完为止		
1.2	相关安全措施的准备	（1）后台遥控仔细核对间隔，防止误操作。 （2）测控屏工作，防止误动其他间隔设备	15	遥控时不仔细核对间隔编号，误控其他间隔扣 5 分； 在测控屏误动其他间隔设备扣 10 分		
2	测控装置遥控功能执行	检查远方/就地把手切至远方位置，遥控压板投入，在后台机处完成断路器遥控分合操作，断路器由分至合正确，断路器由合至分正确，核对测控装置遥控记录正确	50	远方/就地把手未切至远方位置扣 10 分； 测控屏遥控压板未投入扣 10 分； 未完成断路器由合至分遥控扣 10 分； 未完成断路器由分至合遥控扣 10 分； 未核对测控装置遥控记录是否正确扣 10 分		
3	填写工作报告					
3.1	工作记录	正确填写工作记录（包括本次工作时间、地点、操作人员、工作内容、结论等）	20	每少填写一项扣 3 分，扣完为止		
4	现场恢复	恢复现场	5	未进行现场恢复扣 5 分		
	合计		100			

Jc0001541002　测控装置通信参数查看。（100 分）

考核知识点：自动化装置配置及校验

难易度：易

技能等级评价专业技能考核操作工作任务书

一、任务名称

测控装置通信参数查看。

二、适用工种

电网调度自动化厂站端调试检修工初级工。

三、具体任务

（1）工作状态为未知实操变电站 110kV 某进线间隔测控装置通信参数。工作内容为进行实操变电站 110kV 某进线间隔测控装置通信参数查看。

（2）工作任务：

1）查看测控装置网口 1IP 地址、子网掩码。

2）查看测控装置网口 2IP 地址、子网掩码。

3）查看测控装置波特率。

4）查看测控装置通信方式。

四、工作规范及要求

（1）按照《国家电网公司电力安全工作规程（电力监控部分）》要求做好相关安全措施，办理工作票。

（2）完成测控装置通信参数查看。

（3）填写运维记录，并对设备进行全面巡视，检查设备运行情况。

五、考核及时间要求

（1）本考核操作时间为30分钟，包括操作前准备和报告整理时间，时间到停止考核。

（2）技能考核过程中，如确实不能操作，可向考评员申请协助完成该项操作，该项操作任务不得分，但不影响其他项目。

（3）按照技能操作记录单的操作要求进行操作，正确记录操作结果，记录项目包括：本次工作时间、地点、操作人员、工作内容、结论等。

技能等级评价专业技能考核操作评分标准

工种	电网调度自动化厂站端调试检修工					评价等级	初级工
项目模块	自动化装置配置及校验—测控装置配置				编号	Jc0001541002	
单位			准考证号			姓名	
考试时限	30分钟		题型	单项操作		题分	100分
成绩		考评员		考评组长		日期	
试题正文	测控装置通信参数查看						
需要说明的问题和要求	（1）要求调试单人操作。 （2）操作应注意安全，按照标准化作业书的技术安全说明做好安全措施。 （3）操作在测控屏上完成操作						

序号	项目名称	质量要求	满分	扣分标准	扣分原因	得分
1	工作票办理及安全措施					
1.1	办理工作票	正确办理工作票	10	出现工作票错误一次扣1分，扣完为止		
1.2	相关安全措施的准备	（1）工作中不误碰其他运行设备。 （2）工作防止误操作导致设备异常	15	工作中误碰其他运行设备扣5分； 工作误操作导致设备异常扣10分		
2	测控装置通信参数查看	检查测控装置正常运行，查看测控装置网口1IP地址、子网掩码，网口2IP地址、子网掩码，波特率，通信方式	50	未检查测控装置正常运行扣10分； 未查看测控装置网口1IP地址、子网掩码扣10分； 未查看网口2IP地址、子网掩码扣10分 未查看波特率扣10分； 未查看通信方式扣10分		
3	填写工作报告					
3.1	工作记录	正确填写工作记录（包括本次工作时间、地点、操作人员、工作内容、结论等）	20	每少填写一项扣3分，扣完为止		
4	现场恢复	恢复现场	5	未进行现场恢复扣5分		
合计			100			

Jc0001541003　测控装置定值更改。（100分）

考核知识点：自动化装置配置及校验

难易度：易

技能等级评价专业技能考核操作工作任务书

一、任务名称

测控装置定值更改。

二、适用工种

电网调度自动化厂站端调试检修工初级工。

三、具体任务

（1）工作状态为实操变电站110kV某进线间隔测控装置定值未更改。工作内容为完成实操变电站110kV某进线间隔测控装置定值更改。

（2）工作任务：

1）查看母线电压一次相值、母线电压二次相值。

2）将母线电压一次相值更改为220kV。

3）将母线电压二次相值更改为100V。

四、工作规范及要求

（1）按照《国家电网公司电力安全工作规程（电力监控部分）》要求做好相关安全措施，办理工作票。

（2）完成设备配置安全加固。

（3）填写运维记录，并对设备进行全面巡视，检查设备运行情况。

五、考核及时间要求

（1）本考核操作时间为30分钟，包括操作前准备和报告整理时间，时间到停止考核。

（2）技能考核过程中，如确实不能操作，可向考评员申请协助完成该项操作，该项操作任务不得分，但不影响其他项目。

（3）按照技能操作记录单的操作要求进行操作，正确记录操作结果，记录项目包括：本次工作时间、地点、操作人员、工作内容、结论等。

技能等级评价专业技能考核操作评分标准

工种	电网调度自动化厂站端调试检修工					评价等级	初级工
项目模块	自动化装置配置及校验—测控装置配置				编号	Jc0001541003	
单位			准考证号			姓名	
考试时间	30分钟		题型	单项操作		题分	100分
成绩		考评员		考评组长		日期	
试题正文	测控装置定值更改						
需要说明的问题和要求	（1）要求调试单人操作。 （2）操作应注意安全，按照标准化作业书的技术安全说明做好安全措施。 （3）操作在测控屏上完成操作						

序号	项目名称	质量要求	满分	扣分标准	扣分原因	得分
1	工作票办理及安全措施					
1.1	办理工作票	正确办理工作票	10	出现工作票错误一次扣1分，扣完为止		
1.2	相关安全措施的准备	（1）工作中不误碰其他运行设备。 （2）工作防止误操作导致设备异常	15	工作中误碰其他运行设备扣5分； 工作误操作导致设备异常扣10分		
2	测控装置定值更改	检查测控装置正常运行，查看测控装置母线电压一次相值、母线电压二次相值，更改母线电压一次相值为220kV，母线电压二次相值为100V	50	未检查测控装置正常运行扣10分； 未查看测控装置母线电压一次相值、母线电压二次相值扣10分； 未更改母线电压一次相值为220kV扣15分； 未更改母线电压二次相值为100V扣15分		

续表

序号	项目名称	质量要求	满分	扣分标准	扣分原因	得分
3	填写工作报告					
3.1	工作记录	正确填写工作记录（包括本次工作时间、地点、操作人员、工作内容、结论等）	20	每少填写一项扣3分，扣完为止		
4	现场恢复	恢复现场	5	未进行现场恢复扣5分		
合计			100			

Jc0001541004　测控装置对时方式更改。（100分）

考核知识点：自动化装置配置及校验

难易度：易

技能等级评价专业技能考核操作工作任务书

一、任务名称

测控装置对时方式更改。

二、适用工种

电网调度自动化厂站端调试检修工初级工。

三、具体任务

（1）工作状态为实操变电站110kV某进线间隔测控装置对时方式为秒脉冲对时。工作内容为将实操变电站110kV某进线间隔测控装置对时方式更改为B码对时。

（2）工作任务：

1）查看测控装置对时方式。

2）将测控装置对时方式改为B码对时。

四、工作规范及要求

（1）按照《国家电网公司电力安全工作规程（电力监控部分）》要求做好相关安全措施，办理工作票。

（2）完成测控装置对时方式更改工作。

（3）填写运维记录，并对设备进行全面巡视，检查设备运行情况。

五、考核及时间要求

（1）本考核操作时间为30分钟，包括操作前准备和报告整理时间，时间到停止考核。

（2）技能考核过程中，如确实不能操作，可向考评员申请协助完成该项操作，该项操作任务不得分，但不影响其他项目。

（3）按照技能操作记录单的操作要求进行操作，正确记录操作结果，记录项目包括：本次工作时间、地点、操作人员、工作内容、结论等。

技能等级评价专业技能考核操作评分标准

<table>
<tr><td>工种</td><td colspan="6">电网调度自动化厂站端调试检修工</td><td>评价等级</td><td>初级工</td></tr>
<tr><td>项目模块</td><td colspan="5">自动化装置配置及校验—测控装置配置</td><td>编号</td><td colspan="2">Jc0001541004</td></tr>
<tr><td>单位</td><td colspan="3"></td><td>准考证号</td><td colspan="2"></td><td>姓名</td><td></td></tr>
<tr><td>考试时限</td><td colspan="2">30分钟</td><td>题型</td><td colspan="3">单项操作</td><td>题分</td><td>100分</td></tr>
<tr><td>成绩</td><td></td><td>考评员</td><td></td><td>考评组长</td><td colspan="2"></td><td>日期</td><td></td></tr>
<tr><td>试题正文</td><td colspan="8">测控装置对时方式更改</td></tr>
</table>

续表

需要说明的问题和要求	（1）要求调试单人操作。 （2）操作应注意安全，按照标准化作业书的技术安全说明做好安全措施。 （3）操作在测控屏上完成操作					
序号	项目名称	质量要求	满分	扣分标准	扣分原因	得分
1	工作票办理及安全措施					
1.1	办理工作票	正确办理工作票	10	出现工作票错误一次扣 1 分，扣完为止		
1.2	相关安全措施的准备	（1）工作中不误碰其他运行设备。 （2）工作防止误操作导致设备异常	15	工作中误碰其他运行设备扣 5 分； 工作误操作导致设备异常扣 10 分		
2	测控装置对时方式更改	检查测控装置正常运行，查看测控装置对时方式，更改测控对时方式为 B 码对时	50	未检查测控装置正常运行扣 15 分； 未查看测控装置对时方式扣 15 分； 未更改测控装置对时方式为 B 码对时扣 20 分		
3	填写工作报告					
3.1	工作记录	正确填写工作记录（包括本次工作时间、地点、操作人员、工作内容、结论等）	20	每少填写一项扣 3 分，扣完为止		
4	现场恢复	恢复现场	5	未进行现场恢复扣 5 分		
合计			100			

Jc0001541005　检查测控装置遥信信号正确上送至后台监控机。(100 分)

考核知识点：自动化装置配置及校验

难易度：易

技能等级评价专业技能考核操作工作任务书

一、任务名称

检查测控装置遥信信号正确上送至后台监控机。

二、适用工种

电网调度自动化厂站端调试检修工初级工。

三、具体任务

（1）工作状态为实操变电站 110kV 某进线间隔测控装置以及后台监控系统正常运行。工作内容为检查测控装置遥信信号是否正确上送至后台监控机。

（2）工作任务：

1）切换远方/就地把手，检查遥信正确上送至后台监控机。

2）拔掉测控装置通信网线，检查遥信正确上送至后台监控机。

四、工作规范及要求

（1）按照《国家电网公司电力安全工作规程（电力监控部分）》要求做好相关安全措施，办理工作票。

（2）检查测控装置遥信信号正确上送至后台监控机。

（3）填写运维记录，并对设备进行全面巡视，检查设备运行情况。

五、考核及时间要求

（1）本考核操作时间为 30 分钟，包括操作前准备和报告整理时间，时间到停止考核。

（2）技能考核过程中，如确实不能操作，可向考评员申请协助完成该项操作，该项操作任务不得分，但不影响其他项目。

（3）按照技能操作记录单的操作要求进行操作，正确记录操作结果，记录项目包括：本次工作时间、地点、操作人员、工作内容、结论等。

技能等级评价专业技能考核操作评分标准

工种	电网调度自动化厂站端调试检修工					评价等级	初级工
项目模块	自动化装置配置及校验—后台监控系统信息调阅				编号	Jc0001541005	
单位			准考证号			姓名	
考试时限	30 分钟		题型	单项操作		题分	100 分
成绩		考评员		考评组长		日期	
试题正文	检查测控装置遥信信号正确上送至后台监控机						
需要说明的问题和要求	（1）要求调试单人操作。 （2）操作应注意安全，按照标准化作业书的技术安全说明做好安全措施。 （3）操作在后台机、测控屏上完成						

序号	项目名称	质量要求	满分	扣分标准	扣分原因	得分
1	工作票办理及安全措施					
1.1	办理工作票	正确办理工作票	10	出现工作票错误一次扣 1 分，扣完为止		
1.2	相关安全措施的准备	（1）工作中不误碰其他运行设备。 （2）工作防止误操作导致设备异常	15	工作中误碰其他运行设备扣 5 分； 工作误操作导致设备异常扣 10 分		
2	检查测控装置遥信信号正确上送	切换远方/就地把手至远方位置，检查遥信正确上送至后台监控机，切换远方/就地把手至就地位置，检查遥信正确上送至后台监控机，拔掉测控装置通信网线检查遥信正确上送至后台监控机	50	未检查远方/就地把手至远方位置正确上送至后台监控机扣 10 分； 未检查远方/就地把手至就地位置正确上送至后台监控机扣 20 分； 未检查测控装置通信状态正确上送至后台监控机扣 20 分		
3	填写工作记录					
3.1	工作记录	正确填写工作记录（包括本次工作时间、地点、操作人员、工作内容、结论）	20	每少填写一项扣 3 分，扣完为止		
4	现场恢复	恢复现场	5	未进行现场恢复扣 5 分		
合计			100			

Jc0001542006　变电站Ⅰ区数据网交换机端口状态查看。（100 分）

考核知识点：自动化装置配置及校验

难易度：中

技能等级评价专业技能考核操作工作任务书

一、任务名称

变电站Ⅰ区数据网交换机端口状态查看。

二、适用工种

电网调度自动化厂站端调试检修工初级工。

三、具体任务

（1）工作状态为未知实操变电站Ⅰ区数据网交换机端口状态。工作内容为查看实操变电站Ⅰ区数据网交换机端口状态。

（2）工作任务：

1）使用 secuerCRT 软件正确登录实操变电站Ⅰ区数据网交换机。

2）查看实操变电站Ⅰ区数据网交换机的端口状态，并做好记录。

四、工作规范及要求

（1）按照《国家电网公司电力安全工作规程（电力监控部分）》要求做好相关安全措施，办理工作票。

（2）正确使用 secureCRT 软件，查看数据网交换机端口状态。

（3）填写运维记录，并对设备进行全面巡视，检查设备运行情况。

五、考核及时间要求

（1）本考核操作时间为 30 分钟，包括操作前准备和报告整理时间，时间到停止考核。

（2）技能考核过程中，如确实不能操作，可向考评员申请协助完成该项操作，该项操作任务不得分，但不影响其他项目。

（3）按照技能操作记录单的操作要求进行操作，正确记录操作结果，记录项目包括：本次工作时间、地点、操作人员、工作内容等。

技能等级评价专业技能考核操作评分标准

工种	电网调度自动化厂站端调试检修工					评价等级	初级工
项目模块	自动化装置配置及校验—站控层交换机配置调阅				编号	Jc0001542006	
单位			准考证号			姓名	
考试时限	30 分钟	题型		单项操作		题分	100 分
成绩		考评员		考评组长		日期	
试题正文	变电站Ⅰ区数据网交换机端口状态查看						
需要说明的问题和要求	（1）要求调试单人操作。 （2）操作应注意安全，按照标准化作业书的技术安全说明做好安全措施。 （3）操作在调度数据网屏上完成操作						

序号	项目名称	质量要求	满分	扣分标准	扣分原因	得分
1	工作票办理及安全措施					
1.1	办理工作票	正确办理工作票	10	出现工作票错误一次扣 1 分，扣完为止		
1.2	相关安全措施的准备	（1）工作中不误碰其他运行设备。 （2）工作防止误操作导致设备异常	15	工作中误碰其他运行设备扣 5 分； 工作误操作导致设备异常扣 10 分		
2	变电站Ⅰ区数据网交换机端口状态查看	修改调试工具端口、波特率，正确使用 secureCRT 工具登录进入交换机，查看交换机端口状态并记录	50	未正确修改调试工具端口扣 10 分； 未正确修改波特率扣 10 分； 未正确使用 secureCRT 进入交换机扣 15 分； 未正确统计交换机端口状态扣 15 分		
3	填写工作报告					
3.1	工作记录	正确填写工作记录（包括本次工作时间、地点、操作人员、工作内容、结论）	20	每少填写一项扣 3 分，扣完为止		
4	现场恢复	恢复现场	5	未进行现场恢复扣 5 分		
合计			100			

Jc0001543007　远动装置通信参数查看。(100 分)

考核知识点：自动化装置配置及校验

难易度：难

技能等级评价专业技能考核操作工作任务书

一、任务名称

远动装置通信参数查看。

二、适用工种

电网调度自动化厂站端调试检修工初级工。

三、具体任务

(1) 工作状态为实操变电站远动装置通信参数未知。工作内容为查看实操变电站远动装置通信参数。

(2) 工作任务：

1) 查看远动装置所有对上 IP 地址、子网掩码。

2) 查看远动装置所有对下 IP 地址、子网掩码。

四、工作规范及要求

(1) 按照《国家电网公司电力安全工作规程（电力监控部分）》要求做好相关安全措施，办理工作票。

(2) 完成远动装置通信参数查看。

(3) 填写运维记录，并对设备进行全面巡视，检查设备运行情况。

五、考核及时间要求

(1) 本考核操作时间为 30 分钟，包括操作前准备和报告整理时间，时间到停止考核。

(2) 技能考核过程中，如确实不能操作，可向考评员申请协助完成该项操作，该项操作任务不得分，但不影响其他项目。

(3) 按照技能操作记录单的操作要求进行操作，正确记录操作结果，记录项目包括：本次工作时间、地点、操作人员、工作内容、结论等。

技能等级评价专业技能考核操作评分标准

工种	电网调度自动化厂站端调试检修工					评价等级	初级工
项目模块	自动化装置配置及校验—数据通信网关机配置查询				编号		Jc0001543007
单位			准考证号			姓名	
考试时限	30 分钟		题型	单项操作		题分	100 分
成绩		考评员		考评组长		日期	
试题正文	远动装置通信参数查看						
需要说明的问题和要求	(1) 要求调试单人操作。 (2) 操作应注意安全，按照标准化作业书的技术安全说明做好安全措施。 (3) 操作在远动屏上完成操作						

序号	项目名称	质量要求	满分	扣分标准	扣分原因	得分
1	工作票办理及安全措施					
1.1	办理工作票	正确办理工作票	10	出现工作票错误一次扣 1 分，扣完为止		

续表

序号	项目名称	质量要求	满分	扣分标准	扣分原因	得分
1.2	相关安全措施的准备	（1）工作中不误碰其他运行设备。 （2）工作防止误操作导致设备异常	15	工作中误碰其他运行设备扣5分； 工作误操作导致设备异常扣10分		
2	远动装置通信参数查看	进入远动通信参数菜单，查看远动装置所有对上IP地址、子网掩码，所有对下IP地址、子网掩码并记录。	50	未进入远动通信参数菜单扣5分； 未查看所有对上IP地址扣10分； 未查看对上子网掩码扣10分； 未查看所有对下IP地址扣10分； 未查看对下子网掩码扣10分； 未记录扣5分		
3	填写工作报告					
3.1	工作记录	正确填写工作记录（包括本次工作时间、地点、操作人员、工作内容、结论等）	20	每少填写一项扣3分，扣完为止		
4	现场恢复	恢复现场	5	未进行现场恢复扣5分		
	合计		100			

Jc0002541008　变电站调度数据网系统的巡视。（100分）

考核知识点：自动化设备安装及网络构建

难易度：易

技能等级评价专业技能考核操作工作任务书

一、任务名称

变电站调度数据网系统的巡视。

二、适用工种

电网调度自动化厂站端调试检修工初级工。

三、具体任务

（1）工作状态为实操变电站调度数据网系统正常运行。工作内容为在实操变电站完成调度数据网系统巡视工作。

（2）工作任务：检查网络拓扑，完成调度数据网系统的巡视工作，并做好记录。

四、工作规范及要求

（1）按照《国家电网公司电力安全工作规程（电力监控部分）》要求做好相关安全措施，办理工作票。

（2）完成变电站调度数据网系统的巡视。

（3）填写运维记录，并对设备进行全面巡视，检查设备运行情况。

五、考核及时间要求

（1）本考核操作时间为30分钟，包括操作前准备和报告整理时间，时间到停止考核。

（2）技能考核过程中，如确实不能操作，可向考评员申请协助完成该项操作，该项操作任务不得分，但不影响其他项目。

（3）按照技能操作记录单的操作要求进行操作，正确记录操作结果，记录项目包括：本次工作时间、地点、操作人员、工作内容等。

技能等级评价专业技能考核操作评分标准

工种	电网调度自动化厂站端调试检修工				评价等级	初级工
项目模块	自动化设备安装及网络构建—设备辨识及清扫			编号	Jc0002541008	
单位		准考证号			姓名	
考试时限	30 分钟	题型	单项操作		题分	100 分
成绩		考评员		考评组长	日期	
试题正文	变电站调度数据网系统的巡视					
需要说明的问题和要求	（1）要求调试单人操作。 （2）操作应注意安全，按照标准化作业书的技术安全说明做好安全措施。 （3）操作在调度数据网屏上完成操作					

序号	项目名称	质量要求	满分	扣分标准	扣分原因	得分
1	工作票办理及安全措施					
1.1	办理工作票	正确办理工作票	10	出现工作票错误一次扣 1 分，扣完为止		
1.2	相关安全措施的准备	（1）工作中不误碰其他运行设备。 （2）工作防止误操作导致设备异常	15	工作中误碰其他运行设备扣 5 分； 工作误操作导致设备异常扣 10 分		
2	变电站调度数据网系统的巡视	巡视调度数据网路由器、交换机，纵向加密装置，检查外观正常、电源线、网络连接线连接可靠正确、运行指示灯正常，设备无异常告警并做好巡视记录	50	巡视中出现漏项，少一项扣 5 分； 巡视记录不正确扣 10 分，扣完为止		
3	填写工作报告					
3.1	工作记录	正确填写工作记录（包括本次工作时间、地点、操作人员、工作内容、结论等）	20	每少填写一项扣 3 分，扣完为止		
4	现场恢复	恢复现场	5	未进行现场恢复扣 5 分		
合计			100			

Jc0003542009　网线水晶头制作并测试测控装置遥信正确上送至后台监控机。（100 分）

考核知识点：基本技能及基础知识

难易度：中

技能等级评价专业技能考核操作工作任务书

一、任务名称

网线水晶头制作并测试测控装置遥信正确上送至后台监控机。

二、适用工种

电网调度自动化厂站端调试检修工初级工。

三、具体任务

（1）工作状态为实操变电站 110kV 某进线间隔测控装置通信中断。工作内容为消除通信中断缺陷并将装置遥信正确上送至后台监控机。

（2）工作任务：

1）能够在测控屏内完成测控装置网线水晶头制作并测试测控装置通信功能正常。

2）切换远方/就地把手，检查遥信正确上送至后台监控机。

四、工作规范及要求

（1）按照《国家电网公司电力安全工作规程（电力监控部分）》要求做好相关安全措施，办理工作票。

（2）完成网线水晶头制作并测试测控装置遥信正确上送至后台监控机。

（3）填写运维记录，并对设备进行全面巡视，检查设备运行情况。

五、考核及时间要求

（1）本考核操作时间为30分钟，包括操作前准备和报告整理时间，时间到停止考核。同一类现象故障不限一处故障点。

（2）技能考核过程中，如确实不能操作，可向考评员申请协助完成该项操作，该项操作任务不得分，但不影响其他项目。

（3）按照技能操作记录单的操作要求进行操作，正确记录操作结果，记录项目包括：本次工作时间、地点、操作人员、工作内容、结论等。

技能等级评价专业技能考核操作评分标准

工种	电网调度自动化厂站端调试检修工			评价等级	初级工
项目模块	基本技能及基础知识—仪器、仪表的使用		编号	Jc0003542009	
单位		准考证号		姓名	
考试时限	30分钟	题型	单项操作	题分	100分
成绩	考评员		考评组长	日期	
试题正文	网线水晶头制作并测试测控装置遥信正确上送至后台监控机				
需要说明的问题和要求	（1）要求调试单人操作。 （2）操作应注意安全，按照标准化作业书的技术安全说明做好安全措施。 （3）操作在测控屏上完成。 （4）工具的选择可选考场提供的工具				

序号	项目名称	质量要求	满分	扣分标准	扣分原因	得分
1	工作票办理及安全措施					
1.1	办理工作票	正确办理工作票	10	出现工作票错误一次扣1分，扣完为止		
1.2	相关安全措施的准备	（1）工作中不误碰其他运行设备。 （2）工作防止误操作导致设备异常。 （3）工作中戴线手套，防止手受伤	15	工作中误碰其他运行设备扣5分； 工作误操作导致设备异常扣5分工作中未戴线手套5分		
2	网线水晶头制作与遥信测试	完成网线水晶头的制作并测试功能正常，检查测控装置与后台监控机通信正常，切换远方/就地把手，检查遥信正确上送至后台监控机	50	线序错误扣5分； 网线线芯出现划伤扣5分； 水晶头压接不牢固扣10分； 屏蔽层未与水晶头金属外壳连接扣10分； 网线测试不正确扣10分； 未检查远方/就地把手遥信位置正确上送至后台监控机扣10分		
3	填写工作记录					
3.1	工作记录	正确填写工作记录（包括本次工作时间、地点、操作人员、工作内容、结论）	20	每少填写一项扣3分，扣完为止		
4	现场恢复	恢复现场	5	未进行现场恢复扣5分		
	合计		100			

Jc0003541010 正确使用万用表测量装置电源电压。（100分）

考核知识点：基本技能及基础知识

难易度：易

技能等级评价专业技能考核操作工作任务书

一、任务名称

正确使用万用表测量装置电源电压。

二、适用工种

电网调度自动化厂站端调试检修工初级工。

三、具体任务

（1）工作状态为实操变电站 110kV 某进线间隔测控装置正常运行。工作内容为实操变电站 110kV 某进线间隔测控装置工作电源电压测量工作。

（2）工作任务为测控装置工作电源电压测量工作。

四、工作规范及要求

（1）按照《国家电网公司电力安全工作规程（电力监控部分）》要求做好相关安全措施，办理工作票。

（2）完成控装置工作电源电压测量工作。

（3）填写运维记录，并对设备进行全面巡视，检查设备运行情况。

（4）正确填写工作记录。

五、考核及时间要求

（1）本考核操作时间为 30 分钟，包括操作前准备和报告整理时间，时间到停止考核。

（2）技能考核过程中，如确实不能操作，可向考评员申请协助完成该项操作，该项操作任务不得分，但不影响其他项目。

（3）按照技能操作记录单的操作要求进行操作，正确记录操作结果，记录项目包括：本次工作时间、地点、操作人员、工作内容、结论等。

技能等级评价专业技能考核操作评分标准

工种	电网调度自动化厂站端调试检修工					评价等级	初级工
项目模块	基本技能及基础知识—仪器、仪表的使用				编号	Jc0003541010	
单位			准考证号			姓名	
考试时限	30 分钟	题型	单项操作			题分	100 分
成绩		考评员	考评组长			日期	
试题正文	正确使用万用表测量装置电源电压						
需要说明的问题和要求	（1）要求调试单人操作。 （2）操作应注意安全，按照标准化作业书的技术安全说明做好安全措施。 （3）操作在考核工位完成操作。 （4）工具的选择可选考场提供的工具						

序号	项目名称	质量要求	满分	扣分标准	扣分原因	得分
1	工作票办理及安全措施					
1.1	办理工作票	正确办理工作票	10	出现工作票错误一次扣 1 分，扣完为止		
1.2	相关安全措施的准备	（1）工作中不误碰其他运行设备。 （2）工作防止误操作导致设备异常	15	工作中误碰其他运行设备扣 5 分； 工作误操作导致设备异常扣 10 分		
2	测控装置电源电压测量	使用万用表直流挡正确测量电源正极对地电压，电源负极对地电压，电源正负极间电压	50	未将万用表打至直流档扣 10 分； 未正确测量电源正极对地电压扣 10 分； 未正确测量电源负极对地电压扣 15 分； 未正确测量电源正负极间电压扣 15 分		

续表

序号	项目名称	质量要求	满分	扣分标准	扣分原因	得分
3	填写工作报告					
3.1	工作记录	正确填写工作记录（包括本次工作时间、地点、操作人员、工作内容、结论等）	20	每少填写一项扣3分，扣完为止		
4	现场恢复	恢复现场	5	未进行现场恢复扣5分		
合计			100			

第二部分
中级工

第三章　电网调度自动化厂站端调试检修工中级工技能笔答

Jb0001431001　图形编辑工具栏主要有哪些模块？（5分）

考核知识点：自动化装置配置及校验

难易度：易

标准答案：

图形编辑主要包括基本工具栏、图形编辑工具栏、缩放工具栏。

Jb0001431002　后台监控系统中遥测量的显示方式有哪些？（5分）

考核知识点：自动化装置配置及校验

难易度：易

标准答案：

后台监控系统中遥测量的显示方式有实时曲线/历史曲线显示、遥测量一览表显示、一次主接线图显示、一次间隔图显示。

Jb0001431003　后台监控系统中遥信量的显示方式有哪些？（5分）

考核知识点：自动化装置配置及校验

难易度：易

标准答案：

后台监控系统中遥信量的显示方式有一次接线图显示、遥信量一览表显示、一次间隔图显示、实时告警显示。

Jb0001433004　若在监控后台对测控装置信息采用取代服务，分析取代后的数据上送到调控主站前置的信息流。（5分）

考核知识点：自动化装置配置及校验

难易度：难

标准答案：

步骤一：监控后台通过取代服务设置测控装置的信息值；

步骤二：测控装置响应取代服务，更新值与品质，品质的取代位置位；

步骤三：测控装置数据变化与品质变化，触发报告上送至监控后台与数据通信网关机；

步骤四：数据通信网关机接收到报告，将DL/T860取代位映射到IEC60870-5-104的SB位后将数据和品质上送至调控主站前置。

Jb0001432005　变电站新建、扩建、改建过程中，一个工程完工后，需要对整个工程文件进行备份，备份包括哪些内容？（5分）

考核知识点：自动化装置配置及校验

难易度：中

标准答案：

变电站新建、扩建、改建过程中，一个工程完工后，需要对整个工程文件进行备份，包括数据库、图形等所有后台系统数据，可以在系统更改后出错或出现不正常运行状态后对系统数据库进行恢复。

Jb0001431006　主站系统采用通信规约与子站系统通信的目的是什么？（5分）

考核知识点：自动化装置配置及校验

难易度：易

标准答案：

主站系统采用通信规约与子站系统通信的目的是保证数据传输的可靠性及保证数据传递有序。

Jb0001431007　IEC 60870－5－104 规约的应用服务数据单元（ASDU）的组成有哪些？（5分）

考核知识点：自动化装置配置及校验

难易度：易

标准答案：

IEC 60870－5－104 规约的应用服务数据单元（ASDU）的组成有：类型标识、可变结构限定词、传输原因、公共地址、信息体地址、信息体元素、信息体时标。

Jb0001432008　简述 IEC 60870－5－103 规约与 IEC 60870－5－104 规约的区别。（5分）

考核知识点：自动化装置配置及校验

难易度：中

标准答案：

IEC 60870－5－103 规约（简称 103 规约）使用串口或网络传输数据，IEC 60870－5－104 规约（简称 104 规约）使用网络传输数据。103 规约一般用于变电站内保护设备的通信，保护设备之间交换信息，以及保护与监控系统、保护信息子站等之间的通信；104 规约属于远动通信规约，用于调度自动化系统，调度与厂站之间的 SCADA 系统等之间的通信。

Jb0001432009　遥信按其用途可分为哪些类型？简述各类型遥信变位时的区别。（5分）

考核知识点：自动化装置配置及校验

难易度：中

标准答案：

遥信按其用途可分为事故信号、预告信号和位置信号。事故信号和预告信号又称为中央信号。为了使运行人员准确、迅速掌握电气设备和系统工况，不同的信号应有明显的区别。预告信号发生时警铃响，并伴有光字牌指示灯。事故信号发生时发出蜂鸣器声，并伴有断路器指示绿灯闪光。

Jb0001431010　过程层装置逻辑设备建模时，智能终端、合并单元的逻辑设备名分别是什么？（5分）

考核知识点：自动化装置配置及校验

难易度：易

标准答案：

过程层装置逻辑设备建模时，智能终端逻辑设备名为 RPIT，合并单元 GOOSE 访问点逻辑设备名为 MUGO，SV 访问点逻辑设备名为 MUSV。

Jb0001431011 数据通信网关机应支持的通信规约包括哪些（5 种及以上）？（5 分）

考核知识点：自动化装置配置及校验

难易度：易

标准答案：

（1）DL/T 634.5101—2002。

（2）DL/T 634.5104—2009。

（3）DL/T 860。

（4）DL/T 476—2012。

（5）Q/GDW 273—2009。

（6）Q/GDW 11068—2013。

Jb0001431012 简述远动配置描述文件（RCD 文件）包含哪些信息？（5 分）

考核知识点：自动化装置配置及校验

难易度：易

标准答案：

RCD 文件包括基本信息、版本信息、合并信号信息、遥测转发信息、遥信转发信息、遥控转发信息及遥调转发信息等内容。

Jb0001412013 某变电站母线电压互感器的变比 N=110kV/100V，在电压互感器的二次侧测得线电压为 U_2=97V，则母线实际线电压 U_1 是多少千伏？（5 分）

考核知识点：自动化装置配置及校验

难易度：中

标准答案：

母线实际线电压 $U_1 = U_2 \times N = 97 \times \frac{110}{100} = 106.7\text{（kV）}$。

Jb0001431014 测控装置中同期定值中包含哪些定值项？（5 分）

考核知识点：自动化装置配置及校验

难易度：易

标准答案：

测控装置中同期定值中包含频差定值、压差定值、检无压定值、断路器分闸动作时间、断路器合闸动作时间。

Jb0001431015 测控装置对断路器的控制应具备检同期合闸功能，同期合闸应具备哪些闭锁功能？（5 分）

考核知识点：自动化装置配置及校验

难易度：易

标准答案：

测控装置对断路器的控制应具备检同期合闸功能，同期合闸应具备电压差、相角差、频率差、滑差闭锁功能。

Jb0001412016　某变电站的一条出线，后台监控系统显示电流为 320A，从 TA 二次侧测得电流为 4A，这条线路的 TA 变比是多少？（5 分）

考核知识点：自动化装置配置及校验

难易度：中

标准答案：

一次电流 $I_1=320\text{A}$；

二次电流 $I_2=4\text{A}$；

TA 变比 $N=I_1/I_2=80$；

故线路 TA 变比是 400/5。

Jb0001431017　网络设备的性能测试指标中，作为应用管理设备性能的度量指标是什么？（5 分）

考核知识点：自动化装置配置及校验

难易度：易

标准答案：

网络设备的性能测试指标中，作为应用管理设备性能的度量指标的是最大连接速率、最大并发连接数、最大带宽、最大事务速率和最大并发用户。

Jb0001431018　一般来讲，计算机网络可以按照它覆盖的地理范围，划分成哪些网络？（5 分）

考核知识点：自动化装置配置及校验

难易度：易

标准答案：

一般来讲，计算机网络可以按照它覆盖的地理范围，划分成局域网、城域网、广域网。

Jb0001432019　EIA/TIA 的布线标准中规定了两种双绞线的标准线序 568A 与 568B，简述 568B 线序。（5 分）

考核知识点：自动化装置配置及校验

难易度：中

标准答案：

568B：橙白——1；橙——2；绿白——3；蓝——4；蓝白——5；绿——6；棕白——7；棕——8。

Jb0001431020　国家电力调度数据网骨干网核心区包括哪些节点？（5 分）

考核知识点：自动化装置配置及校验

难易度：易

标准答案：

国家电力调度数据网骨干网核心区包括国调节点、网调节点、省调节点。

Jb0001431021　路由器的吞吐量与什么有关？（5 分）

考核知识点：自动化装置配置及校验

难易度：易

标准答案：

路由器的吞吐量与端口数量、端口速率、数据包长度、数据包类型、路由计算模式（分布或集中）以及测试方法有关。

Jb0001431022　说明智能变电站过程层中心交换机 VLAN 配置的必要性。（5 分）

考核知识点：自动化装置配置及校验

难易度：易

标准答案：

智能变电站过程层中心交换机 VLAN 配置的必要性：① 有效隔离网络流量，减轻交换机和装置的负载；② 限制每个端口只收所需报文，避免无关信号干扰。

Jb0001431023　在用命令测试网络性能时，route 命令的作用是什么？（5 分）

考核知识点：自动化装置配置及校验

难易度：易

标准答案：

在用命令测试网络性能时，route 命令是用来显示、人工添加和修改路由表项。

Jb0001431024　当数据报从计算机经过多个网关传送到目的地时，tracert 命令的作用是什么？（5 分）

考核知识点：自动化装置配置及校验

难易度：易

标准答案：

当数据报从计算机经过多个网关传送到目的地时，tracert 命令可以用来跟踪数据包使用的路由（路径）。

Jb0001431025　电力调度数据网划分为逻辑隔离的实时子网和非实时子网，可采用哪些技术构造子网？（5 分）

考核知识点：自动化装置配置及校验

难易度：易

标准答案：

电力调度数据网划分为逻辑隔离的实时子网和非实时子网，可采用 MPLS-VPN、安全隧道技术、PVC 技术、静态路由等构造子网。

Jb0002431026　二次回路接线应符合哪些规定？（5 分）

考核知识点：自动化设备安装及网络构建

难易度：易

标准答案：

二次回路接线应符合的规定包括：① 按图施工，接线正确；② 接线应牢固可靠；③ 线芯无损伤；④ 编号正确，字迹清晰。

Jb0002432027　屏柜（端子箱）接地施工工艺的要求是什么？（5 分）

考核知识点：自动化设备安装及网络构建

难易度：中

标准答案：

屏柜（端子箱）接地施工工艺要求包括：

（1）屏柜（端子箱）框架和底座接地良好。

（2）屏柜内二次接地铜牌与专用接地铜牌可靠连接。
（3）屏柜（端子箱）可开启门用软铜导线可靠连接接地。
（4）室内试验接地端子标识清晰。

Jb0002431028　导线用于连接门上的电器、控制台板等可动部位时，应符合什么规定？（5分）

考核知识点：自动化设备安装及网络构建
难易度：易
标准答案：
导线用于连接门上的电器、控制台板等可动部位时，应符合：
（1）电缆、导线不应有中间接头。
（2）屏蔽电缆的屏蔽层应接地良好。
（3）电缆应排列整齐、编号清晰、避免交叉、固定牢固。

Jb0003431029　交流采样测量装置模拟量精度要求有哪些？（5分）

考核知识点：技术管理
难易度：易
标准答案：
测控装置模拟量精度要求有：① 电压电流测量精度小于或等于0.20%；② 功率测量精度小于或等于0.50%。

Jb0003431030　影响交流采样测量装置检验精度的环境条件主要有哪些？（5分）

考核知识点：技术管理
难易度：易
标准答案：
影响交流采样测量装置检验精度的环境条件主要有：① 环境温度；② 相对湿度；③ 大气压力。

Jb0003431031　测量误差的表示方法有哪些？（5分）

考核知识点：技术管理
难易度：易
标准答案：
测量误差的表示方法有绝对误差、相对误差和引用误差。

Jb0003431032　电气图形符号的基本形式有哪些？（5分）

考核知识点：技术管理
难易度：易
标准答案：
电气图形符号的基本形式有：符号要素、一般符号、限定符号、方框符号。

Jb0003433033　监控后台电气主接线的绘制要求有哪些？（5分）

考核知识点：技术管理
难易度：难

标准答案：

电气主接线的绘制要求有：

（1）主接线图中各种电气设备、材料均应注明型式、主要规范，主要原件应注明名称编号，尽可能与运行单位的习惯一致。

（2）主接线一般用单线图表示，为说明相别和三相设备不一致时可用三线图表示。

（3）主接线图应区分本期和原有部分，且应按远景规划在右上角标出远景接线图。

（4）主接线的范围包括各级电压出线及高压厂用变压器，表明厂用各级电压的工作电源与备用电源的连接，并规范标注开关柜信号等信息。

Jb0003431034 分层分布式变电站监控系统的结构分为哪两层？（5分）

考核知识点：技术管理

难易度：易

标准答案：

分层分布式变电站监控系统的结构分为站控层和间隔层。

Jb0003432035 DL/T 516—2017《电力调度自动化系统运行管理规程》中明确要求有完整的厂站信息参数，厂站信息参数包含哪些内容？（5分）

考核知识点：技术管理

难易度：中

标准答案：

DL/T 516—2017《电力调度自动化系统运行管理规程》中明确要求有完整的厂站信息参数，厂站信息参数包含：

（1）一次设备编号的信息名称。

（2）电压和电流互感器的变比。

（3）遥测满度值及量纲。

（4）向有关调度传输数据的方式、通信规约、数据序位表。

Jb0003433036 简述“四遥”的概念以及主要采集内容和操作对象。（5分）

考核知识点：技术管理

难易度：难

标准答案：

四遥指：遥测、遥信、遥控、遥调。

遥测：就是量测量采集，包括电流、电压、功率、功率因数、频率等交流量和各种直流电压、温度等直流量以及变压器挡位采集。

遥信：完成断路器、隔离开关等位置信号采集，一、二次设备及回路告警信号采集，本体信号采集、保护动作信号。

遥控：完成断路器、隔离开关、接地开关分、合控制。

遥调：完成变压器挡位调节、发电机输出功率调节。

Jb0004431037 《电力二次系统安全防护总体方案》（电监安全〔2006〕34号）的安全分区如何划分？（5分）

考核知识点：基础知识

难易度：易

标准答案：

（1）生产控制大区：安全Ⅰ区（控制区），安全Ⅱ区（非控制区）。

（2）管理信息大区：安全Ⅲ区（生产管理区），安全Ⅳ区（管理信息区）。

Jb0004431038　检验测控装置的工作人员，不准对运行中的哪些部分进行操作，以防止误发信号和误跳闸？（5分）

考核知识点：基础知识

难易度：易

标准答案：

检验测控装置的工作人员，不准对运行中设备的信号系统、遥控压板、把手进行操作，以防止误发信号和误跳闸。

Jb0004431039　在带电的电流互感器二次回路上工作时，应采取什么措施？（5分）

考核知识点：基础知识

难易度：易

标准答案：

在带电的电流互感器二次回路上工作时，应采取的措施有：

（1）严禁将电流互感器二次侧开路。

（2）短路电流互感器二次绕组，应使用短路片或短路线，严禁用导线缠绕。

Jb0004431040　在带电的电压互感器二次回路上工作时，应采取什么措施？（5分）

考核知识点：基础知识

难易度：易

标准答案：

在带电的电压互感器二次回路上工作时，应采取的措施有：

（1）严格防止短路或接地。

（2）严禁将回路的安全接地点断开。

（3）接临时负载应装隔离开关和熔断器。

第四章　电网调度自动化厂站端调试检修工中级工技能操作

Jc0001452001　变电站后台监控系统备份及恢复。(100分)

考核知识点： 自动化装置配置及校验

难易度： 中

技能等级评价专业技能考核操作工作任务书

一、任务名称

变电站后台监控系统备份及恢复。

二、适用工种

电网调度自动化厂站端调试检修工中级工。

三、具体任务

（1）工作状态为实操变电站后台监控系统正常运行。工作内容为：① 对监控系统进行备份（包括图形、数据库等）；② 对监控系统进行恢复（包括图形、数据库等）。

（2）工作任务：完成变电站后台监控系统备份及恢复，并验证监控系统正常运行。

四、工作规范及要求

（1）按照《国家电网公司电力安全工作规程（电力监控部分）》要求做好相关安全措施，办理工作票。

（2）完成变电站后台监控系统备份及恢复。

（3）填写运维记录，并对设备进行全面巡视，检查设备运行情况。

五、考核及时间要求

（1）本考核操作时间为30分钟，时间到停止考评，包括操作前准备和报告整理时间。同一类现象故障不限一处故障点。

（2）技能考核过程中，如确实不能操作，可向考评员申请协助完成该项操作，该项操作任务不得分，但不影响其他项目。

（3）按照技能操作记录单的操作要求进行操作，正确记录操作结果，记录项目包括：本次工作时间、地点、操作人员、工作内容等。

技能等级评价专业技能考核操作评分标准

工种	电网调度自动化厂站端调试检修工					评价等级	中级工
项目模块	自动化装置配置及校验—后台监控系统基本配置				编号	Jc0001452001	
单位			准考证号			姓名	
考试时限	30分钟		题型	多项操作		题分	100分
成绩		考评员		考评组长		日期	
试题正文	变电站后台监控系统备份及恢复						
需要说明的问题和要求	（1）要求调试单人操作。 （2）操作应注意安全，按照标准化作业书的技术安全说明做好安全措施。 （3）操作在后台监控机上完成。 （4）测试仪的选择可选考场提供的测试仪或自带测试仪						

续表

序号	项目名称	质量要求	满分	扣分标准	扣分原因	得分
1	工作票办理及安全措施					
1.1	办理工作票	正确办理工作票	10	出现工作票错误一次扣1分，扣完为止		
1.2	相关安全措施的准备	（1）工作中不得硬重启计算机。 （2）备份前检查监控系统运行正常。 （3）备份恢复后检查监控系统运行正常	15	工作中硬重启计算扣2分； 备份前未检查监控系统运行情况扣4分； 备份恢复后未检查监控系统运行情况扣4分		
2	后台系统备份及恢复					
2.1	后台监控机监控系统备份	能按要求正确进行后台监控系统备份	25	备份文件缺少画面文件扣10分； 备份文件缺少数据文件扣10分； 备份文件未正确命名扣5分		
2.2	后台监控机监控系统备份文件的恢复	能按要求正确进行后台监控系统备份文件的恢复	25	备份文件恢复后监控画面未恢复扣10分； 备份文件恢复后数据库异常扣10分； 备份文件恢复后监控系统报异常错误扣5分		
3	填写试验报告					
3.1	试验记录	正确填写工作记录（包括本次工作时间、地点、操作人员、工作内容、备份文件的存放地点及名称）	20	每少填写一项扣3分，扣完为止		
4	现场恢复	恢复现场	5	未进行现场恢复扣5分		
合计			100			

Jc0001441002　后台监控单间隔遥测量制作。（100分）

考核知识点：自动化装置配置及校验

难易度：易

技能等级评价专业技能考核操作工作任务书

一、任务名称

后台监控单间隔遥测量制作。

二、适用工种

电网调度自动化厂站端调试检修工中级工。

三、具体任务

（1）工作状态为实操变电站监控系统新接入110kV某线路间隔，通信已调通，间隔数据库已制作完成。工作内容为：① 完成本间隔数据库遥测系数修改；② 完成本间隔遥测图形绘制工作（主画面和分画面均需绘制）。

（2）工作任务：完成某110kV 线路间隔遥测量的数据库遥测系数修改及画面制作。信息表见表Jc0001441002。

表 Jc0001441002

序号	遥测量	变比
1	A 相电流 I_a	600/5
2	B 相电流 I_b	600/5
3	C 相电流 I_c	600/5
4	A 相电压 U_a	110/0.1
5	B 相电压 U_b	110/0.1
6	C 相电压 U_c	110/0.1
7	有功功率 P	
8	无功功率 Q	

四、工作规范及要求

（1）按照《国家电网公司电力安全工作规程（电力监控部分）》要求做好相关安全措施，办理工作票。

（2）完成设单间隔遥测量的数据库遥测系数修改及画面制作。

（3）填写运维记录，并对设备进行全面巡视，检查设备运行情况。

（4）正确填写工作记录。

五、考核及时间要求

（1）本考核操作时间为 30 分钟，时间到停止考评，包括操作前准备和报告整理时间。

（2）技能考核过程中，如确实不能操作，可向考评员申请协助完成该项操作，该项操作任务不得分，但不影响其他项目。

（3）按照技能操作记录单的操作要求进行操作，正确记录操作结果，记录项目包括：本次工作时间、地点、操作人员、工作内容等。

技能等级评价专业技能考核操作评分标准

工种	电网调度自动化厂站端调试检修工				评价等级	中级工
项目模块	自动化装置配置及校验—后台监控系统基本配置			编号	Jc0001441002	
单位		准考证号			姓名	
考试时限	30 分钟	题型	单项操作		题分	100 分
成绩	考评员		考评组长		日期	
试题正文	后台监控单间隔遥测量制作					
需要说明的问题和要求	（1）要求调试单人操作。 （2）操作应注意安全，按照标准化作业书的技术安全说明做好安全措施。 （3）操作在后台监控机完成					

序号	项目名称	质量要求	满分	扣分标准	扣分原因	得分
1	工作票办理及安全措施					
1.1	办理工作票	正确办理工作票	15	出现工作票错误一次扣 1 分，扣完为止		

续表

序号	项目名称	质量要求	满分	扣分标准	扣分原因	得分
1.2	相关安全措施的准备	（1）检查通信正常。 （2）工作前备份监控系统	10	工作前未检查本间隔通信扣5分； 未备份配置文件扣5分		
2	遥测量的系数修改及画面制作	（1）完成某110kV线路间隔遥测量的系数修改工作。 （2）完成某110kV线路间隔遥测量分画面遥测图形绘制工作	50	遥测库间隔双重名称描述错误扣10分； 图形绘制错误或遗漏（主接线图及间隔分图）每项扣10分； 变比填入错误扣10分； 累计扣分，扣完为止		
3	填写试验报告					
3.1	试验记录	正确填写工作记录（包括本次工作时间、地点、操作人员、工作内容、结论）	20	每少填写一项扣3分，扣完为止		
4	现场恢复	恢复现场	5	未进行现场恢复扣5分		
合计			100			

Jc0001443003　后台监控遥控功能设置。(100分)

考核知识点：自动化装置配置及校验

难易度：难

技能等级评价专业技能考核操作工作任务书

一、任务名称

后台监控遥控功能设置。

二、适用工种

电网调度自动化厂站端调试检修工中级工。

三、具体任务

（1）工作状态为实操变电站某间隔遥控功能不完善。工作内容为完成此间隔监控系统遥控功能设置。

（2）工作任务：完成主接线图禁止遥控、遥控编码验证、监护验证功能、遥控需要选择、执行的功能设置。

四、工作规范及要求

（1）按照《国家电网公司电力安全工作规程（电力监控部分）》要求做好相关安全措施，办理工作票。

（2）完成后台监控单间隔遥控功能设置工作。

（3）填写运维记录，并对设备进行全面巡视，检查设备运行情况。

五、考核及时间要求

（1）本考核操作时间为30分钟，时间到停止考评，包括操作前准备和报告整理时间。

（2）技能考核过程中，如确实不能操作，可向考评员申请协助完成该项操作，该项操作任务不得分，但不影响其他项目。

（3）按照技能操作记录单的操作要求进行操作，正确记录操作结果，记录项目包括：本次工作时间、地点、操作人员、工作内容等。

技能等级评价专业技能考核操作评分标准

工种	电网调度自动化厂站端调试检修工					评价等级	中级工
项目模块	自动化装置配置及校验—后台监控系统基本配置				编号	Jc0001443003	
单位			准考证号			姓名	
考试时限	30分钟		题型	单项操作		题分	100分
成绩		考评员		考评组长		日期	
试题正文	后台监控遥控功能设置						
需要说明的问题和要求	（1）要求调试单人操作。 （2）操作应注意安全，按照标准化作业书的技术安全说明做好安全措施。 （3）操作在后台监控机完成						

序号	项目名称	质量要求	满分	扣分标准	扣分原因	得分
1	工作票办理及安全措施					
1.1	办理工作票	正确办理工作票	15	出现工作票错误一次扣1分，扣完为止		
1.2	相关安全措施的准备	（1）检查通信正常。 （2）工作前备份监控系统	10	工作前未检查本间隔通信扣5分； 未备份配置文件扣5分		
2	后台监控系统设置	完成主接线图禁止遥控、遥控编码验证、监护验证功能、遥控需要选择、执行的功能设置	50	未设置完成一项扣10分； 工作完成未备份扣10分		
3	填写试验报告					
3.1	试验记录	正确填写工作记录（包括本次工作时间、地点、操作人员、工作内容、结论）	20	每少填写一项扣3分，扣完为止		
4	现场恢复	恢复现场	5	未进行现场恢复扣5分		
	合计		100			

Jc0001441004　变电站数据通信网关机转发表遥信点配置。（100分）

考核知识点：自动化装置配置及校验

难易度：易

技能等级评价专业技能考核操作工作任务书

一、任务名称

变电站数据通信网关机转发表遥信点配置。

二、适用工种

电网调度自动化厂站端调试检修工中级工。

三、具体任务

（1）工作状态为实操变电站某110kV间隔数据通信网关机转发表遥信点缺失。工作内容为完成此间隔数据通信网关机转发表部分遥信点配置。

（2）工作任务：完成数据通信网关机某110kV间隔遥信转发表配置。信息表见表Jc0001441004。

表 Jc0001441004

序号	调度端点号	信号描述
1	111	111断路器控制回路断线
2	112	111保护装置动作
3	113	111保护装置故障
4	114	111断路器弹簧未储能
5	115	111断路器测控屏远方状态

四、工作规范及要求

（1）按照《国家电网公司电力安全工作规程（电力监控部分）》要求做好相关安全措施，办理工作票。

（2）完成数据通信网关机某 110kV 间隔遥信转发表配置。

（3）填写运维记录，并对设备进行全面巡视，检查设备运行情况。

（4）正确填写工作记录。

五、考核及时间要求

（1）本考核操作时间为 30 分钟，时间到停止考评，包括操作前准备和报告整理时间。

（2）技能考核过程中，如确实不能操作，可向考评员申请协助完成该项操作，该项操作任务不得分，但不影响其他项目。

（3）按照技能操作记录单的操作要求进行操作，正确记录操作结果，记录项目包括：本次工作时间、地点、操作人员、工作内容等。

技能等级评价专业技能考核操作评分标准

工种	电网调度自动化厂站端调试检修工					评价等级	中级工
项目模块	自动化装置配置及校验—数据通信网关机基本配置				编号	Jc0001441004	
单位			准考证号			姓名	
考试时限	30 分钟		题型	单项操作		题分	100 分
成绩		考评员		考评组长		日期	
试题正文	变电站数据通信网关机转发表遥信点配置						
需要说明的问题和要求	（1）要求调试单人操作。 （2）操作应注意安全，按照标准化作业书的技术安全说明做好安全措施。 （3）操作在数据通信网关机上完成。 （4）测试仪（工具）的选择可选考场提供的测试仪（工具）或自带测试仪（工具）						

序号	项目名称	质量要求	满分	扣分标准	扣分原因	得分
1	工作票办理及安全措施					
1.1	办理工作票	正确办理工作票	15	出现工作票错误一次扣 1 分，扣完为止		
1.2	相关安全措施的准备	（1）检查通信正常。 （2）工作前备份数据通信网关机配置文件	10	工作前未检查本间隔通信扣 5 分； 未备份配置文件扣 5 分		
2	变电站数据通信网关机转发表遥信点配置	完成数据通信网关机某 110kV 间隔遥信转发表配置	50	遥信位置或描述错误扣 10 分； 遥信状态错误或遗漏每项扣 10 分，扣完为止		
3	填写工作报告					
3.1	工作记录	正确填写工作记录（包括本次工作时间、地点、操作人员、工作内容、备份文件的存放地点及名称）	20	每少填写一项扣 3 分，扣完为止		
4	现场恢复	恢复现场	5	未进行现场恢复扣 5 分		
合计			100			

Jc0001442005 遥信异常处理。（100 分）

考核知识点：自动化装置配置及校验

难易度：中

技能等级评价专业技能考核操作工作任务书

一、任务名称

遥信异常处理。

二、适用工种

电网调度自动化厂站端调试检修工中级工。

三、具体任务

（1）工作状态为实操变电站111间隔断路器遥信位置与实际位置不一致。工作内容为：① 检查断路器实际位置和遥信上送位置；② 完成调度端111间隔断路器遥信异常处理。

（2）工作任务：完成111间隔断路器遥信上送位置与实际不一致的遥信异常处理。信息表见表Jc0001442005。

表 Jc0001442005

序号	调度端点号	信号描述
1	31	111断路器位置

四、工作规范及要求

（1）按照《国家电网公司电力安全工作规程（电力监控部分）》要求做好相关安全措施，办理工作票。

（2）完成111间隔断路器遥信上送位置与实际不一致的遥信异常处理。

（3）填写运维记录，并对设备进行全面巡视，检查设备运行情况。

五、考核及时间要求

（1）本考核操作时间为30分钟，时间到停止考评，包括操作前准备和报告整理时间。

（2）技能考核过程中，如确实不能操作，可向考评员申请协助完成该项操作，该项操作任务不得分，但不影响其他项目。

（3）按照技能操作记录单的操作要求进行操作，正确记录操作结果，记录项目包括：本次工作时间、地点、操作人员、工作内容。

技能等级评价专业技能考核操作评分标准

<table>
<tr><td>工种</td><td colspan="5">电网调度自动化厂站端调试检修工</td><td>评价等级</td><td colspan="2">中级工</td></tr>
<tr><td>项目模块</td><td colspan="4">自动化装置配置及校验—数据通信网关机基本配置</td><td>编号</td><td colspan="3">Jc0001442005</td></tr>
<tr><td>单位</td><td colspan="2"></td><td>准考证号</td><td colspan="2"></td><td>姓名</td><td colspan="2"></td></tr>
<tr><td>考试时限</td><td colspan="2">30分钟</td><td>题型</td><td colspan="2">单项操作</td><td>题分</td><td colspan="2">100分</td></tr>
<tr><td>成绩</td><td></td><td>考评员</td><td></td><td>考评组长</td><td></td><td>日期</td><td colspan="2"></td></tr>
<tr><td>试题正文</td><td colspan="8">遥信异常处理</td></tr>
<tr><td>需要说明的问题和要求</td><td colspan="8">（1）要求调试单人操作。
（2）操作应注意安全，按照标准化作业书的技术安全说明做好安全措施。
（3）操作在数据通信网关机完成。
（4）测试仪的选择可选考场提供的测试仪或自带测试仪</td></tr>
<tr><td>序号</td><td>项目名称</td><td colspan="2">质量要求</td><td>满分</td><td colspan="2">扣分标准</td><td>扣分原因</td><td>得分</td></tr>
<tr><td>1</td><td>工作票办理及安全措施</td><td colspan="2"></td><td></td><td colspan="2"></td><td></td><td></td></tr>
<tr><td>1.1</td><td>办理工作票</td><td colspan="2">正确办理工作票</td><td>15</td><td colspan="2">出现工作票错误一次扣1分，扣完为止</td><td></td><td></td></tr>
</table>

续表

序号	项目名称	质量要求	满分	扣分标准	扣分原因	得分
1.2	相关安全措施的准备	（1）检查通信正常。 （2）工作前备份数据通信网关机配置文件	10	工作前未检查本间隔通信扣5分； 未备份配置文件扣5分		
2	断路器位置与实际位置不一致的处理	111间隔断路器位置与实际不一致的处理，原因为数据通信网关机转发表配置中该信号点号错误且状态取反	50	未找到问题原因扣20分； 未处理扣20分； 工作完成未备份扣10分		
3	填写试验报告					
3.1	试验记录	正确填写工作记录（包括本次工作时间、地点、操作人员、工作内容、结论）	20	每少填写一项扣3分，扣完为止		
4	现场恢复	恢复现场	5	未进行现场恢复扣5分		
合计			100			

Jc0001441006　变电站数据通信网关机转发表遥控点配置。（100分）

考核知识点： 自动化装置配置及校验

难易度： 易

技能等级评价专业技能考核操作工作任务书

一、任务名称

变电站数据通信网关机转发表遥控点配置。

二、适用工种

电网调度自动化厂站端调试检修工中级工。

三、具体任务

（1）工作状态为实操变电站110kV间隔未实现断路器遥控功能。工作内容为完成数据通信网关机110kV间隔断路器遥控转发表制作。

（2）工作任务：完成数据通信网关机110kV间隔断路器遥控转发表制作。信息表见表Jc0001441006。

表 Jc0001441006

序号	遥控点号	遥控点描述	遥信点号	遥信点
1	10	111断路器遥控	111	111断路器位置
2	11	112断路器遥控	121	112断路器位置
3	12	121断路器遥控	131	121断路器位置

四、工作规范及要求

（1）按照《国家电网公司电力安全工作规程（电力监控部分）》要求做好相关安全措施，办理工作票。

（2）完成数据通信网关机110kV间隔断路器遥控转发表制作。

（3）填写运维记录，并对设备进行全面巡视，检查设备运行情况。

五、考核及时间要求

（1）本考核操作时间为30分钟，时间到停止考评，包括操作前准备和报告整理时间。

（2）技能考核过程中，如确实不能操作，可向考评员申请协助完成该项操作，该项操作任务不得分，但不影响其他项目。

（3）按照技能操作记录单的操作要求进行操作，正确记录操作结果，记录项目包括：本次工作时间、地点、操作人员、工作内容等。

技能等级评价专业技能考核操作评分标准

工种	电网调度自动化厂站端调试检修工					评价等级	中级工
项目模块	自动化装置配置及校验—数据通信网关机基本配置				编号		Jc0001441006
单位			准考证号			姓名	
考试时限	30分钟		题型	单项操作		题分	100分
成绩		考评员		考评组长		日期	
试题正文	变电站数据通信网关机转发表遥控点配置						
需要说明的问题和要求	（1）要求调试单人操作。 （2）操作应注意安全，按照标准化作业书的技术安全说明做好安全措施。 （3）操作在数据通信网关机完成。 （4）测试仪的选择可选考场提供的测试仪或自带测试仪						

序号	项目名称	质量要求	满分	扣分标准	扣分原因	得分
1	工作票办理及安全措施					
1.1	办理工作票	正确办理工作票	15	出现工作票错误一次扣1分，扣完为止		
1.2	相关安全措施的准备	（1）检查通信正常。 （2）工作前备份数据通信网关机配置文件	10	工作前未检查本间隔通信扣5分； 未备份配置文件扣5分		
2	数据通信网关机遥控转发表制作	完成数据通信网关机 110kV 间隔遥控转发表制作	50	遥控位置或描述错误扣10分； 遥控配置错误或遗漏每项扣10分； 只配置遥控而不配置遥信每项扣10分； 以上扣分，扣完为止		
3	填写试验报告					
3.1	试验记录	正确填写工作记录（包括本次工作时间、地点、操作人员、工作内容、结论）	20	每少填写一项扣3分，扣完为止		
4	现场恢复	恢复现场	5	未进行现场恢复扣5分		
	合计		100			

Jc0001441007　变电站测控装置对时异常处理。（100分）

考核知识点：自动化装置配置及校验

难易度：易

技能等级评价专业技能考核操作工作任务书

一、任务名称

变电站测控装置对时异常处理。

二、适用工种

电网调度自动化厂站端调试检修工中级工。

三、具体任务

（1）工作状态为实操变电站测控装置对时异常。工作内容为：① 检查测控装置运行状态，采样记录；② 完成测控装置的对时异常处理工作。

（2）工作任务：完成测控装置的对时异常处理工作，并做好记录。

四、工作规范及要求

（1）按照《国家电网公司电力安全工作规程（电力监控部分）》要求做好相关安全措施，办理工

作票。

（2）完成测控装置的对时异常处理工作。

（3）填写运维记录，并对设备进行全面巡视，检查设备运行情况。

五、考核及时间要求

（1）本考核操作时间为30分钟，时间到停止考评，包括操作前准备和报告整理时间。同一类现象故障不限一处故障点。

（2）技能考核过程中，如确实不能操作，可向考评员申请协助完成该项操作，该项操作任务不得分，但不影响其他项目。

（3）按照技能操作记录单的操作要求进行操作，正确记录操作结果，记录项目包括：本次工作时间、地点、操作人员、工作内容等。

技能等级评价专业技能考核操作评分标准

工种	电网调度自动化厂站端调试检修工				评价等级	中级工
项目模块	自动化装置配置及校验—测控装置配置及回路检验			编号	Jc0001441007	
单位		准考证号			姓名	
考试时限	30分钟	题型		单项操作	题分	100分
成绩	考评员		考评组长		日期	
试题正文	变电站测控装置对时异常处理					
需要说明的问题和要求	（1）要求调试单人操作。 （2）操作应注意安全，按照标准化作业书的技术安全说明做好安全措施。 （3）操作在测控装置所在屏上完成。 （4）测试仪（工具）的选择可选考场提供的测试仪（工具）或自带测试仪（工具）					
序号	项目名称	质量要求	满分	扣分标准	扣分原因	得分
1	工作票办理及安全措施					
1.1	办理工作票	正确办理工作票	15	出现工作票错误一次扣1分，扣完为止		
1.2	相关安全措施的准备	（1）工作前进行装置检查，采样记录。 （2）工作中每步操作仔细核对	10	工作前未进行装置检查扣5分； 工作中误修改其他数据扣5分		
2	变电站测控装置的对时异常处理	完成测控装置的对时异常处理，异常原因为测控装置对时方式设置错误	50	未找到问题原因扣20分； 未处理扣20分； 工作完成未再次检查装置运行情况扣10分		
3	填写试验报告					
3.1	试验记录	正确填写工作记录（包括本次工作时间、地点、操作人员、工作内容、结论）	20	每少填写一项扣3分，扣完为止		
4	现场恢复	恢复现场	5	未进行现场恢复扣5分		
	合计		100			

Jc0001451008　变电站站控层交换机的配置信息查看及备份。（100分）

考核知识点： 自动化装置配置及校验

难易度： 易

技能等级评价专业技能考核操作工作任务书

一、任务名称

变电站站控层交换机的配置信息查看及备份。

二、适用工种

电网调度自动化厂站端调试检修工中级工。

三、具体任务

（1）工作状态为已知实操变电站站控层交换机的管理IP地址，登录用户名和登录密码。工作内容为：① Web成功登录站控层交换机；② 查看站控层交换机的相关配置并截图：用户管理配置，端口配置，对时配置，snmp配置。

（2）工作任务：变电站站控层交换机的配置信息查看及备份。

四、工作规范及要求

（1）按照《国家电网公司电力安全工作规程（电力监控部分）》要求做好相关安全措施，办理工作票。

（2）完成变电站站控层交换机的配置信息查看及备份。

（3）填写运维记录，并对设备进行全面巡视，检查设备运行情况。

五、考核及时间要求

（1）本考核操作时间为30分钟，时间到停止考评，包括操作前准备和报告整理时间。同一类现象故障不限一处故障点。

（2）技能考核过程中，如确实不能操作，可向考评员申请协助完成该项操作，该项操作任务不得分，但不影响其他项目。

（3）按照技能操作记录单的操作要求进行操作，正确记录操作结果，记录项目包括：本次工作时间、地点、操作人员、工作内容等。

技能等级评价专业技能考核操作评分标准

工种	电网调度自动化厂站端调试检修工				评价等级	中级工
项目模块	自动化装置配置及校验—站控层交换机配置及网络结构检验			编号	Jc0001441008	
单位		准考证号			姓名	
考试时限	30分钟	题型		多项操作	题分	100分
成绩		考评员		考评组长	日期	
试题正文	变电站站控层交换机的配置信息查看及备份					
需要说明的问题和要求	（1）要求调试单人操作。 （2）操作应注意安全，按照标准化作业书的技术安全说明做好安全措施。 （3）操作在站控层交换机屏上完成。 （4）测试仪（工具）的选择可选考场提供的测试仪（工具）或测试仪（工具）					

序号	项目名称	质量要求	满分	扣分标准	扣分原因	得分
1	工作票办理及安全措施					
1.1	办理工作票	正确办理工作票	10	出现工作票错误一次扣1分，扣完为止		
1.2	相关安全措施的准备	（1）工作中不硬重启交换机。 （2）备份前检查交换机运行正常。 （3）备份后检查交换机运行正常	15	工作中硬重启交换机扣3分； 备份前未检查交换机运行情况扣6分； 备份后检查交换机运行情况扣6分		
2	变电站站控层交换机备份及恢复					
2.1	站控层交换机的登录	能按要求正确进行站控层交换机的登录	10	未正确登录站控层交换机扣10分		
2.2	站控层交换机的配置检查与备份	能按要求正确进行站控层交换机的配置检查与备份	40	未检查并截图管理用户配置扣10分； 未检查并截图端口配置扣10分； 未检查并截图snmp配置扣10分； 未检查并截图对时配置扣10分		

续表

序号	项目名称	质量要求	满分	扣分标准	扣分原因	得分
3	填写试验报告					
3.1	试验记录	正确填写工作记录（包括本次工作时间、地点、操作人员、工作内容、备份文件的存放地点及名称）	20	每少填写一项扣3分，扣完为止		
4	现场恢复	恢复现场	5	未进行现场恢复扣5分		
合计			100			

Jc0001441009　变电站自动化系统组网。（100分）

考核知识点：自动化装置配置及校验

难易度：易

技能等级评价专业技能考核操作工作任务书

一、任务名称

变电站自动化系统组网。

二、适用工种

电网调度自动化厂站端调试检修工中级工。

三、具体任务

（1）工作状态为实操变电站未完成自动化系统组网。工作内容为将后台监控机、站控层交换机、测控装置、数据通信网关机组网，拓扑结构符合变电站监控系统安全防护方案。

（2）工作任务：完成后台监控机、站控层交换机、测控装置、数据通信网关机组网（单网）。

四、工作规范及要求

（1）按照《国家电网公司电力安全工作规程（电力监控部分）》要求做好相关安全措施，办理工作票。

（2）完成后台监控机、站控层交换机、测控装置、数据通信网关机组网（单网）。

（3）填写运维记录，并对设备进行全面巡视，检查设备运行情况。

五、考核及时间要求

（1）本考核操作时间为30分钟，时间到停止考评，包括操作前准备和报告整理时间。

（2）技能考核过程中，如确实不能操作，可向考评员申请协助完成该项操作，该项操作任务不得分，但不影响其他项目。

（3）按照技能操作记录单的操作要求进行操作，正确记录操作结果，记录项目包括：本次工作时间、地点、操作人员、工作内容等。

技能等级评价专业技能考核操作评分标准

<table>
<tr><td>工种</td><td colspan="5">电网调度自动化厂站端调试检修工</td><td>评价等级</td><td>中级工</td></tr>
<tr><td>项目模块</td><td colspan="4">自动化装置配置及校验—站控层交换机配置及网络结构检验</td><td>编号</td><td colspan="2">Jc0001441009</td></tr>
<tr><td>单位</td><td colspan="2"></td><td>准考证号</td><td colspan="2"></td><td>姓名</td><td></td></tr>
<tr><td>考试时限</td><td>30分钟</td><td>题型</td><td colspan="3">单项操作</td><td>题分</td><td>100分</td></tr>
<tr><td>成绩</td><td>考评员</td><td></td><td>考评组长</td><td colspan="2"></td><td>日期</td><td></td></tr>
<tr><td>试题正文</td><td colspan="7">变电站自动化系统组网</td></tr>
<tr><td>需要说明的问题和要求</td><td colspan="7">（1）要求调试单人操作。
（2）操作应注意安全，按照标准化作业书的技术安全说明做好安全措施。
（3）操作在后台监控机安装工位完成操作。
（4）测试仪的选择可选考场提供的测试仪或自带测试仪</td></tr>
</table>

续表

序号	项目名称	质量要求	满分	扣分标准	扣分原因	得分
1	工作票办理及安全措施					
1.1	办理工作票	正确办理工作票	15	出现工作票错误一次扣1分，扣完为止		
1.2	相关安全措施的准备	（1）检查网络连接线合格。 （2）检查各设备运行正常	10	使用破损的网络连接线要求扣5分； 未检查各设备运行情况扣5分		
2	变电站自动化系统组网	正确完成后台监控机、站控层交换机、测控装置、数据通信网关机组网	50	连接错误一处扣10分； 通信异常一处扣10分； 以上扣分，扣完为止		
3	填写试验报告					
3.1	试验记录	正确填写工作记录（包括本次工作时间、地点、操作人员、工作内容、结论）	20	每少填写一项扣3分，扣完为止		
4	现场恢复	恢复现场	5	未进行现场恢复扣5分		
合计			100			

Jc0001441010　变电站调度数据网设备组网。（100分）

考核知识点：自动化装置配置及校验

难易度：易

技能等级评价专业技能考核操作工作任务书

一、任务名称

变电站调度数据网设备组网。

二、适用工种

电网调度自动化厂站端调试检修工中级工。

三、具体任务

（1）工作状态为实操变电站未完成调度数据网设备组网。工作内容为将数据网实时/非实时交换机、实时/非实时纵向加密装置、路由器进行组网。

（2）工作任务：变电站调度数据网设备组网。

四、工作规范及要求

（1）按照《国家电网公司电力安全工作规程（电力监控部分）》要求做好相关安全措施，办理工作票。

（2）完成变电站调度数据网设备组网。

（3）填写运维记录，并对设备进行全面巡视，检查设备运行情况。

（4）正确填写工作记录。

五、考核及时间要求

（1）本考核操作时间为30分钟，时间到停止考评，包括操作前准备和报告整理时间。

（2）技能考核过程中，如确实不能操作，可向考评员申请协助完成该项操作，该项操作任务不得分，但不影响其他项目。

（3）按照技能操作记录单的操作要求进行操作，正确记录操作结果，记录项目包括：本次工作时间、地点、操作人员、工作内容等。

技能等级评价专业技能考核操作评分标准

工种	电网调度自动化厂站端调试检修工				评价等级	中级工
项目模块	自动化装置配置及校验—调度数据网配置及网络结构搭建			编号	Jc0001441010	
单位		准考证号			姓名	
考试时限	30 分钟	题型	单项操作		题分	100 分
成绩		考评员		考评组长		日期	
试题正文	变电站调度数据网设备组网					
需要说明的问题和要求	（1）要求调试单人操作。 （2）操作应注意安全，按照标准化作业书的技术安全说明做好安全措施。 （3）操作在调度数据网屏完成。 （4）测试仪的选择可选考场提供的测试仪或自带测试仪					

序号	项目名称	质量要求	满分	扣分标准	扣分原因	得分
1	工作票办理及安全措施					
1.1	办理工作票	正确办理工作票	15	出现工作票错误一次扣 1 分，扣完为止		
1.2	相关安全措施的准备	（1）检查网络连接线合格。 （2）检查各设备运行正常	10	使用破损的网络连接线扣 5 分； 未检查各设备运行情况扣 5 分		
2	变电站调度数据网设备组网	完成路由器、实时（非实时）交换机、实时（非实时）纵向加密、数据通信网关机组网	50	连接错误一处扣 10 分； 通信异常一处扣 10 分； 以上扣分，扣完为止		
3	填写试验报告					
3.1	试验记录	正确填写工作记录（包括本次工作时间、地点、操作人员、工作内容、结论）	20	每少填写一项扣 3 分，扣完为止		
4	现场恢复	恢复现场	5	未进行现场恢复扣 5 分		
合计			100			

Jc0001443011　变电站调度数据网交换机 CON 口登录超时设置。（100 分）

考核知识点：自动化装置配置及校验

难易度：难

技能等级评价专业技能考核操作工作任务书

一、任务名称

变电站调度数据网交换机 CON 口登录超时设置。

二、适用工种

电网调度自动化厂站端调试检修工中级工。

三、具体任务

（1）工作状态为实操变电站完成调度数据网交换机未完成安全配置加固，调度数据网交换机初始用户名 admin，密码 admin。工作内容为设置用户连接 5min 无操作自动退出。

（2）工作任务：完成调度数据网交换机 CON 口登录超时设置。

四、工作规范及要求

（1）按照《国家电网公司电力安全工作规程（电力监控部分）》要求做好相关安全措施，办理工作票。

（2）完成调度数据网交换机 CON 口登录超时设置。

（3）填写运维记录，并对设备进行全面巡视，检查设备运行情况。

五、考核及时间要求

（1）本考核操作时间为30分钟，时间到停止考评，包括操作前准备和报告整理时间。

（2）技能考核过程中，如确实不能操作，可向考评员申请协助完成该项操作，该项操作任务不得分，但不影响其他项目。

（3）按照技能操作记录单的操作要求进行操作，正确记录操作结果，记录项目包括：本次工作时间、地点、操作人员、工作内容、结论等。

技能等级评价专业技能考核操作评分标准

工种	电网调度自动化厂站端调试检修工					评价等级	中级工
项目模块	自动化装置配置及校验—调度数据网配置及网络结构搭建				编号	Jc0001443011	
单位			准考证号			姓名	
考试时限	30分钟	题型		单项操作		题分	100分
成绩		考评员		考评组长		日期	
试题正文	变电站调度数据网交换机CON口登录超时设置						
需要说明的问题和要求	（1）要求调试单人操作。 （2）操作应注意安全，按照标准化作业书的技术安全说明做好安全措施。 （3）操作在调度数据网屏完成操作。 （4）工具的选择可选考场提供的工具或自带工具						

序号	项目名称	质量要求	满分	扣分标准	扣分原因	得分
1	工作票办理及安全措施					
1.1	办理工作票	正确办理工作票	15	出现工作票错误一次扣1分，扣完为止		
1.2	相关安全措施的准备	（1）工作前备份数据网交换机配置。 （2）验证数据网交换机工作正常	10	未备份数据网交换机配置扣5分； 未验证数据网交换机工作正常扣5分		
2	变电站调度数据网交换机CON口登录超时设置					
2.1	变电站调度数据网交换机CON口登录	正确完成变电站调度数据网交换机CON口登录	10	CON口无法登录错误扣10分		
2.2	变电站调度数据网交换机CON口登录超时设置	（1）进入配置模式。 （2）设置用户连接的超时时间为5分钟，无操作自动退出	40	未进入配置模式扣5分； 未正确配置登录超时5分钟自动退出扣35分		
3	填写试验报告					
3.1	试验记录	正确填写工作记录（包括本次工作时间、地点、操作人员、工作内容、结论）	20	每少填写一项扣3分，累计不超过10分		
4	现场恢复	恢复现场	5	未进行现场恢复扣5分		
	合计		100			

Jc0002441012　变电站数据通信网关机安装。（100分）

考核知识点：自动化设备安装及网络构建

难易度：易

技能等级评价专业技能考核操作工作任务书

一、任务名称

变电站数据通信网关机安装。

二、适用工种

电网调度自动化厂站端调试检修工中级工。

三、具体任务

（1）工作状态为实操变电站数据通信网关机未安装。工作内容为完成数据通信网关机安装工作，并完善电源回路，装置接地，数据通信网关机及电源空开标识。

（2）工作任务：完成数据通信网关机的安装，上电运行正常。

四、工作规范及要求

（1）按照《国家电网公司电力安全工作规程（电力监控部分）》要求做好相关安全措施，办理工作票。

（2）完成数据通信网关机的安装，上电运行正常。

（3）填写运维记录，并对设备进行全面巡视，检查设备运行情况。

五、考核及时间要求

（1）本考核操作时间为30分钟，时间到停止考评，包括操作前准备和报告整理时间。

（2）技能考核过程中，如确实不能操作，可向考评员申请协助完成该项操作，该项操作任务不得分，但不影响其他项目。

（3）按照技能操作记录单的操作要求进行操作，正确记录操作结果，记录项目包括：本次工作时间、地点、操作人员、工作内容、结论等。

技能等级评价专业技能考核操作评分标准

工种	电网调度自动化厂站端调试检修工					评价等级	中级工
项目模块	自动化设备安装及网络构建—设备安装				编号	Jc0002441012	
单位			准考证号			姓名	
考试时限	30分钟		题型		单项操作	题分	100分
成绩		考评员		考评组长		日期	
试题正文	变电站数据通信网关机安装						
需要说明的问题和要求	（1）要求调试单人操作。 （2）操作应注意安全，按照标准化作业书的技术安全说明做好安全措施。 （3）操作在数据通信网关机屏完成。 （4）测试仪的选择可选考场提供的测试仪或自带测试仪						

序号	项目名称	质量要求	满分	扣分标准	扣分原因	得分
1	工作票办理及安全措施					
1.1	办理工作票	正确办理工作票	10	出现工作票错误一次扣1分，扣完为止		
1.2	相关安全措施的准备	（1）检查各连接线无破损。 （2）检查监控系统电源符合要求。 （3）万用表使用正确	15	未检查连接线扣5分； 电源接入前未测试电源电压扣5分； 万用表未正确使用扣5分		
2	变电站数据通信网关机安装	正确完成变电站数据通信网关机安装，屏内安装位置正确，装置接地正确，电源接入正确，标识清晰正确，上电后装置运行正常	50	电源线连接错误扣10分； 数据通信网关机装置、电源空开标识不正确扣5分； 连线松动、标号错误扣5分； 数据通信网关机未接地扣10分； 数据通信网关机安装位置与图纸不符合扣10分； 工作中发生直流接地、短路扣10分		
3	填写试验报告					
3.1	试验记录	正确填写工作记录（包括本次工作时间、地点、操作人员、工作内容、结论）	20	每少填写一项扣3分，扣完为止		
4	现场恢复	恢复现场	5	未进行现场恢复扣5分		
合计			100			

第三部分 高级工

第五章 电网调度自动化厂站端调试检修工高级工技能笔答

Jb0001333001 请解读 IEC 60870－5－104 报文："680E100800122D010600010001600081"（5 分）

考核知识点：自动化装置配置及校验

难易度：难

标准答案：

680E100800122D（单点遥控）01（1 个对象）0600（传输原因：激活）0100（公共地址）016000（信息对象地址 006001H）81（选择合闸）

Jb0001333002 简述智能变电站Ⅰ区数据通信网关机的功能和传输的内容。（5 分）

考核知识点：自动化装置配置及校验

难易度：难

标准答案：

实现变电站与调度主站系统之间的通信，为主站系统实现变电站监视控制、信息查询和远程浏览等功能提供数据、模型和图形的传输服务。主要实现功能如下：数据采集、数据处理、数据远传、控制功能、时间同步、告警直传、远程浏览、源端维护、冗余管理、运行维护及参数配置。

通过Ⅰ区数据通信网关机传输的内容包括：

（1）电网实时运行的量测值和状态信息。

（2）保护动作及告警信息（保护启动、动作及告警信号）。

（3）设备运行状态的告警信息（设备自检和告警信息）。

（4）调度操作控制命令。

Jb0001331003 遥测量采集的主要内容有哪些？（5 分）

考核知识点：自动化装置配置及校验

难易度：易

标准答案：

（1）有功功率 P、无功功率 Q。

（2）电流 I。

（3）母线电压 U。

（4）系统频率 f。

（5）变压器分接头挡位。

（6）其他测量值。

Jb0001331004 遥信量采集的主要内容有哪些？（5 分）

考核知识点：自动化装置配置及校验

难易度：易

标准答案：

（1）断路器的位置信号。

（2）事故调闸总信号。

（3）隔离开关位置信号。

（4）继电保护及自动装置动作信号。

（5）发电机组运行状态信号。

Jb0001332005　简述电力系统量测误差的主要原因有哪些。（5 分）

考核知识点：自动化装置配置及校验

难易度：中

标准答案：

（1）电流互感器、电压互感器等测量设备的误差。

（2）变送器或测控装置的误差。

（3）远动装置传送单个数据最大值的限制及传送数据速度带来的量测数据的非同时性。

（4）模/数转换器的误差。

（5）电力系统快速变化中个别测点间的非同时测量。

（6）量测与传输系统受到干扰或出现故障。

（7）人为数据定义的错误。

Jb0001312006　有一台额定容量为 200MW 的发电机组，满出力运行时，功率变送器的输出满值电压为 5000V，而在 160MW 时输出电压为 3960V，求变送器对应一次功率 160MW 时的相对引用误差是多少？是否满足技术要求？（5 分）

考核知识点：自动化装置配置及校验

难易度：中

标准答案：

160MW 时的标准输出电压 $U_x=160\times5000/200=4000$（V）

绝对误差：$\Delta X=U_x-U=4000-3960=40$（V）

相对引用误差：$X=(\Delta X/U)\times100\%=40/5000\times100\%=0.8\%$

$X=0.8\%>0.5\%$

误差不符合技术要求。

Jb0001331007　简述 SV 报文中电流和电压采样精度最小单位。（5 分）

考核知识点：自动化装置配置及校验

难易度：易

标准答案：

SV 保护电流和测量电流采样精度最小单位为 1mA，测量电压采样精度最小单位为 10mV。

Jb0001333008　简述 GOOSE 报文的发送过程。（5 分）

考核知识点：自动化装置配置及校验

难易度：难

标准答案：

（1）在 GOOSE 数据集中的数据没有变化的情况下，GOOSE 服务器将稳定地以 T_0 时间间隔循环发送 GOOSE 报文。

（2）当有事件变化时，GOOSE 服务器将立即发送事件变化报文，此时 T_0 时间间隔将被缩短；在变化事件发送完成一次后，GOOSE 服务器将以最短时间间隔 T_1（2ms）快速重传两次变化报文；在三次快速传输完成后，GOOSE 服务器将以 T_2（4ms）、T_3（8ms）时间间隔各传输一次变位报文；最后 GOOSE 服务器又将进入稳态传输过程，以 T_0 时间间隔循环发送 GOOSE 报文。

Jb0001332009　GOOSE 报文在智能变电站中主要用来传输哪些实时数据？（5 分）

考核知识点： 自动化装置配置及校验

难易度： 中

标准答案：

（1）保护装置的跳、合闸命令。

（2）测控装置的遥控命。

（3）保护装置间信息（启动失灵、闭锁重合闸、远跳等）。

（4）一次设备的遥信信号（断路器、隔离开关位置、一次设备异常信息等）。

（5）过程层设备的告警、链路信息。

Jb0001332010　UPS 电源输入电压的要求是什么？　（5 分）

考核知识点： 自动化装置配置及校验

难易度： 中

标准答案：

对于供电电压较稳定且又接近额定值的使用场合，可选用输入电压允许范围较窄的 UPS，这样有利于提高运行的可靠性。对于市电电压不稳定的地区，可将输入电压范围适当放宽，尽量避免在运行中出现正常工作与电池逆变工作的频繁转换。一般大中型 UPS 电源可通过 PC 机对输入电压范围进行设置。

Jb0001333011　时间同步输出信号有哪几种？（5 分）

考核知识点： 自动化装置配置及校验

难易度： 难

标准答案：

（1）IRIG－B 码信号。

（2）脉冲信号。

（3）串行口时间报文信号。

（4）网络时间报文信号。

Jb0002332012　简述造成遥信信号上送不正确的原因。（5 分）

考核知识点： 缺陷处理与事故分析

难易度： 中

标准答案：

（1）开关辅助接点故障；二次遥信电缆接错；端子排松动；光电耦合器故障；遥信采集板故障；RTU 遥信表定义错误；主站数据库定义错；主站极性取反；遥信前置定义错；主站遥信人工置数。

（2）若为综合自动化站，还应判断站端遥信转发表定义错和装置是否通信中断。

Jb0002332013 简述对于一般的遥信信息上送错误时，解决故障的办法。（5 分）

考核知识点：缺陷处理与事故分析

难易度：中

标准答案：

（1）首先检查遥信接线是否正确，板号设置与遥信接线是否对应。

（2）再检查遥信电源是否工作正常。

（3）再检查输入的遥信参数是否正确，包括遥信去抖时间及信息是否取反等。

（4）人工做遥信测试，观察遥信板和后台及面板显示情况是否一致。

（5）如以上步骤均正常而遥信仍不正确的，检查遥信接点。

如以上步骤存在问题，可通过对调正常的遥信点或是通过更换遥信板解决。

Jb0002333014 某双母线变电站母联断路器机构远方/就地把手置于就地位置，请分析全站一二次设备都在正常运行情况下，可能发生的事故。（5 分）

考核知识点：缺陷处理与事故分析

难易度：难

标准答案：

（1）所有远方调度主站、监控主机、测控装置对母联断路器操作都拒动。

（2）双母线分列运行时一条进线故障，分段备自投合母联失败，导致一条母线停电。

（3）单母线故障时，母线差动保护切故障母线失败，导致全站停电。

Jb0002331015 某测控装置发出的 GOOSE 报文与 SCD 配置不一致，请问分析可能造成该现象的原因。（5 分）

考核知识点：缺陷处理与事故分析

难易度：易

标准答案：

（1）测控装置使用的 CID 文件或虚端子配置与 SCD 文件不一致。

（2）SCD 文件配置错误，如 GOOSE 控制块组播地址、APPID 等参数重复配置。

Jb0002332016 时间管理的授时设备通过 SNTP 获取被授时装置的对时状态测量信息时，始终收不到对方响应，可能造成该现象的原因是什么？（5 分）

考核知识点：缺陷处理与事故分析

难易度：中

标准答案：

（1）被授时装置不支持国网规定的时间管理功能，不能响应该请求。

（2）时间管理设备发出的请求中未设置关键字 TSSM 或被授时装置校验该字段时出现异常。

（3）交换机对 SNTP 端口进行了屏蔽，导致时间管理设备发出的请求或者被授时装置的响应无法送达接收方。

Jb0002332017 主站显示某线路有功功率 *P* 或者无功功率 *Q* 数据错误，分析可能的原因有哪些？（5 分）

考核知识点：缺陷处理与事故分析

难易度：中

标准答案：
（1）二次接线错误。
（2）TV 缺相或者缺失。
（3）测控装置失电。
（4）测量单元有故障，远动转发遥测点号错误。
（5）远动或主站系数错误。
（6）现场 TA 变比改变，造成系数错误。

Jb0003331018　自动化设备安装工作结束前，施工人员应做哪些方面的检查？（5 分）

考核知识点：自动化设备安装与网络搭建

难易度：易

标准答案：

（1）接线是否与图纸相符。
（2）每根二次接线是否都有标号。
（3）检查二次接线是否有漏接的，电缆是否已挂电缆牌。
（4）检查设备及屏蔽电缆的接地是否可靠。

Jb0003331019　远动设备安装后，通电前的检查包括哪几部分？（5 分）

考核知识点：自动化设备安装与网络搭建

难易度：易

标准答案：

远动设备安装后，通电前的检查工作包括设备元件检查、回路连接正确性检查、回路连接可靠性检查、绝缘情况检查等。

Jb0003332020　智能变电站数据通信网关机电源检查验收应包括哪些内容？（5 分）

考核知识点：自动化设备安装与网络搭建

难易度：中

标准答案：

（1）检查两套区数据通信网关机供电方式，应采用直流电源供电，且来自不同直流电源。
（2）拉开站内一段直流电源，检查冗余配置的数据通信网关机，只允许一台数据通信网关机失电。
（3）数据通信网关机失电后应能上送告警信息。

Jb0003332021　智能变电站数据通信网关机对时功能的检查验收应包括哪些内容？（5 分）

考核知识点：自动化设备安装与网络搭建

难易度：中

标准答案：

（1）检查装置 IRIG-B 对时正常，修改数据通信网关机时间，能在 5min 内重新与时钟同步装置对时，对时误差不应大于 1ms。
（2）断开 B 码接线，检查装置液晶面板上的时钟对时状态，应有对时异常告警提示。

Jb0003332022　子网掩码的作用是什么？（5 分）

考核知识点：自动化设备安装与网络搭建

难易度：中

标准答案：

子网掩码是一个 32 位地址，用于屏蔽 IP 地址的一部分以区别网络标识和主机标识。

Jb0004331023 变电站典型信息点表规范包含了哪些内容？（5 分）

考核知识点：技术管理

难易度：易

标准答案：

共包含：《750kV 变电站典型信息表（试行）》《330kV 变电站典型信息表（试行）》《110kV 变电站典型信息表（试行）》《35kV 变电站典型信息表（试行）》《智能变电站监控信息表（补充部分）》《常规变电站监控信息表（补充部分）》。

Jb0004332024 在《电力行业信息系统安全等级保护基本要求》第三部分生产控制类信息系统要求，第三节基本技术要求中，关于数据安全的备份和恢复要求有哪些？（5 分）

考核知识点：技术管理

难易度：中

标准答案：

（1）应提供数据本地备份与恢复功能，完全数据备份至少每天一次，备份介质场外存放。

（2）应提供异地数据备份功能，利用通信网络将关键数据定时批量传送至备用场地。

（3）应提供主要网络设备、通信线路和数据处理系统的硬件冗余，保证系统的高可用性。

Jb0004332025 根据 Q/GDW 679—2011《智能变电站一体化监控系统建设技术规范》的要求，智能变电站一体化监控系统包含哪五类应用功能？（5 分）

考核知识点：技术管理

难易度：中

标准答案：

（1）运行监视。

（2）操作与控制。

（3）信息综合分析与智能告警。

（4）运行管理。

（5）辅助应用。

第六章　电网调度自动化厂站端调试检修工高级工技能操作

Jc0001352001　站控层交换机的简单操作。（100 分）

考核知识点：自动化装置配置及校验

难易度：中

技能等级评价专业技能考核操作工作任务书

一、任务名称

站控层交换机的简单操作。

二、适用工种

电网调度自动化厂站端调试检修工高级工。

三、具体任务

（1）工作状态为实操变电站站控层交换机未配置，初始用户名：admin，密码：123。工作内容为：① 新增一个交换机管理员账户，密码满足 8 位以上，字母数字、字符组合；② 开启交换机备用网口 2～5。

（2）工作任务：完成站控层交换机的简单配置，并验证配置生效。

四、工作规范及要求

（1）按照《国家电网公司电力安全工作规程（电力监控部分）》要求做好相关安全措施，办理工作票。

（2）完成控层交换机的简单配置，并验证配置生效。

（3）填写运维记录，并对设备进行全面巡视，检查设备运行情况。

五、考核及时间要求

（1）本考核操作时间为 60 分钟，包括操作前准备和报告整理时间，时间到停止考核。

（2）技能考核过程中，如确实不能操作，可向考评员申请协助完成该项操作，该项操作任务不得分，但不影响其他项目。

（3）按照技能操作记录单的操作要求进行操作，正确记录操作结果，记录项目包括：本次工作时间、地点、操作人员、工作内容、结论等。

技能等级评价专业技能考核操作评分标准

工种	电网调度自动化厂站端调试检修工					评价等级	高级工
项目模块	自动化装置配置及校验—站控层交换机配置				编号	Jc0001352001	
单位			准考证号			姓名	
考试时限	60 分钟		题型	多项操作		题分	100 分
成绩		考评员		考评组长		日期	
试题正文	站控层交换机的简单操作						
需要说明的问题和要求	（1）要求调试单人操作，故障查找及分析在调试过程中完成。 （2）操作应注意安全，按照标准化作业书的技术安全说明做好安全措施。 （3）装置调试检验在网络通信屏上完成操作。 （4）测试仪的选择可选考场提供的测试仪或自带测试仪						

续表

序号	项目名称	质量要求	满分	扣分标准	扣分原因	得分
1	工作票办理及安全措施					
1.1	办理工作票	正确办理工作票	15	出现工作票错误一次扣 1 分，扣完为止		
1.2	相关安全措施的准备	（1）根据工作票正确布置现场安全措施。 （2）检查站控层交换机运行正常。 （3）站控层交换机备份	10	布置的安全措施不满足工作票要求扣 2 分； 未检查交换机运行状态正常扣 3 分； 未进行站控层交换机备份扣 5 分		
2	交换机维护操作					
2.1	交换机正确登录	正确使用安全调试软件或经安全加固后的 Web 浏览器成功登录交换机	10	未按要求正确登录交换机扣 10 分		
2.2	交换机简单操作	按照要求检查交换机相关通信配置，并正确执行设置修改、软重启等操作	10	因操作失误造成的其他相关网口业务中断，扣 10 分		
3	交换机基本配置					
3.1	操作任务	任务 1：新增一个交换机管理员账户，密码满足 8 位以上，字母数字、字符组合。 任务 2：开启交换机备用网口 2－5	30	未完成操作任务每项扣 15 分		
4	填写试验报告					
4.1	操作结果	将每项操作的过程、结果填写清楚	20	操作过程未填写每项扣 5 分； 操作结果填写不清楚每项扣 5 分； 以上扣分，扣完为止		
5	现场恢复	恢复现场	5	未进行现场恢复扣 5 分		
合计			100			

Jc0001352002　后台监控系统数据库参数配置。（100 分）

考核知识点：自动化装置配置及校验

难易度：中

技能等级评价专业技能考核操作工作任务书

一、任务名称

后台监控系统数据库参数配置。

二、适用工种

电网调度自动化厂站端调试检修工高级工。

三、具体任务

后台监控系统数据库配置。

（1）工作状态为实操变电站 110kV 某线路间隔遥信信息未与后台监控系统核对。工作内容：① 在后台监控系统数据库遥信表中定义遥信信号，通过在测控装置开出遥信或使用短接线模拟信号接点的方式，核对监控系统遥信信息，实现全部遥信均能正确显示。② 在后台监控系统数据库遥测表中修改遥测系数，模拟现场遥测核对工作，验证后台监控系统遥测显示与现场一致。

（2）工作任务：核对该间隔遥信、遥测信息，查看分间隔画面元件变位情况，进行后台监控系统遥测、遥信数据库配置修改。

四、工作规范及要求

（1）按照《国家电网公司电力安全工作规程（电力监控部分）》要求做好相关安全措施，办理工作票。

（2）完成该间隔遥信、遥测信息核对。

（3）填写运维记录，并对设备进行全面巡视，检查设备运行情况。

五、考核及时间要求

（1）本考核操作时间为60分钟，包括操作前准备和报告整理时间，时间到停止考核。

（2）技能考核过程中，如确实不能操作，可向考评员申请协助完成该项操作，该项操作任务不得分，但不影响其他项目。

（3）按照技能操作记录单的操作要求进行操作，正确记录操作结果，记录项目包括：本次工作时间、地点、操作人员、工作内容、结论等。

技能等级评价专业技能考核操作评分标准

工种	电网调度自动化厂站端调试检修工					评价等级	高级工
项目模块	自动化装置配置及校验—后台监控系统配置及信息核对				编号	Jc0001352002	
单位			准考证号			姓名	
考试时限	60分钟		题型	多项操作		题分	100分
成绩		考评员		考评组长		日期	
试题正文	后台监控系统数据库参数配置						
需要说明的问题和要求	（1）要求调试单人操作，故障查找及分析在调试过程中完成。 （2）操作应注意安全，按照标准化作业书的技术安全说明做好安全措施。 （3）装置调试检验在后台监控机、线路测控屏上完成操作。 （4）测试仪的选择可选考场提供的测试仪或自带测试仪						

序号	项目名称	质量要求	满分	扣分标准	扣分原因	得分
1	工作票办理及安全措施					
1.1	办理工作票	正确办理工作票	15	出现工作票错误一次扣1分，扣完为止		
1.2	相关安全措施的准备	（1）根据工作票正确布置现场安全措施。 （2）检查后台监控及测控装置运行正常。 （3）后台监控数据库备份	10	布置的安全措施不满足工作票要求扣2分； 未检查后台监控及测控装置运行状态正常扣3分； 未进行后台监控数据库备份扣5分		
2	测控装置与后台监控系统通信工况检查	检查测控装置与后台监控机通信正常	10	未检查测控装置与后台监控通信扣10分		
3	后台监控系统调试					
3.1	后台监控系统数据库调试操作	（1）正确使用后台监控系统软件，调取间隔分画面及告警窗口，查看告警信息及遥测信息。 （2）正确执行数据库遥信参数的修改等操作	40	未按要求正确使用后台监控系统软件查看告警信息、间隔分画面的扣5分； 因操作失误造成的监控系统、测控装置异常或告警，扣5分； 未能正确使用短接线或测控装置遥信对点功能进行遥信模拟试验操作扣5分； 未能完成遥信核对或在分画面中未正确显示的一项扣3分（共5条遥信，扣满为15分）； 未正确使用继电保护测试仪的扣10分		
4	填写试验报告					
4.1	操作结果	将每项操作的过程、结果填写清楚	20	操作过程未填写每项扣2.5分； 操作结果填写不清楚每项扣2.5分； 以上扣分，扣完为止		
5	现场恢复	恢复现场	5	未进行现场恢复扣5分		
合计			100			

Jc0001353003　数据通信网关机数据库配置。（100 分）

考核知识点：自动化装置配置及校验

难易度：难

技能等级评价专业技能考核操作工作任务书

一、任务名称

数据通信网关机数据库配置。

二、适用工种

电网调度自动化厂站端调试检修工高级工。

三、具体任务

（1）工作状态为实操变电站 110kV 线路间隔扩建。工作内容为远动转发表中新增该 110kV 线路间隔断路器、隔离开关位置等遥信点，通过虚拟主站，验证遥信上送正确、变位正确。

核对该线路间隔遥信转发。

（2）工作任务：数据通信网关机数据库配置，核对 110kV 扩建线路间隔遥信。远动转发表见表 Jc0001353003。

表 Jc0001353003

点号	所属间隔	信号描述	备注
1	110kV 线路 111	断路器合位	
2	110kV 线路 111	－1 隔离开关合位	
3	110kV 线路 111	－2 隔离开关合位	
4	110kV 线路 111	－3 隔离开关合位	
5	110kV 线路 111	弹簧未储能	

四、工作规范及要求

（1）按照《国家电网公司电力安全工作规程（电力监控部分）》要求做好相关安全措施，办理工作票。

（2）完成数据通信网关机数据库配置，核对 110kV 扩建线路间隔遥信。

（3）填写运维记录，并对设备进行全面巡视，检查设备运行情况。

五、考核及时间要求

（1）本考核操作时间为 60 分钟，包括操作前准备和报告整理时间，时间到停止考核。

（2）技能考核过程中，如确实不能操作，可向考评员申请协助完成该项操作，该项操作任务不得分，但不影响其他项目。

（3）按照技能操作记录单的操作要求进行操作，正确记录操作结果，记录项目包括：本次工作时间、地点、操作人员、工作内容、结论等。

技能等级评价专业技能考核操作评分标准

<table>
<tr><td>工种</td><td colspan="5">电网调度自动化厂站端调试检修工</td><td>评价等级</td><td>高级工</td></tr>
<tr><td>项目模块</td><td colspan="4">自动化装置配置及校验—数据通信网关机配置及通道调试</td><td>编号</td><td colspan="2">Jc0001353003</td></tr>
<tr><td>单位</td><td colspan="2"></td><td>准考证号</td><td colspan="2"></td><td>姓名</td><td></td></tr>
<tr><td>考试时限</td><td>60 分钟</td><td>题型</td><td colspan="3">多项操作</td><td>题分</td><td>100 分</td></tr>
<tr><td>成绩</td><td></td><td>考评员</td><td></td><td>考评组长</td><td></td><td>日期</td><td></td></tr>
<tr><td>试题正文</td><td colspan="7">数据通信网关机数据库配置</td></tr>
</table>

续表

需要说明的问题和要求	（1）要求调试单人操作，故障查找及分析在调试过程中完成。 （2）操作应注意安全，按照标准化作业书的技术安全说明做好安全措施。 （3）装置调试检验在远动通信屏、调度数据网屏上完成操作。 （4）测试仪的选择可选考场提供的测试仪或自带测试仪

序号	项目名称	质量要求	满分	扣分标准	扣分原因	得分
1	工作票办理及安全措施					
1.1	办理工作票	正确办理工作票	15	出现工作票错误一次扣 1 分，扣完为止		
1.2	相关安全措施的准备	（1）根据工作票正确布置现场安全措施。 （2）检查数据通信网关机运行正常。 （3）数据通信网关机备份	10	布置的安全措施不满足工作票要求扣 2 分； 未检查数据通信网关机运行状态正常扣 3 分； 未进行数据通信网关机备份扣 5 分		
2	通信网关机维护操作					
2.1	通信网关机状态检查	核查数据通信网关机与主站通信状态	10	未检查数据通信网关机与主站通信状况扣 10 分		
2.2	通信网关机登录	使用专用调试软件登录通信网关机	10	未正确使用专用调试软件登录通信网关机扣 5 分； 因操作失误造成的通信网关机其他故障或告警，扣 5 分		
3	通信网关机数据库配置					
3.1	数据库配置	（1）正确进行遥信转发。 （2）通过 104 报文查看遥信信号上传正常。 （3）解读信号上传的 104 报文	30	未按照要求正确进行遥信转发扣 5 分； 未正确找到 104 报文中遥信状态扣 5 分； 104 报文解读每错误一处扣 3 分，扣完为止		
4	填写试验报告					
4.1	操作结果	将每项操作的过程、结果填写清楚	20	操作过程未填写每项扣 2.5 分； 操作结果填写不清楚每项扣 2.5 分； 以上扣分，扣完为止		
5	现场恢复	恢复现场	5	未进行现场恢复扣 5 分		
	合计		100			

Jc0002351004　测控装置遥信量的异常处理。（100 分）

考核知识点：缺陷处理与事故分析

难易度：易

技能等级评价专业技能考核操作工作任务书

一、任务名称

测控装置遥信量的异常处理。

二、适用工种

电网调度自动化厂站端调试检修工高级工。

三、具体任务

（1）工作状态为实操变电站 110kV 某进线间隔测控装置遥信变位异常。工作内容为：① 检查测控装置遥信变位异常原因；② 排除设置的故障，并核对遥信变位上送后台正确。

（2）工作任务：

1）检查 110kV 某进线间隔测控装置遥信变位异常原因并消除缺陷。

2）测控装置采集的遥信主要有：断路器、隔离开关双点位置信号，控制回路断线、弹簧未储能信号等。

四、工作规范及要求

（1）按照《国家电网公司电力安全工作规程（电力监控部分）》要求做好相关安全措施，办理工作票。

（2）检查110kV某进线间隔测控装置遥信变位异常原因并消除缺陷。

（3）填写运维记录，并对设备进行全面巡视，检查设备运行情况。

五、考核及时间要求

（1）本考核操作时间为60分钟，包括安全措施布置和报告整理时间，时间到停止考核。同一类现象故障不限一处故障点。

（2）故障查找和排除过程中，如确实不能查找出故障，可向考评员申请排除故障，该项故障项目不得分，但不影响其他项目。

（3）按照技能操作记录单的操作要求进行操作，正确记录操作结果，试验记录项目包括：故障现象、故障点及排除方法等。

技能等级评价专业技能考核操作评分标准

工种	电网调度自动化厂站端调试检修工					评价等级	高级工
项目模块	缺陷处理与事故分析—缺陷分析与处理				编号	Jc0002351004	
单位			准考证号			姓名	
考试时限	60分钟		题型	多项操作		题分	100分
成绩		考评员		考评组长		日期	
试题正文	测控装置遥信量的异常处理						
需要说明的问题和要求	（1）要求调试单人操作，故障查找及分析在调试过程中完成。 （2）操作应注意安全，按照标准化作业书的技术安全说明做好安全措施。 （3）装置调试检验在后台监控机、线路测控屏上完成操作。 （4）测试仪的选择可选考场提供的测试仪或自带测试仪						

序号	项目名称	质量要求	满分	扣分标准	扣分原因	得分
1	工作票办理及安全措施					
1.1	办理工作票	正确办理工作票	15	出现工作票错误一次扣1分，扣完为止		
1.2	相关安全措施的准备	根据工作票正确布置现场安全措施，检查测控装置运行正常	10	布置的安全措施不满足工作票要求每发现一项扣2分，扣完为止； 未检查测控装置运行情况扣5分		
2	测控装置维护操作	核查测控装置与后台监控机通信	5	未检查测控装置与后台监控通信状况扣5分		
		进入后台监控系统、测控装置告警窗口	5	未按要求开启后台监控系统告警窗口扣5分		
		设定遥信基本参数，正确执行测控装置设置修改等操作	10	因操作失误造成的测控装置故障或告警，扣10分		
		正确核对测控装置遥信	10	未能正确使用短接线进行遥信开入试验操作扣10分		
3	测控装置故障排除					
3.1	故障查找	能正确进行故障查找： 故障1：断路器位置接触不可靠，位置无法上送。 故障2：隔离开关位置的分位、合位接反	10	未查找出故障每项扣5分		

续表

序号	项目名称	质量要求	满分	扣分标准	扣分原因	得分
3.2	故障排除	能正确进行故障排除	10	排除故障前未断开相关电源扣2分； 未排除故障每个扣4分，扣完为止		
4	填写试验报告					
4.1	故障排除	将故障现象和具体故障（故障点及排除的方法）填写清楚	20	故障点及排除方法未填写每项扣5分； 故障现象填写不清楚每项扣5分； 以上扣分，扣完为止		
5	现场恢复	恢复现场	5	未进行现场恢复扣5分		
合计			100			

Jc0002352005　测控装置与后台监控通信中断异常处理。（100分）

考核知识点：缺陷处理与事故分析

难易度：中

技能等级评价专业技能考核操作工作任务书

一、任务名称

测控装置与后台监控通信中断异常处理。

二、适用工种

电网调度自动化厂站端调试检修工高级工。

三、具体任务

（1）工作状态为实操变电站110kV某进线间隔测控装置与后台通信中断。工作内容为：① 检查测控装置通信中断的原因；② 排除故障并验证测控装置与后台监控通信恢复。

（2）工作任务：测控装置与后台监控通信中断异常处理。

四、工作规范及要求

（1）按照《国家电网公司电力安全工作规程（电力监控部分）》要求做好相关安全措施，办理工作票。

（2）完成设备配置安全加固。

（3）填写运维记录，并对设备进行全面巡视，检查设备运行情况。

五、考核及时间要求

（1）本考核操作时间为60分钟，包括安全措施布置和报告整理时间，时间到停止考核。同一类现象故障不限一处故障点。

（2）故障查找和排除过程中，如确实不能查找出故障，可向考评员申请排除故障，该项故障项目不得分，但不影响其他项目。

（3）按照技能操作记录单的操作要求进行操作，正确记录操作结果，试验记录项目包括：故障现象、故障点及排除方法等。

技能等级评价专业技能考核操作评分标准

<table>
<tr><td>工种</td><td colspan="5">电网调度自动化厂站端调试检修工</td><td>评价等级</td><td>高级工</td></tr>
<tr><td>项目模块</td><td colspan="5">缺陷处理与事故分析—缺陷分析与处理</td><td>编号</td><td>Jc0002352005</td></tr>
<tr><td>单位</td><td colspan="2"></td><td>准考证号</td><td colspan="2"></td><td>姓名</td><td></td></tr>
<tr><td>考试时限</td><td colspan="2">60分钟</td><td>题型</td><td colspan="2">多项操作</td><td>题分</td><td>100分</td></tr>
<tr><td>成绩</td><td></td><td>考评员</td><td></td><td>考评组长</td><td></td><td>日期</td><td></td></tr>
</table>

续表

试题正文	测控装置与后台监控通信中断异常处理
需要说明的问题和要求	（1）要求调试单人操作，故障查找及分析在调试过程中完成。 （2）操作应注意安全，按照标准化作业书的技术安全说明做好安全措施。 （3）装置调试检验在后台监控机、线路测控屏上完成操作。 （4）测试仪的选择可选考场提供的测试仪或自带测试仪

序号	项目名称	质量要求	满分	扣分标准	扣分原因	得分
1	工作票办理及安全措施					
1.1	办理工作票	正确办理工作票	15	出现工作票错误一次扣1分，扣完为止		
1.2	相关安全措施的准备	（1）根据工作票正确布置现场安全措施。 （2）检查测控装置与后台监控运行正常	10	布置的安全措施不满足工作票要求每发现一项扣2分，扣完为止； 检查测控装置与后台监控运行正常		
2	测控装置维护操作	核查测控装置与后台监控机通信	10	未检查测控装置与后台监控通信状况扣10分		
3	测控装置故障排除					
3.1	故障查找	能正确进行故障查找： 故障1：设定测控装置网线虚接。 故障2：设定测控装置通信IP地址错误	20	未查找出故障每项扣10分		
3.2	故障排除	能正确进行故障排除	20	未排除故障每个扣10分，扣完为止		
4	填写试验报告					
4.1	故障排除	将故障现象和具体故障（故障点及排除的方法）填写清楚	20	故障点及排除方法未填写，每项扣2.5分； 故障现象填写不清楚，每项扣2.5分； 以上扣分，扣完为止		
5	现场恢复	恢复现场	5	未进行现场恢复扣5分		
合计			100			

Jc0002351006　测控装置遥测量的异常处理。（100分）

考核知识点：缺陷处理与事故分析

难易度：易

技能等级评价专业技能考核操作工作任务书

一、任务名称

测控装置遥测量的异常处理。

二、适用工种

电网调度自动化厂站端调试检修工高级工。

三、具体任务

（1）工作状态为实操变电站 110kV 某进线间隔测控装置遥测采样异常。工作内容为：① 检查 110kV 某进线间隔测控装置遥测并找出故障点；② 排除设置的故障，恢复测控装置上送后台遥测正确。

（2）工作任务：

1）检查测控装置遥测故障并排除。

2）测控装置采集的遥测分别为：A 相电流 I_a、B 相电流 I_b、C 相电流 I_c、有功功率 P、无功功率 Q，二次采样回路接线为 A 相电压 U_a、B 相电压 U_b、C 相电压 U_c、A 相电流 I_a、B 相电流 I_b、C 相电流 I_c，TA 变比为 600/5。

四、工作规范及要求

（1）按照《国家电网公司电力安全工作规程（电力监控部分）》要求做好相关安全措施，办理工作票。

（2）检查测控装置遥测故障并排除。

（3）填写运维记录，并对设备进行全面巡视，检查设备运行情况。

五、考核及时间要求

（1）本考核操作时间为60分钟，包括安全措施布置和报告整理时间，时间到停止考核。同一类现象故障不限一处故障点。

（2）故障查找和排除过程中，如确实不能查找出故障，可向考评员申请排除故障，该项故障项目不得分，但不影响其他项目。

（3）按照技能操作记录单的操作要求进行操作，正确记录操作结果，试验记录项目包括：故障现象、故障点及排除方法等。

技能等级评价专业技能考核操作评分标准

工种	电网调度自动化厂站端调试检修工					评价等级	高级工
项目模块	缺陷处理与事故分析—缺陷分析与处理				编号	Jc0002351006	
单位			准考证号			姓名	
考试时限	60分钟		题型	多项操作		题分	100分
成绩		考评员		考评组长		日期	
试题正文	测控装置遥测量的异常处理						
需要说明的问题和要求	（1）要求调试单人操作，故障查找及分析在调试过程中成。 （2）操作应注意安全，按照标准化作业书的技术安全说明做好安全措施。 （3）装置调试检验在后台监控机、线路测控屏上完成操作。 （4）测试仪的选择可选考场提供的测试仪或自带测试仪						

序号	项目名称	质量要求	满分	扣分标准	扣分原因	得分
1	工作票办理及安全措施					
1.1	办理工作票	正确办理工作票	15	出现工作票错误一次扣1分，扣完为止		
1.2	相关安全措施的准备	（1）根据工作票正确布置现场安全措施。 （2）检查后台监控及测控装置运行正常	10	布置的安全措施不满足工作票要求每发现一项扣2分，扣完为止； 未检查后台监控及测控装置运行正常扣5分		
2	测控装置维护操作	能正确进入后台监控系统测控间隔分图	5	未按要求开启后台监控系统测控间隔分图扣5分		
		完成交流采样试验仪与测控装置间试验接线	5	因操作失误造成的测控装置故障或告警，扣5分		
		设定遥测基本参数，正确执行测控装置设置修改等操作	5	未能正确执行测控装置参数及修改后保存操作扣5分		
		正确核对测控装置遥测量	5	交流采样试验仪与测控装置接线错误扣5分		
3	测控装置故障排除					
3.1	故障查找	能正确进行故障查找： 故障1：设定测控装置TA变比为200/5。 故障2：设定Ic在端子处虚接	20	未查找出故障每项扣10分		
3.2	故障排除	能正确进行故障排除	10	未排除故障每项扣5分，扣完为止		
4	填写试验报告					

续表

序号	项目名称	质量要求	满分	扣分标准	扣分原因	得分
4.1	故障排除	将故障现象和具体故障（故障点及排除的方法）填写清楚	20	故障点及排除方法未填写每项扣2.5分； 故障现象填写不清楚每项扣2.5分； 以上扣分，扣完为止		
5	现场恢复	恢复现场	5	未进行现场恢复扣5分		
合计			100			

Jc0002352007 测控装置遥控的异常处理。(100分)

考核知识点：缺陷处理与事故分析

难易度：中

技能等级评价专业技能考核操作工作任务书

一、任务名称

测控装置遥控的异常处理。

二、适用工种

电网调度自动化厂站端调试检修工高级工。

三、具体任务

(1)工作状态为实操变电站110kV某进线间隔测控装置遥控功能异常。工作内容为：① 检查110kV某进线间隔测控装置遥控功能异常原因；② 排除设置的故障，实现正常遥控功能。

检查测控装置遥控故障并排除。

(2) 工作任务：检查测控装置遥控故障并排除。

测控装置遥控对象为：断路器、母线侧和线路侧隔离开关。

四、工作规范及要求

(1) 按照《国家电网公司电力安全工作规程（电力监控部分）》要求做好相关安全措施，办理工作票。

(2) 完成设备配置安全加固。

(3) 填写运维记录，并对设备进行全面巡视，检查设备运行情况。

五、考核及时间要求

(1) 本考核操作时间为60分钟，包括安全措施布置和报告整理时间，时间到停止考核。同一类现象故障不限一处故障点。

(2) 故障查找和排除过程中，如确实不能查找出故障，可向考评员申请排除故障，该项故障项目不得分，但不影响其他项目。

(3) 按照技能操作记录单的操作要求进行操作，正确记录操作结果，试验记录项目包括：故障现象、故障点及排除方法等。

技能等级评价专业技能考核操作评分标准

<table>
<tr><td>工种</td><td colspan="5">电网调度自动化厂站端调试检修工</td><td>评价等级</td><td>高级工</td></tr>
<tr><td>项目模块</td><td colspan="4">缺陷处理与事故分析—缺陷分析与处理</td><td>编号</td><td colspan="2">Jc0002352007</td></tr>
<tr><td>单位</td><td colspan="3"></td><td>准考证号</td><td></td><td>姓名</td><td></td></tr>
<tr><td>考试时限</td><td>60分钟</td><td>题型</td><td colspan="3">多项操作</td><td>题分</td><td>100分</td></tr>
<tr><td>成绩</td><td></td><td>考评员</td><td></td><td>考评组长</td><td></td><td>日期</td><td></td></tr>
</table>

续表

<table>
<tr><td>试题正文</td><td colspan="6">测控装置遥控的异常处理</td></tr>
<tr><td>需要说明的问题和要求</td><td colspan="6">（1）要求调试单人操作，故障查找及分析在调试过程中完成。
（2）操作应注意安全，按照标准化作业书的技术安全说明做好安全措施。
（3）装置调试检验在后台监控机、线路测控屏上完成操作。
（4）测试仪的选择可选考场提供的测试仪或自带测试仪</td></tr>
<tr><td>序号</td><td>项目名称</td><td>质量要求</td><td>满分</td><td>扣分标准</td><td>扣分原因</td><td>得分</td></tr>
<tr><td>1</td><td>工作票办理及安全措施</td><td></td><td></td><td></td><td></td><td></td></tr>
<tr><td>1.1</td><td>办理工作票</td><td>正确办理工作票</td><td>15</td><td>出现工作票错误一次扣 1 分，扣完为止</td><td></td><td></td></tr>
<tr><td>1.2</td><td>相关安全措施的准备</td><td>根据工作票正确布置现场安全措施，检查设备运行正常</td><td>10</td><td>布置的安全措施不满足工作票要求每发现一项扣 2 分，扣完为止；
未检查设备运行正常扣 5 分</td><td></td><td></td></tr>
<tr><td rowspan="4">2</td><td rowspan="4">测控装置维护操作</td><td>能正确进入后台监控系统测控间隔分图</td><td>5</td><td>未按要求执行遥控操作（如直接通过测控装置开出传动操作者）扣 5 分</td><td></td><td></td></tr>
<tr><td>按要求执行断路器遥控操作流程</td><td>5</td><td>因操作失误造成的测控装置内部继电器故障扣 5 分</td><td></td><td></td></tr>
<tr><td>设定遥控基本参数，正确执行测控装置设置修改等操作</td><td>10</td><td>未能正确执行测控装置参数修改及修改后配置的保存操作扣 10 分</td><td></td><td></td></tr>
<tr><td>正确核对测控装置进行遥控</td><td>10</td><td>错误使用万用表导致直流短路扣 10 分</td><td></td><td></td></tr>
<tr><td>3</td><td>测控装置故障排除</td><td></td><td></td><td></td><td></td><td></td></tr>
<tr><td>3.1</td><td>故障查找</td><td>能正确进行故障查找：
故障：将断路器遥控正电源接至空端子，导致断路器无法遥控</td><td>10</td><td>未查找出故障扣 10 分</td><td></td><td></td></tr>
<tr><td>3.2</td><td>故障排除</td><td>能正确进行故障排除</td><td>10</td><td>排除故障前未断开相关电源扣 2 分；
未排除故障扣 8 分</td><td></td><td></td></tr>
<tr><td>4</td><td>填写试验报告</td><td></td><td></td><td></td><td></td><td></td></tr>
<tr><td>4.1</td><td>故障排除</td><td>将故障现象和具体故障（故障点及排除的方法）填写清楚</td><td>20</td><td>故障点及排除方法未填写每项扣 2.5 分；
故障现象填写不清楚每项扣 2.5 分；
以上扣分，扣完为止</td><td></td><td></td></tr>
<tr><td>5</td><td>现场恢复</td><td>恢复现场</td><td>5</td><td>未进行现场恢复扣 5 分</td><td></td><td></td></tr>
<tr><td colspan="2">合计</td><td></td><td>100</td><td></td><td></td><td></td></tr>
</table>

Jc0002352008　测控装置遥信量的异常处理（智能站）。（100 分）

考核知识点：缺陷处理与事故分析

难易度：中

技能等级评价专业技能考核操作工作任务书

一、任务名称

测控装置遥信量的异常处理（智能站）。

二、适用工种

电网调度自动化厂站端调试检修工高级工。

三、具体任务

（1）工作状态为实操变电站 110kV 某进线间隔测控装置遥信变位异常，其中：① 弹簧未储能信号无法上送；② 断路器位置与实际位置相反。工作内容为：① 检查 110kV 某进线间隔测控装置遥信变位异常原因；② 排除设置的故障，恢复测控装置上送后台遥信变位正确。

（2）工作任务：检查智能终端、测控装置遥信故障并排除。

智能终端、测控装置采集的遥信主要有：断路器、隔离开关双点位置信号，远/近控把手、控制回路断线、弹簧未储能信号等。

四、工作规范及要求

（1）按照《国家电网公司电力安全工作规程（电力监控部分）》要求做好相关安全措施，办理工作票。

（2）完成测控装置遥信量的异常处理。

（3）填写运维记录，并对设备进行全面巡视，检查设备运行情况。

五、考核及时间要求

（1）本考核操作时间为60分钟，包括安全措施布置和报告整理时间，时间到停止考核。同一类现象故障不限一处故障点。

（2）故障查找和排除过程中，如确实不能查找出故障，可向考评员申请排除故障，该项故障项目不得分，但不影响其他项目。

（3）按照技能操作记录单的操作要求进行操作，正确记录操作结果，试验记录项目包括：故障现象、故障点及排除方法等。

技能等级评价专业技能考核操作评分标准

工种	电网调度自动化厂站端调试检修工					评价等级	高级工
项目模块	缺陷处理与事故分析—缺陷分析与处理				编号	Jc0002352008	
单位			准考证号			姓名	
考试时限	60分钟		题型	多项操作		题分	100分
成绩		考评员		考评组长		日期	
试题正文	测控装置遥信量的异常处理（智能站）						
需要说明的问题和要求	（1）要求调试单人操作，故障查找及分析在调试过程中完成。 （2）操作应注意安全，按照标准化作业书的技术安全说明做好安全措施。 （3）装置调试检验在后台监控机、线路测控屏、智能终端屏上完成操作。 （4）测试仪的选择可选考场提供的测试仪或自带测试仪						

序号	项目名称	质量要求	满分	扣分标准	扣分原因	得分
1	工作票办理及安全措施					
1.1	办理工作票	正确办理工作票	15	出现工作票错误一次扣1分，扣完为止		
1.2	相关安全措施的准备	（1）根据工作票正确布置现场安全措施。 （2）检查智能终端、测控装置及后台监控运行正常	10	布置的安全措施不满足工作票要求每发现一项扣2分，扣完为止； 未检查智能终端、测控装置及后台监控运行正常扣5分		
2	维护操作	核查测控装置与后台监控机通信，查看全站SCD文件	10	未检查测控装置与后台监控通信状况扣5分； 未能正确查看全站SCD文件扣5分		
		进入后台监控系统测控装置告警窗口	5	未按要求开启后台监控系统告警窗口扣5分		
		设定遥信基本参数，正确执行测控装置设置修改等操作	5	因操作失误造成的智能终端、测控装置故障或告警扣5分		
		正确核对测控装置遥信	10	未能正确使用短接线进行遥信开入试验操作扣10分		

续表

序号	项目名称	质量要求	满分	扣分标准	扣分原因	得分
3	测控装置故障排除					
3.1	故障查找	能正确进行故障查找： 故障 1：设定智能终端弹簧未储能位置接线不正确，接至空端子。 故障 2：设定智能终端断路器双位置信号开入接线错误	10	未查找出故障，每项扣 5 分		
3.2	故障排除	能正确进行故障排除	10	排除故障前未断开相关电源扣 2 分；未排除故障每项扣 4 分，扣完为止		
4	填写试验报告					
4.1	故障排除	将故障现象和具体故障（故障点及排除的方法）填写清楚	20	故障点及排除方法未填写每项扣 5 分； 故障现象填写不清楚每项扣 5 分		
5	现场恢复	恢复现场	5	未进行现场恢复扣 5 分		
合计			100			

Jc0002351009 测控装置遥控的异常处理（智能站）。（100 分）

考核知识点：缺陷处理与事故分析

难易度：易

技能等级评价专业技能考核操作工作任务书

一、任务名称

测控装置遥控的异常处理（智能站）。

二、适用工种

电网调度自动化厂站端调试检修工高级工。

三、具体任务

（1）工作状态为实操变电站 110kV 某进线间隔无法遥控断路器。工作内容为：① 检查 110kV 某进线间隔测控装置遥控功能异常原因；② 排除设置的故障，实现正常遥控功能。

（2）工作任务：检查遥控功能异常原因并排除故障实现正常遥控功能。

四、工作规范及要求

（1）按照《国家电网公司电力安全工作规程（电力监控部分）》要求做好相关安全措施，办理工作票。

（2）完成测控装置遥控量的异常处理。

（3）填写运维记录，并对设备进行全面巡视，检查设备运行情况。

五、考核及时间要求

（1）本考核操作时间为 60 分钟，包括安全措施布置和报告整理时间，时间到停止考核。同一类现象故障不限一处故障点。

（2）故障查找和排除过程中，如确实不能查找出故障，可向考评员申请排除故障，该项故障项目不得分，但不影响其他项目。

（3）按照技能操作记录单的操作要求进行操作，正确记录操作结果，试验记录项目包括：故障现象、故障点及排除方法等。

技能等级评价专业技能考核操作评分标准

工种	电网调度自动化厂站端调试检修工			评价等级	高级工
项目模块	缺陷处理与事故分析—缺陷分析与处理		编号	Jc0002351009	
单位		准考证号		姓名	
考试时限	60 分钟	题型	多项操作	题分	100 分
成绩		考评员	考评组长		日期
试题正文	测控装置遥控的异常处理（智能站）				
需要说明的问题和要求	（1）要求调试单人操作，故障查找及分析在调试过程中完成。 （2）操作应注意安全，按照标准化作业书的技术安全说明做好安全措施。 （3）装置调试检验在后台监控机、线路测控屏上完成操作。 （4）测试仪的选择可选考场提供的测试仪或自带测试仪				

序号	项目名称	质量要求	满分	扣分标准	扣分原因	得分
1	工作票办理及安全措施					
1.1	办理工作票	正确办理工作票	15	出现工作票错误一次扣 1 分，扣完为止		
1.2	相关安全措施的准备	（1）根据工作票正确布置现场安全措施。 （2）检查后台监控系统，测控装置及智能终端设备运行情况	10	布置的安全措施不满足工作票要求每发现一项扣 2 分，扣完为止； 未检查后台监控系统，测控装置及智能终端设备运行情况扣 5 分		
2	测控装置维护操作	能正确进入后台监控系统测控间隔分图	5	未按要求执行遥控操作（如直接通过测控装置开出传动操作者）扣 5 分		
		按要求执行断路器遥控操作流程	5	因操作失误造成智能终端、测控装置内部继电器故障扣 5 分		
		设定遥控基本参数，正确执行测控装置设置修改等操作	10	未能正确执行测控装置参数修改及修改后配置的保存操作扣 10 分		
3	测控装置故障排除					
3.1	故障查找	能正确进行故障查找： 故障 1：将智能终端断路器遥控正电源接至空端子，导致断路器无法遥控。 故障 2：将测控装置 GOOSE 组网光纤接头虚接	20	未查找出故障每项扣 10 分		
3.2	故障排除	能正确进行故障排除	10	排除故障前未断开相关电源扣 2 分； 未排除故障扣 8 分		
4	填写试验报告					
4.1	故障排除	将故障现象和具体故障（故障点及排除的方法）填写清楚	20	故障点及排除方法未填写每项扣 5 分； 故障现象填写不清楚每项扣 5 分； 以上扣分，扣完为止		
5	现场恢复	恢复现场	5	未进行现场恢复扣 5 分		
合计			100			

Jc0002353010 后台监控系统与测控装置的通信调试及异常处理。（100 分）

考核知识点：缺陷处理与事故分析

难易度：难

技能等级评价专业技能考核操作工作任务书

一、任务名称

后台监控系统与测控装置的通信调试及异常处理。

二、适用工种

电网调度自动化厂站端调试检修工高级工。

三、具体任务

（1）工作状态为实操变电站后台监控系统与 110kV 某进线间隔测控装置间的通信未通。工作内容为：① 检查 110kV 某进线间隔测控装置与后台监控系统间的通信异常原因；② 排除设置的故障，实现该间隔遥信能在后台告警窗口正确显示。

（2）工作任务：

1）实现该间隔遥信能在后台告警窗口正确显示。

2）测控装置采集的遥信主要有：断路器、隔离开关双点位置信号，控制回路断线、弹簧未储能信号等，后台监控系统已完成该装置的设备库及其模型数据库建设。

四、工作规范及要求

（1）按照《国家电网公司电力安全工作规程（电力监控部分）》要求做好相关安全措施，办理工作票。

（2）完成设备配置安全加固。

（3）填写运维记录，并对设备进行全面巡视，检查设备运行情况。

五、考核及时间要求

（1）本考核操作时间为 60 分钟，包括安全措施布置和报告整理时间，时间到停止考核。同一类现象故障不限一处故障点。

（2）故障查找和排除过程中，如确实不能查找出故障，可向考评员申请排除故障，该项故障项目不得分，但不影响其他项目。

（3）按照技能操作记录单的操作要求进行操作，正确记录操作结果，试验记录项目包括：故障现象、故障点及排除方法等。

技能等级评价专业技能考核操作评分标准

<table>
<tr><td>工种</td><td colspan="5">电网调度自动化厂站端调试检修工</td><td>评价等级</td><td>高级工</td></tr>
<tr><td>项目模块</td><td colspan="4">缺陷处理与事故分析—缺陷分析与处理</td><td>编号</td><td colspan="2">Jc0002353010</td></tr>
<tr><td>单位</td><td colspan="2"></td><td>准考证号</td><td colspan="2"></td><td>姓名</td><td></td></tr>
<tr><td>考试时限</td><td colspan="2">60 分钟</td><td>题型</td><td colspan="2">多项操作</td><td>题分</td><td>100 分</td></tr>
<tr><td>成绩</td><td></td><td>考评员</td><td></td><td>考评组长</td><td></td><td>日期</td><td></td></tr>
<tr><td>试题正文</td><td colspan="7">后台监控系统与测控装置的通信调试及异常处理</td></tr>
<tr><td>需要说明的问题和要求</td><td colspan="7">（1）要求调试单人操作，故障查找及分析在调试过程中完成。
（2）操作应注意安全，按照标准化作业书的技术安全说明做好安全措施。
（3）装置调试检验在后台监控机、线路测控屏上完成操作。
（4）测试仪的选择可选考场提供的测试仪或自带测试仪</td></tr>
</table>

序号	项目名称	质量要求	满分	扣分标准	扣分原因	得分
1	工作票办理及安全措施					
1.1	办理工作票	正确办理工作票	5	出现工作票错误一次扣 1 分，扣完为止		
1.2	相关安全措施的准备	（1）根据工作票正确布置现场安全措施。 （2）核查测控装置与后台监控机运行情况	10	布置的安全措施不满足工作票要求每发现一项扣 2 分，扣完为止； 未检查测控装置与后台监控运行状况扣 5 分		

续表

序号	项目名称	质量要求	满分	扣分标准	扣分原因	得分
2	监控系统维护操作	核查测控装置与后台监控机通信	2	未检查测控装置与后台监控通信状况扣2分		
		进入后台监控系统测控间隔告警窗口；进行后台数据备份	8	未按要求开启后台监控系统告警窗口扣3分；未进行后台数据备份扣5分		
		查看后台监控主机测控装置 IP 地址等通信参数	10	因操作失误造成后台监控系统产生其他故障或告警，扣10分		
		实现测控装置遥信变位正确显示在告警画面窗口功能	10	未能正确进行遥信开入试验操作扣10分		
3	监控系统故障排除					
3.1	故障查找	能正确进行故障查找： 故障 1：设定测控装置与后台监控机为相同 IP 地址。 故障 2：设定测控装置网线接交换机端网线虚接	20	未查找出故障每项扣10分		
3.2	故障排除	能正确进行故障排除	10	未排除故障每项扣5分，扣完为止		
4	填写试验报告					
4.1	故障排除	将故障现象和具体故障（故障点及排除的方法）填写清楚	20	故障点及排除方法未填写每项扣5分；故障现象填写不清楚每项扣5分；以上扣分，扣完为止		
5	现场恢复	恢复现场	5	未进行现场恢复扣5分		
	合计		100			

Jc0002353011 后台监控系统的简单遥控异常处理。（100 分）

考核知识点：缺陷处理与事故分析

难易度：难

技能等级评价专业技能考核操作工作任务书

一、任务名称

后台监控系统的简单遥控异常处理。

二、适用工种

电网调度自动化厂站端调试检修工高级工。

三、具体任务

（1）工作状态为实操变电站 110kV 某间隔测控装置遥控功能异常，断路器无法遥控。工作内容为检查后台监控系统遥控故障并排除。

（2）工作任务：

1）检查 110kV 某进线间隔测控装置遥控功能异常原因。

2）模拟现场遥控测试工作，实施安全措施（按照测控装置故障检修完成），排除设置的故障，实现正常遥控功能。

3）测控装置遥控对象为：断路器。

四、工作规范及要求

（1）按照《国家电网公司电力安全工作规程（电力监控部分）》要求做好相关安全措施，办理工作票。

（2）完成后台监控系统的简单遥控异常处理。

（3）填写运维记录，并对设备进行全面巡视，检查设备运行情况。

五、考核及时间要求

（1）本考核操作时间为60分钟，包括安全措施布置和报告整理时间，时间到停止考核。同一类现象故障不限一处故障点。

（2）故障查找和排除过程中，如确实不能查找出故障，可向考评员申请排除故障，该项故障项目不得分，但不影响其他项目。

（3）按照技能操作记录单的操作要求进行操作，正确记录操作结果，试验记录项目包括：故障现象、故障点及排除方法等。

技能等级评价专业技能考核操作评分标准

工种	电网调度自动化厂站端调试检修工					评价等级	高级工
项目模块	缺陷处理与事故分析—缺陷分析与处理				编号	Jc0002353011	
单位			准考证号			姓名	
考试时限	60分钟		题型	多项操作		题分	100分
成绩		考评员		考评组长		日期	
试题正文	后台监控系统的简单遥控异常处理						
需要说明的问题和要求	（1）要求调试单人操作，故障查找及分析在调试过程中完成。 （2）操作应注意安全，按照标准化作业书的技术安全说明做好安全措施。 （3）装置调试检验在后台监控机、线路测控屏上完成操作。 （4）测试仪的选择可选考场提供的测试仪或自带测试仪						

序号	项目名称	质量要求	满分	扣分标准	扣分原因	得分
1	工作票办理及安全措施					
1.1	办理工作票	正确办理工作票	5	出现工作票错误一次扣1分，扣完为止		
1.2	相关安全措施的准备	根据工作票正确布置现场安全措施	10	布置的安全措施不满足工作票要求，每发现一项扣2分，扣完为止		
2	监控系统维护操作	核查后台监控机与测控间隔通信	2	未检查后台监控机与测控间隔通信状态扣2分		
		能正确进入后台监控系统间隔分图； 并进行后台数据备份	8	未按要求进入后台监控系统间隔分图扣3分； 未进行后台数据备份扣5分		
		设定后台监控主机数据库遥控基本参数	10	因操作失误造成后台监控系统产生其他故障或告警，扣10分		
		按要求执行遥控操作流程功能	10	未能正确进行遥控操作扣10分		
3	监控系统故障排除					
3.1	故障查找	能正确进行故障查找： 故障1：间隔断路器遥控关联至隔离开关。 故障2：退出测控遥控连接片	20	未查找出故障每项扣10分		
3.2	故障排除	能正确进行故障排除	10	未排除故障每项扣5分，扣完为止		
4	填写试验报告					
4.1	故障排除	将故障现象和具体故障（故障点及排除的方法）填写清楚	20	故障点及排除方法未填写每项扣5分； 故障现象填写不清楚每项扣5分； 以上扣分，扣完为止		
5	现场恢复	恢复现场	5	未进行现场恢复扣5分		
	合计		100			

Jc0002353012　数据通信网关机简单遥控异常处理。(100 分)

考核知识点：缺陷处理与事故分析

难易度：难

技能等级评价专业技能考核操作工作任务书

一、任务名称

数据通信网关机简单遥控异常处理。

二、适用工种

电网调度自动化厂站端调试检修工高级工。

三、具体任务

(1) 工作状态为实操变电站 110kV 线路间隔扩建，111 线路间隔断路器无法实现调度遥控功能。工作内容为：① 检查数据网管机配置并核对调度点表，查找遥控失败原因；② 排除故障完成 111 线路间隔断路器无法调度遥控。

(2) 工作任务：110kV 线路间隔断路器遥控功能正确。

四、工作规范及要求

(1) 按照《国家电网公司电力安全工作规程（电力监控部分)》要求做好相关安全措施，办理工作票。

(2) 完成 10kV 线路间隔断路器遥控试验。

(3) 填写运维记录，并对设备进行全面巡视，检查设备运行情况。

五、考核及时间要求

(1) 本考核操作时间为 60 分钟，包括安全措施布置和报告整理时间，时间到停止考核。同一类现象故障不限一处故障点。

(2) 故障查找和排除过程中，如确实不能查找出故障，可向考评员申请排除故障，该项故障项目不得分，但不影响其他项目。

(3) 按照技能操作记录单的操作要求进行操作，正确记录操作结果，试验记录项目包括：故障现象、故障点及排除方法。

技能等级评价专业技能考核操作评分标准

工种	电网调度自动化厂站端调试检修工				评价等级	高级工
项目模块	缺陷处理与事故分析—缺陷分析与处理			编号	Jc0002353012	
单位		准考证号			姓名	
考试时限	60 分钟	题型	多项操作		题分	100 分
成绩		考评员		考评组长		日期
试题正文	数据通信网关机简单遥控异常处理					
需要说明的问题和要求	(1) 要求调试单人操作，故障查找及分析在调试过程中完成。 (2) 操作应注意安全，按照标准化作业书的技术安全说明做好安全措施。 (3) 装置调试检验在远动通信屏、调度数据网屏上完成操作。 (4) 测试仪的选择可选考场提供的测试仪或自带测试仪					

序号	项目名称	质量要求	满分	扣分标准	扣分原因	得分
1	工作票办理及安全措施					
1.1	办理工作票	正确办理工作票	5	出现工作票错误一次扣 1 分，扣完为止		

续表

序号	项目名称	质量要求	满分	扣分标准	扣分原因	得分
1.2	相关安全措施的准备	根据工作票正确布置现场安全措施	10	布置的安全措施不满足工作票要求每发现一项扣2分，扣完为止		
2	通信网关机维护操作	核查数据通信网关机与主站通信状态	5	未检查数据通信网关机与主站通信状况扣5分		
		使用专用调试软件登录通信网关机	5	未正确使用专用调试软件登录通信网关机扣5分		
		进行通信网关机数据备份	10	因操作失误造成的通信网关机其他故障或告警，扣10分		
		通信网关机断路器遥控核对	10	遥控测试项目不全，每缺少一项扣5分，扣完为止		
3	通信网关机故障排除					
3.1	故障查找	能正确进行故障查找： 故障：断路器遥控转发点号错误，与调度不一致，导致遥控失败	20	未查找出故障扣20分		
3.2	故障排除	能正确进行故障排除	10	未排除故障扣10分		
4	填写试验报告					
4.1	故障排除	将故障现象和具体故障（故障点及排除的方法）填写清楚	20	故障点及排除方法未填写每项扣5分； 故障现象填写不清楚每项扣5分； 以上扣分，扣完为止		
5	现场恢复	恢复现场	5	未进行现场恢复扣5分		
	合计		100			

第四部分 技 师

第七章　电网调度自动化厂站端调试检修工技师技能笔答

Jb0001231001　什么是时分复用？（5分）

考核知识点：自动化装置配置及校验

难易度：易

标准答案：

把一个周期的时间分割成许多小段（时隙），每个小段分配给一路信号使用，同步信号占一个时隙。接收端先找到同步信号，然后再顺序找到各路信号。

Jb0001232002　简述监控系统提高抗干扰的措施。（5分）

考核知识点：自动化装置配置及校验

难易度：中

标准答案：

（1）外部抗干扰措施：① 电源抗干扰措施：在机箱电源线入口处安装滤波器或UPS。② 隔离措施：交流量均经小型中间电压、电流互感器隔离；模拟量、开关量的输入采用光电隔离。③ 机体屏蔽：各设备机壳用铁质材料，必要时采用双层屏蔽电场和磁场。④ 通道干扰处理：采用抗干扰能力强的传输通道及介质，合理分配和布置插件。

（2）内部抗干扰措施：对输入采样值抗干扰纠错、对软件运算过程量的核对、软件程序出轨的自恢复功能。

Jb0001233003　请简述智能变电站Ⅰ区数据通信网关机，Ⅰ区图形网关机，Ⅱ区数据通信网关机各自的功能、作用和传输的内容。（5分）

考核知识点：自动化装置配置及校验

难易度：难

标准答案：

（1）Ⅰ区数据通信网关机直接采集站内数据，通过专用通道向调度（调控）中心传送实时信息。传输的内容如下：① 电网实时运行的量测值和状态信息；② 保护动作及告警信息（保护启动、动作及告警信号）；③ 设备运行状态的告警信息（设备自检和告警信息）；④ 调度操作控制命令。

（2）Ⅰ区图形网关机传输的内容如下：① 告警直传信息；② 基于G语言格式的变电站内图形文件；③ 图形文件所包含的动态数据。

（3）Ⅱ区数据通信网关机实现Ⅱ区数据向调度（调控）中心的数据传输，具备调度（调控）中心对变电站Ⅱ区数据的远方查询和浏览功能。传输的内容如下：① 告警简报、故障分析报告；② 故障录波数据；③ 状态监测数据；④ 电能量数据；⑤ 辅助应用数据；⑥ 模型和图形文件：全站的SCD文件，导出的CIM、G文件等；⑦ 日志和历史记录：SOE事件、故障分析报告、告警简报等历史记录和全站的操作记录。

Jb0001231004 请简述智能变电站系统结构和关键设备。(5分)

考核知识点：自动化装置配置及校验

难易度：易

标准答案：

智能变电站采用三层两网结构，即站控层、间隔层、过程层、站控层网络、过程层网络。

（1）站控层主要有监控主机、对时装置、数据服务器、Ⅰ区数据通信网关机/图形网关机、综合应用服务器、计划管理终端、Ⅱ区数据通信网关机、Ⅲ区数据通信网关机。

（2）间隔层主要有测控保护装置、同步相量测量、电能质量检测、电量计量装置、故障录波装置、辅助信息监测装置、火灾消防及安全防护装置、一次设备在线检测IED等。

（3）过程层主要有合并单元、智能终端、合并单元智能终端一体化装置、电子式互感器、在线检测传感器、辅助信息传感器等组成。

Jb0001232005 反向安全隔离装置的主要功能有哪些？（5分）

考核知识点：自动化装置配置及校验

难易度：中

标准答案：

反向安全隔离装置用于从管理信息大区到生产控制大区的非网络方式的单向数据传输，是管理信息大区到生产控制大区的唯一数据传输途径。其支持的主要功能如下：

（1）具有应用网关功能，实现应用数据的接收与转发。

（2）具有应用数据内容有效性检查功能。

（3）具有基于数字证书的数据签名/解签名功能。

（4）实现两个安全区之间的安全数据传递。

（5）支持透明工作方式：虚拟主机IP地址、隐藏MAC地址。

（6）基于MAC、IP、传输协议、传输端口以及通信方向的综合报文过滤与访问控制。

Jb0001231006 为什么说TCP/IP模型中TCP是可靠的传输协议？（5分）

考核知识点：自动化装置配置及校验

难易度：易

标准答案：

（1）TCP有一套连接管理的机制：收发双方通信前要建立连接，即进行三次握手，然后才进行应用层的通信；应用层通信完成之后要释放TCP连接，即进行四次挥手。

（2）在通信的过程中，对每一个发出的数据包都要进行确认，在规定时间内收不到确认的话要重发该数据包。

（3）TCP还通过滑动窗口的机制来进行流量控制，使收发双方的通信速率得到匹配。

Jb0001231007 操作系统的三权分立，分别是代表哪三个用户的权限。请简要阐述三个用户的职责。(5分)

考核知识点：自动化装置配置及校验

难易度：易

标准答案：

（1）系统管理员：管理系统常用功能，用户增加、组增加、设备管理等。

（2）安全管理员：组成员授权及修改、文件授权及修改、权限查看等。

（3）审计管理员：负责操作日志管理、用户登录日志查看、日志删除等。

Jb0001221008　UPS 系统的基本组成如图 Jb0001221008 所示，请问：图中 Q1、QF1、Q4S、Q5N、Q3BP 是什么？（5 分）

考核知识点：自动化装置配置及校验

难易度：易

标准答案：

（1）Q1：整流器输入开关。

（2）QF1：电池电路保护开关。

（3）Q4S：静态旁路输入开关。

（4）Q5N：逆变器输出开关。

（5）Q3BP：手动维修旁路开关。

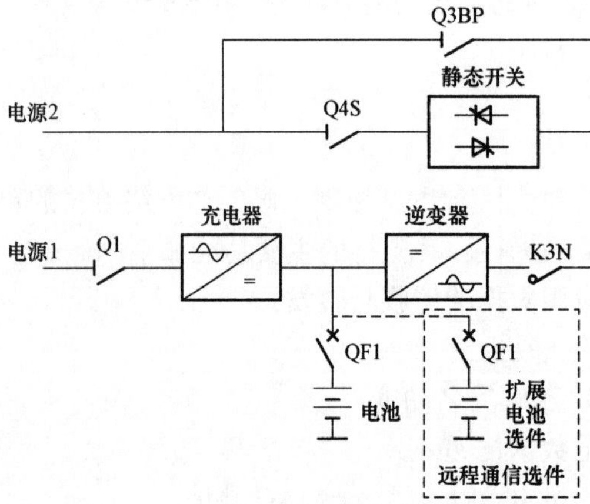

图 Jb0001221008

Jb0001231009　安全Ⅰ区与安全Ⅱ区之间的隔离要求是什么？（5 分）

考核知识点：自动化装置配置及校验

难易度：易

标准答案：

安全Ⅰ区与安全Ⅱ区的业务系统都属电力生产系统，使用电力调度数据网络上传数据，在线运行，数据交换较多，关系比较密切，可以作为一个逻辑大区（生产控制区）。Ⅰ、Ⅱ区之间须采用经有关部门认定核准的硬件防火墙或相关设备进行逻辑隔离，应禁止 E−mail、Web、Telnet、Rlogin 等服务穿越安全区之间的隔离设备。

Jb0002232010　智能变电站某隔离开关位置在监控主机和远方调度主站都显示与实际相反，可能的故障点有哪些？（5 分）

考核知识点：缺陷处理与事故分析

难易度：中

标准答案：

（1）隔离开关本体故障，位置接点输出故障或接反。

（2）隔离开关与智能终端间的位置回路故障或接反。

（3）智能终端配置错误，导致隔离开关位置信息不对应。

（4）智能终端与测控装置间通信故障，隔离开关位置变化后，未上送至测控。

（5）测控装置配置错误，导致隔离开关位置信息不对应。

（6）监控主机和数据通信网关机对该隔离开关做了位置反操作。

（7）测控装置与监控主机、数据通信网关机通信故障，隔离开关位置变化后，未上送至监控主机和数据通信网关机。

Jb0002232011 监控主机和远方调度主站显示的变压器温度遥测值都与现场温度表差距较大，请分析可能存在的原因。（5分）

考核知识点：缺陷处理与事故分析

难易度：中

标准答案：

（1）现场温度表故障。

（2）变压器内温度采集变送器（温度变电阻）故障。

（3）变压器温度二次回路故障。

（4）智能终端配置错误或设备故障。

（5）测控装置配置错误或设备故障。

（6）智能终端与测控装置通信故障。

（7）测控装置与监控主机、数据通信网关机通信故障。

（8）监控主机和数据通信网关机参数设置错误。

Jb0002232012 智能变电站内监控主机与其他 IED 装置通信正常，但存在某测控装置数据一直不刷新，测控装置无任何异常告警信号，试列举其可能的几条原因。（5分）

考核知识点：缺陷处理与事故分析

难易度：中

标准答案：

（1）测控装置与监控主机的 MMS 报告使能不成功。

（2）测控装置所连客户端连接数已超出其允许的最大连接数。

（3）监控主机与站内其他客户端使用相同的 MMS 报告控制块实例号，该实例号已被其他客户端占用。

（4）测控装置配置错误或设备异常。

（5）测控装置与过程层设备通信中断。

Jb0002211013 假如数据通信网关机送出某遥测的满码是±2048，该遥测的工程满度值是±102.4MW，遥测越限告警上下限设置为±90MW，当数据通信网关机送出 2000 时，调度员看到的是什么数值？是否越限？假如越限告警死区设置为2%，该遥测值在88~92之间多次变化，会不会多次产生遥测越限告警？（5分）

考核知识点：缺陷处理与事故分析

难易度：易

标准答案：

遥测显示工程值=102.4/2048×2000=100MW。调度员看到的是 100MW。该遥测越上限。102.4×2%=2.048，告警上下限为±90MW，该遥测值在 88～92 多次变化，都在死区范围内，不会多次产生遥测越限告警。

Jb0002232014　变电站现场捕捉到一次 MMS 带选择遥控失败报文，解析报文如下，试分析原因。（5 分）

客户端遥控选择：

SelectWithValue－Request：PL2201APROT/LLN0.CO.RecSEna.SBOwtrue

服务器端响应：

Operator－Response：PL2201APROT/LLN0.CO.RecSEna.OperPosition－reached

SelectWithValue－Response－failure：object－access－denied

考核知识点：缺陷处理与事故分析

难易度：中

标准答案：

依据网络报文记录及分析装置“四统一”技术规范，在一次带选择遥控操作过程中只要存在否定响应、命令终止结果为失败、响应超时或过程超时判定为操作失败，其他为成功；从报文中看出返回错误原因是开关位置已到达（PL2201APROT/LLN0.CO.RecSEna.OperPosition－reached），此时客户端再发起遥控值为 true 的操作，服务器端否定响应，所以带选择遥控失败。

Jb0002211015　某电厂 AGC 遥调采用 104 规约的标度化值，工程量最小值为 0，最大值为 32767，实际最小值为 0，最大值为 450MW，请根据图 Jb0002211015 的报文计算分析此时发电厂的设点目标值。（5 分）

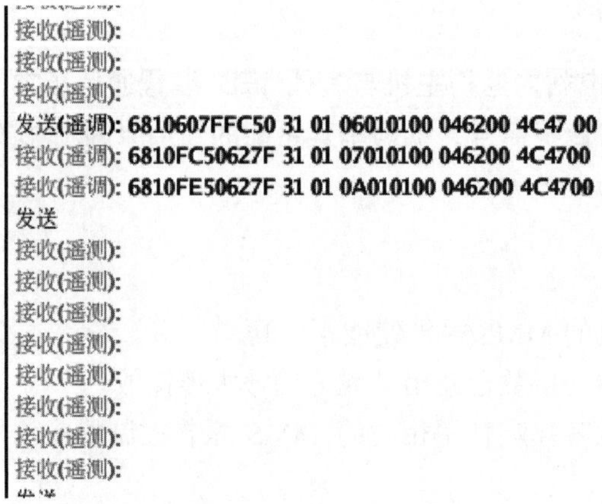
接收(遥测):
接收(遥测):
接收(遥测):
发送(遥调): 6810607FFC50 31 01 06010100 046200 4C47 00
接收(遥调): 6810FC50627F 31 01 07010100 046200 4C4700
接收(遥调): 6810FE50627F 31 01 0A010100 046200 4C4700
发送
接收(遥测):
接收(遥测):
接收(遥测):
接收(遥测):
接收(遥测):
接收(遥测):
接收(遥测):
接收(遥测):

图 Jb0002211015

考核知识点：缺陷处理与事故分析

难易度：易

标准答案：

下行设点的十六进制值为 474C，转换为十进制为 18252，遥调设点值为 18252÷32767×450=250.66（MW）。

Jb0002232016　当智能变电站现场后台遥控无法操作时候，应该怎么检查？（5 分）

考核知识点：缺陷处理与事故分析

难易度：中

标准答案：

（1）检查后台画面一次设备关联是否错误。

（2）检查测控装置，智能终端遥控压板是否投入，检修压板是否退出。
（3）检查一次设备远近控把手是否打到远方。
（4）检查信号有没有下发到所对应的测控装置上面。
（5）检查智能终端有没有收到测控装置下发的遥控信号。
（6）检查智能终端到外部的接线是否完好。
（7）检查智能终端和测控装置有没有 GOOSE 断链。

Jb0003232017 智能变电站监控主机监控画面的检查验收应包括哪些内容？（5 分）
考核知识点：技术管理
难易度：中
标准答案：

（1）查看智能变电站监控主机监控画面，应包含索引图、监控系统结构图、主接线图、间隔分图、通信状态图、交换机端口配置图、一体化电源系统图、CVT 监视图、VQC 控制图、SV/GOOSE 二维表、时钟同步监测管理图等。

（2）依次点击索引图各链接进入相应画面，实时画面响应时间不大于 1s，其他画面响应时间应不大于 2s。

（3）图形画面布局、着色合理，信息命名与实际一致，信息显示正确，画面刷新时间满足规范要求。

Jb0003231018 智能变电站数据通信网关机通过组态工具软件可以查看哪些内容？（5 分）
考核知识点：技术管理
难易度：易
标准答案：
（1）通过组态工具软件查看测控装置、保护装置等二次设备与数据通信网关机通信状态。
（2）通过组态工具软件查看遥测、遥信信息采集。
（3）通过组态工具软件查看信息合并、逻辑计算功能。

Jb0003232019 简述遥测死区及死区计算方法。（5 分）
考核知识点：技术管理
难易度：中
标准答案：

在 Polling 方式中，规定一个模拟量变化范围，在 RTU 每进行一次模拟量计算后，计算出与上一次计算值的变化量。当变化量在规定值的变化范围时，认为该模拟量没有变化，RTU 不再向主站发送这个模拟量，主站把上一次收到的数据作为这个模拟量的当前值。若变化量超过这个规定范围，认为该模拟量发生变化，RTU 把当前值作为已变化的量送出去。被规定的这个变化范围称为遥测死区，完成上述判断的计算工作称为死区计算。

Jb0004232020 电力监控系统发生哪些情况属于五级设备事件？（5 分）
考核知识点：培训与指导
难易度：中
标准答案：
（1）安全保护等级为四级的电力监控系统的主调系统和备调系统的 SCADA 功能全部失效。

（2）安全保护等级为四级的电力监控系统被有害程序或网络攻击操控。

（3）数据泄露、丢失或被窃取、篡改，对公司安全生产产生特别重大影响。

（4）安全保护等级为四级的电力监控系统所在机房的不间断电源系统或空气调节系统故障，造成机房内安全保护等级为四级的电力监控系统的设备停运。

Jb0004232021　电力监控系统发生哪些情况属于八级设备事件？（5分）

考核知识点：培训与指导

难易度：中

标准答案：

（1）主、备调配置的安全保护等级为三级的电力监控系统的主调系统的主要功能全部失效，或其他安全保护等级为三级的电力监控系统的主要功能全部失效。

（2）电力监控系统运行异常，影响事故处理或延误送（发）电。

（3）数据泄露、丢失或被窃取、篡改，对公司安全生产产生一定影响。

（4）生产控制大区或安全Ⅲ区与互联网直连，或生产控制大区的纵向认证、横向隔离被突破。

第八章　电网调度自动化厂站端调试检修工技师技能操作

Jc0001252001　调度数据网交换机的安全防护配置及整改。(100 分)

考核知识点：自动化装置配置及校验

难易度：中

技能等级评价专业技能考核操作工作任务书

一、任务名称

调度数据网交换机的安全防护配置及整改。

二、适用工种

电网调度自动化厂站端调试检修工技师。

三、具体任务

（1）工作状态为实操变电站调度数据网交换机未配置。工作内容为检查并按要求更改调度数据网交换机的安全防护。

（2）工作任务：

1）通过在调度数据网交换机检查相关安全防护配置，包括配置一个用户名为：SGDnet-PX 密码：NXzdh-1234 的用户，配置用户服务类型 SSH，管理员权限，等级 15（最高权限）。

2）模拟现场数据网上送路径，核实链路正确。

四、工作规范及要求

（1）工器具使用及安全措施。

（2）按要求进行工作票办理、二次安全措施布置。

（3）调度数据网异常故障查找及排除。

（4）进行故障分析并填写工作记录。

五、考核及时间要求

（1）本考核操作时间为 60 分钟，按所完成的内容计分，未完成部分均不得分，时间到停止考核。

（2）技能操作过程中，如确实不能完成相关项目，可向考评员申请，该项目不得分，但不影响其他项目。

技能等级评价专业技能考核操作评分标准

<table>
<tr><td>工种</td><td colspan="5">电网调度自动化厂站端调试检修工</td><td>评价等级</td><td>技师</td></tr>
<tr><td>项目模块</td><td colspan="4">自动化装置配置及校验—调度数据网配置</td><td>编号</td><td colspan="2">Jc0001252001</td></tr>
<tr><td>单位</td><td colspan="2"></td><td colspan="2">准考证号</td><td></td><td>姓名</td><td></td></tr>
<tr><td>考试时限</td><td colspan="2">60 分钟</td><td>题型</td><td colspan="2">单项操作</td><td>题分</td><td>100 分</td></tr>
<tr><td>成绩</td><td></td><td>考评员</td><td></td><td>考评组长</td><td></td><td>日期</td><td></td></tr>
<tr><td>试题正文</td><td colspan="7">调度数据网交换机的安全防护配置及整改</td></tr>
</table>

续表

需要说明的问题和要求	（1）要求调试单人操作，故障查找及分析在调试过程中完成。 （2）操作应注意安全，按照标准化作业书的技术安全说明做好安全措施。 （3）装置调试检验在调度数据网屏上完成操作。 （4）测试仪的选择可选考场提供的测试仪或自带测试仪

序号	项目名称	质量要求	满分	扣分标准	扣分原因	得分
1	工具使用及安全措施					
1.1	各种工器具正确使用	熟练正确使用各种工器具及劳动防护用品	5	未正确使用一次扣1分，扣完为止		
1.2	相关安全措施的准备	（1）调度数据网连接正确。 （2）工作开展前完成交换机配置备份。 （3）网线测试仪使用正确。 （4）笔记本使用正确	10	笔记本与交换机连接错误扣2分； 未正确使用网线测试仪扣2分； 未正确执行交换机配置备份扣3分； 未正确使用笔记本扣3分		
2	调度数据网交换机调试	能正确使用CRT软件，查看交换机配置，测试网络通信正确性，并正确执行交换机的修改等操作	30	未按要求正确使用CRT等软件查看交换机配置的扣10分； 因操作失误造成的数据网异常或告警，扣10分； 未能正确备份交换机配置操作扣10分		
3	调度数据网配置					
3.1	进行交换机配置	能正确进行配置： 配置1：建立一个SGDnet－PX的用户。 配置2：配置密码为：NXzdh－1234。 配置3：配置用户服务类型SSH，管理员权限，等级15（最高权限）	30	未配置，每项扣10分		
3.2	故障排除	能正确进行故障排除	10	未正确排除故障扣10分		
4	填写工作记录					
4.1	故障排除	将故障现象和具体故障（故障点及排除的方法）填写清楚	10	故障点及排除方法未填写每项扣2.5分； 故障现象填写不清楚每项扣2.5分； 以上扣分，扣完为止		
5	现场恢复	恢复现场	5	未进行现场恢复扣5分		
合计			100			

Jc0001252002　后台监控服务器加固配置。（100分）

考核知识点：自动化装置配置及校验

难易度：中

技能等级评价专业技能考核操作工作任务书

一、任务名称

后台监控服务器加固配置。

二、适用工种

电网调度自动化厂站端调试检修工技师。

三、具体任务

（1）工作状态实操变电站后台监控服务器正常运行，未进行操作系统加固。工作内容为对其进行加固。

（2）工作任务：

1）通过在后台监控服务器检查相关配置，包括更改root用户密码为NXpx－123、注释多余账户、查看并记录操作系统版本。

2）模拟现场后台服务器正常运行，在操作及配置完成后无异常。

四、工作规范及要求

（1）工器具使用及安全措施。

（2）按要求进行工作票办理、二次安全措施布置。

（3）后台监控服务器配置及加固。

（4）填写工作记录。

五、考核及时间要求

（1）本考核操作时间为60分钟，按所完成的内容计分，未完成部分均不得分，时间到停止考核。

（2）技能操作过程中，如确实不能完成相关项目，可向考评员申请，该项目不得分，但不影响其他项目。

技能等级评价专业技能考核操作评分标准

工种	电网调度自动化厂站端调试检修工				评价等级	技师
项目模块	自动化装置配置及校验—后台监控系统配置			编号	Jc0001252002	
单位		准考证号		姓名		
考试时限	60分钟	题型	单项操作	题分	100分	
成绩		考评员		考评组长		日期
试题正文	后台监控服务器加固配置					
需要说明的问题和要求	（1）要求调试单人操作。 （2）操作应注意安全，按照标准化作业书的技术安全说明做好安全措施。 （3）装置调试检验在后台监控机、线路测控屏上完成操作					
序号	项目名称	质量要求	满分	扣分标准	扣分原因	得分
1	工具使用及安全措施					
1.1	各种工器具正确使用	熟练正确使用各种工器具及劳动防护用品	5	未正确使用一次扣1分，扣完为止		
1.2	相关安全措施的准备	（1）申请进行后台监控服务器工作。 （2）获得授权后，检查系统运行状态	10	未进行申请工作扣5分； 获得授权后未检查后台服务器工作装置扣5分		
2	后台监控服务器调试操作	正确查看后台监控服务器内核版本、gcc版本并记录	20	未按要求正确查看内核版本及gcc版本并记录扣10分； 因操作失误造成的服务器异常或告警，扣10分		
3	后台监控服务器网配置					
3.1	进行后台监控服务器配置	能正确进行配置： 配置1：正确更改后台root密码为NXpx-123，并验证登录。 配置2：正确注释adm、halt、mail、news、uucp账户	40	未配置root密码扣10分； 未注释多余用户，一项扣6分，扣完为止		
4	填写工作记录					
4.1	填写工作记录，将工作内容填写清楚	将更改内容填写清楚	20	完善写明更改配置，按条及内容更改，填写不全或错误，一条扣4分，扣完为止		
5	现场恢复	恢复现场	5	未进行现场恢复扣5分		
合计			100			

Jc0002252003 过程层交换机的异常处理（智能站）。（100分）

考核知识点：缺陷处理与事故分析

难易度：中

技能等级评价专业技能考核操作工作任务书

一、任务名称

过程层交换机的异常处理（智能站）。

二、适用工种

电网调度自动化厂站端调试检修工技师。

三、具体任务

（1）工作状态为实操变电站 110kV 进线间隔过程层组网交换机光口 4、5、6 通信业务中断。工作内容为检查交换机光口故障并排除。

（2）工作任务：

1）检查过程层组网交换机光口 4、5、6 通信业务中断原因。

2）模拟现场工作，实施安全措施（按照交换机故障检修完成），排除设置的故障，恢复交换机业务正常运行。

3）过程层组网方式为：110kV 进线的合并单元/智能终端 GOOSE/SV 数据汇聚，链接保护装置、测控装置、网络报文分析等间隔层装置。

四、工作规范及要求

（1）工器具使用及安全措施。

（2）按要求进行工作票办理、二次安全措施布置。

（3）交换机故障查找及排除。

（4）进行故障分析并填写工作记录。

五、考核及时间要求

（1）本考核操作时间为 60 分钟，时间到停止考评，包括交换机配置备份和报告整理时间。同一类现象故障不限一处故障点。

（2）故障查找和排除过程中，如确实不能查找出故障，可向考评员申请排除故障，该项故障项目不得分，但不影响其他项目。

（3）按照技能操作记录单的操作要求进行操作，正确记录操作结果，工作记录项目包括：GOOSE/SV 链路通信状态、端口开启/关闭、数据流量限制等。

技能等级评价专业技能考核操作评分标准

工种	电网调度自动化厂站端调试检修工					评价等级	技师
项目模块	缺陷处理与事故分析—缺陷分析与处理				编号	Jc0002252003	
单位			准考证号			姓名	
考试时限	60 分钟		题型	单项操作		题分	100 分
成绩		考评员		考评组长		日期	
试题正文	过程层交换机的异常处理（智能站）						
需要说明的问题和要求	（1）要求调试单人操作，故障查找及分析在调试过程中完成。 （2）操作应注意安全，按照标准化作业书的技术安全说明做好安全措施。 （3）装置调试检验在网络通信屏上完成操作。 （4）仪器的选择应选考场提供的仪器						

序号	项目名称	质量要求	满分	扣分标准	扣分原因	得分
1	工具、防护用品使用及安全措施					

续表

序号	项目名称	质量要求	满分	扣分标准	扣分原因	得分
1.1	正确使用各种工器具	熟练正确使用各种工器具及劳动防护用品	5	未正确使用一次扣1分，扣完为止		
1.2	相关安全措施的准备	正确办理工作票	8	未正确办理工作票一处问题扣1分，扣完为止		
		正确填写及审核执行二次安全措施票	7	未正确填写或审核二次安全措施票一处扣1分，扣完为止		
2	交换机维护操作	能正确使用安全调试软件或经安全加固后的Web浏览器，并通过光电装换器成功登录交换机，按照要求检查交换机相关通信配置，并正确执行设置修改、软重启等操作	20	未按要求正确登录交换机扣5分； 因操作失误造成的其他相关网口业务中断，扣5分； 未能正确执行修改后配置的保存、装置软重启操作扣5分； 未能正确使用光电转换器扣5分		
3	交换机故障排除					
3.1	故障查找及排除	能正确进行故障查找： 故障1：设定交换机光口4为“不使能”，关闭该光口服务。 故障2：设定交换机光口5、6存在与其他网口不同的VLAN号。 故障3：设定交换机光口6光纤虚接	45	未查找出故障每项扣5分； 未消除故障每项扣10分； 以上扣分，扣完为止		
4	填写工作记录					
4.1	故障排除	将故障现象和具体故障（故障点及排除的方法）填写清楚	10	故障点及排除方法未填写每项扣2.5分； 故障现象填写不清楚每项扣2.5分； 以上扣分，扣完为止		
5	现场恢复	恢复现场	5	未进行现场恢复扣5分		
合计			100			

Jc0002252004 测控装置遥信量的异常处理。（100分）

考核知识点：缺陷处理与事故分析

难易度：中

技能等级评价专业技能考核操作工作任务书

一、任务名称

测控装置遥信量的异常处理。

二、适用工种

电网调度自动化厂站端调试检修工技师。

三、具体任务

（1）工作状态为模拟实操变电站35kV某线路间隔测控装置遥信变位异常。工作内容为检查测控装置遥信故障并排除。

（2）工作任务：

1）检查35kV某线路间隔测控装置遥信变位异常原因。

2）模拟现场遥信核对工作，实施安全措施（按照测控装置故障检修完成），排除设置的故障，恢复测控装置上送后台遥信变位正确。

3）测控装置采集的遥信主要有：断路器、隔离开关双点位置信号，远/近控把手、控制回路断线、弹簧未储能信号等。

四、工作规范及要求

（1）工器具使用及安全措施。

（2）按要求进行工作票办理、二次安全措施布置。

（3）测控装置遥信量故障查找及排除。

（4）进行故障分析并填写工作记录。

五、考核及时间要求

（1）本考核操作时间为60分钟，包括工作票办理和报告整理时间，时间到停止考核。同一类现象故障不限一处故障点。

（2）故障查找和排除过程中，如确实不能查找出故障，可向考评员申请排除故障，该项故障项目不得分，但不影响其他项目。

（3）按照技能操作记录单的操作要求进行操作，正确记录操作结果，工作记录项目包括：二次遥信回路、测控装置参数等。

技能等级评价专业技能考核操作评分标准

工种	电网调度自动化厂站端调试检修工					评价等级	技师
项目模块	缺陷处理与事故分析—缺陷分析与处理				编号	Jc0002252004	
单位			准考证号			姓名	
考试时限	60分钟		题型	单项操作		题分	100分
成绩		考评员		考评组长		日期	
试题正文	测控装置遥信量的异常处理						
需要说明的问题和要求	（1）要求调试单人操作，故障查找及分析在调试过程中完成。 （2）操作应注意安全，按照标准化作业书的技术安全说明做好安全措施。 （3）装置调试检验在后台监控机、线路测控屏上完成操作。 （4）测试仪的选择可选考场提供的测试仪或自带测试仪						

序号	项目名称	质量要求	满分	扣分标准	扣分原因	得分
1	工具、防护用品使用及安全措施					
1.1	正确使用各种工器具	熟练正确使用各种工器具及劳动防护用品	5	未正确使用一次扣1分，扣完为止		
1.2	相关安全措施的准备	正确办理工作票	8	未正确办理工作票一处问题扣1分，扣完为止		
		正确填写及审核执行二次安全措施票	7	未正确填写或审核二次安全措施票一处扣1分，扣完为止		
2	测控装置维护操作	能正确进入后台监控系统、测控装置告警窗口，会设定遥信基本参数，使用万用表测量遥信回路电位，并正确执行设置修改等操作	20	未按要求开启后台监控系统告警窗口扣5分； 因操作失误造成的测控装置故障或告警，扣5分； 未能正确执行参数及修改后配置的保存操作扣5分； 未能正确使用短接线进线遥信开入试验操作扣5分		
3	交换机故障排除					
3.1	故障查找及排除	能正确进行故障查找： 故障1：设定测控装置弹簧未储能信号防抖动时限为99s。 故障2：设定断路器双位置信号接线相反。 故障3：设定隔离开关分位置信号线芯虚接	45	未查找出故障每项扣5分； 未消除故障每项扣10分； 以上扣分，扣完为止		
4	填写工作记录					
4.1	故障排除	将故障现象和具体故障（故障点及排除的方法）填写清楚	10	故障点及排除方法未填写每项扣2.5分； 故障现象填写不清楚每项扣2.5分； 以上扣分，扣完为止		
5	现场恢复	恢复现场	5	未进行现场恢复扣5分		
合计			100			

Jc0002252005-1 测控装置遥测量的异常处理。（100分）

考核知识点：缺陷处理与事故分析

难易度：中

技能等级评价专业技能考核操作工作任务书

一、任务名称

测控装置遥测量的异常处理。

二、适用工种

电网调度自动化厂站端调试检修工技师。

三、具体任务

（1）工作状态为实操变电站110kV某进线间隔测控装置遥测采样异常。工作内容为检查测控装置遥测故障并排除。

（2）工作任务：

1）检查110kV某进线间隔测控装置遥测采样异常原因。

2）模拟现场遥信核对工作，实施安全措施（按照测控装置故障检修完成），排除设置的故障，恢复测控装置上送后台遥信变位正确。

3）测控装置采集的遥测分别为：A相电流 I_a、有功功率 P、无功功率 Q，二次采样回路接线为A相电压 U_a、B相电压 U_b、C相电压 U_c、A相电流 I_a、B相电流 I_b、C相电流 I_c，TA变比为600/5。

四、工作规范及要求

（1）工器具使用及安全措施。

（2）按要求进行工作票办理、二次安全措施布置。

（3）测控装置遥测量故障查找及排除。

（4）进行故障分析并填写工作记录。

五、考核及时间要求

（1）本考核操作时间为60分钟，包括工作票办理和报告整理时间，时间到停止考核。同一类现象故障不限一处故障点。

（2）故障查找和排除过程中，如确实不能查找出故障，可向考评员申请排除故障，该项故障项目不得分，但不影响其他项目。

（3）按照技能操作记录单的操作要求进行操作，正确记录操作结果，工作记录项目包括：交流采样测试、测控装置遥测参数设置等。

技能等级评价专业技能考核操作评分标准

<table>
<tr><td>工种</td><td colspan="5">电网调度自动化厂站端调试检修工</td><td>评价等级</td><td>技师</td></tr>
<tr><td>项目模块</td><td colspan="4">缺陷处理与事故分析—缺陷分析与处理</td><td>编号</td><td colspan="2">Jc0002252005-1</td></tr>
<tr><td>单位</td><td colspan="3"></td><td>准考证号</td><td></td><td>姓名</td><td></td></tr>
<tr><td>考试时限</td><td colspan="2">60分钟</td><td>题型</td><td colspan="2">单项操作</td><td>题分</td><td>100分</td></tr>
<tr><td>成绩</td><td></td><td>考评员</td><td></td><td>考评组长</td><td></td><td>日期</td><td></td></tr>
<tr><td>试题正文</td><td colspan="7">测控装置遥测量的异常处理</td></tr>
<tr><td>需要说明的问题和要求</td><td colspan="7">（1）要求调试单人操作，故障查找及分析在调试过程中完成。
（2）操作应注意安全，按照标准化作业书的技术安全说明做好安全措施。
（3）装置调试检验在后台监控机、线路测控屏上完成操作。
（4）测试仪的选择可选考场提供的测试仪或自带测试仪</td></tr>
</table>

续表

序号	项目名称	质量要求	满分	扣分标准	扣分原因	得分
1	工具、防护用品使用及安全措施					
1.1	正确使用各种工器具	熟练正确使用各种工器具及劳动防护用品	5	未正确使用一次扣1分，扣完为止		
1.2	相关安全措施的准备	正确办理工作票	8	未正确办理工作票一处问题扣1分，扣完为止		
		正确填写及审核执行二次安全措施票	7	未正确填写或审核二次安全措施票一处扣1分，扣完为止		
2	测控装置维护操作	能正确进入后台监控系统、测控装置告警窗口，会设定遥测基本参数，能够完成交流采样试验仪与测控装置间正确接线，使用电流钳型表测量电流回路采样，并正确执行设置修改等操作	20	未按要求开启后台监控系统告警窗口扣5分； 因操作失误造成的测控装置故障或告警，扣5分； 未能正确执行参数及修改后配置的保存操作扣5分； 交流采样试验仪与测控装置接线错误扣5分		
3	交换机故障排除					
3.1	故障查找及排除	能正确进行故障查找： 故障1：设定测控装置采样方式为两表法。 故障2：设定测控装置网线虚接。 故障3：设定U_a在端子处虚接	45	未查找出故障每项扣5分； 未消除故障每项扣10分； 以上扣分，扣完为止		
4	填写工作记录					
4.1	故障排除	将故障现象和具体故障（故障点及排除的方法）填写清楚	10	故障点及排除方法未填写每项扣2.5分； 故障现象填写不清楚每项扣2.5分； 以上扣分，扣完为止		
5	现场恢复	恢复现场	5	未进行现场恢复扣5分		
合计			100			

Jc0002253005－2　测控装置遥测量的异常处理。（100分）

考核知识点：缺陷处理与事故分析

难易度：难

技能等级评价专业技能考核操作工作任务书

一、任务名称

测控装置遥测量的异常处理。

二、适用工种

电网调度自动化厂站端调试检修工技师。

三、具体任务

（1）工作状态为实操变电站110kV某进线间隔测控装置遥测采样异常。工作内容为检查测控装置遥测故障并排除。

（2）工作任务：

1）检查110kV某进线间隔测控装置遥测采样异常原因。

2）模拟现场遥信核对工作，实施安全措施（按照测控装置故障检修完成），排除设置的故障，恢复测控装置上送后台遥测数据正确。

3）测控装置采集的遥测分别为：A 相电流 I_a、有功功率 P、无功功率 Q，二次采样回路接线为 A 相电压 U_a、B 相电压 U_b、C 相电压 U_c、A 相电流 I_a、B 相电流 I_b、C 相电流 I_c，TA 变比为 600A/5A。

四、工作规范及要求

（1）工器具使用及安全措施。

（2）按要求进行工作票办理、二次安全措施布置。

（3）测控装置遥测量故障查找及排除。

（4）进行故障分析并填写工作记录。

五、考核及时间要求

（1）本考核操作时间为 60 分钟，包括工作票办理和报告整理时间，时间到停止考核。同一类现象故障不限一处故障点。

（2）故障查找和排除过程中，如确实不能查找出故障，可向考评员申请排除故障，该项故障项目不得分，但不影响其他项目。

（3）按照技能操作记录单的操作要求进行操作，正确记录操作结果，工作记录项目包括：交流采样测试、测控装置遥测参数设置等。

技能等级评价专业技能考核操作评分标准

工种	电网调度自动化厂站端调试检修工			评价等级	技师
项目模块	缺陷处理与事故分析—缺陷分析与处理		编号	Jc0002253005－2	
单位		准考证号		姓名	
考试时限	60 分钟	题型	单项操作	题分	100 分
成绩		考评员		考评组长		日期	
试题正文	测控装置遥测量的异常处理				
需要说明的问题和要求	（1）要求调试单人操作，故障查找及分析在调试过程中完成。 （2）操作应注意安全，按照标准化作业书的技术安全说明做好安全措施。 （3）装置调试检验在后台监控机、线路测控屏上完成操作。 （4）测试仪的选择可选考场提供的测试仪或自带测试仪				

序号	项目名称	质量要求	满分	扣分标准	扣分原因	得分
1	工具使用及安全措施					
1.1	各种工器具正确使用	熟练正确使用各种工器具及劳动防护用品	5	未正确使用一次扣 1 分，扣完为止		
1.2	相关安全措施的准备	（1）测控装置与后台监控机通信连接正确。 （2）工作开展前确保测量电压空开断开。 （3）电流钳型表接线及使用正确。 （4）交流采样试验仪	10	测控装置与后台监控通信连接错误扣 3 分； 未正确使用电流钳型表扣 3 分； 在进行交流采样前，未与外部电压回流有明显断开点扣 2 分； 交流采样试验仪上电前未做接地措施扣 2 分		
2	测控装置维护操作	能正确进入后台监控系统、测控装置告警窗口，会设定遥测基本参数，能够完成交流采样试验仪与测控装置间正确接线，使用电流钳型表测量电流回路采样，并正确执行设置修改等操作	30	未按要求开启后台监控系统告警窗口扣 5 分； 因操作失误造成的测控装置故障或告警，扣 10 分； 未能正确执行参数及修改后配置的保存操作扣 5 分； 交流采样试验仪与测控装置接线错误扣 10 分		
3	交换机故障排除					
3.1	故障查找	能正确进行故障查找： 故障 1：修改测控装置 IP 地址与后台监控不一致。 故障 2：设置遥测变化量死区偏大。 故障 3：设定 I_a 在端子处虚接	30	未查找出故障每项扣 10 分		

续表

序号	项目名称	质量要求	满分	扣分标准	扣分原因	得分
3.2	故障排除	能正确进行故障排除	10	未正确排除故障每项扣3分，扣完为止		
4	填写工作记录					
4.1	故障排除	将故障现象和具体故障（故障点及排除的方法）填写清楚	10	故障点及排除方法未填写每项扣2.5分； 故障现象填写不清楚每项扣2.5分； 以上扣分，扣完为止		
5	现场恢复	恢复现场	5	未进行现场恢复扣5分		
合计			100			

Jc0002253006－1　测控装置遥控功能的异常处理。（100分）

考核知识点：缺陷处理与事故分析

难易度：难

技能等级评价专业技能考核操作工作任务书

一、任务名称

测控装置遥控功能的异常处理。

二、适用工种

电网调度自动化厂站端调试检修工技师。

三、具体任务

（1）工作状态为实操变电站110kV 111进线间隔测控装置遥控功能异常。工作内容为检查测控装置遥控故障并排除。

（2）工作任务：

1）检查110kV 111进线间隔测控装置遥控功能异常原因。

2）模拟现场遥控测试工作，实施安全措施（按照测控装置故障检修完成），排除设置的故障，实现正常遥控功能。

3）测控装置遥控对象为：断路器、母线侧和线路侧隔离开关。

四、工作规范及要求

（1）工器具使用及安全措施。

（2）按要求进行工作票办理、二次安全措施布置。

（3）测控装置遥控功能故障查找及排除。

（4）进行故障分析并填写工作记录。

五、考核及时间要求

（1）本考核操作时间为60分钟，包括工作票办理和报告整理时间，时间到停止考核。同一类现象故障不限一处故障点。

（2）故障查找和排除过程中，如确实不能查找出故障，可向考评员申请排除故障，该项故障项目不得分，但不影响其他项目。

（3）按照技能操作记录单的操作要求进行操作，正确记录操作结果，工作记录项目包括：遥控二次回路、压板功能验证、遥控参数设置等。

技能等级评价专业技能考核操作评分标准

工种	电网调度自动化厂站端调试检修工					评价等级	技师
项目模块	缺陷处理与事故分析—缺陷分析与处理				编号	Jc0002253006－1	
单位			准考证号			姓名	
考试时限	60分钟		题型	单项操作		题分	100分
成绩		考评员		考评组长		日期	
试题正文	测控装置遥控功能的异常处理						
需要说明的问题和要求	（1）要求调试单人操作，故障查找及分析在调试过程中完成。 （2）操作应注意安全，按照标准化作业书的技术安全说明做好安全措施。 （3）装置调试检验在后台监控机、线路测控屏上完成操作。 （4）测试仪的选择可选考场提供的测试仪或自带测试仪						

序号	项目名称	质量要求	满分	扣分标准	扣分原因	得分
1	工具、防护用品使用及安全措施					
1.1	正确使用各种工器具	熟练正确使用各种工器具及劳动防护用品	5	未正确使用一次扣1分，扣完为止		
1.2	相关安全措施的准备	正确办理工作票	8	未正确办理工作票一处问题扣1分，扣完为止		
		正确填写及审核执行二次安全措施票	7	未正确填写或审核二次安全措施票一处扣1分，扣完为止		
2	测控装置维护操作	能正确进入后台监控系统，按要求执行遥控操作流程，会设定遥控基本参数，能够正确使用万用表等工器具进行电位、出口节点测试等操作	20	未按要求执行遥控操作（如直接通过测控装置开出传动操作者）扣5分； 因操作失误造成的测控装置内部继电器故障扣5分； 未能正确执行参数修改及修改后配置的保存操作扣5分； 错误使用万用表导致直流短路扣5分		
3	交换机故障排除					
3.1	故障查找及排除	能正确进行故障查找： 故障1：设定后台监控装置111遥控关联为121。 故障2：设定测控装置网线虚接。 故障3：后台监控未执行验证功能	45	未查找出故障每项扣5分； 未消除故障每项扣10分； 以上扣分，扣完为止		
4	填写工作记录					
4.1	故障排除	将故障现象和具体故障（故障点及排除的方法）填写清楚	10	故障点及排除方法未填写每项扣2.5分； 故障现象填写不清楚每项扣2.5分； 以上扣分，扣完为止		
5	现场恢复	恢复现场	5	未进行现场恢复扣5分		
合计			100			

Jc0002253006－2 测控装置遥控功能的异常处理。（100分）

考核知识点：缺陷处理与事故分析

难易度：难

技能等级评价专业技能考核操作工作任务书

一、任务名称

测控装置遥控功能的异常处理。

二、适用工种

电网调度自动化厂站端调试检修工技师。

三、具体任务

（1）工作状态为实操变电站35kV某线路间隔测控装置遥控功能异常。工作内容为检查测控装置遥控故障并排除。

（2）工作任务：

1）检查35kV某线路间隔测控装置遥控功能异常原因。

2）模拟现场遥控测试工作，实施安全措施（按照测控装置故障检修完成），排除设置的故障，实现正常遥控功能。

3）测控装置遥控对象为：断路器。

四、工作规范及要求

（1）工器具使用及安全措施。

（2）按要求进行工作票办理、二次安全措施布置。

（3）测控装置遥控功能故障查找及排除。

（4）进行故障分析并填写工作记录。

五、考核及时间要求

（1）本考核操作时间为60分钟，包括工作票办理和报告整理时间，时间到停止考核。同一类现象故障不限一处故障点。

（2）故障查找和排除过程中，如确实不能查找出故障，可向考评员申请排除故障，该项故障项目不得分，但不影响其他项目。

（3）按照技能操作记录单的操作要求进行操作，正确记录操作结果，工作记录项目包括：遥控二次回路、压板功能验证、遥控参数设置等。

技能等级评价专业技能考核操作评分标准

工种	电网调度自动化厂站端调试检修工			评价等级	技师	
项目模块	缺陷处理与事故分析—缺陷分析与处理		编号	Jc0002253006－2		
单位		准考证号		姓名		
考试时限	60分钟	题型	单项操作	题分	100分	
成绩		考评员		考评组长		日期
试题正文	测控装置遥控功能的异常处理					
需要说明的问题和要求	（1）要求调试单人操作，故障查找及分析在调试过程中完成。 （2）操作应注意安全，按照标准化作业书的技术安全说明做好安全措施。 （3）装置调试检验在后台监控机、线路测控屏上完成操作。 （4）测试仪的选择可选考场提供的测试仪或自带测试仪					

序号	项目名称	质量要求	满分	扣分标准	扣分原因	得分
1	工具、防护用品使用及安全措施					
1.1	正确使用各种工器具	熟练正确使用各种工器具及劳动防护用品	5	未正确使用一次扣1分，扣完为止		

续表

序号	项目名称	质量要求	满分	扣分标准	扣分原因	得分
1.2	相关安全措施的准备	正确办理工作票	8	未正确办理工作票一处问题扣 1 分，扣完为止		
		正确填写及审核执行二次安全措施票	7	未正确填写或审核二次安全措施票一处扣 1 分，扣完为止		
2	测控装置维护操作	能正确进入后台监控系统，按要求执行遥控操作流程，会设定遥控基本参数，能够正确使用万用表等工器具进行电位、出口节点测试等操作	20	未按要求执行遥控操作（如直接通过测控装置开出传动操作者）扣 5 分； 因操作失误造成的测控装置内部继电器故障扣 5 分； 未能正确执行参数修改及修改后配置的保存操作扣 5 分； 错误使用万用表导致直流短路扣 5 分		
3	交换机故障排除					
3.1	故障查找及排除	能正确进行故障查找： 故障 1：设定测控装置断路器遥控出口脉宽为 0ms。 故障 2：设定遥控压板背部接线虚接。 故障 3：将测控装置远近控把手固定开入量短接，使之保持就地状态	45	未查找出故障每项扣 5 分； 未消除故障每项扣 10 分； 以上扣分，扣完为止		
4	填写工作记录					
4.1	故障排除	将故障现象和具体故障（故障点及排除的方法）填写清楚	10	故障点及排除方法未填写每项扣 2.5 分； 故障现象填写不清楚每项扣 2.5 分； 以上扣分，扣完为止		
5	现场恢复	恢复现场	5	未进行现场恢复扣 5 分		
合计			100			

Jc0002251007 测控装置对时的异常处理。(100 分)

考核知识点：缺陷处理与事故分析

难易度：易

技能等级评价专业技能考核操作工作任务书

一、任务名称

测控装置对时的异常处理。

二、适用工种

电网调度自动化厂站端调试检修工技师。

三、具体任务

(1) 工作状态为实操变电站 110kV 某进线间隔测控装置对时异常。工作内容为检查测控装置对时故障并排除。

(2) 工作任务：

1) 检查 110kV 某进线间隔测控装置对时异常原因。

2) 模拟现场遥信核对工作，验证 COS 变位与 SOE 时标一致，实施安全措施（按照测控装置故障检修完成），排除设置的故障，恢复测控装置对时功能正确。

3) 测控装置采用接受外部对时方式 IRIG－B，站内存在北斗/GPS 双时钟系统，测控装置与数据通信网关机、后台监控系统通信正常。

四、工作规范及要求

（1）工器具使用及安全措施。

（2）按要求进行工作票办理、二次安全措施布置。

（3）测控装置对时故障查找及排除。

（4）进行故障分析并填写工作记录。

五、考核及时间要求

（1）本考核操作时间为60分钟，包括工作票办理和报告整理时间，时间到停止考核。同一类现象故障不限一处故障点。

（2）故障查找和排除过程中，如确实不能查找出故障，可向考评员申请排除故障，该项故障项目不得分，但不影响其他项目。

（3）按照技能操作记录单的操作要求进行操作，正确记录操作结果，工作记录项目包括：时源测试、测控装置对时通信参数设置等。

技能等级评价专业技能考核操作评分标准

<table>
<tr><td>工种</td><td colspan="5">电网调度自动化厂站端调试检修工</td><td>评价等级</td><td>技师</td></tr>
<tr><td>项目模块</td><td colspan="4">缺陷处理与事故分析—缺陷分析与处理</td><td>编号</td><td colspan="2">Jc0002251007</td></tr>
<tr><td>单位</td><td colspan="2"></td><td>准考证号</td><td colspan="2"></td><td>姓名</td><td></td></tr>
<tr><td>考试时限</td><td colspan="2">60分钟</td><td>题型</td><td colspan="2">单项操作</td><td>题分</td><td>100分</td></tr>
<tr><td>成绩</td><td></td><td>考评员</td><td></td><td>考评组长</td><td></td><td>日期</td><td></td></tr>
<tr><td>试题正文</td><td colspan="7">测控装置对时的异常处理</td></tr>
<tr><td>需要说明的问题和要求</td><td colspan="7">（1）要求调试单人操作，故障查找及分析在调试过程中完成。
（2）操作应注意安全，按照标准化作业书的技术安全说明做好安全措施。
（3）装置调试检验在时钟同步屏、线路测控屏上完成操作。
（4）测试仪的选择可选考场提供的测试仪或自带测试仪</td></tr>
</table>

序号	项目名称	质量要求	满分	扣分标准	扣分原因	得分
1	工具、防护用品使用及安全措施					
1.1	正确使用各种工器具	熟练正确使用各种工器具及劳动防护用品	5	未正确使用一次扣1分，扣完为止		
1.2	相关安全措施的准备	正确办理工作票	8	未正确办理工作票一处问题扣1分，扣完为止		
		正确填写及审核执行二次安全措施票	7	未正确填写或审核二次安全措施票一处扣1分，扣完为止		
2	测控装置维护操作	能正确进入后台监控系统、测控装置告警窗口，会设定对时基本参数，能够完成时钟源报文测试分析仪与测控装置、同步时钟之间的正确接线、报文分析，使用万用表测量测试弱电反馈，并正确执行设置修改等操作	20	未按要求开启后台监控系统告警窗口扣5分； 未按要求实现测控装置对时功能扣10分； 未能正确执行参数及修改后配置的保存操作扣5分； 时钟源报文测试分析仪与测控装置接线错误扣10分		
3	交换机故障排除					
3.1	故障查找及排除	能正确进行故障查找： 故障1：设定B码对时接线虚接。 故障2：设定测控装置网线虚接。 故障3：设定测控装置对时方式为自守时	45	未查找出故障每项扣5分； 未消除故障每项扣10分； 以上扣分，扣完为止		

续表

序号	项目名称	质量要求	满分	扣分标准	扣分原因	得分
4	填写工作记录					
4.1	故障排除	将故障现象和具体故障（故障点及排除的方法）填写清楚	10	故障点及排除方法未填写每项扣2.5分； 故障现象填写不清楚每项扣2.5分； 以上扣分，扣完为止		
5	现场恢复	恢复现场	5	未进行现场恢复扣5分		
合计			100			

Jc0002253008 后台监控系统参数异常处理。(100分)

考核知识点：缺陷处理与事故分析

难易度：难

技能等级评价专业技能考核操作工作任务书

一、任务名称

后台监控系统参数异常处理。

二、适用工种

电网调度自动化厂站端调试检修工技师。

三、具体任务

（1）工作状态为实操变电站后台监控系统10kV某线路间隔遥测信息异常。工作内容为核对该间隔遥测信息，按题目要求完成电流、有功功率、无功功率计算及采样测试，检查后台监控系统遥测故障并排除。

（2）工作任务：

1）通过交流采样试验仪对测控装置输出交流模拟量，核对监控系统遥测采样值，检查遥测显示异常原因，实现全部遥测值均能按要求正确显示。

2）模拟现场遥测核对工作，实施安全措施（按照交流采样测试完成），排除设置的故障，验证后台监控系统数据库正确。

3）测控装置采集并上送的遥测量主要有：A相电流I_a、B相电流I_b、C相电流I_c、有功功率P、无功功率Q，其中，TV变比为10kV/100V，TA变比为300A/5A，要求在后台监控分画面内显示一次有功功率P=2.49MW，无功功率Q=0。后台监控系统已完成该装置的设备库及其模型数据库建设。

四、工作规范及要求

（1）工器具使用及安全措施。

（2）按要求进行工作票办理、二次安全措施布置。

（3）测控装置、后台监控系统参数异常故障查找及排除。

（4）进行故障分析并填写工作记录。

五、考核及时间要求

（1）本考核操作时间为60分钟，包括工作票办理和报告整理时间，时间到停止考核。同一类现象故障不限一处故障点。

（2）故障查找和排除过程中，如确实不能查找出故障，可向考评员申请排除故障，该项故障项目不得分，但不影响其他项目。

（3）按照技能操作记录单的操作要求进行操作，正确记录操作结果。

技能等级评价专业技能考核操作评分标准

<table>
<tr><td>工种</td><td colspan="5">电网调度自动化厂站端调试检修工</td><td>评价等级</td><td>技师</td></tr>
<tr><td>项目模块</td><td colspan="4">缺陷处理与事故分析—缺陷分析与处理</td><td>编号</td><td colspan="2">Jc0002253008</td></tr>
<tr><td>单位</td><td colspan="3"></td><td>准考证号</td><td></td><td>姓名</td><td></td></tr>
<tr><td>考试时限</td><td colspan="2">60 分钟</td><td>题型</td><td colspan="2">单项操作</td><td>题分</td><td>100 分</td></tr>
<tr><td>成绩</td><td></td><td>考评员</td><td></td><td>考评组长</td><td></td><td>日期</td><td></td></tr>
<tr><td>试题正文</td><td colspan="7">后台监控系统参数异常处理</td></tr>
<tr><td>需要说明的问题和要求</td><td colspan="7">（1）要求调试单人操作，故障查找及分析在调试过程中完成。
（2）操作应注意安全，按照标准化作业书的技术安全说明做好安全措施。
（3）装置调试检验在后台监控机、线路测控屏上完成操作。
（4）测试仪的选择可选考场提供的测试仪或自带测试仪</td></tr>
</table>

序号	项目名称	质量要求	满分	扣分标准	扣分原因	得分
1	工具、防护用品使用及安全措施					
1.1	正确使用各种工器具	熟练正确使用各种工器具及劳动防护用品	5	未正确使用一次扣 1 分，扣完为止		
1.2	相关安全措施的准备	正确办理工作票	8	未正确办理工作票一处问题扣 1 分，扣完为止		
		正确填写及审核执行二次安全措施票	7	未正确填写或审核二次安全措施票一处扣 1 分，扣完为止		
2	后台监控系统调试操作	能正确使用后台监控系统软件，调取间隔分画面及告警窗口，查看遥测信息；能根据已知条件正确计算功率因数，并操作交流采样测试仪完成交流模拟量输出，正确执行后台监控系统参数的修改等操作	20	未按要求正确使用后台监控系统软件查看遥测库、查看间隔分画面遥测值的扣 5 分； 因操作失误造成的监控系统、测控装置异常或故障，扣 5 分； 未能正确计算出功率因数并在交流采样测试仪内设置错误电压与电流夹角的操作扣 5 分； 未能完成分画面中正确显示的一项扣 2 分		
3	监控系统遥信异常故障排除					
3.1	故障查找及排除	能正确进行故障查找 故障 1：后台数据库里设置遥测数据不刷新/不允许处理/封锁。 故障 2：遥测死区值设置过大。 故障 3：后台监控系统遥测系数设置错误	35	未查找出故障每项扣 5 分； 未消除故障每项扣 10 分； 以上扣分，扣完为止		
3.2	故障排除	能正确进行故障排除	10	未正确排除故障每项扣 3 分，扣完为止		
4	填写工作记录					
4.1	故障排除	将故障现象和具体故障（故障点及排除的方法）填写清楚	10	故障点及排除方法未填写每项扣 2.5 分； 故障现象填写不清楚每项扣 2.5 分； 以上扣分，扣完为止		
5	现场恢复	恢复现场	5	未进行现场恢复扣 5 分		
合计			100			

Jc0002252009－1 数据通信网关机遥测转发及排除故障。（100 分）

考核知识点：缺陷处理与事故分析

难易度：中

技能等级评价专业技能考核操作工作任务书

一、任务名称

数据通信网关机遥测转发及排除故障。

二、适用工种

电网调度自动化厂站端调试检修工技师。

三、具体任务

进行 RCS－9698H 数据通信网关机遥测转发和故障查找。

（1）工作状态为实操变电站 110kV 线路间隔改扩建。工作内容为增补该线路间隔遥测转发。

（2）工作任务：

1）在远动转发表中完成新增 110kV 线路间隔电流、有功/无功功率遥测点，并进行转发，通过虚拟主站，验证遥测上送正确。

2）模拟现场工作，实施安全措施（按照远动调试完成），排除设置的故障，完成现场检验任务。

3）附远动转发表。

4）接线方式为 110kV 双母接线，扩建间隔 TA 变比为 600A/5A。远动配置为主备双机模式。

四、工作规范及要求

（1）工器具使用及安全措施。

（2）按要求进行遥测转发增补。

（3）远动配置故障查找及排除。

（4）进行故障分析并填写工作记录。

五、考核及时间要求

（1）本考核操作时间为 60 分钟，包括工作票办理和报告整理时间，时间到停止考核。同一类现象故障不限一处故障点。

（2）故障查找和排除过程中，如确实不能查找出故障，可向考评员申请排除故障，该项故障项目不得分，但不影响其他项目。

（3）按照技能操作记录单的操作要求进行操作，正确记录操作结果，工作记录项目包括：遥测点号、遥测系数、采样报文等。

技能等级评价专业技能考核操作评分标准

<table>
<tr><td>工种</td><td colspan="6">电网调度自动化厂站端调试检修工</td><td>评价等级</td><td>技师</td></tr>
<tr><td>项目模块</td><td colspan="5">缺陷处理与事故分析—缺陷分析与处理</td><td>编号</td><td colspan="2">Jc0002252009－1</td></tr>
<tr><td>单位</td><td colspan="3"></td><td>准考证号</td><td colspan="2"></td><td>姓名</td><td></td></tr>
<tr><td>考试时限</td><td colspan="2">60 分钟</td><td>题型</td><td colspan="3">单项操作</td><td>题分</td><td>100 分</td></tr>
<tr><td>成绩</td><td></td><td>考评员</td><td></td><td>考评组长</td><td colspan="2"></td><td>日期</td><td></td></tr>
<tr><td>试题正文</td><td colspan="8">数据通信网关机遥测转发及排除故障</td></tr>
<tr><td>需要说明的问题和要求</td><td colspan="8">（1）要求调试单人操作，故障查找及分析在调试过程中完成。
（2）操作应注意安全，按照标准化作业书的技术安全说明做好安全措施。
（3）装置调试检验在线路测控屏、远动通信屏上完成操作。
（4）测试仪的选择可选考场提供的测试仪或自带测试仪</td></tr>
</table>

续表

序号	项目名称	质量要求	满分	扣分标准	扣分原因	得分
1	工具、防护用品使用及安全措施					
1.1	正确使用各种工器具	熟练正确使用各种工器具及劳动防护用品	5	未正确使用一次扣1分，扣完为止		
1.2	相关安全措施的准备	正确办理工作票	8	未正确办理工作票一处问题扣1分，扣完为止		
		正确填写及审核执行二次安全措施票	7	未正确填写或审核二次安全措施票一处扣1分，扣完为止		
2	数据通信网关机遥测库新增点号及转发配置	能按要求正确进行远动数据库遥测增补，并按照转发表要求增添新扩建110kV间隔电流、有功/无功功率遥测点，遥测系数填写正确，采样测试报文正确并说明结果	20	远动遥测库选择错误扣5分； 远动转发点号设置错误扣5分； 遥测系数设置错误扣5分； 模拟量采样测试项目不全或错误，每缺少或错误一项扣5分（电流量、有功功率值、无功功率值）		
3	二次回路、远动配置故障排查					
3.1	故障查找	能正确进行故障查找： 故障1：测控装置背板测量电流A相端子内侧接线虚接。 故障2：远动转发库内存在同一电流值遥测点号，并设置为错误系数。 故障3：远动点表 I_a 为空点	45	未查找出故障每项扣5分； 未消除故障每项扣10分； 以上扣分，扣完为止		
4	填写工作记录					
4.1	故障排除	将故障现象和具体故障（故障点及排除的方法）填写清楚	10	故障点及排除方法未填写每项扣2.5分； 故障现象填写不清楚每项扣2.5分； 以上扣分，扣完为止		
5	现场恢复	恢复现场	5	未进行现场恢复扣5分		
合计			100			

Jc0002251009－2　数据通信网关机遥测转发及排除故障。（100分）

考核知识点：缺陷处理与事故分析

难易度：易

技能等级评价专业技能考核操作工作任务书

一、任务名称

数据通信网关机遥测转发及排除故障。

二、适用工种

电网调度自动化厂站端调试检修工技师。

三、具体任务

进行WYD－811数据通信网关机遥测转发和故障查找。

（1）工作状态为实操变电站110kV线路正常运行，遥测上送异常。工作内容为进行遥测转发增补及远动配置故障查找及排除。

（2）工作任务：

1）在远动转发表中完成110kV线路间隔电流、有功/无功功率遥测点，并进行转发，通过虚拟主站，验证遥测上送正确。

2）模拟现场工作，实施安全措施（按照远动调试完成），排除设置的故障，完成现场检验任务。

3）接线方式为 110kV 双母接线，扩建间隔 TA 变比为 600A/5A。远动配置为主备双机模式。

四、工作规范及要求

（1）工器具使用及安全措施。

（2）按要求进行遥测转发增补。

（3）远动配置故障查找及排除。

（4）进行故障分析并填写工作记录。

五、考核及时间要求

（1）本考核操作时间为 60 分钟，包括工作票办理和报告整理时间，时间到停止考核。同一类现象故障不限一处故障点。

（2）故障查找和排除过程中，如确实不能查找出故障，可向考评员申请排除故障，该项故障项目不得分，但不影响其他项目。

（3）按照技能操作记录单的操作要求进行操作，正确记录操作结果，工作记录项目包括：遥测点号、遥测系数、采样报文等。

技能等级评价专业技能考核操作评分标准

工种	电网调度自动化厂站端调试检修工					评价等级	技师
项目模块	缺陷处理与事故分析—缺陷分析与处理				编号	Jc0002251009－2	
单位			准考证号			姓名	
考试时限	60 分钟		题型		单项操作	题分	100 分
成绩		考评员		考评组长		日期	
试题正文	数据通信网关机遥测转发及排除故障						
需要说明的问题和要求	（1）要求调试单人操作，故障查找及分析在调试过程中完成。 （2）操作应注意安全，按照标准化作业书的技术安全说明做好安全措施。 （3）装置调试检验在线路测控屏、远动通信屏上完成操作。 （4）测试仪的选择可选考场提供的测试仪或自带测试仪						

序号	项目名称	质量要求	满分	扣分标准	扣分原因	得分
1	工具使用及安全措施					
1.1	各种工器具正确使用	熟练正确使用各种工器具及劳动防护用品	5	未正确使用一次扣 1 分，扣完为止		
1.2	相关安全措施的准备	（1）调试笔记本电脑与数据通信网关机连接正。 （2）使用正确的调试软件。 （3）远动主（备）机的配置备份。 （4）试验仪正确接地	10	数据通信网关机通信网口连接错误扣 2 分； 调试笔记本电脑 IP 地址设置错误扣 2 分； 未选用正确的调试软件扣 2 分； 未进行远动配置备份扣 2 分； 试验台未正确接地扣 2 分		
2	数据通信网关机遥测库新增点号及转发配置	能按要求正确进行远动数据库遥测增补，并按照转发表要求增添新扩建 110kV 间隔电流、有功/无功功率遥测点，遥测系数填写正确，采样测试报文正确并说明结果	30	远动遥测库选择错误扣 5 分； 远动转发点号设置错误扣 5 分； 遥测系数设置错误扣 5 分； 模拟量采样测试项目不全或错误，每缺少或错误一项扣 5 分（电流量、有功功率值、无功功率值）		
3	二次回路、远动配置故障排查					

续表

序号	项目名称	质量要求	满分	扣分标准	扣分原因	得分
3.1	故障查找	能正确进行故障查找： 故障1：测控装置背板测量电压B相端子内侧接线虚接。 故障2：远动转发库内I_a电流值遥测点号为空	10	未查找出故障每项扣5分		
3.2	故障排除	能正确进行故障排除	10	未正确排除故障每项扣5分，扣完为止		
4	填写工作记录					
4.1	工作记录	正确填写工作结果	10	每少填写一项扣3分，扣完为止		
4.2	故障排除	将故障现象和具体故障（故障点及排除的方法）填写清楚	10	故障点及排除方法未填写每项扣2.5分； 故障现象填写不清楚每项扣2.5分； 以上扣分，扣完为止		
5	报文分析					
5.1	遥测采样值报文分析	查看遥测采样报文，进行报文分析（可口述）	10	报文查看不正确或漏项每项扣2分（不超过5分）； 结果分析不正确扣5分		
6	现场恢复	恢复现场	5	未进行现场恢复扣5分		
合计			100			

Jc0002252009－3 数据通信网关机遥测转发及排除故障。（100分）

考核知识点：缺陷处理与事故分析

难易度：中

技能等级评价专业技能考核操作工作任务书

一、任务名称

数据通信网关机遥测转发及排除故障。

二、适用工种

电网调度自动化厂站端调试检修工技师。

三、具体任务

进行CSC－1321数据通信网关机遥测转发和故障查找。

（1）工作状态为实操变电站110kV线路正常运行，遥测上送异常。工作内容为进行遥测转发增补及远动配置故障查找及排除。

（2）工作任务：

1）在远动转发表中完成110kV线路间隔电流、有功/无功功率遥测点，并进行转发，通过虚拟主站，验证遥测上送正确。

2）模拟现场工作，实施安全措施（按照远动调试完成），排除设置的故障，完成现场检验任务。

3）附远动转发表。

4）接线方式为110kV双母接线，扩建间隔TA变比为600A/5A。远动配置为主备双机模式。

四、工作规范及要求

（1）工器具使用及安全措施。

（2）按要求进行遥测转发增补。

（3）远动配置故障查找及排除。

（4）进行故障分析并填写工作记录。

五、考核及时间要求

（1）本考核操作时间为60分钟，包括工作票办理和报告整理时间，时间到停止考核。同一类现象故障不限一处故障点。

（2）故障查找和排除过程中，如确实不能查找出故障，可向考评员申请排除故障，该项故障项目不得分，但不影响其他项目。

（3）按照技能操作记录单的操作要求进行操作，正确记录操作结果，工作记录项目包括：遥测点号、遥测系数、采样报文等。

技能等级评价专业技能考核操作评分标准

工种	电网调度自动化厂站端调试检修工					评价等级	技师
项目模块	缺陷处理与事故分析—缺陷分析与处理				编号	Jc0002252009－3	
单位			准考证号			姓名	
考试时限	60分钟		题型	单项操作		题分	100分
成绩		考评员		考评组长		日期	
试题正文	数据通信网关机遥测转发及排除故障						
需要说明的问题和要求	（1）要求调试单人操作，故障查找及分析在调试过程中完成。 （2）操作应注意安全，按照标准化作业书的技术安全说明做好安全措施。 （3）装置调试检验在线路测控屏、远动通信屏上完成操作。 （4）测试仪的选择可选考场提供的测试仪或自带测试仪						

序号	项目名称	质量要求	满分	扣分标准	扣分原因	得分
1	工具使用及安全措施					
1.1	各种工器具正确使用	熟练正确使用各种工器具及劳动防护用品	5	未正确使用一次扣1分，扣完为止		
1.2	相关安全措施的准备	（1）调试笔记本电脑与数据通信网关机连接正确。 （2）使用正确的调试软件。 （3）远动主（备）机的配置备份。 （4）试验仪正确接地	10	数据通信网关机通信网口连接错误扣2分； 调试笔记本电脑IP地址设置错误扣2分； 未选用正确的调试软件扣2分； 未进行远动配置备份扣2分； 试验仪未正确接地扣2分		
2	数据通信网关机遥测库新增点号及转发配置	能按要求正确进行远动数据库遥测增补，并按照转发表要求增添新扩建110kV间隔电流、有功/无功功率遥测点，遥测系数填写正确，采样测试报文正确并说明结果	30	远动遥测库选择错误扣5分； 远动转发点号设置错误扣5分； 遥测系数设置错误扣5分； 模拟量采样测试项目不全或错误，每缺少或错误一项扣5分（电流量、有功功率值、无功功率值）		
3	二次回路、远动配置故障排查					
3.1	故障查找	能正确进行故障查找： 故障1：测控装置背板测量电压C相端子内侧接线绝缘破坏。 故障2：远动转发库内I_b与I_c点号相反。 故障3：I_a电流开路	20	未查找出故障每项扣7分，扣完为止		
3.2	故障排除	能正确进行故障排除	10	未正确排除故障每项扣5分，扣完为止		
4	填写工作记录					

续表

序号	项目名称	质量要求	满分	扣分标准	扣分原因	得分
4.1	工作记录	正确填写工作结果	10	每少填写一项扣 3 分，扣完为止		
4.2	故障排除	将故障现象和具体故障（故障点及排除的方法）填写清楚	10	故障点及排除方法未填写，每项扣 2.5 分； 故障现象填写不清楚，每项扣 2.5 分； 以上扣分，扣完为止		
5	现场恢复	恢复现场	5	未进行现场恢复扣 5 分		
合计			100			

Jc0002251009-4　数据通信网关机遥测转发及排除故障。(100 分)

考核知识点：缺陷处理与事故分析

难易度：易

技能等级评价专业技能考核操作工作任务书

一、任务名称

数据通信网关机遥测转发及排除故障。

二、适用工种

电网调度自动化厂站端调试检修工技师。

三、具体任务

进行 WYD-811 数据通信网关机遥测转发和故障查找。

（1）工作状态为实操变电站 110kV 线路正常运行，遥测上送异常。工作内容为进行遥测转发增补及远动配置故障查找及排除。

（2）工作任务：

1）在远动转发表中完成 110kV 线路间隔电流、有功/无功功率遥测点，并进行转发，通过虚拟主站，验证遥测上送正确。

2）模拟现场工作，实施安全措施（按照远动调试完成），排除设置的故障，完成现场检验任务。

3）附远动转发表。

4）接线方式为 110kV 双母接线，扩建间隔 TA 变比为 600A/5A。远动配置为主备双机模式。

四、工作规范及要求

（1）工器具使用及安全措施。

（2）按要求进行遥测转发增补。

（3）远动配置故障查找及排除。

（4）进行故障分析并填写工作记录。

五、考核及时间要求

（1）本考核操作时间为 60 分钟，包括工作票办理和报告整理时间，时间到停止考核。同一类现象故障不限一处故障点。

（2）故障查找和排除过程中，如确实不能查找出故障，可向考评员申请排除故障，该项故障项目不得分，但不影响其他项目。

（3）按照技能操作记录单的操作要求进行操作，正确记录操作结果，工作记录项目包括：遥测点号、遥测系数、采样报文等。

技能等级评价专业技能考核操作评分标准

工种	电网调度自动化厂站端调试检修工					评价等级	技师
项目模块	缺陷处理与事故分析—缺陷分析与处理				编号	Jc0002251009－4	
单位			准考证号			姓名	
考试时限	60 分钟		题型	单项操作		题分	100 分
成绩		考评员		考评组长		日期	
试题正文	数据通信网关机遥测转发及排除故障						
需要说明的问题和要求	（1）要求调试单人操作，故障查找及分析在调试过程中完成。 （2）操作应注意安全，按照标准化作业书的技术安全说明做好安全措施。 （3）装置调试检验在线路测控屏、远动通信屏上完成操作。 （4）测试仪的选择可选考场提供的测试仪或自带测试仪						

序号	项目名称	质量要求	满分	扣分标准	扣分原因	得分
1	工具使用及安全措施					
1.1	各种工器具正确使用	熟练正确使用各种工器具及劳动防护用品	5	未正确使用一次扣 1 分，扣完为止		
1.2	相关安全措施的准备	（1）调试笔记本电脑与数据通信网关机连接正确。 （2）使用正确的调试软件。 （3）远动主（备）机的配置备份。 （4）试验仪正确接地	10	数据通信网关机通信网口连接错误扣 2 分； 调试笔记本电脑 IP 地址设置错误扣 2 分； 未选用正确的调试软件扣 2 分； 未进行远动配置备份扣 2 分； 试验台未正确接地扣 2 分		
2	数据通信网关机遥测库新增点号及转发配置	能按要求正确进行远动数据库遥测增补，并按照转发表要求增添新扩建 110kV 间隔电流、有功/无功功率遥测点，遥测系数填写正确，采样测试报文正确并说明结果	30	远动遥测库选择错误扣 5 分； 远动转发点号设置错误扣 5 分； 遥测系数设置错误扣 5 分； 模拟量采样测试项目不全或错误，每缺少或错误一项扣 5 分（电流量、有功功率值、无功功率值）		
3	二次回路、远动配置故障排查					
3.1	故障查找	能正确进行故障查找： 故障 1：设置远动装置 104 规约文本中的遥测起始值与调度端不一致。 故障 2：设置远动转发库内 I_a 和 I_c 电流遥测点号相反	10	未查找出故障每项扣 5 分		
3.2	故障排除	能正确进行故障排除	10	未正确排除故障每项扣 5 分，扣完为止		
4	填写工作记录					
4.1	工作记录	正确填写工作结果	10	每少填写一项扣 3 分，扣完为止		
4.2	故障排除	将故障现象和具体故障（故障点及排除的方法）填写清楚	10	故障点及排除方法未填写每项扣 2.5 分； 故障现象填写不清楚每项扣 2.5 分； 以上扣分，扣完为止		
5	报文分析					
5.1	遥测采样值报文分析	查看遥测采样报文，进行报文分析（可口述）	10	报文查看不正确或漏项每项扣 2 分（不超过 5 分）； 结果分析不正确扣 5 分		
6	现场恢复	恢复现场	5	未进行现场恢复扣 5 分		
合计			100			

Jc0002253010　后台监控系统与测控装置的通信调试及异常处理。（100 分）

考核知识点：缺陷处理与事故分析

难易度：难

技能等级评价专业技能考核操作工作任务书

一、任务名称

后台监控系统与测控装置的通信调试及异常处理。

二、适用工种

电网调度自动化厂站端调试检修工技师。

三、具体任务

进行后台监控系统与测控装置的通信调试及异常处理。

（1）工作状态为实操变电站后台监控系统与 220kV 某线路间隔测控装置间的通信异常。工作内容为完成通信连接，测控装置信号正确反映在后台监控系统告警窗内，检查测控装置通信故障并排除。

（2）工作任务：

1）检查 220kV 某线路间隔测控装置与后台监控系统间的通信异常原因，实现该间隔遥信能在后台告警窗口正确显示。

2）模拟现场通信调试工作，实施安全措施（按照测控装置故障检修完成），排除设置的故障，验证测控装置遥信上送后台正确。

3）测控装置采集的遥信主要有：断路器、隔离开关双点位置信号，控制回路断线、弹簧未储能信号等，后台监控系统已完成该装置的设备库及其模型数据库建设。

四、工作规范及要求

（1）工器具使用及安全措施。

（2）按要求进行工作票办理、二次安全措施布置。

（3）测控装置与后台监控系统通信故障查找及排除。

（4）进行故障分析并填写工作记录。

五、考核及时间要求

（1）本考核操作时间为 60 分钟，包括工作票办理和报告整理时间，时间到停止考核。同一类现象故障不限一处故障点。

（2）故障查找和排除过程中，如确实不能查找出故障，可向考评员申请排除故障，该项故障项目不得分，但不影响其他项目。

（3）按照技能操作记录单的操作要求进行操作，正确记录操作结果，工作记录项目包括：测控装置通信参数、后台监控系统通信参数设定、遥信变位试验等。

技能等级评价专业技能考核操作评分标准

<table>
<tr><td>工种</td><td colspan="5">电网调度自动化厂站端调试检修工</td><td>评价等级</td><td>技师</td></tr>
<tr><td>项目模块</td><td colspan="4">缺陷处理与事故分析—缺陷分析与处理</td><td>编号</td><td colspan="2">Jc0002253010</td></tr>
<tr><td>单位</td><td colspan="2"></td><td>准考证号</td><td colspan="2"></td><td>姓名</td><td></td></tr>
<tr><td>考试时限</td><td colspan="2">60 分钟</td><td>题型</td><td colspan="2">单项操作</td><td>题分</td><td>100 分</td></tr>
<tr><td>成绩</td><td></td><td>考评员</td><td></td><td>考评组长</td><td></td><td>日期</td><td></td></tr>
<tr><td>试题正文</td><td colspan="7">后台监控系统与测控装置的通信调试及异常处理</td></tr>
</table>

续表

需要说明的问题和要求	（1）要求调试单人操作，故障查找及分析在调试过程中完成。 （2）操作应注意安全，按照标准化作业书的技术安全说明做好安全措施。 （3）装置调试检验在后台监控机、线路测控屏上完成操作。 （4）测试仪的选择可选考场提供的测试仪或自带测试仪

序号	项目名称	质量要求	满分	扣分标准	扣分原因	得分
1	工具使用及安全措施					
1.1	各种工器具正确使用	熟练正确使用各种工器具及劳动防护用品	5	未正确使用一次扣1分，扣完为止		
1.2	相关安全措施的准备	（1）测控装置与交换机、后台监控机通信连接正确。 （2）工作开展前完成监控系统配置备份。 （3）网线测试仪使用正确	10	测控装置与交换机、后台监控通信连接错误扣3分； 未正确使用网线测试仪扣3分； 未正确执行监控系统配置备份扣4分		
2	后台监控系统与测控装置的通信调试操作					
2.1	测控装置通信设置操作	能正确设定测控装置通信参数，测试网络连接正确性，并正确执行设置修改等操作	15	未按要求正确设定测控装置通信参数扣5分； 因操作失误造成的测控装置故障或告警扣5分； 未能正确使用网线测试仪扣5分		
2.2	后台监控系统与测控装置通信联调操作	能正确设定后台监控主机操作系统、监控系统IP地址等通信参数，测试网络连接正确性，并实现测控装置遥信变位正确显示在告警画面窗口功能	15	未按要求完成后台监控主机操作系统及监控系统IP地址等通信参数设定的扣5分； 因操作失误造成的监控系统、测控装置故障或告警，扣5分； 未能正确使用短接线进线遥信开入试验操作扣5分		
3	通信故障排除					
3.1	故障查找	能正确进行故障查找： 故障1：设定测控装置遥信电源虚接。 故障2：设定后台监控系统内测控装置为虚拟设备。 故障3：设定后台监控主机网卡为“禁用”状态	30	未查找出故障每项扣10分		
3.2	故障排除	能正确进行故障排除	10	未正确排除故障每项扣3分，扣完为止		
4	填写工作记录					
4.1	故障排除	将故障现象和具体故障（故障点及排除的方法）填写清楚	10	故障点及排除方法未填写每项扣2.5分； 故障现象填写不清楚每项扣2.5分； 以上扣分，扣完为止		
5	现场恢复	恢复现场	5	未进行现场恢复扣5分		
合计			100			

Jc0002251011 调度数据网路由器的安全防护配置及整改。（100分）

考核知识点：缺陷处理与事故分析

难易度：易

技能等级评价专业技能考核操作工作任务书

一、任务名称

调度数据网路由器的安全防护配置及整改。

二、适用工种

电网调度自动化厂站端调试检修工技师。

三、具体任务

（1）工作状态为实操变电站调度数据网路由器安全防护未配置。工作内容为检查调度数据网路由器配置并更改。

（2）工作任务：

1）通过在调度数据网路由器检查并配置相关安全防护，包括 Console 口或远程登录后超过 5 分钟无动作自动退出，检查安全防护是否到位。

2）模拟现场数据网上送路径，核实链路正确。

四、工作规范及要求

（1）工器具使用及安全措施。

（2）按要求进行工作票办理、二次安全措施布置。

（3）调度数据网路由器的安全防护配置。

（4）进行故障分析并填写工作记录。

五、考核及时间要求

（1）本考核操作时间为 60 分钟，包括工作票办理和报告整理时间，时间到停止考核。同一类现象故障不限一处故障点。

（2）故障查找和排除过程中，如确实不能查找出故障，可向考评员申请排除故障，该项故障项目不得分，但不影响其他项目。

（3）按照技能操作记录单的操作要求进行操作，正确记录操作结果。

技能等级评价专业技能考核操作评分标准

工种	电网调度自动化厂站端调试检修工					评价等级	技师
项目模块	缺陷处理与事故分析—缺陷分析与处理				编号	Jc0002251011	
单位			准考证号			姓名	
考试时限	60 分钟		题型	单项操作		题分	100 分
成绩		考评员		考评组长		日期	
试题正文	调度数据网路由器的安全防护配置及整改						
需要说明的问题和要求	（1）要求调试单人操作，故障查找及分析在调试过程中完成。 （2）操作应注意安全，按照标准化作业书的技术安全说明做好安全措施。 （3）装置调试检验调度数据网屏上完成操作。 （4）测试仪的选择可选考场提供的测试仪或自带测试仪						

序号	项目名称	质量要求	满分	扣分标准	扣分原因	得分
1	工具使用及安全措施					
1.1	各种工器具正确使用	熟练正确使用各种工器具及劳动防护用品	5	未正确使用一次扣 1 分，扣完为止		
1.2	相关安全措施的准备	（1）调度数据网连接正确。 （2）工作开展前完成路由器配置备份。 （3）网线测试仪使用正确。 （4）笔记本使用正确	10	笔记本与路由器连接错误扣 2 分； 未正确使用网线测试仪扣 2 分； 未正确执行路由器配置备份扣 3 分； 未正确使用笔记本扣 3 分		
2	调度数据网路由器调试操作	能正确使用 CRT 软件，查看路由器配置，测试网络通信正确性，并正确执行路由器的修改等操作	30	未按要求正确使用 CRT 等软件查看路由器配置的扣 10 分； 因操作失误造成的数据网异常或告警，扣 10 分； 未能正确备份路由器配置操作扣 10 分		

续表

序号	项目名称	质量要求	满分	扣分标准	扣分原因	得分
3	调度数据网配置及故障排除					
3.1	问题查找及整改	能正确进行问题查找并改正： 问题：Console 口或远程登录后超过 5 分钟无动作自动退出未配置	30	未查找出问题扣 10 分； 未改正扣20 分，更改内容不完善每项扣 10 分，扣完为止		
3.2	故障排除	能正确进行故障排除	10	未正确排除故障每项扣 3 分，扣完为止		
4	填写工作记录					
4.1	故障排除	将故障现象和具体故障（故障点及排除的方法）填写清楚	10	故障点及排除方法未填写每项扣 2.5 分； 故障现象填写不清楚每项扣 2.5 分； 以上扣分，扣完为止		
5	现场恢复	恢复现场	5	未进行现场恢复扣 5 分		
合计			100			

Jc0002252012 变电站变压器温度的异常处理。（100 分）

考核知识点：缺陷处理与事故分析

难易度：中

技能等级评价专业技能考核操作工作任务书

一、任务名称

变电站变压器温度的异常处理。

二、适用工种

电网调度自动化厂站端调试检修工技师。

三、具体任务

完成变电站变压器温度的异常处理。

（1）工作状态为实操变电站某变压器温度遥测采样异常。工作内容为检查温度遥测传输回路故障并排除。

（2）工作任务：

1）检查 35kV 某变压器温度遥测采样异常原因。

2）模拟现场遥测核对工作，实施安全措施，排除设置的故障，恢复变压器温度遥测采样正确上送后台。

3）测控装置采集的遥测为某主变压器油面温度，温度变送器采用 Pt100 输入，输入量程为 0～100℃，输出量程为 0～5V，与测控装置接收直流量形式相匹配。

四、工作规范及要求

（1）工器具使用及安全措施。

（2）按要求进行工作票办理、二次安全措施布置。

（3）变压器温度异常故障查找及排除。

（4）进行故障分析并填写试验报告。

五、考核及时间要求

（1）本考核操作时间为 60 分钟，包括工作票办理和报告整理时间，时间到停止考核。同一类现象故障不限一处故障点。

（2）技能考核过程中，如确实不能操作，可向考评员申请协助完成该项操作，该项操作任务不得分，但不影响其他项目。

（3）按照技能操作记录单的操作要求进行操作，正确记录操作结果，记录项目包括：变压器实际温度、变送器正确的输入及输出值等。

技能等级评价专业技能考核操作评分标准

工种	电网调度自动化厂站端调试检修工					评价等级	技师
项目模块	缺陷处理与事故分析—缺陷分析与处理				编号		Jc0002252012
单位			准考证号			姓名	
考试时限	60 分钟		题型	单项操作		题分	100 分
成绩		考评员		考评组长		日期	
试题正文	变电站变压器温度的异常处理						
需要说明的问题和要求	（1）要求调试单人操作，故障查找及分析在调试过程中完成。 （2）操作应注意安全，按照标准化作业书的技术安全说明做好安全措施。 （3）操作及检验在后台监控机、主变压器测控屏上完成。 （4）测试仪的选择可选考场提供的测试仪或自带测试仪						

序号	项目名称	质量要求	满分	扣分标准	扣分原因	得分
1	工具使用及安全措施					
1.1	各种工器具正确使用	熟练正确使用各种工器具	5	未正确使用一次扣 1 分，扣完为止		
1.2	相关安全措施的准备	（1）检查测控装置与后台监控主机通信正常。 （2）温度校验仪接线及使用正确	10	未判断测控装置与后台监控主机通信状态扣 5 分； 未正确使用温度校验仪扣 5 分		
2	变电器温度的查阅	能正确进入后台监控系统、测控装置参数设置及查看界面，会设定遥测基本参数，能够完成温度校验仪与温度变送器间的接线并正确进行校验等操作	30	未按要求查阅后台监控系统相应主变压器温度扣 5 分； 未能正确执行参数及修改后配置的保存操作扣 5 分； 温度校验仪与温度变送器接线错误扣 10 分； 因操作失误造成测控装置故障或告警，扣 10 分		
3	变压器温度异常排除					
3.1	故障查找	能正确进行故障查找： 故障 1：设定测控装置与后台监控主机通信线中断。 故障 2：设定后台监控系统温度系数配置为 1（未配置）。 故障 3：设定 Pt100 其中一个输入线芯在端子处虚接	30	未查找出故障每项扣 10 分		
3.2	故障排除	能正确进行故障排除	10	未正确排除故障每项扣 3 分，扣完为止		
4	填写试验报告					
4.1	故障排除	将故障现象和具体故障（故障点及排除的方法）填写清楚	10	故障点及排除方法未填写每项扣 2.5 分； 故障现象填写不清楚每项扣 2.5 分； 以上扣分，扣完为止		
5	现场恢复	恢复现场	5	未进行现场恢复扣 5 分		
合计			100			

第五部分 高级技师

第九章　电网调度自动化厂站端调试检修工高级技师技能笔答

Jb0001131001　智能变电站 SCD 文件由哪五大部分组成？（5 分）

考核知识点：自动化装置配置及校验

难易度：易

标准答案：

（1）Header：主要描述 SCL 配置文件和版本，包含历史修订信息。

（2）Substation：主要描述全站一次设备及拓扑结构，以及变电站自动化系统功能的关系。

（3）Communication：包含过程层网络、站控层网络配置，包含 IP 地址、GOOSE 网划分及物理地址等。

（4）IED：包含全站 IED，以及全部间隔层 IED 的过程层接口逻辑设备的完整内容。

（5）DataTemplate：包含全站 IED 的逻辑设备相关的逻辑节点、数据对象和数据属性的枚举数据定义。

Jb0001131002　请说明 IEC61850 标准的建模方法。（5 分）

考核知识点：自动化装置配置及校验

难易度：易

标准答案：

建模的标准方法是将应用功能分解为可与之交换信息的最小实体，合理地分配这些实体到专用智能设备（IED），这些实体称为逻辑节点 LN（例如断路器类的虚拟表示，标准化名为 XCBR），几个逻辑节点可以构建为逻辑设备 LD（例如间隔单元），一个逻辑设备 LD 一般在一台 IED 中实现的（不是多个 IED 来实现一个 LD，一个 IED 可以包含多个 LD），因此逻辑设备是非分布式的，即一个逻辑设备不会分布于多个不同的 IED。

Jb0001131003　简述 SCD 文件生成过程。（5 分）

考核知识点：自动化装置配置及校验

难易度：易

标准答案：

智能化变电站系统配置工具将 ICD 文件、SSD 文件导入后，完成 IED 的通信地址的分配、IED 的实例的创建、各 IED 之间的数据交互配置、逻辑节点和一次设备的关系绑定，最后生成包含全站配置信息的 SCD 文件，配置的修改在 SCD 文件版本修改信息内描述。SCD 文件生成后，IED 配置工具负责将 SCD 文件中与本 IED 相关信息提取后生成 CID 文件。

Jb0001132004　论述遥控类型及其应用。（5 分）

考核知识点：自动化装置配置及校验

难易度：中

标准答案：

遥控的类型主要有增强型控制和普通控制两大类，其中增强型控制需要对控制的结果进行校验，以判断执行过程是否成功；普通控制不需要校验执行结果，控制过程随着执行的结束而结束。

增强型控制又分为带预置和不带预置两种类型，即增强型选择控制、增强型直接控制。

普通控制也分为带预置和不带预置两种类型，即选择型控制、直接控制。

四种控制方式中以增强型选择控制用得最多，多用于对执行过程要求较高的场合，例如断路器及隔离开关遥控、保护软压板遥控等；另外在一些要求快速执行，不要进行任何校验的场合会选用直接控制，直接对控制对象进行控制，一步执行完毕即控制结束，例如保护装置及智能终端的远程复归遥控、挡位升降、急停遥控等。

Jb0001132005　装置模型文件的数据集分为哪几类？（5分）

考核知识点：自动化装置配置及校验

难易度：中

标准答案：

共分为以下几类，分别是：① 遥测（dsAin）；② 遥信（dsDin）；③ 故障信号（dsAlarm）；④ 告警信号（dsWarning）；⑤ 通信工况（dsCommState）；⑥ 装置参数（dsParameter）；⑦ GOOSE 信号（dsGOOSE）；⑧ 保护事件（dsTripInfo）；⑨ 保护遥信（dsRelayDin）；⑩ 保护压板（dsRelayEna）；⑪ 保护录波（dsRelayRec）；⑫ 保护遥测（dsRelayAin）；⑬ 保护定值（dsSetting）。

Jb0001132006　根据 Q/GDW 11021—2013《变电站调控数据交互规范》，调控实时数据可分为哪几类？并详细解释这几类实时数据。（5分）

考核知识点：自动化装置配置及校验

难易度：中

标准答案：

调控实时数据可分为电网运行数据、电网故障信号、设备监控数据三大类。

（1）电网运行数据以满足电网调度指挥与电网运行分析需求为主，在原调度远动数据基础上补充变电运行监视数据。采集数据应符合智能电网调度技术支持系统信息模型要求。

（2）电网故障信号是电力调度值班员判断电网故障及分析处理的依据，主要反映站内开关或继电保护动作的结果。故障信号应具备典型意义，表达简洁明了，反映具体对象或区域性结果。针对多源或同类故障信号，可采用按电气间隔合并（逻辑或）的方式进行组合。

（3）设备监控数据包括调控中心监控值班员遥控、遥调操作和设备运行状态信号。依据国家电网有限公司大运行方案有关倒闸操作工作界面的要求，调控中心监控值班员遥控操作的项目有：拉合开关的单一操作，调节变压器分接开关，远方投切电容器、电抗器，调度允许的其他遥控操作。

Jb0001133007　简述 IED 的配置原则。（5分）

考核知识点：自动化装置配置及校验

难易度：难

标准答案：

IED 的配置原则如下：

（1）系统配置工具导入 ICD 文件时不应修改 ICD 文件模型实例的任何参数。

（2）系统配置工具导入 ICD 文件时应能检测模版冲突。

（3）系统配置工具导入 ICD 文件时保留厂家私有命名空间及其元素。

（4）系统配置工具应支持数据集及其成员配置。

（5）系统配置工具应支持 GOOSE 控制块、报告控制块、采样值控制块、日志控制块及相关配置参数配置。

（6）系统配置工具应支持 GOOSE 和 SV 虚端子配置。

（7）系统配置工具应支持 ICD 文件中功能约束为 CF 和 DC 的实例化数据属性值配置。

Jb0001132008　请论述 IEC 61850 基本测量类信息模板。（5 分）

考核知识点：自动化装置配置及校验

难易度：中

标准答案：

IEC 61850 基本测量类信息模板包括如下几种：

（1）测量值（MV）：主要用于测量值建模，如频率。

（2）复数测量值（CMV）：主要用于带方向测量值建模，如电压、电流。

（3）采样值（SAV）：主要用于采样值建模，如合并单元到测控的采样数据。

（4）单相测量值（WYE）：主要用于单相测量值建模，如 A 相电压 U_a、B 相电流 I_b。

（5）相间测量值（DEL）：主要用于相间测量值建模，如 AB 线电压 U_{ab}。

Jb0001132009　简述 GB/T 33602—2017《电力系统通用服务协议》标准中，服务消费者主动释放关联的步骤。（5 分）

考核知识点：自动化装置配置及校验

难易度：中

标准答案：

（1）服务消费者向客户端服务代理发送 release 帧。

（2）客户端服务代理向服务端服务代理发送 release 帧。

（3）服务端服务代理向服务提供者发送 release 帧。

（4）服务提供者收到 release 帧后，返回关联释放确认帧给服务端服务代理。

（5）服务端服务代理向客户端服务代理返回关联释放确认帧。

（6）客户端服务代理向服务消费者返回关联释放确认帧，完成关联释放。

Jb0001133010　简述变电站网络安全监测装置部署工作流程。（5 分）

考核知识点：自动化装置配置及校验

难易度：难

标准答案：

装置部署准备、装置单体调试、监测对象接入调试、平台接入调试和竣工验收五个主要阶段，各阶段包含的具体工作如下：

（1）装置部署准备。该阶段主要由项目集成厂商开展现场调研统计相关设备详细信息，协同变电站运维检修部门分析项目实施过程的各类风险点并制定应对措施，联系调控机构进行 IP 地址分配，并编制项目实施方案。

（2）装置单体调试。该阶段主要由项目集成厂商开展装置的上架安装、布线、上电检查、软件版本校验和参数配置等工作。

（3）监测对象接入调试。该阶段主要由现场实施厂商（项目集成厂商、监测对象厂商、监测装置厂商）开展变电站内主机、网络和安全防护等站控层设备的接入装置工作和相应的功能测试。

（4）平台接入调试。该阶段主要由项目集成厂商和调控机构开展监测装置与调度主站平台的联调测试。

（5）竣工验收。该阶段主要由变电站运维检修部门组织开展主站功能检查和现场竣工验收等工作。

Jb0001133011 简述变电站Ⅱ型网络安全监测装置单体调试步骤。（5 分）

考核知识点：自动化装置配置及校验

难易度：难

标准答案：

（1）装置上架安装：监测装置应接入直流或交流不同源的双路电源独立供电，外壳接地采用黄绿相间多股软铜线。

（2）装置上电检查：装置接通上电，检查电源是否全部运行正常。

（3）装置网口规划及相关网线敷设：现场根据实际业务需要及安全区划分进行网线敷设。

（4）装置对时接入：监测装置宜同时接入 IRIG－B 码和 NTP 对时，对时源均应为变电站时钟同步装置。

（5）装置硬接点接入：监测装置具备失电告警和装置异常硬节点，通过公用测控信号电缆线连接到公用测控屏，实现装置硬接点接入并上送至相应调控中心。

（6）软件版本校验：装置开始配置之前，应采用版本校验工具对监测装置的软件版本与通过电科院检测的软件版本进行一致性校验。

（7）装置典型参数配置：监测装置参数配置项目包括系统参数、通信参数、资产配置、白名单配置等。

Jb0001131012 简述以使用 vlan10 为例，调度数据网交换机 vlan 配置应包括哪些内容？（5 分）

考核知识点：自动化装置配置及校验

难易度：易

标准答案：

（1）配置交换机 vlan，例如实时交换机配置 vlan10。

（2）配置管理 vlan 号为 10。

（3）在 vlan10 接口下配置交换机地址。

（4）在接口下配置 port access vlan10。

（5）配置接口使用 trunk 模式。

Jb0001132013 某变电站网关地址为 64.104.0.190，请简述调度数据网路由器中如下配置会产生哪些影响。并对不正确的部分进行更改。（5 分）

```
interface vlan-interface10
ip binding vpn-instance vpn-rt
ip address 64.104.0.188 255.255.255.224
vrrp vrid 10 virtual-ip 64.104.0.190
vrrp vrid 10 priority 105
```

考核知识点：自动化装置配置及校验

难易度：中

标准答案：

（1）该配置是用于两套调度数据网路由器双机互备时的 vrrp 配置，当主站对变电站进行非法 IP 扫描时，会出现不明 IP 地址 64.104.0.188 及网关地址 64.104.0.190，导致调度数据网路由器存在不明 IP 地址的非法配置。

（2）正确配置如下：

interface vlan－interface10

ip binding vpn－instance vpn－rt

ip address 64.104.0.190255.255.255.224

Jb0001131014　简述站控层交换机安全配置项目主要有哪些。（5 分）

考核知识点： 自动化装置配置及校验

难易度： 易

标准答案：

（1）配置 snmp，接入网络安全监测装置。

（2）配置端口状态，对未使用的端口进行关闭。

（3）配置三权分立。

（4）配置端口 mac 地址绑定关系。

（5）配置 NTP 对时服务。

Jb0002133015　变电站某间隔配置测控装置、合并单元和智能终端，若监控系统运行正常，而遥信变位在告警窗未显示，试分析原因。（5 分）

考核知识点： 缺陷处理与事故分析

难易度： 难

标准答案：

若出现监控系统运行正常，而遥信变位在告警窗未显示，则可能有下列原因：

（1）继电器辅助触点有问题。

（2）遥信线缆有问题。

（3）遥信电源故障。

（4）智能终端故障。

（5）测控装置故障。

（6）测控装置置检修状态。

（7）测控装置与监控系统通信中断。

（8）监控系统数据库定义有误。

（9）该遥信被封锁。

（10） 监控系统配置错误或运行出错。

（11） 监控系统该间隔被检修挂牌。

Jb0002133016　变电站某间隔配置测控装置、合并单元和智能终端，送电后监控主机某遥测数显示不对，应做哪些检查来排除故障？（5 分）

考核知识点： 缺陷处理与事故分析

难易度： 难

标准答案：

（1）设备外观和工作电源检查：看有无明显故障现象，端子、连接片和接地是否有松动现象，工作电源是否符合要求。

（2）检查交流输入电压、电流回路有无问题：如电压缺相、相序，电流回路变比、极性和相序等是否有问题。

（3）检查交流采样回路：用实负荷校验仪接入二次回路测出标准值，判断交流采样回路是否有问题。

（4）检查监控主机与测控装置、测控装置与合并单元之间的通信链路问题，判断是否存在通信故障。

（5）检查合并单元：模型、虚端子、内部映射等。

（6）检查测控装置：模型、虚端子、内部映射、变比等。

（7）检查监控主机：数据库变比、画面关联、是否人工置数等。

Jb0002132017 智能变电站监控主机画面中显示某间隔线路有功与实际不相符，请分析可能的原因。（5分）

考核知识点：缺陷处理与事故分析

难易度：中

标准答案：

（1）监控主机画面数据关联错误。

（2）监控主机数据库配置错误。

（3）监控主机与测控装置通信故障，导致遥测不变化。

（4）测控装置故障或参数设置错误。

（5）测控装置与合并单元通信故障。

（6）合并单元故障。

（7）电压电流二次测量回路错误。

（8）线路电压互感器或线路电流互感器故障。

Jb0002132018 某智能变电站监控主机信息核对中，发现下列故障：① 监控主机与某间隔测控装置同一开关位置有时秒级变位，有时十几分钟才变位；② 对同一测控装置开入变位试验正常，但装置异常信号不能上送。分析上述故障可能发生的原因和测试方法。（5分）

考核知识点：缺陷处理与事故分析

难易度：中

标准答案：

（1）模拟该测控装置开关状态变位，通过记录分析该测控装置与监控主机通信的 MMS 的开关变位报文，检查信息报告中传送原因，如果传送原因是周期性上送或总召上送，应检查监控主机与该测控装置配置是否正确，方法是重新启动该测控装置，检查初始化中 TrgOp 触发选项中 dchg 位是否置 1，以及使能是否成功。

（2）检查配置文件是否正确，由于测控装置中开入与装置自检不同的报告控制块，通过检查监控主机与测控装置初始化报文，检查装置异常报告控制块是否被初始化，以及使能是否成功。

（3）检查网络与交换机是否正常，通信过程的丢包率是否过高。

Jb0002132019 某变电站实时纵向加密认证装置发出紧急告警：不符合安全策略的访问，*.***.150.129 访问***.***.135.40 等 IP 地址的 445 端口。***.***.150.129 为该变电站 Windows 操作系统远动机地址，目标地址不是业务地址。请写出分析处理过程及此次事故暴露的问题。（5分）**

考核知识点：缺陷处理与事故分析

难易度：中

标准答案：

（1）分析处理：确认远动机感染 conficker 蠕虫病毒，利用 Windows 操作系统 MS08－067 传播。病毒发作时会自动向同网段 IP 以及随机生成的 IP 发起 445 端口访问请求，其请求报文被纵向加密认证装置拦截产生告警。现场采用病毒专杀工具查杀，关闭 Windows 操作系统 445 端口，告警消除。

（2）暴露问题：生产控制大区严格禁止开启的 135、137、138、139、445 等高危端口，此类端口易传播病毒，但变电站侧部分业务主机未关闭此类高危端口。

Jb0002133020　某变电站地调接入网非实时纵向加密认证装置发出告警：不符合安全策略的访问，*.***.52.179 访问***.***.36.1。其中***.***.52.179 为变电站地调接入网非实时业务交换机管理地址，***.***.36.1 为地调主站路由器的 loopback 地址。请分析产生此告警的原因并给出处理方法。（5 分）**

考核知识点：缺陷处理与事故分析

难易度：难

标准答案：

（1）原因分析：变电站调度数据网非实时交换机静态路由配置不规范，其中存在下一跳地址指向地调主站路由器的 loopback 地址的路由配置。数据网交换机内都是业务地址，站内路由器的 loopback 地址和地调主站路由器的 loopback 地址是通过建立 ibgp 连接的，故在交换机内无需进行与数据网业务无关的路由配置，当报文通过非实时交换机尝试穿越非实时纵密装置时，造成上述不符合安全策略的访问，被纵向加密拦截产生告警。

（2）解决措施：规范变电站调度数据网交换机配置，删除地调接入网非实时交换机内与数据网业务地址无关的静态路由配置，仅配置站内业务至主站对应平面业务的明细化路由，明确目的地址和网关，并核查站内其他数据网交换机的路由配置。

Jb0003133021　简述平台需要对变电站侧接入的监测装置进行相应的哪些内容的验收测试，以保障现场实施功能的竣工验收的完整性。（5 分）

考核知识点：技术管理

难易度：难

标准答案：

具体包括如下 7 个方面：

（1）通过平台对装置状态的查询，实现资产在线测试。

（2）通过平台查询装置上报告的告警信息，实现装置告警事件上传测试。

（3）通过平台对监测装置采集信息调阅和上传事件调阅，实现对装置的远程信息调阅测试。

（4）通过平台查看及修改监测装置的资产信息、网卡配置、路由配置、NTP 配置、通信配置、事件处理等配置，实现对装置的远程配置管理测试。

（5）通过平台远程升级装置的版本，实现对装置远程升级的测试。

（6）通过平台远程配置装置的网络连接白名单、服务端口白名单和危险操作命令清单，实现对监控对象的配置管理测试。

（7）通过平台远程查看监测装置对监测对象的基线核查项，实现主站对变电站监测对象的基线核查和漏洞扫描。

Jb0003132022　网络安全监测装置自身应具备基本的安全性，应满足哪些要求？（5分）

考核知识点：技术管理

难易度：中

标准答案：

（1）不得内置后门、不存在缓冲区溢出等安全漏洞。

（2）应具备检测并抵御各种常见网络攻击的能力及抵御渗透攻击的能力。

（3）应关闭通用的网络服务及端口。

（4）应不使用 http、https 协议进行通信。

（5）应采用基于调度数字证书的认证技术保障基线核查、命令控制、配置管理、软件升级等服务代理功能的安全性。

Jb0004132023　自动化人员具备的理论知识和技能包括什么？（5分）

考核知识点：培训与指导

难易度：中

标准答案：

（1）相关法律法规、制度、规程、标准等。

（2）电力监控系统的理论知识。

（3）二次安全防护的理论知识。

（4）电力监控系统复杂缺陷的处理。

（5）二次安全防护复杂缺陷的处理。

第十章　电网调度自动化厂站端调试检修工高级技师技能操作

Jc0001151001　调度数据网路由器配置。（100 分）

考核知识点：自动化装置配置及校验

难易度：易

技能等级评价专业技能考核操作工作任务书

一、任务名称

调度数据网路由器配置。

二、适用工种

电网调度自动化厂站端调试检修工高级技师。

三、具体任务

进行调度数据网路由器三权分立配置。

（1）工作状态为实操变电站调度数据网路由器未配置。工作内容为调度数据网路由器三权分立配置。

（2）工作任务：

1）根据所给题目配置三权分立用户名、密码。

2）配置三权分立权限、服务。

3）验证不同用户权限具有不同配置命令。

四、工作规范及要求

（1）按要求进行工作票办理、二次安全措施布置。

（2）工器具使用及安全措施。

（3）调度数据网路由器配置。

（4）按要求填写工作记录。

五、考核及时间要求

（1）本考核操作时间为 60 分钟，包括工作票办理和报告整理时间，时间到停止考核。同一类现象故障不限一处故障点。

（2）故障查找和排除过程中，如确实不能查找出故障，可向考评员申请排除故障，该项故障项目不得分，但不影响其他项目。

（3）按照技能操作记录单的操作要求进行操作，正确记录操作结果，试验记录项目包括：通道参数设定、网线测试、报文捕捉等。

技能等级评价专业技能考核操作评分标准

工种	电网调度自动化厂站端调试检修工			评价等级	高级技师
项目模块	自动化装置配置及校验—调度数据网设备配置		编号	Jc0001151001	
单位		准考证号		姓名	

续表

考试时限	60 分钟	题型	多项操作	题分	100 分

成绩		考评员		考评组长		日期	

试题正文	调度数据网路由器配置
需要说明的问题和要求	（1）要求调试单人操作。 （2）操作应注意安全，按照标准化作业书的技术安全说明做好安全措施。 （3）通道调试检验在调度数据网屏上完成操作。 （4）测试仪的选择可选考场提供的测试仪或自带测试仪

序号	项目名称	质量要求	满分	扣分标准	扣分原因	得分
1	办理工作票、工具使用及安全措施					
1.1	办理工作票	正确办理工作票，完成二次安全措施布置	5	未正确办理工作票，未完成二次安全措施布置扣 5 分		
1.2	各种工具正确使用	正确使用各种工具及安全防护用品	5	未正确使用一次扣 1 分，扣完为止		
1.3	相关安全措施的准备	（1）调试笔记本与路由器通信连接正确。 （2）使用正确的调试软件。 （3）数据网路由器配置备份	15	路由器与调试笔记本通信连接错误扣 5 分； 未正确使用调试软件扣 5 分； 未正确进行并完成数据网路由器备份扣 5 分		
2	数据网路由器配置	（1）能正确配置用户名。 （2）能正确配置密码。 （3）能正确配置服务 （4）能正确配置权限划分。 （5）能使用不同权限用户名及密码登录路由器，并查看配置权限	60	未按要求正确使用调试软件扣 10 分； 未按照要求正确配置用户名扣 10 分； 未按照要求正确配置密码扣 10 分； 未按照要求正确配置服务扣 10 分； 未按照要求正确配置权限划分扣 10 分； 未按照要求使用不同权限用户名及密码登录路由器，并查看配置权限扣 10 分		
3	填写工作记录					
3.1	工作记录	根据工作内容填写工作记录（工作时间、工作地点、工作内容、工作人员）并填写清楚	10	工作时间、工作地点、工作人员填写不清楚扣 3 分； 工作内容填写不清楚扣 7 分		
4	现场恢复	恢复现场	5	未进行现场恢复扣 5 分		
合计			100			

Jc0001153002 Windows 操作系统加固。（100 分）

考核知识点：自动化装置配置及校验

难易度：难

技能等级评价专业技能考核操作工作任务书

一、任务名称

Windows 操作系统加固。

二、适用工种

电网调度自动化厂站端调试检修工高级技师。

三、具体任务

（1）工作状态为实操变电站后台监控 Windows 操作系统未加固。工作内容为：① 配置操作系统三权分立；② 删除或禁用与业务无关的账户；③ 能正确配置用户禁止修改操作系统 IP 地址；④ 关闭主机远程访问服务；⑤ 关闭用户修改计算机名功能；⑥ 配置非管理员用户关机功能。

（2）工作任务：根据所给题目完成后台监控 Windows 操作系统加固。

四、工作规范及要求

（1）按要求进行工作票办理、二次安全措施布置。

（2）工器具使用及安全措施。

（3）Windows 操作系统配置。

（4）进行故障分析并填写试验报告。

五、考核及时间要求

（1）本考核操作时间为 60 分钟，包括工作票办理和报告整理时间，时间到停止考核。同一类现象故障不限一处故障点。

（2）故障查找和排除过程中，如确实不能查找出故障，可向考评员申请排除故障，该项故障项目不得分，但不影响其他项目。

（3）按照技能操作记录单的操作要求进行操作，正确记录操作结果，试验记录项目包括：通道参数设定、网线测试、报文捕捉等。

技能等级评价专业技能考核操作评分标准

工种	电网调度自动化厂站端调试检修工					评价等级	高级技师
项目模块	自动化装置配置及校验—后台监控系统与网络安全监测装置的调试				编号	Jc0001153002	
单位			准考证号			姓名	
考试时限	60 分钟		题型	多项操作		题分	100 分
成绩		考评员		考评组长		日期	
试题正文	Windows 操作系统加固						
需要说明的问题和要求	（1）要求调试单人操作，故障查找及分析在调试过程中完成。 （2）操作应注意安全，按照标准化作业书的技术安全说明做好安全措施。 （3）通道调试检验在线路测控屏上完成操作。 （4）测试仪的选择可选考场提供的测试仪或自带测试仪						

序号	项目名称	质量要求	满分	扣分标准	扣分原因	得分
1	办理工作票、工具使用及安全措施					
1.1	办理工作票	正确办理工作票，完成二次安全措施布置	5	未正确办理工作票，完成二次安全措施布置扣 5 分		
1.2	各种调试工具正确使用	正确使用各种工具及安全防护用品	5	未正确使用一次扣 1 分，扣完为止		
1.3	相关安全措施的准备	（1）确认后台监控主机是否接入网络安全监测装置。 （2）使用正确的系统工具	10	网络安全监测装置未挂检修扣 5 分； 未正确使用系统工具扣 5 分		
2	Windows 操作系统加固	（1）能正确配置操作系统三权分立。 （2）能正确删除或禁用与业务无关的账户。 （3）能正确配置用户禁止修改操作系统 IP 地址。 （4）能正确关闭主机远程访问服务。 （5）能正确关闭用户修改计算机名功能。 （6）能正确配置非管理员用户关机功能	60	未按照要求正确配置操作系统三权分立扣 10 分； 未按照要求正确删除或禁用与业务无关的账户扣 10 分； 未按照要求正确配置用户禁止修改操作系统 IP 地址扣 10 分； 未按照要求正确关闭主机远程访问服务扣 10 分； 未按照要求正确关闭用户修改计算机名功能扣 10 分； 未按照要求正确配置非管理员用户关机功能扣 10 分		

续表

序号	项目名称	质量要求	满分	扣分标准	扣分原因	得分
3	填写工作记录					
3.1	工作记录	将工作内容填写工作记录（工作时间、工作地点、工作内容、工作人员）填写清楚	10	工作时间、工作地点、工作人员填写不清扣3分； 工作内容填写不清扣7分		
4	现场恢复	恢复现场	10	未进行现场恢复扣10分		
合计			100			

Jc0001152003　网络安全监测装置资产配置。（100分）

考核知识点： 自动化装置配置及校验

难易度： 中

技能等级评价专业技能考核操作工作任务书

一、任务名称

网络安全监测装置资产配置。

二、适用工种

电网调度自动化厂站端调试检修工高级技师。

三、具体任务

进行网络安全监测装置基本配置。

（1）工作状态为实操变电站完成网络安全监测装置未添加主机、网络设备、防火墙、隔离装置资产。工作内容为将上述设备接入网络安全监测装置。

（2）工作任务：

1）完成网络安全监测装置中网络安全监测装置自身资产信息更改。

2）完成网络安全监测装置中主机资产的添加。

3）完成网络安全监测装置中网络设备资产的添加。

4）完成网络安全监测装置中防火墙资产的添加。

5）完成网络安全监测装置中隔离装置资产的添加。

四、工作规范及要求

（1）按要求进行工作票办理、二次安全措施布置。

（2）工器具使用及安全措施。

（3）网络安全监测装置资产配置。

（4）进行故障分析并填写试验报告。

五、考核及时间要求

（1）本考核操作时间为60分钟，包括工作票办理和报告整理时间，时间到停止考核。同一类现象故障不限一处故障点。

（2）故障查找和排除过程中，如确实不能查找出故障，可向考评员申请排除故障，该项故障项目不得分，但不影响其他项目。

（3）按照技能操作记录单的操作要求进行操作，正确记录操作结果。

技能等级评价专业技能考核操作评分标准

工种	电网调度自动化厂站端调试检修工					评价等级	高级技师
项目模块	自动化装置配置及校验—后台监控系统与网络安全监测装置的调试				编号	Jc0001152003	
单位			准考证号			姓名	
考试时限	60 分钟		题型	多项操作		题分	100 分
成绩		考评员		考评组长		日期	
试题正文	网络安全监测装置资产配置						
需要说明的问题和要求	（1）要求调试单人操作。 （2）操作应注意安全，按照标准化作业书的技术安全说明做好安全措施。 （3）装置调试检验在网络通信屏上完成操作。 （4）测试仪的选择可选考场提供的测试仪或自带测试仪						

序号	项目名称	质量要求	满分	扣分标准	扣分原因	得分
1	办理工作票、工具使用及安全措施					
1.1	办理工作票	正确办理工作票，完成二次安全措施布置	5	未正确办理工作票，完成二次安全措施布置扣 5 分		
1.2	各种调试工具正确使用	正确使用各种工具及安全防护用品	5	未正确使用一次扣 1 分，扣完为止		
1.3	相关安全措施的准备	（1）调试笔记本电脑与网络安全监测装置连接正确。 （2）使用安全调试软件或经安全加固后的 Web 浏览器	15	调试笔记本电脑设置错误 IP 地址或与网络安全监测装置通信连接错误扣 5 分； 未选用安全调试软件或经安全加固后的 Web 浏览器扣 5 分		
2	网络安全监测装置维护	（1）能正确登录网络安全监测装置。 （2）能正确配置网络安全监测装置自身资产信息。 （3）能正确在网络安全监测装置中配置主机资产。 （4）能正确在网络安全监测装置中配置网络设备资产。 （5）能正确在网络安全监测装置中配置防火墙资产。 （6）能正确在网络安全监测装置中配置隔离装置资产	60	未按照要求正确登录网络安全监测装置扣 10 分； 未按照要求正确配置网络安全监测装置自身资产信息扣 10 分； 未按照要求正确在网络安全监测装置中配置主机资产扣 10 分； 未按照要求正确在网络安全监测装置中配置网络设备资产扣 10 分； 未按照要求正确在网络安全监测装置中配置防火墙资产扣 10 分； 未按照要求正确在网络安全监测装置中配置隔离装置资产扣 10 分		
3	填写试验报告					
3.1	工作记录	将工作内容填写工作记录（工作时间、工作地点、工作内容、工作人员）填写清楚	10	工作时间、工作地点、工作人员填写不清扣 3 分； 工作内容填写不清扣 7 分		
4	现场恢复	恢复现场	5	未进行现场恢复扣 5 分		
合计			100			

Jc0001153004　站控层交换机配置。（100 分）

考核知识点：自动化装置配置及校验

难易度：难

技能等级评价专业技能考核操作工作任务书

一、任务名称

站控层交换机配置。

二、适用工种

电网调度自动化厂站端调试检修工高级技师。

三、具体任务

（1）工作状态为实操变电站站控层交换机未配置。工作内容为站控层交换机配置加固，并接入网络安全监测装置：① 配置站控层交换机 snmp－agentV2 服务；② 配置 mac 地址绑定；③ 关闭未使用的端口；④ 配置 VLAN 划分；⑤ 配置 NTP 对时服务；⑥ 配置交换机登录密码。

（2）工作任务：根据所给题目配置站控层交换机。

四、工作规范及要求

（1）按要求进行工作票办理、二次安全措施布置。

（2）工器具使用及安全措施。

（3）站控层交换机配置。

（4）进行故障分析并填写试验报告。

五、考核及时间要求

（1）本考核操作时间为 60 分钟，包括工作票办理和报告整理时间，时间到停止考核。同一类现象故障不限一处故障点。

（2）故障查找和排除过程中，如确实不能查找出故障，可向考评员申请排除故障，该项故障项目不得分，但不影响其他项目。

（3）按照技能操作记录单的操作要求进行操作，正确记录操作结果，试验记录项目包括：通道参数设定、网线测试、报文捕捉等。

技能等级评价专业技能考核操作评分标准

工种	电网调度自动化厂站端调试检修工					评价等级	高级技师
项目模块	自动化装置配置及校验—站控层交换机与网络安全监测装置的调试				编号	Jc0001153004	
单位			准考证号			姓名	
考试时限	60 分钟		题型	多项操作		题分	100 分
成绩		考评员		考评组长		日期	
试题正文	站控层交换机配置						
需要说明的问题和要求	（1）要求调试单人操作，故障查找及分析在调试过程中完成。 （2）操作应注意安全，按照标准化作业书的技术安全说明做好安全措施。 （3）通道调试检验在线路测控屏上完成操作。 （4）测试仪的选择可选考场提供的测试仪或自带测试仪						

序号	项目名称	质量要求	满分	扣分标准	扣分原因	得分
1	办理工作票、工具使用及安全措施					
1.1	办理工作票	正确办理工作票，完成二次安全措施布置	5	未正确办理工作票，完成二次安全措施布置扣 5 分		
1.2	各种调试工具正确使用	正确使用各种工具及安全防护用品	5	未正确使用一次扣 1 分，扣完为止		
1.3	相关安全措施的准备	（1）调试笔记本与交换机通信连接正确。 （2）使用正确的调试软件。 （3）交换机配置备份	15	调试笔记本与交换机通信连接错误扣 5 分； 未正确使用调试软件扣 5 分； 未正确完成交换机备份扣 5 分		

续表

序号	项目名称	质量要求	满分	扣分标准	扣分原因	得分
2	站控层交换机配置	（1）能正确配置站控层交换机 snmp-agentV2 服务。 （2）能正确配置 mac 地址绑定。 （3）能根据端口状态关闭未使用的端口。 （4）能正确配置 VLAN 划分。 （5）能正确配 NTP 对时服务。 （6）能正确配置交换机登录密码	55	未能按照要求正确配置 snmp 写团体字扣 10 分； 未能按照要求正确配置 snmp 读团体字扣 10 分； 未能按照要求正确配置 snmp 服务版本为 V2C、V3 扣 10 分； 未能按照要求正确配置服务器主机地址、团体名及版本扣 10 分； 未能正确配置 snmp 调用 acl 访问控制扣 10 分； 未能正确配置交换机登录密码扣 5 分		
3	填写工作记录					
3.1	工作记录	根据工作内容填写工作记录（工作时间、工作地点、工作内容、工作人员）并填写清楚	10	工作时间、工作地点、工作人员填写不清楚扣 3 分； 工作内容填写不清楚扣 7 分		
4	现场恢复	恢复现场	10	未进行现场恢复扣 10 分		
合计			100			

Jc0001152005　智能变电站自动化系统 SCD 配置与测试。（100 分）

考核知识点：自动化装置配置及校验

难易度：中

技能等级评价专业技能考核操作工作任务书

一、任务名称

智能变电站自动化系统 SCD 配置与测试。

二、适用工种

电网调度自动化厂站端调试检修工高级技师。

三、具体任务

（1）工作状态为 110kV 智能变电站 110kV 某进线间隔 SCD 文件配置错误。工作内容为检查 SCD 并排除故障，通过正确的 SCD 文件导出配置并下装到装置，确保测控装置、监控后台遥信、遥测显示正常、断路器遥控分合正常。

（2）工作任务：表 Jc0001152005－1～表 Jc0001152005－4 为实操系统的二次系统参数，包括装置信息、远动信息、转发参数、虚端子配置。

表 Jc0001152005－1　　装置信息表

IED 名称	描述	MAC 地址	APPID
CL2019	实训线测控	01－0C－CD－01－00－01	1001
IL2019	实训线智能终端	01－0C－CD－01－00－02 01－0C－CD－01－00－03 依次类推	1002 1003 依次类推
ML2019	实训线合并单元	01－0C－CD－04－00－01	4001

表 Jc0001152005－2　　　　　　远动参数表

主站 IP 地址	192.168.1.6
厂站 IP 地址	192.168.1.201
104 标准	国标 104
RTU 链路地址	3
调度端遥信起始地址	01H（01）
调度端遥测起始地址	4001H（16385）
调度端遥控起始地址	6001H（24577）

表 Jc0001152005－3　　　　　　转发参数表

220kV 实训变遥测信息接入对应表

调度点号	报文 ASDU 类型	信息点描述
1	带品质描述的短浮点数	实训线测控 P1
2	带品质描述的短浮点数	实训线测控 Q1
3	带品质描述的短浮点数	实训线测控 I1amag
4	带品质描述的短浮点数	实训线测控 I1bmag
5	带品质描述的短浮点数	实训线测控 I1cmag
6	带品质描述的短浮点数	实训线测控 U1amag
7	带品质描述的短浮点数	实训线测控 U1bmag
8	带品质描述的短浮点数	实训线测控 U1cmag
9	带品质描述的短浮点数	实训线测控 COS1

220kV 实训变遥信信息接入对应表

调度点号	遥信类型	信息点描述
1	单点遥信	实训线测控断路器合位
2	单点遥信	实训线测控断路器分位
3	单点遥信	实训线测控正母闸刀合位
4	单点遥信	实训线测控正母闸刀分位
5	单点遥信	实训线测控副母闸刀合位
6	单点遥信	实训线测控副母闸刀分位
7	单点遥信	实训线测控线路闸刀合位
8	单点遥信	实训线测控线路闸刀分位
9	单点遥信	实训线测控开关母线侧接地闸刀合位
10	单点遥信	实训线测控开关母线侧接地闸刀分位
11	单点遥信	实训线测控开关线路侧接地闸刀合位
12	单点遥信	实训线测控开关线路侧接地闸刀分位
13	单点遥信	实训线测控线路接地闸刀合位
14	单点遥信	实训线测控线路接地闸刀分位

220kV 实训变遥控信息接入对应表

调度点号	遥控类型	信息点描述
1	普通遥控	实训线测控断路器遥控
2	普通遥控	实训线测控正母隔离开关遥控
3	普通遥控	实训线测控副母隔离开关遥控
4	普通遥控	实训线测控线路隔离开关遥控

表 Jc0001152005－4　　虚端子连接关系表

类型	信号名称	目的装置	源装置
GOOSE 输入	断路器总位置	测控	智能终端
GOOSE 输入	1G 位置	测控	智能终端
GOOSE 输入	2G 位置	测控	智能终端
GOOSE 输入	3G 位置	测控	智能终端
GOOSE 输入	1GD 位置	测控	智能终端
GOOSE 输入	2GD 位置	测控	智能终端
GOOSE 输入	3GD 位置	测控	智能终端
GOOSE 输入	单点信号 1	测控	智能终端
GOOSE 输入	单点信号 2	测控	智能终端
GOOSE 输入	单点信号 3	测控	智能终端
SV 输入	MU 额定延时	测控	合并单元
SV 输入	测量 A 相电压 U_a	测控	合并单元
SV 输入	测量 B 相电压 U_b	测控	合并单元
SV 输入	测量 C 相电压 U_c	测控	合并单元
SV 输入	测量 A 相电流 I_a	测控	合并单元
SV 输入	测量 B 相电流 I_b	测控	合并单元
SV 输入	测量 C 相电流 I_c	测控	合并单元
SV 输入	同期电压 U_{x1}	测控	合并单元
GOOSE 输出	断路器遥合出口	智能终端	测控
GOOSE 输出	断路器遥跳出口	智能终端	测控
GOOSE 输出	1G 遥合	智能终端	测控
GOOSE 输出	1G 遥分	智能终端	测控
GOOSE 输出	2G 遥合	智能终端	测控
GOOSE 输出	2G 遥分	智能终端	测控
GOOSE 输出	3G 遥合	智能终端	测控
GOOSE 输出	3G 遥分	智能终端	测控

四、工作规范及要求

（1）按要求进行工作票办理、二次安全措施布置。

（2）工器具使用及安全措施。

（3）SCD 文件故障查找及排除。

（4）进行故障分析并填写试验报告。

五、考核及时间要求

（1）本考核操作时间为 60 分钟，包括工作票办理和报告整理时间，时间到停止考核。同一类现象故障不限一处故障点。

（2）故障查找和排除过程中，如确实不能查找出故障，可向考评员申请排除故障，该项故障项目不得分，但不影响其他项目。

（3）按照技能操作记录单的操作要求进行操作，正确记录操作结果。

技能等级评价专业技能考核操作评分标准

工种	电网调度自动化厂站端调试检修工					评价等级	高级技师
项目模块	自动化装置配置及校验—测控装置检验				编号	Jc0001152005	
单位			准考证号			姓名	
考试时限	60 分钟	题型	多项操作			题分	100 分
成绩		考评员		考评组长		日期	
试题正文	智能变电站自动化系统 SCD 配置与测试						
需要说明的问题和要求	（1）要求调试单人操作，故障查找及分析在调试过程中完成。 （2）操作应注意安全，按照标准化作业书的技术安全说明做好安全措施。 （3）装置调试检验在后台监控机、线路测控屏上完成操作。 （4）测试仪的选择可选考场提供的测试仪或自带测试仪						

序号	项目名称	质量要求	满分	扣分标准	扣分原因	得分
1	办理工作票、工具使用及安全措施					
1.1	办理工作票	正确办理工作票，完成二次安全措施布置	5	未正确办理工作票，完成二次安全措施布置扣 5 分		
1.2	各种调试工具正确使用	正确使用各种工具及安全防护用品	5	未正确使用一次扣 1 分，扣完为止		
1.3	相关安全措施的准备	(1)测控装置与后台监控机通信连接正确。 （2）工作开展前确保测量电压空开断开。 （3）微机试验仪使用正确	15	测控装置与后台监控通信连接错误扣 5 分； 未正确使用微机试验仪扣 5 分； 未正确执行监控系统配置备份扣 5 分		
2	后台监控系统操作	能正确使用后台监控系统软件，调取间隔分画面及告警窗口，查看告警信息，检查网络通信正确性	20	未按要求正确使用后台监控系统软件查看告警信息、间隔分画面的扣 10 分； 因操作失误造成的监控系统、测控装置异常或告警，扣 10 分		
3	SCD 文件故障排除					
3.1	故障查找	能正确进行故障查找： 故障 1：同期电压虚端子勾选为保护 U_c。 故障 2：电流虚端子 I_a 与 I_b 拉反。 故障 3：SCD 内合并单元 vlan 号错误	30	未查找出故障每项扣 10 分		
3.2	故障排除	能正确进行故障排除	10	未正确排除故障每项扣 3 分，扣完为止		
4	填写试验报告					
4.1	故障排除	将故障现象和具体故障（故障点及排除的方法）填写清楚	10	故障点及排除方法未填写每项扣 2.5 分； 故障现象填写不清楚每项扣 2.5 分； 以上扣分，扣完为止		
5	现场恢复	恢复现场	5	未进行现场恢复扣 5 分		
合计			100			

Jc0001143006　变电站后台监控机系统软件安装及备份恢复。（100 分）

考核知识点：自动化装置配置及校验

难易度：难

技能等级评价专业技能考核操作工作任务书

一、任务名称

变电站后台监控机系统软件安装及备份恢复。

二、适用工种

电网调度自动化厂站端调试检修工高级技师。

三、具体任务

（1）工作状态为实操变电站后台监控主机损坏，现已更换后台监控主机并安装操作系统，监控软件未安装。工作内容为完成后台监控机软件安装并根据恢复后台监控备份。

（2）工作任务：完成后台监控机监控系统软件的安装及备份恢复。

四、工作规范及要求

（1）按要求进行工作票办理、二次安全措施布置。

（2）工器具使用及安全措施。

（3）正确完成后台监控机操作系统安装及基本遥信测试。

（4）正确填写工作记录。

五、考核及时间要求

（1）本考核操作时间为 60 分钟，包括工作票办理和报告整理时间，时间到停止考核。同一类现象故障不限一处故障点。

（2）技能考核过程中，如确实不能操作，可向考评员申请协助完成该项操作，该项操作任务不得分，但不影响其他项目。

（3）按照技能操作记录单的操作要求进行操作，正确记录操作结果，记录项目包括：本次工作时间、地点、操作人员、工作内容等。

技能等级评价专业技能考核操作评分标准

工种	电网调度自动化厂站端调试检修工				评价等级	高级技师
项目模块	自动化装置配置及校验—后台监控系统与网络安全监测装置的调试			编号	Jc0001143006	
单位		准考证号			姓名	
考试时限	60 分钟	题型	单项操作		题分	100 分
成绩		考评员		考评组长	日期	
试题正文	变电站后台监控机系统软件安装及备份恢复					
需要说明的问题和要求	（1）要求调试单人操作。 （2）操作应注意安全，按照标准化作业书的技术安全说明做好安全措施。 （3）操作在后台监控机安装工位完成操作。 （4）测试仪的选择可选考场提供的测试仪或自带测试仪					

序号	项目名称	质量要求	满分	扣分标准	扣分原因	得分
1	办理工作票、工具使用及安全措施					
1.1	办理工作票	正确办理工作票，完成二次安全措施布置	5	未正确办理工作票，完成二次安全措施布置扣 5 分		

续表

序号	项目名称	质量要求	满分	扣分标准	扣分原因	得分
1.2	各种调试工具正确使用	正确使用各种工具及安全防护用品	5	未正确使用一次扣1分，扣完为止		
1.3	相关安全措施的准备	（1）检查操作系统软件安装盘符合任务要求。 （2）检查计电源连接可靠，防止工作中计算机失去电源	10	安装前不核对操作系统是否符合要求扣5分； 工作前未检查电源连接可靠扣5分		
2	变电站后台监控机软件安装及备份					
2.1	变电站后台监控机软件安装	完成后台监控主机监控系统软件的安装，系统启动正常	40	安装过程中向考评员求助一次扣5分，扣完为止； 安装完成监控系统不能正常运行扣10分		
2.2	变电站后台监控备份恢复	完成后台监控备份恢复	15	未正确恢复监控备份扣15分		
2.3	变电站后台监控系统验证	完成后台监控系统遥信上送测试	10	未完成后台监控系统遥信上送测试扣10分		
3	填写试验报告					
3.1	试验记录	正确填写工作记录（包括本次工作时间、地点、操作人员、工作内容、结论）	10	每少填写一项扣3分，累计不超过10分		
4	现场恢复	恢复现场	5	未进行现场恢复扣5分		
合计			100			

Jc0001153007　智能站测控装置配置下装及通信调试。（100分）

考核知识点：自动化装置配置及校验

难易度：难

技能等级评价专业技能考核操作工作任务书

一、任务名称

智能站测控装置配置下装及通信调试。

二、适用工种

电网调度自动化厂站端调试检修工高级技师。

三、具体任务

进行变电站220kV线路间隔测控装置配置下装及通信调试。

（1）工作状态为实操变电站新更换测控装置配置文件未下装。工作内容为测控装置配置文件下装并完成与监控后台、远动装置的通信调试。

（2）工作任务：根据所给题目生成测控装置配置文件并下装至测控装置，完成测控装置与监控后台、远动装置的通信调试。

四、工作规范及要求

（1）按要求进行工作票办理、二次安全措施布置。

（2）工器具使用及安全措施。

（3）测控装置配置。

（4）进行故障分析并填写试验报告。

五、考核及时间要求

（1）本考核操作时间为60分钟，包括工作票办理和报告整理时间，时间到停止考核。同一类现象故障不限一处故障点。

（2）故障查找和排除过程中，如确实不能查找出故障，可向考评员申请排除故障，该项故障项目不得分，但不影响其他项目。

（3）按照技能操作记录单的操作要求进行操作，正确记录操作结果，试验记录项目包括：通道参数设定、网线测试、报文捕捉等。

技能等级评价专业技能考核操作评分标准

工种	电网调度自动化厂站端调试检修工			评价等级	高级技师
项目模块	自动化装置配置及校验—测控装置检验		编号	Jc0001153007	
单位		准考证号		姓名	
考试时限	60分钟	题型	多项操作	题分	100分
成绩		考评员	考评组长		日期
试题正文	智能站测控装置配置下装及通信调试				
需要说明的问题和要求	（1）要求调试单人操作，故障查找及分析在调试过程中完成。 （2）操作应注意安全，按照标准化作业书的技术安全说明做好安全措施。 （3）通道调试检验在线路测控屏上完成操作。 （4）测试仪的选择可选考场提供的测试仪或自带测试仪				

序号	项目名称	质量要求	满分	扣分标准	扣分原因	得分
1	办理工作票、工具使用及安全措施					
1.1	办理工作票	正确办理工作票，完成二次安全措施布置	5	未正确办理工作票，完成二次安全措施布置扣5分		
1.2	各种调试工具正确使用	正确使用各种工具及安全防护用品	5	未正确使用一次扣1分，扣完为止		
1.3	相关安全措施的准备	（1）调试笔记本与测控逐行之通信连接正确。 （2）使用正确的调试软件。 （3）测控装置配置备份	15	调试笔记本与测控装置通信连接错误扣5分； 未正确使用调试软件扣5分； 未正确完成交换机备份扣5分		
2	测控装置维护	（1）能正确使用SCD调试工具通过SCD文件生成测控装置配置文件。 （2）能正确连接测控装置并进行下装。 （3）检查测控装置重启运行正常，无异常告警。 （4）测控装置与监控后台通信恢复正常。 （5）测控装置与远动通信恢复正常。 （6）能正确上送遥信、遥测至监控后台，并执行遥控命令	55	未能按照要求正确配置使用SCD调试工具生成配置文件扣10分； 未能正确连接测控装置扣5分； 未正确下装测控装置配置文件扣5分； 测控装置重启后无法正常运行扣10分； 测控装置与后台通信中断扣5分，与远动通信中断扣5分； 遥信无法上送扣5分，遥测无法上送扣5分，遥控执行失败扣5分		
3	填写工作记录					
3.1	工作记录	根据工作内容填写工作记录（工作时间、工作地点、工作内容、工作人员）并填写清楚	10	工作时间、工作地点、工作人员填写不清楚扣3分； 工作内容填写不清楚扣7分		
4	现场恢复	恢复现场	10	未进行现场恢复扣10分		
合计			100			

Jc0001153008　数据通信网关机通道及转发表配置。（100 分）

考核知识点：自动化装置配置及校验

难易度：难

技能等级评价专业技能考核操作工作任务书

一、任务名称

数据通信网关机通道及转发表配置。

二、适用工种

电网调度自动化厂站端调试检修工高级技师。

三、具体任务

（1）工作状态为实操变电站数据通信网关机需更换。工作内容为更换数据通信网关机并完成调度一平面地调/省调通道配置，二平面地调/省调通道配置及遥信、遥测、遥控转发表配置。

（2）工作任务：根据所给题目完成远动装置更换及配置工作。

四、工作规范及要求

（1）按要求进行工作票办理、二次安全措施布置。

（2）工器具使用及安全措施。

（3）数据通信网关机配置。

（4）进行故障分析并填写试验报告。

五、考核及时间要求

（1）本考核操作时间为 60 分钟，包括工作票办理和报告整理时间，时间到停止考核。同一类现象故障不限一处故障点。

（2）故障查找和排除过程中，如确实不能查找出故障，可向考评员申请排除故障，该项故障项目不得分，但不影响其他项目。

（3）按照技能操作记录单的操作要求进行操作，正确记录操作结果，试验记录项目包括：通道参数设定、网线测试、报文捕捉等。

技能等级评价专业技能考核操作评分标准

工种	电网调度自动化厂站端调试检修工					评价等级	高级技师
项目模块	自动化装置配置及校验—数据通信网关机的调试				编号	Jc0001153008	
单位		准考证号				姓名	
考试时限	60 分钟	题型	多项操作			题分	100 分
成绩		考评员		考评组长		日期	
试题正文	数据通信网关机通道及转发表配置						
需要说明的问题和要求	（1）要求调试单人操作，故障查找及分析在调试过程中完成。 （2）操作应注意安全，按照标准化作业书的技术安全说明做好安全措施。 （3）通道调试检验在线路测控屏、数据通信网关机屏上完成操作。 （4）测试仪的选择可选考场提供的测试仪或自带测试仪						

序号	项目名称	质量要求	满分	扣分标准	扣分原因	得分
1	办理工作票、工具使用及安全措施					

续表

序号	项目名称	质量要求	满分	扣分标准	扣分原因	得分
1.1	办理工作票	正确办理工作票，完成二次安全措施布置	5	未正确办理工作票，完成二次安全措施布置扣5分		
1.2	各种调试工具正确使用	正确使用各种工具及安全防护用品	5	未正确使用一次扣1分，扣完为止		
1.3	相关安全措施的准备	（1）调试笔记本与数据通信网关机连接正确。 （2）使用正确的调试软件。 （3）数据通信网关机配置备份	15	调试笔记本与数据通信网关机连接错误扣5分； 未正确使用调试软件扣5分； 未正确完成数据通信网关机备份扣5分		
2	数据通信网关机维护	（1）能正确使用数据通信网关机调试工具，并连接数据通信网关机。 （2）能正确配置一平面地调/中调通道。 （3）能正确配置二平面地调/中调通道。 （4）能正确下装数据通信网关机配置。 （5）检查数据通信网关机装置重启运行正常。 （6）数据通信网关机与测控装置通信正常。 （7）测控装置遥信、遥测能正确上送至数据通信网关机	55	未能按照要求正确使用调试工具，并连接至数据通信网关机扣5分； 未能按照要求正确配置一平面地调/中调通道扣10分； 未能按照要求正确配置二平面地调/中调通道扣10分； 未能按照要求正确下装数据通信网关机配置文件扣5分； 数据通信网关机无法正常启动扣5分； 数据通信网关机与测控装置无法正常通信扣10分； 测控装置遥信、遥测无法正常上送至数据通信网关机扣10分		
3	填写工作记录					
3.1	工作记录	根据工作内容填写工作记录（工作时间、工作地点、工作内容、工作人员）并填写清楚	10	工作时间、工作地点、工作人员填写不清楚扣3分； 工作内容填写不清楚扣7分		
4	现场恢复	恢复现场	10	未进行现场恢复扣10分		
合计			100			

Jc0002153009-1 数据通信网关机与调度、测控装置通信调试及异常处理。（100分）

考核知识点：缺陷处理与事故分析

难易度：难

技能等级评价专业技能考核操作工作任务书

一、任务名称

数据通信网关机与调度、测控装置通信调试及异常处理。

二、适用工种

电网调度自动化厂站端调试检修工高级技师。

三、具体任务

（1）工作状态为实操变电站数据通信网关机与调度、测控装置通信异常。工作内容为检查数据通信网关机104通道故障、检查测控装置通信故障并排除，增加104通道并将测控装置遥信、遥测、遥控正确反映在模拟主站笔记本电脑上。

（2）工作任务：

1）增加数据通信网关机 104 规约调度通道。

2）检查数据通信网关机与测控装置间通信异常原因。

3）检查数据通信网关机与调度通信异常原因。

4）排除设置的故障，恢复 104 通道报文正常传输，测控装置遥信、遥测、遥控正确反映在模拟主站笔记本电脑上。

5）测控装置采集的遥信主要有：断路器、隔离开关双点位置信号，控制回路断线、弹簧未储能信号。

6）测控装置采集的遥信主要有：A 相电压 U_a、B 相电压 U_b、C 相电压 U_c，A 相电流 I_a，B 相电流 I_b，C 相电流 I_c。

7）测控装置采集的遥控主要有：断路器、隔离开关遥控。

8）远动转发表见表 Jc0002153009－1。

表 Jc0002153009－1

遥信	
转发点号	转发内容
0	111 断路器位置
1	111－1 隔离开关位置
2	111－2 隔离开关位置
3	111－3 隔离开关位置
4	111 控制回路断线
5	111 弹簧未储能
6	111 合并信号
遥测	
0	A 相电压 U_a
1	B 相电压 U_b
2	C 相电压 U_c
3	A 相电流 I_a
4	B 相电流 I_b
5	C 相电流 I_c
6	有功功率 P
7	无功功率 Q
遥控	
0	111 断路器位置
1	111－1 隔离开关位置
2	111－2 隔离开关位置
3	111－3 隔离开关位置

四、工作规范及要求

（1）按要求进行工作票办理、二次安全措施布置。

（2）工器具使用及安全措施。

（3）数据通信网关机通道故障查找及排除。

（4）进行故障分析并填写试验报告。

五、考核及时间要求

（1）本考核操作时间为60分钟，包括工作票办理和报告整理时间，时间到停止考核。同一类现象故障不限一处故障点。

（2）故障查找和排除过程中，如确实不能查找出故障，可向考评员申请排除故障，该项故障项目不得分，但不影响其他项目。

（3）按照技能操作记录单的操作要求进行操作，正确记录操作结果，试验记录项目包括：通道参数设定、网线测试、报文捕捉等。

技能等级评价专业技能考核操作评分标准

工种	电网调度自动化厂站端调试检修工					评价等级	高级技师
项目模块	缺陷处理与事故分析—缺陷处理				编号	Jc0002153009－1	
单位			准考证号			姓名	
考试时限	60分钟		题型	多项操作		题分	100分
成绩		考评员		考评组长		日期	
试题正文	数据通信网关机与调度、测控装置通信调试及异常处理						
需要说明的问题和要求	（1）要求调试单人操作，故障查找及分析在调试过程中完成。 （2）操作应注意安全，按照标准化作业书的技术安全说明做好安全措施。 （3）通道调试检验在线路测控屏、数据通信网关机屏上完成操作。 （4）测试仪的选择可选考场提供的测试仪或自带测试仪						

序号	项目名称	质量要求	满分	扣分标准	扣分原因	得分
1	办理工作票、工具使用及安全措施					
1.1	办理工作票	正确办理工作票，完成二次安全措施布置	5	未正确办理工作票，完成二次安全措施布置扣5分		
1.2	各种调试工具正确使用	正确使用各种工具及安全防护用品	5	未正确使用一次扣1分，扣完为止		
1.3	相关安全措施的准备	（1）调试笔记本与数据通信网关机通信连接正确。 （2）数据通信网关机主（备）机的配置备份。 （3）微机试验仪使用正确	10	数据通信网关机与调试笔记本通信连接错误扣2分； 调试工作开始前未正确完成数据通信网关机备份扣5分； 未正确使用微机试验仪扣5分		
2	数据通信网关机104通道调试	能正确使用数据通信网关机调试软件，会增加104通道配置，关联转发表，实现与虚拟主站间的报文传输，并具备报文分析能力。	25	未按要求正确使用数据通信网关机调试软件扣5分； 因操作失误造成的数据通信网关机故障或告警，扣5分； 未能正确执行参数及修改后配置的保存操作扣5分； 未能正确增加通道配置扣5分； 未能正确关联转发表扣5分		
3	故障查找及排除					

续表

序号	项目名称	质量要求	满分	扣分标准	扣分原因	得分
3.1	故障查找及排除	能正确进行故障查找： 故障 1：数据通信网关机组态内主站前置 IP 地址设置错误。 故障 2：数据通信网关机组态内 104 厂站服务器端口号 2404 设置错误。 故障 3：测控装置 IEDname 与 SCD 文件设置不符 故障 4：遥测转发表死区值设置过大导致遥测不变化	40	未查找出故障每项扣 5 分； 未正确排除故障每项扣 5 分； 以上扣分，扣完为止		
4	填写试验报告					
4.1	故障排除	将故障现象和具体故障（故障点及排除的方法）填写清楚	10	故障点及排除方法未填写每项扣 2.5 分，扣完为止		
5	现场恢复	恢复现场	5	未进行现场恢复扣 5 分		
合计			100			

Jc0002153009－2　数据通信网关机与调度、测控装置通信调试及异常处理。（100 分）

考核知识点：缺陷处理与事故分析

难易度：难

技能等级评价专业技能考核操作工作任务书

一、任务名称

数据通信网关机与调度、测控装置通信调试及异常处理。

二、适用工种

电网调度自动化厂站端调试检修工高级技师。

三、具体任务

（1）工作状态为实操变电站数据通信网关机与调度、测控装置通信异常。工作内容为检查数据通信网关机 104 通道故障、检查测控装置通信故障并排除，增加 104 通道并将测控装置遥信、遥测、遥控正确反映在模拟主站笔记本电脑上。

（2）工作任务：

1）增加数据通信网关机 104 规约调度通道。

2）检查数据通信网关机与测控装置间通信异常原因。

3）检查数据通信网关机与调度通信异常原因。

4）排除设置的故障，恢复 104 通道报文正常传输，测控装置遥信、遥测、遥控正确反映在模拟主站笔记本电脑上。

5）测控装置采集的遥信主要有：断路器、隔离开关双点位置信号，控制回路断线、弹簧未储能信号。

6）测控装置采集的遥信主要有：A 相电压 U_a、B 相电压 U_b、C 相电压 U_c，A 相电流 I_a，B 相电流 I_b，C 相电流 I_c。

7）测控装置采集的遥控主要有：断路器、隔离开关遥控。

8）远动转发表见表 Jc0002153009－2。

表 Jc0002153009－2

遥信	
转发点号	转发内容
0	111 断路器位置
1	111－1 隔离开关位置
2	111－2 隔离开关位置
3	111－3 隔离开关位置
4	111 控制回路断线
5	111 弹簧未储能
6	111 合并信号
遥测	
0	A 相电压 U_a
1	B 相电压 U_b
2	C 相电压 U_c
3	A 相电流 I_a
4	B 相电流 I_b
5	C 相电流 I_c
6	有功功率 P
7	无功功率 Q
遥控	
0	111 断路器位置
1	111－1 隔离开关位置
2	111－2 隔离开关位置
3	111－3 隔离开关位置

四、工作规范及要求

（1）按要求进行工作票办理、二次安全措施布置。

（2）工器具使用及安全措施。

（3）数据通信网关机通道故障查找及排除。

（4）进行故障分析并填写试验报告。

五、考核及时间要求

（1）本考核操作时间为 60 分钟，包括工作票办理和报告整理时间，时间到停止考核。同一类现象故障不限一处故障点。

（2）故障查找和排除过程中，如确实不能查找出故障，可向考评员申请排除故障，该项故障项目不得分，但不影响其他项目。

（3）按照技能操作记录单的操作要求进行操作，正确记录操作结果，试验记录项目包括：通道参数设定、网线测试、报文捕捉等。

技能等级评价专业技能考核操作评分标准

工种	电网调度自动化厂站端调试检修工				评价等级	高级技师
项目模块	缺陷处理与事故分析—缺陷处理			编号	Jc0002153009－2	
单位		准考证号			姓名	
考试时限	60分钟	题型	多项操作		题分	100分
成绩		考评员	考评组长		日期	
试题正文	数据通信网关机与调度、测控装置通信调试及异常处理					
需要说明的问题和要求	（1）要求调试单人操作，故障查找及分析在调试过程中完成。 （2）操作应注意安全，按照标准化作业书的技术安全说明做好安全措施。 （3）通道调试检验在线路测控屏、数据通信网关机屏上完成操作。 （4）测试仪的选择可选考场提供的测试仪或自带测试仪					

序号	项目名称	质量要求	满分	扣分标准	扣分原因	得分
1	办理工作票、工具使用及安全措施					
1.1	办理工作票	正确办理工作票，完成二次安全措施布置	5	未正确办理工作票，完成二次安全措施布置扣5分		
1.2	各种调试工具正确使用	正确使用各种工具及安全防护用品	5	未正确使用一次扣1分，扣完为止		
1.3	相关安全措施的准备	（1）调试笔记本与数据通信网关机通信连接正确。 （2）数据通信网关机主（备）机的配置备份。 （3）微机试验仪使用正确	10	数据通信网关机与调试笔记本通信连接错误扣2分； 调试工作开始前未正确完成数据通信网关机备份扣5分； 未正确使用微机试验仪扣5分		
2	数据通信网关机104通道调试	能正确使用数据通信网关机调试软件，会增加104通道配置，关联转发表，实现与虚拟主站间的报文传输，并具备报文分析能力	25	未按要求正确使用数据通信网关机调试软件扣5分； 因操作失误造成的数据通信网关机故障或告警，扣5分； 未能正确执行参数及修改后配置的保存操作扣5分； 未能正确增加通道配置扣5分； 未能正确关联转发表扣5分		
3	故障查找及排除					
3.1	故障查找及排除	能正确进行故障查找： 故障1：转发表遥测点设置了系数、偏移量。 故障2：子站RTU地址错误。 故障3：遥测起始地址填错。 故障4：数据通信网关机网关配置错误	40	未查找出故障每项扣5分； 未正确排除故障每项扣5分； 以上扣分，扣完为止		
4	填写试验报告					
4.1	故障排除	将故障现象和具体故障（故障点及排除的方法）填写清楚	10	故障点及排除方法未填写每项扣2.5分，扣完为止		
5	现场恢复	恢复现场	5	未进行现场恢复扣5分		
合计			100			

Jc0002151010　后台监控系统与测控装置的通信调试及异常处理。(100分)

考核知识点：缺陷处理与事故分析

难易度：易

技能等级评价专业技能考核操作工作任务书

一、任务名称

后台监控系统与测控装置的通信调试及异常处理。

二、适用工种

电网调度自动化厂站端调试检修工高级技师。

三、具体任务

（1）工作状态为实操变电站后台监控系统与220kV某线路间隔测控装置通信异常。工作内容为完成通信连接，检查测控装置通信故障并排除，测控装置遥信、遥测正确反映在后台监控系统告警窗内。

（2）工作任务：

1）检查220kV某线路间隔测控装置与后台监控系统间的通信异常原因，排除设置的故障，实现该间隔遥信、遥测能在后台告警窗口正确显示。

2）测控装置采集的遥信主要有：断路器、隔离开关双点位置信号，控制回路断线、弹簧未储能信号。

3）测控装置采集的遥信主要有：A相电压U_a、B相电压U_b、C相电压U_c，A相电流I_a、B相电流I_b、C相电流I_c，TA变比为800/5。

4）测控装置采集的遥控主要有：断路器、隔离开关双点遥控。

四、工作规范及要求

（1）按要求进行工作票办理、二次安全措施布置。

（2）工器具使用及安全措施。

（3）后台监控系统与测控装置通信故障查找及排除。

（4）进行故障分析并填写试验报告。

五、考核及时间要求

（1）本考核操作时间为60分钟，包括工作票办理和报告整理时间，时间到停止考核。同一类现象故障不限一处故障点。

（2）故障查找和排除过程中，如确实不能查找出故障，可向考评员申请排除故障，该项故障项目不得分，但不影响其他项目。

（3）按照技能操作记录单的操作要求进行操作，正确记录操作结果，试验记录项目包括：测控装置通信参数、后台监控系统通信参数设定、遥测试验等。

技能等级评价专业技能考核操作评分标准

工种	电网调度自动化厂站端调试检修工					评价等级	高级技师
项目模块	缺陷处理与事故分析—缺陷处理				编号	Jc0002151010	
单位			准考证号			姓名	
考试时限	60分钟		题型	多项操作		题分	100分
成绩		考评员		考评组长		日期	
试题正文	后台监控系统与测控装置的通信调试及异常处理						
需要说明的问题和要求	（1）要求调试单人操作，故障查找及分析在调试过程中完成。 （2）操作应注意安全，按照标准化作业书的技术安全说明做好安全措施。 （3）装置调试检验在后台监控机、线路测控屏上完成操作。 （4）测试仪的选择可选考场提供的测试仪或自带测试仪						

续表

序号	项目名称	质量要求	满分	扣分标准	扣分原因	得分
1	办理工作票、工具使用及安全措施					
1.1	办理工作票	正确办理工作票，完成二次安全措施布置	5	未正确办理工作票，完成二次安全措施布置扣5分		
1.2	各种调试工具正确使用	正确使用各种工具及安全防护用品	5	未正确使用一次扣1分，扣完为止		
1.3	相关安全措施的准备	（1）工作开展前完成监控系统配置备份。 （2）使用正确网线测试仪	10	未正确使用网线测试仪扣5分； 未正确执行监控系统配置备份扣5分		
2	后台监控系统与测控装置的通信检查					
2.1	测控装置通信设置操作	能正确检查测控装置通信参数，测试网络连接正确性	10	未按要求正确检查测控装置通信参数扣5分； 因操作失误造成的测控装置故障或告警扣5分		
2.2	后台监控系统与测控装置通信联调操作	能正确检查后台监控主机操作系统、监控系统IP地址等通信参数，测试网络连接正确性，并实现测控装置遥测变化正确显示在画面窗口功能	15	未按要求检查后台监控主机操作系统及监控系统IP地址等通信参数设定的扣5分； 因操作失误造成的监控系统、测控装置故障或告警，扣5分； 未能正确使用试验仪或接线错误扣5分		
3	通信故障排除					
3.1	故障查找与排除	能正确进行故障查找： 故障1：测控装置遥测死区设置不正确，导致遥测不变化。 故障2：站控层交换机网口关闭。 故障3：后台组态中遥信开入取反。 故障4：后台图形遥测关联错误	40	未查找出故障每项扣5分； 未正确排除故障每项扣5分； 以上扣分，扣完为止		
4	填写试验报告					
4.1	故障排除	将故障现象和具体故障（故障点及排除的方法）填写清楚	10	故障点及排除方法未填写每项扣2.5分，扣完为止		
5	现场恢复	恢复现场	5	未进行现场恢复扣5分		
	合计		100			

Jc0002152011　智能站后台监控系统与测控装置的通信调试及异常处理。（100分）

考核知识点：缺陷处理与事故分析

难易度：中

技能等级评价专业技能考核操作工作任务书

一、任务名称

智能站后台监控系统与测控装置的通信调试及异常处理。

二、适用工种

电网调度自动化厂站端调试检修工高级技师。

三、具体任务

（1）工作状态为实操变电站后台监控系统与220kV某线路间隔测控装置间的通信异常。工作内容为完成通信连接，检查测控装置通信故障并排除，测控装置遥信、遥测正确反映在后台监控系统告警窗内。

（2）工作任务：

1）检查220kV某线路间隔测控装置与后台监控系统间的通信异常原因，排除设置的故障，实现该间隔遥信、遥测能在后台告警窗口正确显示。

2）测控装置采集的遥信主要有：断路器、隔离开关双点位置信号，控制回路断线、弹簧未储能信号。

3）测控装置采集的遥信主要有：A相电压 U_a、B相电压 U_b、C相电压 U_c，A相电流 I_a、B相电流 I_b、C相电流 I_c，TA变比为800/5。

4）测控装置采集的遥控主要有：断路器、隔离开关双点遥控。

四、工作规范及要求

（1）按要求进行工作票办理、二次安全措施布置。

（2）工器具使用及安全措施。

（3）后台监控系统与测控装置通信故障查找及排除。

（4）进行故障分析并填写试验报告。

五、考核及时间要求

（1）本考核操作时间为60分钟，包括工作票办理和报告整理时间，时间到停止考核。同一类现象故障不限一处故障点。

（2）故障查找和排除过程中，如确实不能查找出故障，可向考评员申请排除故障，该项故障项目不得分，但不影响其他项目。

（3）按照技能操作记录单的操作要求进行操作，正确记录操作结果，试验记录项目包括：测控装置通信参数、后台监控系统通信参数设定、遥测试验等。

技能等级评价专业技能考核操作评分标准

<table>
<tr><td>工种</td><td colspan="5">电网调度自动化厂站端调试检修工</td><td>评价等级</td><td>高级技师</td></tr>
<tr><td>项目模块</td><td colspan="4">缺陷处理与事故分析—缺陷处理</td><td>编号</td><td colspan="2">Jc0002152011</td></tr>
<tr><td>单位</td><td colspan="2"></td><td>准考证号</td><td colspan="2"></td><td>姓名</td><td></td></tr>
<tr><td>考试时限</td><td colspan="2">60分钟</td><td>题型</td><td colspan="2">多项操作</td><td>题分</td><td>100分</td></tr>
<tr><td>成绩</td><td></td><td>考评员</td><td></td><td>考评组长</td><td></td><td>日期</td><td></td></tr>
<tr><td>试题正文</td><td colspan="7">智能站后台监控系统与测控装置的通信调试及异常处理</td></tr>
<tr><td>需要说明的问题和要求</td><td colspan="7">（1）要求调试单人操作，故障查找及分析在调试过程中完成。
（2）操作应注意安全，按照标准化作业书的技术安全说明做好安全措施。
（3）装置调试检验在后台监控机、线路测控屏上完成操作。
（4）测试仪的选择可选考场提供的测试仪或自带测试仪</td></tr>
</table>

序号	项目名称	质量要求	满分	扣分标准	扣分原因	得分
1	办理工作票、工具使用及安全措施					
1.1	办理工作票	正确办理工作票，完成二次安全措施布置	5	未正确办理工作票，完成二次安全措施布置扣5分		
1.2	各种调试工具正确使用	正确使用各种工具及安全防护用品	5	未正确使用一次扣1分，扣完为止		

续表

序号	项目名称	质量要求	满分	扣分标准	扣分原因	得分
1.3	相关安全措施的准备	（1）工作开展前完成监控系统配置备份。 （2）使用正确网线测试仪	10	未正确使用网线测试仪扣5分； 未正确执行监控系统配置备份扣5分		
2	后台监控系统与测控装置的通信检查					
2.1	测控装置通信设置操作	能正确检查测控装置通信参数，测试网络连接正确性	10	未按要求正确检查测控装置通信参数扣5分； 因操作失误造成的测控装置故障或告警扣5分		
2.2	后台监控系统与测控装置通信联调操作	能正确检查后台监控主机操作系统、监控系统IP地址等通信参数，测试网络连接正确性，并实现测控装置遥测变化正确显示在画面窗口功能	15	未按要求检查后台监控主机操作系统及监控系统IP地址等通信参数设定的扣5分； 因操作失误造成的监控系统、测控装置故障或告警，扣5分； 未能正确使用试验仪或接线错误扣5分		
3	通信故障排除					
3.1	故障查找与排除	能正确进行故障查找： 故障1：站控层交换机vlan划分错误导致无法通信。 故障2：测控装置网线与后台监控主机网线在交换机处插在镜像口和被镜像口。 故障3：测控装置IEDname设置与后台监控主机SCD文件设置不符。 故障4：后台机IP地址设置错误	40	未查找出故障每项扣5分； 未正确排除故障每项扣5分； 以上扣分，扣完为止		
4	填写试验报告					
4.1	故障排除	将故障现象和具体故障（故障点及排除的方法）填写清楚	10	故障点及排除方法未填写每项扣2.5分，扣完为止		
5	现场恢复	恢复现场	5	未进行现场恢复扣5分		
合计			100			

Jc0002152012－1　常规站测控装置遥测量的异常处理。（100分）

考核知识点：缺陷处理与事故分析

难易度：中

技能等级评价专业技能考核操作工作任务书

一、任务名称

常规站测控装置遥测量的异常处理。

二、适用工种

电网调度自动化厂站端调试检修工高级技师。

三、具体任务

（1）工作状态为实操变电站后台监控系统显示220kV某线路间隔遥测异常。工作内容为完成通信连接，检查故障并排除，使测控装置遥测正确反映在后台监控系统告警窗内。

（2）工作任务：

1）检查220kV某线路间隔测控装置上送后台监控系统遥测的异常原因，排除设置的故障，实现该间隔遥测能在后台主画面和分画面正确显示。

2）测控装置采集的遥信主要有：A相电压U_a、B相电压U_b、C相电压U_c，A相电流I_a、B相电流I_b、

C 相电流 I_c，TA 变比为 800/5。

四、工作规范及要求

（1）按要求进行工作票办理、二次安全措施布置。

（2）工器具使用及安全措施。

（3）测控装置遥测量故障查找及排除。

（4）进行故障分析并填写试验报告。

五、考核及时间要求

（1）本考核操作时间为 60 分钟，包括工作票办理和报告整理时间，时间到停止考核。同一类现象故障不限一处故障点。

（2）技能考核过程中，如确实不能操作，可向考评员申请协助完成该项操作，该项操作任务不得分，但不影响其他项目。

（3）按照技能操作记录单的操作要求进行操作，正确记录操作结果，记录项目包括：本次工作时间、地点、操作人员、工作内容等。

技能等级评价专业技能考核操作评分标准

工种	电网调度自动化厂站端调试检修工					评价等级	高级技师
项目模块	缺陷处理与事故分析—缺陷处理				编号	Jc0002152012－1	
单位			准考证号			姓名	
考试时限	60 分钟		题型	多项操作		题分	100 分
成绩		考评员		考评组长		日期	
试题正文	常规站测控装置遥测量的异常处理						
需要说明的问题和要求	（1）要求调试单人操作，故障查找及分析在调试过程中完成。 （2）操作应注意安全，按照标准化作业书的技术安全说明做好安全措施。 （3）装置调试检验在后台监控机、线路测控屏上完成操作。 （4）测试仪的选择可选考场提供的测试仪或自带测试仪						

序号	项目名称	质量要求	满分	扣分标准	扣分原因	得分
1	办理工作票、工具使用及安全措施					
1.1	办理工作票	正确办理工作票，完成二次安全措施布置	5	未正确办理工作票，完成二次安全措施布置扣 5 分		
1.2	各种调试工具正确使用	正确使用各种工具及安全防护用品	5	未正确使用一次扣 1 分，扣完为止		
1.3	相关安全措施的准备	（1）工作前确保测量电压空开断开及打开电压端子连片。 （2）交流采样试验仪使用正确及二次回路接线正确	5	在进行交流采样前未与外部电压回路有明显断开点扣 3 分； 交流采样试验仪上电前未做接地措施及二次回路接线错误扣 2 分		
2	测控装置维护操作	能正确进入后台监控系统维护间隔遥测数据库，测控装置正确设定遥测基本参数，能够完成交流采样试验仪与测控装置间正确接线，使用电流钳型表测量电流回路采样，并正确执行设置修改等操作	30	未按要求开启后台监控系统维护数据库扣 5 分； 未按要求进行后台监控系统维护操作扣 5 分； 未能正确执行参数及修改后配置的保存操作扣 5 分； 因操作失误造成的测控装置或其他正常遥测无法正确上送，扣 5 分； 交流采样试验仪与测控装置接线错误扣 5 分		

续表

序号	项目名称	质量要求	满分	扣分标准	扣分原因	得分
3	测控装置故障查找及排除					
3.1	故障查找及排除	能正确进行故障查找： 故障1：设定测控装置电流A相与B相接反。 故障2：设定测控装置电压C相在端子处虚接。 故障3：设定后台监控系统遥测数据库关联错误。 故障4：设定后台监控系统TA变比设置错误	40	未查找出故障，每项扣10分		
4	填写试验报告					
4.1	故障排除	将故障现象和具体故障（故障点及排除的方法）填写清楚	10	故障点排除方法未填写每项扣2.5分； 故障现象填写不清楚每项扣2.5分； 以上扣分，扣完为止		
5	现场恢复	恢复现场	5	未进行现场恢复扣5分		
合计			100			

Jc0002153012-2　常规站测控装置遥测量的异常处理。（100分）

考核知识点：缺陷处理与事故分析

难易度：难

技能等级评价专业技能考核操作工作任务书

一、任务名称

常规站测控装置遥测量的异常处理。

二、适用工种

电网调度自动化厂站端调试检修工高级技师。

三、具体任务

（1）工作状态为实操变电站后台监控系统与220kV某线路间隔测控装置通信异常。工作内容为完成通信连接，检查故障并排除，测控装置遥测正确反映在后台监控系统画面图上。

（2）工作任务：

1）检查220kV某线路间隔测控装置与后台监控系统间通信异常的原因，排除设置的故障，实现该间隔遥测正确反映在后台监控系统画面图上。

2）测控装置采集的遥信主要有：A相电压 U_a、B相电压 U_b、C相电压 U_c，A相电流 I_a、B相电流 I_b、C相电流 I_c，TA变比为800/5

四、工作规范及要求

（1）按要求进行工作票办理、二次安全措施布置。

（2）工器具使用及安全措施。

（3）测控装置遥测量故障查找及排除。

（4）进行故障分析并填写试验报告。

五、考核及时间要求

（1）本考核操作时间为60分钟，包括工作票办理和报告整理时间，时间到停止考核。同一类现象故障不限一处故障点。

（2）技能考核过程中，如确实不能操作，可向考评员申请协助完成该项操作，该项操作任务不得分，但不影响其他项目。

（3）按照技能操作记录单的操作要求进行操作，正确记录操作结果，记录项目包括：本次工作时间、地点、操作人员、工作内容等。

技能等级评价专业技能考核操作评分标准

工种	电网调度自动化厂站端调试检修工			评价等级	高级技师
项目模块	缺陷处理与事故分析—缺陷处理		编号	Jc0002153012－2	
单位		准考证号		姓名	
考试时限	60 分钟	题型	多项操作	题分	100 分
成绩	考评员		考评组长	日期	
试题正文	常规站测控装置遥测量的异常处理				
需要说明的问题和要求	（1）要求调试单人操作，故障查找及分析在调试过程中完成。 （2）操作应注意安全，按照标准化作业书的技术安全说明做好安全措施。 （3）装置调试检验在后台监控机、线路测控屏上完成操作。 （4）测试仪的选择可选考场提供的测试仪或自带测试仪				

序号	项目名称	质量要求	满分	扣分标准	扣分原因	得分
1	办理工作票、工具使用及安全措施					
1.1	办理工作票	正确办理工作票，完成二次安全措施布置	5	未正确办理工作票，完成二次安全措施布置扣 5 分		
1.2	各种调试工具正确使用	正确使用各种工具及安全防护用品	5	未正确使用一次扣 1 分，扣完为止		
1.3	相关安全措施的准备	（1）工作前确保测量电压空开断开及打开电压端子连片。 （2）交流采样试验仪使用正确及二次回路接线正确	5	在进行交流采样前未与外部电压回路有明显断开点扣 3 分； 交流采样试验仪上电前未做接地措施及二次回路接线错误扣 2 分		
2	测控装置维护操作	能正确进入后台监控系统维护间隔遥测数据库，测控装置正确设定遥测基本参数，能够完成交流采样试验仪与测控装置间正确接线，使用电流钳型表测量电流回路采样，并正确执行设置修改等操作	30	未按要求开启后台监控系统维护数据库扣 5 分； 未按要求进行后台监控系统维护操作扣 5 分； 未能正确执行参数及修改后配置的保存操作扣 5 分； 因操作失误造成的测控装置或其他正常遥测无法正确上送，扣 5 分； 未能正确执行参数及修改后配置的保存操作扣 5 分； 交流采样试验仪与测控装置接线错误扣 5 分		
3	测控装置故障查找及排除					
3.1	故障查找及排除	能正确进行故障查找： 故障 1：设定测控装置与后台通信中断，网线使用交叉网线。 故障 2：设定后台监控系统 IP 填写错误通信中断。 故障 3：设定测控装置电流 A 相与 C 相的 N 回路开路。 故障 4：设定后台监控系统 TA 变比设置错误	40	未查找出故障每项扣 10 分		
4	填写试验报告					

续表

序号	项目名称	质量要求	满分	扣分标准	扣分原因	得分
4.1	故障排除	将故障现象和具体故障（故障点及排除的方法）填写清楚	10	故障点排除方法未填写每项扣 2.5 分；故障现象填写不清楚每项扣 2.5 分；以上扣分，扣完为止		
5	现场恢复	恢复现场	5	未进行现场恢复扣 5 分		
合计			100			

Jc0002153013　常规站测控装置遥信量的异常处理。（100 分）

考核知识点：缺陷处理与事故分析

难易度：难

技能等级评价专业技能考核操作工作任务书

一、任务名称

常规站测控装置遥信量的异常处理。

二、适用工种

电网调度自动化厂站端调试检修工高级技师。

三、具体任务

（1）工作状态为实操变电站后台监控系统显示 220kV 某线路间隔测控装置遥信异常。工作内容为完成通信连接，检查故障并排除，测控装置遥信正确反映在后台监控系统告警窗内。

（2）工作任务：

1）检查 220kV 某线路间隔测控装置上送后台监控系统遥信异常的原因，排除设置的故障，实现该间隔遥信能在后台告警窗口正确显示。

2）测控装置采集的遥信主要有：断路器、隔离开关双点位置信号，控制回路断线、弹簧未储能信号。

四、工作规范及要求

（1）按要求进行工作票办理、二次安全措施布置。

（2）工器具使用及安全措施。

（3）测控装置遥测量故障查找及排除。

（4）进行故障分析并填写试验报告。

五、考核及时间要求

（1）本考核操作时间为 60 分钟，包括工作票办理和报告整理时间，时间到停止考核。同一类现象故障不限一处故障点。

（2）技能考核过程中，如确实不能操作，可向考评员申请协助完成该项操作，该项操作任务不得分，但不影响其他项目。

（3）按照技能操作记录单的操作要求进行操作，正确记录操作结果，记录项目包括：本次工作时间、地点、操作人员、工作内容等。

技能等级评价专业技能考核操作评分标准

工种	电网调度自动化厂站端调试检修工			评价等级	高级技师
项目模块	缺陷处理与事故分析—缺陷处理		编号	Jc0002153013	
单位		准考证号		姓名	

续表

考试时限	60分钟		题型	多项操作		题分	100分
成绩		考评员		考评组长		日期	
试题正文	常规站测控装置遥信量的异常处理						
需要说明的问题和要求	（1）要求调试单人操作，故障查找及分析在调试过程中完成。 （2）操作应注意安全，按照标准化作业书的技术安全说明做好安全措施。 （3）装置调试检验在后台监控机、线路测控屏上完成操作。 （4）测试仪的选择可选考场提供的测试仪或自带测试仪						

序号	项目名称	质量要求	满分	扣分标准	扣分原因	得分
1	办理工作票、工具使用及安全措施					
1.1	办理工作票	正确办理工作票，完成二次安全措施布置	5	未正确办理工作票，完成二次安全措施布置扣5分		
1.2	各种调试工具正确使用	正确使用各种工具及安全防护用品	5	未正确使用一次扣1分，扣完为止		
1.3	相关安全措施的准备	（1）工作前确保测量电压空开断开及打开电压端子连片。 （2）交流采样试验仪使用正确及二次回路接线正确	5	在进行交流采样前未与外部电压回路有明显断开点扣3分； 交流采样试验仪上电前未做接地措施及二次回路接线错误扣2分		
2	测控装置维护操作	（1）能正确维护后台监控系统内间隔遥信数据库。 （2）测控装置正确设定遥信基本参数，并正确执行设置修改/保存等操作	30	未按要求开启后台监控系统维护数据库扣5分； 未按要求进行后台监控系统维护操作扣5分； 因操作失误造成的测控装置其他正常遥信信号无法上送，扣5分； 未能正确执行参数及修改后配置的保存操作扣5分； 未能正确使用短接线进线遥信开入试验操作扣5分； 未能正确使用装置白图进行信号接线查找扣5分		
3	测控装置故障查找及排除					
3.1	故障查找及排除	能正确进行故障查找： 故障1：设定测控装置弹簧未储能信号防抖动时限为99s。 故障2：设定断路器双位置信号接线相反且合位信号内侧接线虚接。 故障3：设定后台监控系统内测控装置中远方/就地信号使能关闭。 故障4：设定后台监控系统内上送信号定义错误	40	未查找出故障每项扣10分		
4	填写试验报告					
4.1	故障排除	将故障现象和具体故障（故障点及排除的方法）填写清楚	10	故障点排除方法未填写每项扣2.5分； 故障现象填写不清楚每项扣2.5分； 以上扣分，扣完为止		
5	现场恢复	恢复现场	5	未进行现场恢复扣5分		
合计			100			

Jc0002152014　数据网设备的异常处理。（100分）

考核知识点：缺陷处理与事故分析

难易度：中

技能等级评价专业技能考核操作工作任务书

一、任务名称

数据网设备的异常处理。

二、适用工种

电网调度自动化厂站端调试检修工高级技师。

三、具体任务

（1）工作状态为实操变电站调度数据网实时纵向加密装置非法访问告警。工作内容为检查纵向加密装置策略及隧道配置，并排除故障。

（2）工作任务：

1）检查调度数据网实时纵向加密装置非法访问原因。

2）模拟现场工作，实施安全措施（按照纵向加密装置调试完成），排除设置的故障，恢复纵向加密装置正常运行。

3）调度数据网组网模式为："虚拟厂站业务－实时业务交换机－实时纵向加密装置－路由器－虚拟主站"结构，设定现场存在"IP 地址为××.××.××.××，端口号为××××"的非法访问。

四、工作规范及要求

（1）按要求进行工作票办理、二次安全措施布置。

（2）工器具使用及安全措施。

（3）非法访问异常查找及排除。

（4）进行故障分析并填写试验报告。

五、考核及时间要求

（1）本考核操作时间为 60 分钟，包括工作票办理和报告整理时间，时间到停止考核。同一类现象故障不限一处故障点。

（2）故障查找和排除过程中，如确实不能查找出故障，可向考评员申请排除故障，该项故障项目不得分，但不影响其他项目。

（3）按照技能操作记录单的操作要求进行操作，正确记录操作结果，试验记录项目包括：通信链路测试、纵向加密装置策略及配置检查、典型数据网设备组网等。

技能等级评价专业技能考核操作评分标准

<table>
<tr><td>工种</td><td colspan="5">电网调度自动化厂站端调试检修工</td><td>评价等级</td><td>高级技师</td></tr>
<tr><td>项目模块</td><td colspan="4">缺陷处理与事故分析—事故分析</td><td>编号</td><td colspan="2">Jc0002152014</td></tr>
<tr><td>单位</td><td colspan="2"></td><td>准考证号</td><td colspan="2"></td><td>姓名</td><td></td></tr>
<tr><td>考试时限</td><td colspan="2">60 分钟</td><td>题型</td><td colspan="2">多项操作</td><td>题分</td><td>100 分</td></tr>
<tr><td>成绩</td><td></td><td>考评员</td><td></td><td>考评组长</td><td></td><td>日期</td><td></td></tr>
<tr><td>试题正文</td><td colspan="7">数据网设备的异常处理</td></tr>
<tr><td>需要说明的问题和要求</td><td colspan="7">（1）要求调试单人操作，故障查找及分析在调试过程中完成。
（2）操作应注意安全，按照标准化作业书的技术安全说明做好安全措施。
（3）装置调试检验在调度数据网屏上完成操作。
（4）测试仪的选择可选考场提供的测试仪或自带测试仪</td></tr>
</table>

序号	项目名称	质量要求	满分	扣分标准	扣分原因	得分
1	办理工作票、工具使用及安全措施					

续表

序号	项目名称	质量要求	满分	扣分标准	扣分原因	得分
1.1	办理工作票	正确办理工作票，完成二次安全措施布置	5	未正确办理工作票，完成二次安全措施布置扣5分		
1.2	各种调试工具正确使用	正确使用各种工具及安全防护用品	5	未正确使用一次扣1分，扣完为止		
1.3	相关安全措施的准备	（1）调试笔记本与交换机、纵向加密装置、路由器连接正确。 （2）使用安全调试软件。 （3）纵向加密装置的配置备份	10	调试笔记本电脑与交换机、纵向加密装置、路由器连接错误扣2分； 调试笔记本电脑IP地址设置错误扣3分； 未选用安全调试软件扣2分； 未进行纵向加密装置配置备份扣3分		
2	数据网设备维护操作	能正确使用安全调试软件成功登录交换机、纵向加密装置、路由器，按照要求检查纵向加密装置相关策略配置，检查非法访问原因，并正确执行设置修改、重启等操作	25	未按要求正确登录交换机扣5分； 因操作失误造成的其他相关网口业务中断，扣10分； 未能正确执行修改后配置的保存、装置软重启操作扣10分		
3	数据网设备故障排除					
3.1	故障查找	能正确进行故障查找： 故障1：调度数据网实时交换机开启了NTP对时服务，并设置对时服务器地址。 故障2：调度数据网实时交换机开启dhcp服务。 故障3：调度数据网实时交换机未配置静态路由网关	30	未查找出故障，每项扣10分		
3.2	故障排除	能正确进行故障排除	10	未正确排除故障扣10分		
4	填写试验报告					
4.1	故障排除	将故障现象和具体故障（故障点及排除的方法）填写清楚	10	故障点及排除方法未填写每项扣2.5分； 故障现象填写不清楚每项扣2.5分； 以上扣分，扣完为止		
5	现场恢复	恢复现场	5	未进行现场恢复扣5分		
合计			100			

参 考 文 献

[1] 国家电网公司人力资源部组. 电网调度自动化主站维护（上、下）. 北京：中国电力出版社，2010.
[2] 国网浙江省电力有限公司国网衢州供电公司组. 电网调度自动化岗位培训题库. 北京：中国电力出版社，2018.
[3] 国家电力调度控制中心. 调度自动化主站系统培训教材. 北京：中国电力出版社，2017.
[4] 国家电网公司. 国家电网公司电力安全工作规程（电力监控部分）（试行）. 北京：中国电力出版社，2018.
[5] 国家电网公司. 国家电网有限公司十八项电网重大反事故措施. 北京：中国电力出版社，2018.
[6] 奇安信集团. 防火墙技术及应用. 北京：清华大学出版社，2019.
[7] 黄红远. 电网调度自动化厂站端调试检修员实操技能培训指导书. 北京：中国电力出版社，2014.
[8] 国网浙江省电力有限公司. 智能变电站监控系统典型作业培训教材. 北京：中国电力出版社，2020.
[9] 国家电力调度控制中心. 变电站自动化培训教材. 北京：中国电力出版社，2018.
[10] 丁代勇. 变电站远动工作站软件的设计与实现. 四川：西南交通大学，2007.
[11] 宋康. 变电站远动子站通信系统的设计与实现. 四川：电子科技大学，2014.
[12] 王天锷，潘丽丽. 智能变电站二次系统调试技术. 北京：中国电力出版社，2013.
[13] 国家电力调度控制中心. 电力监控系统网络安全防护培训教材. 北京：中国电力出版社，2017.